XIAGUQU GAOGONGBA GUFU BIANXING YANJIU

峡谷区高拱坝
谷幅变形研究

徐建荣　徐卫亚　王建新　◎著
史宏娟　李　彪　程志超

河海大学出版社
·南京·

内容简介

本书介绍了峡谷区高拱坝谷幅变形研究的理论和成果。概述了金沙江白鹤滩水电工程，全面收集总结了峡谷区高拱坝谷幅变形实际案例，总结了峡谷区高拱坝谷幅变形研究现状；研究了白鹤滩水电站枢纽区地下水动态特征；开展了白鹤滩玄武岩岩体循环加卸载渗流应力流变力学试验、白鹤滩层间错动带循环加卸载渗流应力流变力学试验研究；基于裂隙接触面单元渗流应力流变耦合方法开展了白鹤滩高拱坝谷幅变形三维数值模拟分析，建立了岩体多尺度非达西渗流应力耦合数值分析方法，开展了白鹤滩非达西渗流应力流变耦合三维数值分析；在试验分析、理论模型和数值方法研究基础上，对峡谷区白鹤滩高拱坝蓄水过程中谷幅变形时空演化特征和变形机理进行了系统的研究；介绍了白鹤滩高拱坝谷幅变形监测系统布置，整理分析了白鹤滩工程谷幅变形监测资料，提出了基于监测数据驱动的高拱坝谷幅变形特征、影响因素及预测研究理论和方法。

本书可供高等学校、科研机构、勘测设计和施工管理等单位的水电水利、土木工程、能源工程和地质工程等领域的科研教学人员、工程技术和管理人员以及相关学科领域的研究生参考使用。

图书在版编目(CIP)数据

峡谷区高拱坝谷幅变形研究 / 徐建荣等著. -- 南京：河海大学出版社，2025.5. -- ISBN 978-7-5630-9548-3

Ⅰ. TV642.4

中国国家版本馆 CIP 数据核字第 20240Z5169 号

书　　名	峡谷区高拱坝谷幅变形研究 XIAGUQU GAOGONGBA GUFU BIANXING YANJIU
书　　号	ISBN 978-7-5630-9548-3
责任编辑	成　微
特约校对	朱　麻　徐梅芝
装帧设计	徐娟娟
出版发行	河海大学出版社
网　　址	http://www.hhup.com
地　　址	南京市西康路1号(邮编：210098)
电　　话	(025)83737852(总编室)　(025)83722833(营销部)
经　　销	江苏省新华发行集团有限公司
排　　版	南京布克文化发展有限公司
印　　刷	广东虎彩云印刷有限公司
开　　本	710毫米×1000毫米　1/16
印　　张	23.5
字　　数	410千字
版　　次	2025年5月第1版
印　　次	2025年5月第1次印刷
定　　价	188.00元

前言
PREFACE

白鹤滩水电站是当今世界建设规模最大、技术难度最高的水电工程。2022年12月，白鹤滩水电站全部机组投产发电，标志着我国在长江之上建成世界最大清洁能源走廊，它对保障长江流域防洪、发电、航运、水资源综合利用和水生态安全具有重要意义。这一重大工程也显示出我国大型水电工程建设从中国制造到中国创造的跨越。

白鹤滩水电站位于金沙江下游四川省宁南县和云南省巧家县境内，上接乌东德水电站，下邻溪洛渡水电站。电站装机容量16 000 MW，多年平均发电量624.43亿kW·h，保证出力5 470 MW，是我国继三峡、溪洛渡水电站之后的又一座千万千瓦级以上的水电站。白鹤滩水电站拦河坝为混凝土双曲拱坝，坝顶高程834 m，最大坝高289 m，坝顶中心线弧长709 m。

峡谷区高拱坝谷幅变形是一种自然物理现象。谷幅是指同一高程河谷两岸的相对距离，是监测山体变形的重要指标，谷幅变形是峡谷地区高拱坝工程面对的共同问题。中国已建成的多座坝高200 m以上的特高拱坝，如二滩拱坝（240 m）、小湾拱坝（295 m）、锦屏一级拱坝（305 m）、溪洛渡拱坝（285.5 m）等均监测出谷幅收窄变形的现象。欧洲许多高拱坝、日本黑部拱坝也观测到谷幅变形现象。

高拱坝谷幅收窄变形与传统的大坝工程经验相悖，不同工程中谷幅变形特征也存在差异。如锦屏一级高拱坝、溪洛渡高拱坝、李家峡高拱坝等工程中，谷幅变形大小、空间分布特征和时间演化规律等均有所不同。加强对峡谷区高拱坝工程谷幅变形特征及其对工程安全的影响、谷幅变形监测和谷幅变形机理的研究尤为重要。

金沙江白鹤滩高拱坝位于峡谷区，赋存于复杂地质物理环境之中，发育玄武岩柱状节理各向异性岩体、长大剪切错动带等复杂地质结构，具有地形不对称、高地应力、高地震烈度等特征，开展峡谷区白鹤滩高拱坝谷幅变形研究具有十分重大的工程实践意义和科学理论价值。

白鹤滩水电站布设了完备的谷幅变形监测体系，白鹤滩是第一个进行全过程谷幅变形监测的水电工程。工程施工期即开展了基于全生命周期的高拱坝谷幅变形监测，结合已有工程实例经验、大坝结构特点、坝区地形条件、地质构造特征等，布设全方位、多时段、多监测时空参数的谷幅变形监测体系，具有开展时间早、监测手段全面、覆盖范围广的特点。

本著作是金沙江白鹤滩水电工程高拱坝谷幅变形研究方面的理论研究和技术总结。全书共十章：概述白鹤滩水电工程，全面收集总结峡谷区高拱坝谷幅变形实际案例，总结峡谷区高拱坝谷幅变形研究现状；研究白鹤滩水电站枢纽区地下水动态特征；开展了白鹤滩玄武岩岩体循环加卸载渗流应力流变力学试验、白鹤滩含层间错动带岩体循环加卸载渗流应力流变力学试验研究；基于裂隙接触面单元渗流应力流变耦合方法开展了白鹤滩高拱坝谷幅变形三维数值模拟分析，建立了岩体多尺度非达西渗流应力耦合数值分析方法，开展了白鹤滩非达西渗流应力流变耦合三维数值分析；在试验分析、理论模型和数值方法研究基础上，对峡谷区白鹤滩高拱坝蓄水过程中谷幅变形时空演化特征和变形机理进行系统的研究；介绍金沙江白鹤滩高拱坝谷幅变形监测系统布置，整理分析了白鹤滩工程谷幅变形监测资料，提出基于监测数据驱动的高拱坝谷幅变形特征、影响因素及预测研究理论和方法。

研究和著作撰写过程中得到了中国电建集团华东勘测设计研究院有限公司白鹤滩工程项目部的大力支持和帮助，著作中引用了大量的地质、工程及试验资料。特别感谢吴关叶总工、何明杰总工、石安池副总工、陈建林副总工、顾锦健高工等给予帮助。研究工作得到了河海大学水工岩石力学与防灾减灾研究团队的大力支持，特别感谢王环玲教授、闫龙博士、王如宾博士、张涛博士、吕昌浩博士生、黄威博士生、刘渊泽博士生、柯志强硕士、刘攀硕士、杨胜硕士生等。本著作的出版得到了国家自然科学基金重点项目(51939004)、国家重点研发计划项目(2018YFC0407000)、中国电建集团华东勘测设计研究院重点科技计划(20198130016)及金沙江白鹤滩水电站工程建设重大工程应用研究项目的支持，在此表示衷心感谢。

目录
CONTENTS

第一章　概述 ·· 001
　　1.1　白鹤滩水电工程 ·· 003
　　1.2　地质条件 ·· 004
　　1.3　峡谷区高拱坝谷幅变形案例 ··· 008
　　　　1.3.1　黄河李家峡拱坝 ··· 008
　　　　1.3.2　雅砻江锦屏一级拱坝 ·· 011
　　　　1.3.3　金沙江溪洛渡拱坝 ·· 013
　　　　1.3.4　瑞士 Zeuzier 拱坝 ··· 018
　　　　1.3.5　其他拱坝工程案例 ·· 020
　　1.4　峡谷区高拱坝谷幅变形研究现状 ······································· 022
　　　　1.4.1　谷幅变形机理研究 ·· 022
　　　　1.4.2　裂隙岩体渗流特性研究 ··· 025
　　　　1.4.3　裂隙岩体渗流应力耦合数值分析 ······························ 027
　　　　1.4.4　谷幅变形监测及变形特征分析 ································· 031
　　　　1.4.5　谷幅变形预测研究 ·· 033
　　1.5　谷幅变形研究展望 ·· 034

第二章　白鹤滩枢纽区地下水动态特征研究 ·································· 037
　　2.1　引言 ··· 039
　　2.2　坝区水文地质结构特征 ·· 039
　　　　2.2.1　岩体水文地质结构特征 ··· 039

  2.2.2 地下水动力响应模型 ································· 041
 2.3 坝区地下水动态特征 ··· 045
  2.3.1 天然状态下左岸地下水动态特征 ················· 045
  2.3.2 天然状态下右岸地下水动态特征 ················· 048
  2.3.3 施工期两岸地下水动态特征 ························ 050
  2.3.4 蓄水初期枢纽区两岸地下水动态特征 ··········· 054
 2.4 小结 ··· 056

第三章 白鹤滩岩体循环加卸载渗流应力流变力学试验 057
 3.1 引言 ··· 059
 3.2 玄武岩渗流应力耦合循环加卸载流变力学试验 ········ 059
  3.2.1 试验方案 ·· 059
  3.2.2 变形特性 ·· 063
  3.2.3 加卸载条件下玄武岩应变分析 ····················· 069
  3.2.4 损伤演化规律 ··· 079
  3.2.5 渗流特性 ·· 079
  3.2.6 长期强度确定 ··· 085
  3.2.7 破坏模式与破坏机理 ································ 085
 3.3 柱状节理岩体结构渗流应力流变耦合加卸载力学试验 ··· 090
  3.3.1 试验方案 ·· 090
  3.3.2 应变时间分析 ··· 091
  3.3.3 流变变形特征 ··· 093
  3.3.4 流变速率分析 ··· 097
  3.3.5 破坏模式与破坏机理 ································ 101
 3.4 小结 ··· 101

第四章 白鹤滩含层间错动带岩体循环加卸载渗流应力流变力学试验 ··· 105
 4.1 引言 ··· 107
 4.2 含层间错动带岩体循环加卸载流变力学试验 ··········· 107
  4.2.1 试验方案 ·· 107
  4.2.2 循环加卸载试验 ······································ 111

4.2.3　变形特性 ········· 115
　　　4.2.4　渗流特性 ········· 127
　　　4.2.5　流变速率 ········· 136
　　　4.2.6　强度特性 ········· 137
　　　4.2.7　破坏模式与机理分析 ········· 142
　4.3　含层间错动带和柱状节理岩体循环加卸载流变力学试验 ········· 143
　　　4.3.1　试验方案 ········· 143
　　　4.3.2　循环加卸载试验 ········· 145
　　　4.3.3　变形特性 ········· 150
　　　4.3.4　渗流特性 ········· 165
　　　4.3.5　流变速率 ········· 165
　　　4.3.6　强度特性 ········· 172
　　　4.3.7　破坏模式与破坏机理分析 ········· 176
　4.4　小结 ········· 177

第五章　裂隙接触面单元渗流应力流变耦合三维数值分析 ········· 179
　5.1　引言 ········· 181
　5.2　离散裂隙-基质模型求解方法 ········· 181
　　　5.2.1　裂隙力学变形 ········· 181
　　　5.2.2　基质变形控制方程 ········· 184
　　　5.2.3　基质渗流方程 ········· 185
　　　5.2.4　裂隙渗流方程 ········· 186
　　　5.2.5　有限元离散格式 ········· 187
　　　5.2.6　算法实现 ········· 188
　5.3　三维模型与计算条件 ········· 189
　　　5.3.1　计算模型与范围 ········· 189
　　　5.3.2　蓄水过程与计算工况 ········· 189
　　　5.3.3　材料参数取值 ········· 191
　5.4　枢纽区初始应力场与渗流场 ········· 192
　5.5　蓄水期谷幅变形时空响应特征 ········· 195
　　　5.5.1　上游进水口边坡5-5测线 ········· 197

5.5.2　下游水垫塘 6-6 测线 ……………………………………… 198
　　5.5.3　二道坝附近边坡 9-9 测线 ………………………………… 202
5.6　小结 ……………………………………………………………………… 206

第六章　岩体多尺度非达西渗流应力耦合数值分析 …………………… 207
6.1　引言 ……………………………………………………………………… 209
6.2　裂隙岩体渗流应力耦合控制方程 ……………………………………… 209
　　6.2.1　基本假定 ……………………………………………………… 209
　　6.2.2　渗流应力耦合控制方程 ……………………………………… 210
6.3　裂隙岩体渗流应力耦合数值求解方法 ………………………………… 215
　　6.3.1　定解条件 ……………………………………………………… 215
　　6.3.2　嵌入式裂隙-基质模型 ………………………………………… 216
　　6.3.3　有限元离散 …………………………………………………… 216
　　6.3.4　裂隙-基质流量交换精细积分 ………………………………… 220
　　6.3.5　数值求解流程 ………………………………………………… 221
6.4　多尺度数值分析程序开发 ……………………………………………… 223
　　6.4.1　数值求解程序 ………………………………………………… 223
　　6.4.2　算例分析 ……………………………………………………… 223
6.5　小结 ……………………………………………………………………… 232

第七章　非达西渗流应力流变耦合三维数值分析 ………………………… 233
7.1　引言 ……………………………………………………………………… 235
7.2　计算模型与计算条件 …………………………………………………… 235
　　7.2.1　计算模型 ……………………………………………………… 235
　　7.2.2　荷载及边界条件 ……………………………………………… 237
　　7.2.3　计算参数 ……………………………………………………… 237
　　7.2.4　地应力场和初始渗流场 ……………………………………… 238
7.3　蓄水过程中渗流场和位移场演化规律 ………………………………… 242
　　7.3.1　渗流场演化 …………………………………………………… 242
　　7.3.2　谷幅变形时空演化特征 ……………………………………… 248
7.4　枢纽区不同测线剖面谷幅变形时空特征 ……………………………… 252

7.4.1 上游进水口边坡5-5剖面 ………………………………… 252
7.4.2 下游水垫塘6-6剖面 …………………………………… 254
7.4.3 下游二道坝附近9-9剖面 ……………………………… 257
7.4.4 谷幅变形特征值 ………………………………………… 260
7.5 小结 …………………………………………………………… 262

第八章　白鹤滩谷幅变形机理分析 …………………………………… 265
8.1 引言 …………………………………………………………… 267
8.2 非达西渗流对谷幅变形的影响 ……………………………… 267
8.3 流变变形对谷幅变形的影响 ………………………………… 272
8.4 断层及错动带对谷幅变形的影响 …………………………… 277
8.5 白鹤滩高拱坝谷幅变形机理研究 …………………………… 283
8.6 小结 …………………………………………………………… 285

第九章　白鹤滩谷幅变形监测布置及数据分析 ……………………… 287
9.1 引言 …………………………………………………………… 289
9.2 坝区谷幅变形监测系统布置 ………………………………… 289
9.2.1 谷幅变形表面测线布设 ………………………………… 289
9.2.2 谷幅变形深部测线布设 ………………………………… 290
9.3.3 坝肩垂线组监测布设 …………………………………… 292
9.3 白鹤滩谷幅变形监测资料分析 ……………………………… 292
9.3.1 谷幅变形表面监测 ……………………………………… 292
9.3.2 谷幅变形深部监测 ……………………………………… 293
9.4 基于多类函数自适应的谷幅变形监测数据特征分析 ……… 297
9.4.1 谷幅变形监测数据预处理 ……………………………… 297
9.4.2 多类函数自适应谷幅变形特征分析 …………………… 301
9.4.3 白鹤滩谷幅变形规律分析 ……………………………… 305
9.5 小结 …………………………………………………………… 313

第十章　白鹤滩谷幅变形影响因素分析及预测研究 ………………… 315
10.1 引言 ………………………………………………………… 317

10.2 基于 Lasso-RF 的谷幅变形影响因素分析 ……………………… 317
   10.2.1 拉索回归原理 ………………………………………………… 317
   10.2.2 随机森林算法 ………………………………………………… 319
   10.2.3 Lasso-RF 影响因素分析方法 ………………………………… 321
   10.2.4 白鹤滩谷幅变形影响因素分析 ……………………………… 322
10.3 基于改进 DBO 的 LSTM 方法的谷幅变形预测分析 …………… 328
   10.3.1 蜣螂算法基本原理 …………………………………………… 328
   10.3.2 改进蜣螂算法（ADBO） ……………………………………… 330
   10.3.3 ADBO 算法性能测试 ………………………………………… 334
   10.3.4 ADBO-LSTM 的谷幅变形预测模型构建 …………………… 340
   10.3.5 基于监测数据驱动的白鹤滩谷幅变形预测研究 …………… 343
10.4 小结 …………………………………………………………………… 348

参考文献 ……………………………………………………………………… 349

第一章

概述

1.1 白鹤滩水电工程

白鹤滩水电站位于四川省宁南县跑马镇和云南省巧家县大寨镇境内的金沙江下游，是金沙江干流梯级水电开发的第二级，与上游乌东德水电站相距约 182 km，与下游溪洛渡水电站相距约 195 km，以发电为主，兼顾防洪、航运、拦沙、改善下游航运条件等综合效益[1-3]。白鹤滩水电站枢纽由挡水坝、引水发电系统、泄洪消能设施等主要建筑物组成。挡水建筑物为混凝土双曲拱坝，坝顶高程 834 m，最大坝高 289 m，水库正常蓄水位 825 m，校核洪水位 832 m，防洪限制水位 785 m，死水位 765 m，水库总库容 206.27 亿 m³，为年调节库容，防洪库容 75 亿 m³。引水发电系统布置在左右岸地下，由引水系统、主副厂房、主变室和尾水系统构成。左、右岸地下厂房各配置 8 台水轮发电机组，单机容量为 100 万 kW，总装机容量为 1 600 万 kW。泄洪方式采用坝身泄洪与岸边泄洪设施相结合，坝身设置 6 个表孔和 7 个深孔，岸边泄洪洞共 3 条，下游设置水垫塘与二道坝，水垫塘长度约为 400 m，坝身最大泄流能力为 3 万 m³/s。白鹤滩水电站坝址枢纽布置情况如图 1-1 所示。

(a) 白鹤滩水电站坝址卫星图

(b) 白鹤滩水电站主要建筑物布置

(c) 白鹤滩水电站蓄水运行期下游

(d) 白鹤滩水电站蓄水运行期上游

图 1-1　白鹤滩水电站

1.2 地质条件

1. 地貌

白鹤滩水电站库区(图1-2)位于青藏高原东南缘,属川西南、滇东北高山与高原地貌单元,横断山系。白鹤滩坝区属于中山峡谷地形,地势北高南低,向东倾斜,左岸大凉山山脉的东南坡,山峰高程可达2 600 m左右,右岸为药山山脉西坡,山峰高程在3 000 m以上。坝区上游自大寨沟起始,向下游至白鹤滩村止,河段长度约为3 600 m,金沙江总体上由南向北流入坝区,枯水期上游水位约为591 m,下游水位为589 m左右,水深9~18 m左右,水面宽度约为51~110 m。正常蓄水位高程825 m处河谷宽度约为449~534 m。河谷右岸边坡陡峻,左岸相对较缓,为呈不对称的"V"形河谷。

图1-2 白鹤滩水电站枢纽区地形地貌

2. 地层岩性

白鹤滩坝区岩层出露主要为二叠系上统峨眉山组玄武岩,上部覆盖三叠系下统飞仙关组砂、泥岩,呈假整合接触。在河床和缓坡台地上分布有第四系松散堆积物,河谷横向典型地质剖面如图1-3所示。

峨眉山组玄武岩($P_2\beta$)根据形成条件共划分为11个岩流层,每个岩流层自上而下一般为熔岩、角砾熔岩,总厚度大于1 489 m,顶部为凝灰岩,熔岩主要为隐晶质玄武岩、斜斑玄武岩、少量微晶质玄武岩、杏仁状玄武岩,隐晶质玄武岩中发育柱状节理的称为柱状节理玄武岩。岩系向东南倾斜,倾角约为12°~20°,广泛分布于两岸谷坡,左岸出露高程510~1 200 m,右岸约为510~1 500 m。

坝址区主要岩体岩性如图 1-4 所示。

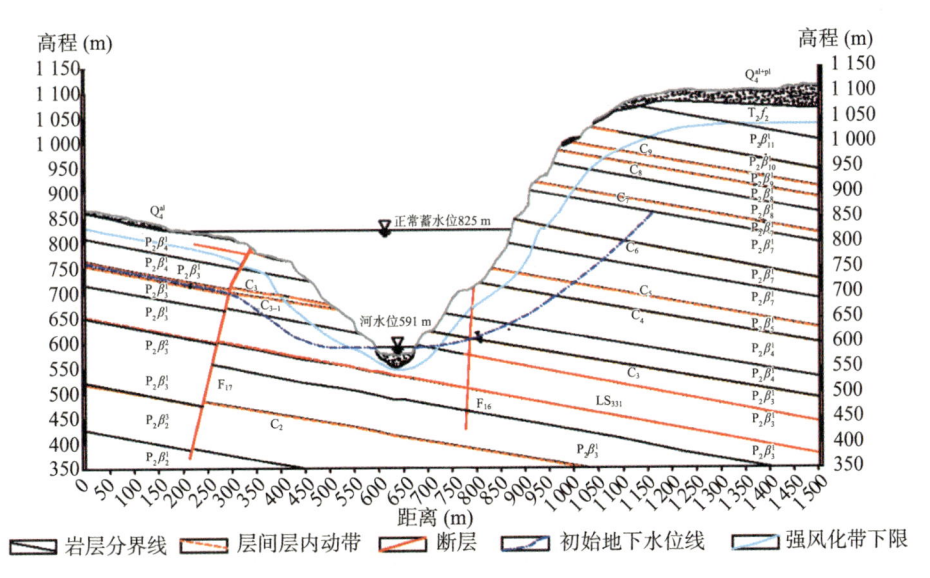

图 1-3　白鹤滩坝区河谷横向典型地质剖面图

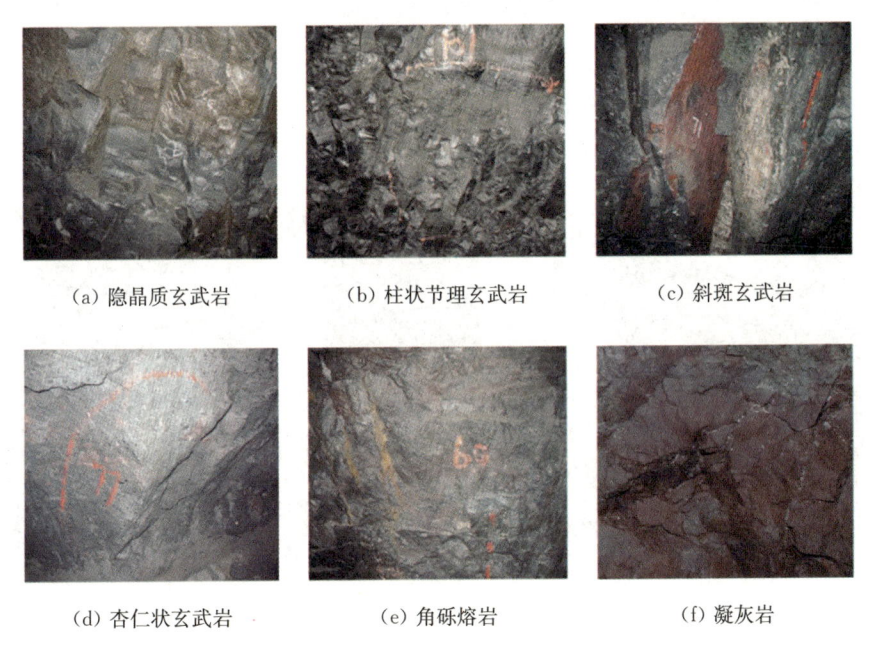

(a) 隐晶质玄武岩　　(b) 柱状节理玄武岩　　(c) 斜斑玄武岩

(d) 杏仁状玄武岩　　(e) 角砾熔岩　　(f) 凝灰岩

图 1-4　白鹤滩坝址区主要岩体岩性图

三叠系下统飞仙关组(T_1f)为紫红色河湖相沉积的砂岩、泥岩,假整合于峨眉山组玄武岩上部，坝址区主要为第一段（T_1f_1）和第二段（T_1f_2），分布于右岸 1 105 m 以上，T_1f_1 段总厚度约为 45 m，T_1f_2 段总厚度约为 42 m。

第四系松散堆积物主要为上更新统（Q_3^{pl}）碎石混合土层和全新统（Q_4）松散堆积层。上更新统大多被坡积物和崩积物覆盖，总厚度约为 20～30 m。全新统主要包括冲洪积层（Q_4^{al+pl}）、冲积层（Q_4^{al}）、洪积层（Q_4^{pl}）、崩坡积层（Q_4^{col+dl}）、残坡积层（Q_4^{edl}）等松散堆积层，厚度较小。

3. 断裂构造

坝址区断裂构造主要表现为断层、层间错动带和层内错动带。

坝址区断层数量较多，普遍具有 60°以上的陡倾角，其中规模较大的有 F_{17}、F_{16} 和 F_{14} 断层，在地表的延伸距离可达 1 000 m 以上。坝址区断层除 NE 向的 F_{17}（图 1-5）外，主要为 NW 方向，以 N30°W 和 N60°W 两个方向组最为发育，占总数的 84%。层间错动带是指发育于岩流层顶部凝灰岩层中的缓倾角、贯穿性的错动构造，坝区大规模错动构造不发育，无巨厚的软弱岩层，顺层小角度切层错动较为普遍。第三岩流层顶部 $P_2\beta_3^4$ 分布有 10～40 cm 厚的凝灰岩，C_{3-1} 沿凝灰岩发育，向上游延伸与 $P_2\beta_3^6$（发育 C_3）相交；坝基 600～834 m 范围内主要出露层间错动带 C_{3-1}、C_3、C_4、C_5，错动带内物质组成以角砾化或节理化的构造岩为主，层间错动带 C_2 位于岩流层 $P_2\beta_3^1$ 和 $P_2\beta_2^3$ 之间，除错动带 C_3 外，均有泥质条带连续分布（图 1-6）。

图 1-5　白鹤滩下游右岸 F_{17} 出露　　图 1-6　白鹤滩层间错动带 C_2 发育

层内错动带是指坝区玄武岩各岩流层内发育的顺层或小角度切层错动构造。由于各玄武岩层内存在岩性接触面、原生微裂隙带等，在构造作用下，形成

层内错动带。这些错动带随机发育,延伸长短不一,层内错动带的成因及形成时代与层间错动带基本一致。

4. 岩体风化与卸荷

坝区出露的致密玄武岩和角砾熔岩抗风化能力较强,风化作用主要沿裂隙及错动带等结构面进行,坝区沿层间层内错动带有风化加剧现象。左岸岩体风化程度明显大于右岸,右岸为逆向坡,岩体风化主要受岩性条件控制。

白鹤滩坝区岸坡岩体卸荷主要表现为沿构造结构面的张开,也有的卸荷裂隙(缝)是部分追踪构造结构面、部分拉断岩体。卸荷裂缝多追踪 SN~NW 方向的断层、裂隙等构造结构面发育;少量追踪 NE 向结构面发育,也有平行岸坡的近 SN 向卸荷缝。

左右岸岩体卸荷程度不同,左岸为顺向坡,卸荷作用较强,右岸为逆向坡,卸荷作用相对较弱。左岸缓倾角错动带是导致卸荷强烈的主要影响因素,其对岩体卸荷起一定的控制作用,一般错动带上盘岩体易松弛,多处可见陡倾角的张裂缝终止于缓倾角错动带。

隐晶质玄武岩岩石坚硬性脆,节理裂隙发育,岩体多呈次块状~镶嵌结构,易沿结构面张开卸荷,特别是在缓倾角错动带的上盘,容易卸荷张开。

5. 水文地质

坝区峡谷两岸地势陡峻,裂隙及错动带发育,岩体透水性较好,地下水位相对隔水层埋藏较深,左右岸地下水活动不均衡,左岸坡度较缓,地下水活动较活跃,平洞内沿断层、错动带及破碎带多见滴水,右岸坡度较陡,平洞洞口段除雨季外,大多呈干燥状。两岸岩体弱透水段多于微透水试验段,河中部位微透水试验段多于弱透水试验段,所有部位中等~强透水性岩体占少数。坝址区相对隔水层埋藏较深,左岸地形平缓,埋深约为 50~150 m,右岸地势陡峻,埋深较大,达到 115~200 m 左右,河床部位埋深在 35~78 m 左右。

6. 地应力

(1) 左岸岸坡

大水平主应力方位为 N30°~50°W,自山体内至近岸坡方位,由 NW 向偏转为 NNW 向。近岸坡大水平主应力量值平均约为 7.7 MPa,小水平主应力量值平均约为 6.5 MPa。第一主应力方向与岩层倾向基本一致,方向为 N40°W,倾角 15°,大小为 8~11 MPa;第二主应力方向为 N12°E,倾角-48°,大小为 7~9 MPa;第三主应力方向为 N74°E,倾角-29°,大小为 6~8 MPa。

(2) 河床

大水平主应力方向近 EW 向,与河流流向近垂直;小水平主应力方向近 SN 向。基岩面以下 0~40 m(深度 20~60 m)范围内岩体处于松弛状态,为应力松弛区,其最大水平主应力为 3~6 MPa;基岩面以下 40~70 m(深度 60~90 m)范围为应力增高区,其最大水平主应力为 6~12 MPa,局部存在应力集中现象;基岩面以下 70~130 m(深度约 90~150 m)存在一个应力集中带,其最大水平主应力约为 22~28 MPa,最小水平主应力约为 13~15 MPa。

(3) 右岸岸坡

大水平主应力为 SN 向,与河流流向近平行,自浅表向山体内大水平主应力方向由近 SN 向 NNE 偏转。近岸坡大水平主应力量值平均约为 6.0 MPa,小水平主应力量值平均约为 4.6 MPa。第一主应力近 SN 向,倾角中缓,约 35°,大小为 7~11 MPa;第二主应力方向为 S20°E,倾角中陡;第三主应力方向为 N80°W,倾角 21°,大小为 5~7 MPa。

(4) 地下厂房

左岸地下厂房以构造应力为主,水平应力大于垂直应力。第一主应力方向一般在 N30°~50°W 之间,倾角 5°~13°,量值约为 19~23 MPa;第二主应力量值在 13~16 MPa 之间;第三主应力近垂直,量值相当于上覆岩体自重,一般在 8.2~12.2 MPa 之间。右岸地下厂房第一主应力方向为 NNE 向,一般在 N0°~20°E 之间,倾角 2°~11°,量值约为 22~26 MPa;第二主应力量值为 14~18 MPa;第三主应力近垂直,量值相当于上覆岩体自重,一般为 13~16 MPa。厂房区存在轻微岩爆或中等岩爆,片帮现象较普遍且程度较严重。

1.3 峡谷区高拱坝谷幅变形案例

峡谷区高拱坝出现谷幅收窄变形是普遍的物理力学现象,我国的李家峡、锦屏一级、溪洛渡均监测出不同程度的收缩变形[4-9]。欧洲的部分高拱坝和日本的黑部拱坝在蓄水期也出现了类似的现象。

1.3.1 黄河李家峡拱坝

李家峡水电站位于青海省尖扎县与化隆回族自治县交界处,电站总装机容量 200 万 kW。大坝采用混凝土三圆心双曲拱坝,坝顶高程 2 185 m,最大坝高

155 m,总库容 16.5 亿 m³（正常蓄水位下）。1988 年正式开工,1999 年第一期工程全部机组投产发电,2001 年竣工,是黄河中上游水电梯级开发中的第三座大型水电站,以发电为主,兼顾灌溉等综合效益。

李家峡拱坝库区河谷地形高陡,左岸谷坡倾角 46°,右岸谷坡倾角 50°,河谷断面呈"V"形,坝址区地质条件复杂,地质构造较为发育。基岩主要由前震旦系黑云更长质条带状混合岩和黑云绿泥石闪斜长片岩构成,其间发育花岗伟晶岩脉,断裂构造较发育。坝址区发育的主要断裂带分为三组:斜河向中倾角断层带、横河向高倾角断层带和顺层层间挤压破碎带,主要断层分布示意图如图 1-7 所示[10]。

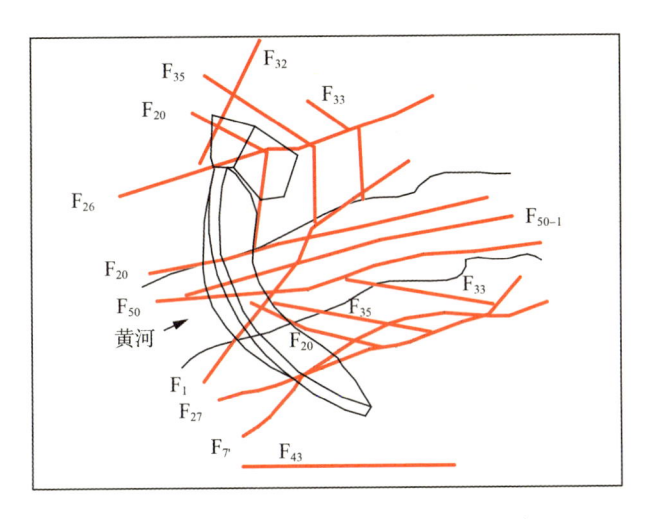

图 1-7　李家峡水电站坝址区主要断层分布图

李家峡拱坝在坝下游共设置 5 条谷幅测线,测线布置如图 1-8 所示。图 1-9 为蓄水期 5 条测线谷幅变形过程的监测数据。

(1) 蓄水后,5 条谷幅测线均监测到谷幅收窄变形现象,最大谷幅变形值为测线 TP17—LJ03 的 34.4 mm。

(2) 谷幅测线高程越高,收窄变形监测值越大,说明上部岩体朝河谷中心的变形相对较大,下部岩体朝河谷方向变形相对较小。

(3) 谷幅变形速率与水位变化具有明显相关性。从 1996 年底至 2002 年初的整个蓄水期,水位每次抬升,谷幅变形值均有明显增加。其中,1999 年 8 月水库水位抬升对谷幅变形影响较大,5 条谷幅测线变形测值均显著增加,其中测线 TP17—LJ03 和 TP15—LJ07 的谷幅变形变化值分别达到了 20 mm 和

10 mm。2002年初以后,库水位基本稳定,谷幅变形趋势减缓,基本呈现收敛迹象。

(4)谷幅监测值呈现周期性波动,一般在每年7至9月测值相对较大。

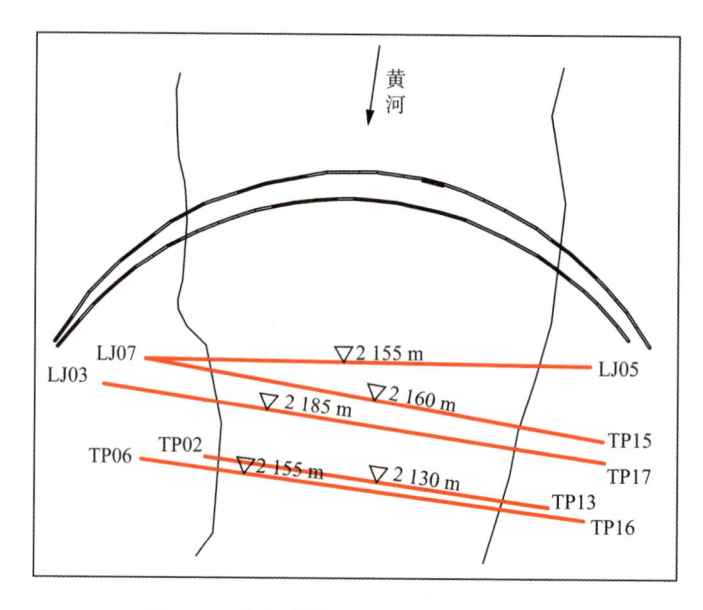

图1-8 李家峡拱坝谷幅测线布置示意图

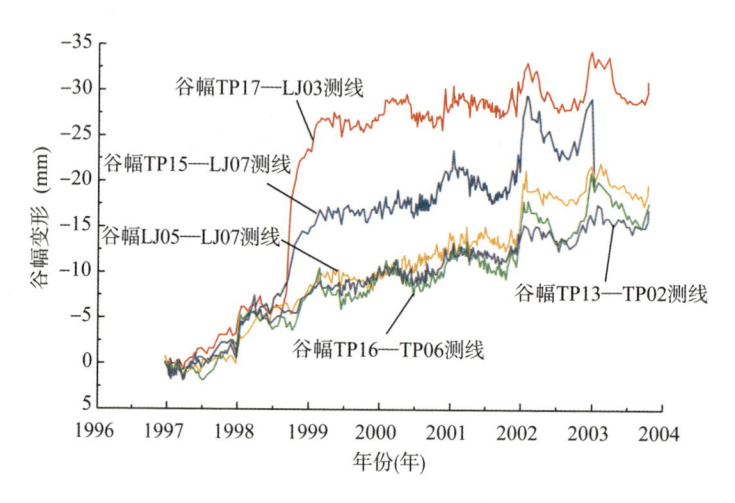

图1-9 李家峡水电站谷幅变形监测过程线(根据文献[11]修改)

1.3.2 雅砻江锦屏一级拱坝

锦屏一级水电站是四川省雅砻江下游控制性梯级电站,于 2005 年正式开工,2013 年开始投产发电。电站总装机容量 360 万 kW,水库正常蓄水位 1 880 m,死水位 1 800 m,总库容 77.6 亿 m³。拱坝坝型采用混凝土双曲拱坝,坝顶高程 1 885 m,坝高 305 m,为目前世界第一高拱坝。

坝址区河谷比较狭窄,谷坡较为陡峻,边坡相对高差最大可达 1 000～1 700 m,坡度 30°～90°,地层岩性主要由变质砂岩、板岩和大理岩构成(图 1-10),具有复杂地质构造、较高地应力水平等特点[12, 13]。

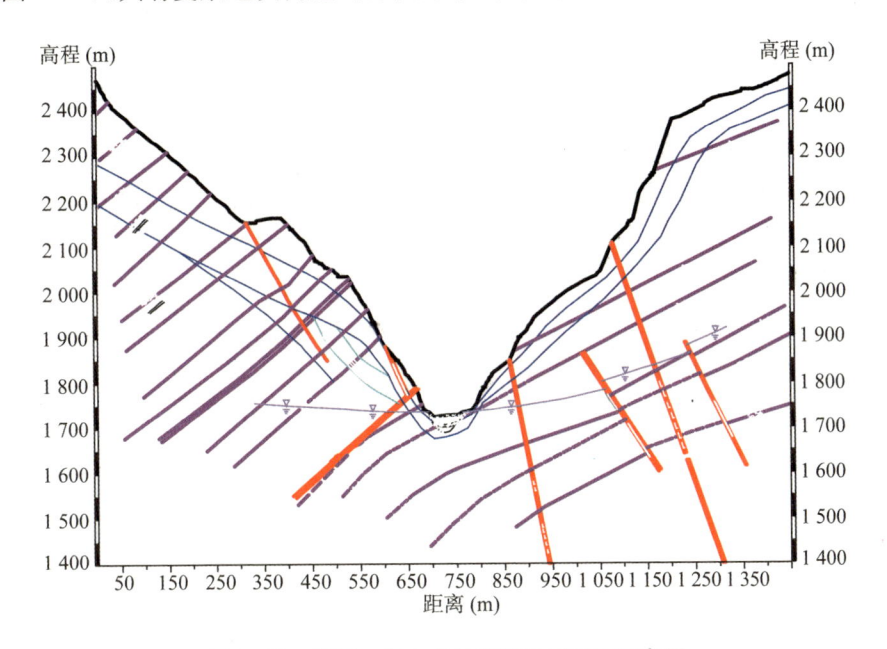

图 1-10 锦屏一级水电站典型地质剖面示意图

坝址区左岸为反向坡,在较大范围内发育有深部裂缝,形成变形拉裂岩体;右岸为顺向坡,由大理岩夹绿片岩组成。坝区整体呈左岸下硬上软,右岸下软上硬的地质结构特点。坝址区主要软弱结构面有 F_2、F_5、F_8、F_{13}、F_{14}、F_{18} 等,这些软弱结构面在坝肩岩体中发育范围大,均具有遇水软化、泥化等特征。

锦屏一级拱坝共布置 11 条谷幅测线,如图 1-11 所示,在首蓄期及初蓄期谷幅变形速率较大,之后的运行期则相对减小[14],周绿等[15]对锦屏一级谷幅变形进行逐年统计,具体如表 1-1 所示。变形具有逐年减小的趋势,且上游变形大于下游变形,变形随着高程的降低而降低。王昀等[16]通过对比谷幅测线值及两岸平硐变形值,发现左岸边坡浅部变形占谷幅变形的2/3。

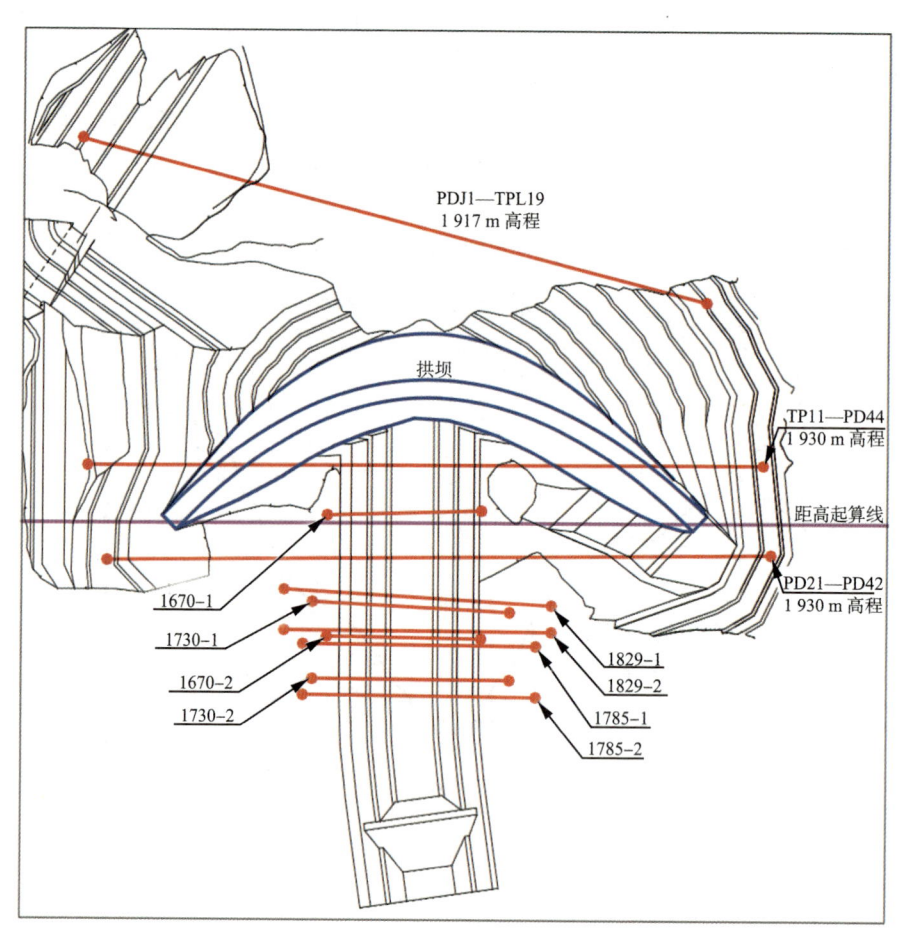

图 1-11 锦屏一级水电站坝区谷幅测线布设图[5]

表 1-1 锦屏一级高拱坝谷幅变形值统计[15]

测线	位置	高程(m)	2015年	2016年	2017年	2018年	2019年
TP11—TPL5	上游	1 930	−9.2	−2.8	−5.0	−2.3	−5.3
PDJ1-2—TPL19	上游	1 917	−8.0	−4.4	−2.6	−2.1	−4.6
PD21-3—PD42-2	上游	1 930	−5.9	−4.8	−1.2	−2.2	−4.9
XC1-1—XC1-2	下游	1 885	−1.5	1.0	−0.9	0.3	−1.6
TPLKP29-2-1—TPRKP29-4-1	下游	1 829	−8.8	−2.7	1.5	−0.3	−2.1
TPLKP85-1-1—TPRKP85-2-1	下游	1 785	−3.2	−0.4	−1.2	1.2	−2.2

单年变形值(mm)

续表

测线	位置	高程(m)	单年变形值(mm) 2015	2016	2017	2018	2019
TPLKP85-2-1—TPRKP85-3-1	下游	1 785	−3.4	−0.4	0.2	0.2	−2.5
TPLKP30-1-1—TPRKP30-3-1	下游	1 730	−1.8	−3.5	0.0	−0.2	0.0
TPLKP30-2-1—TPRKP30-6-1	下游	1 730	−3.0	0.0	−0.3	−1.0	0.1
TPLKP-2—TPRDH-2	下游	1 670	—	—	−0.4	0.2	−0.3

对比测线谷幅变形测值及布设位置，锦屏一级高拱坝谷幅变形呈现以下特点：

（1）上游谷幅变形大于下游谷幅变形，高高程谷幅变形大于低高程谷幅变形。

（2）蓄水初期谷幅变形值较大，从首次蓄满后的第二个水文年开始，谷幅变形速率逐渐减小，且具有年度变形周期特征。

（3）浅层变形为谷幅变形主要来源。

1.3.3 金沙江溪洛渡拱坝

溪洛渡水电站位于金沙江干流上，为混凝土双曲拱坝，正常蓄水位为高程600 m，坝顶高程610 m，坝身高度285.5 m，水库容量128亿 m^3，总装机容量1 386万 kW，是一座具有发电、防洪、拦沙和提高通航能力等多功能多用途的综合性水利枢纽，如图1-12所示。溪洛渡工程于2005年底开工，2007年实现截流，2013年5月开始蓄水，2015年竣工投产运行。溪洛渡水库库长208 km，自雷波永善至宁南巧家，属河道型水库。

图1-12 溪洛渡水电站

坝区岩性：坝址区山体陡峻，河谷呈较对称的"V"形，地层分为三层，自上而下分别为二叠系上统宣威组（P_2x）砂页岩层、二叠系上统（$P_2\beta$）峨眉山玄武岩层和二叠系下统上段茅口组（P_{1m}）阳新灰岩层。有一层泥页岩沉积层（$P_2\beta_n$）分布于玄武岩层下部，与灰岩呈假整合关系，玄武岩为坝座所处区域，其整体厚度为490~520 m，共由14个厚度为25~40 m的岩流层组成。

层间层内错动带：坝址区左岸和右岸分别为反向坡和顺向坡，岩层整体平缓（<20°），坝区无大断裂断层，玄武岩层内分布若干层间错动带（C_2、C_3、C_5等）和层内错动带（Lc_3、Lc_4、Lc_5等）。层间错动带（C_2、C_3等）多沿原生层面经过构造作用发育形成，主要形式为平直型和带裂型。其中，平直型为多沿层面构造的平直段发育，或当层面起伏较大时，沿层面上部1~2 m处的层节理发育，总体平直，延伸稳定，破碎带厚度变化较小。带裂型沿着层面构造和上、下侧的层节理、剖面X节理发育而成，多在岩流层的底部形成层内错动，汇入层间错动的密集带，呈密集的带状延伸，厚度较大，产状不稳定，单条错动带规模较小，起伏较大。层内错动带（Lc_3、Lc_4、Lc_5、Lc_6、Lc_8）指的是岩流层内部分布的缓倾角构造错动带，其发育程度在不同位置和方位具有显著差别。如图1-13所示[17]。

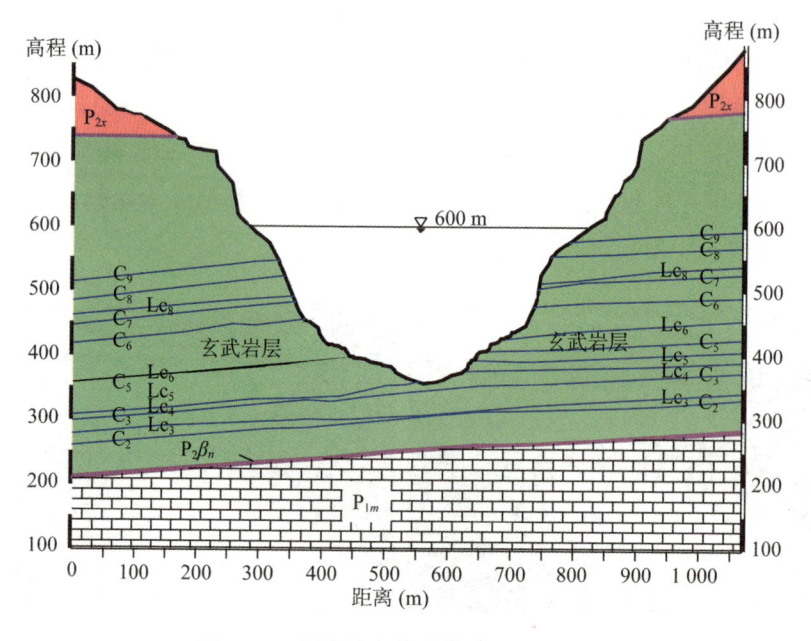

图1-13 溪洛渡水电站典型地质剖面图

坝区透水性分布：阻水结构由分布于坝区谷肩顶部的碎屑层积岩(P_2x)、玄武岩($P_2\beta$)上层的凝灰岩、泥页岩($P_2\beta_n$)和志留系页岩组成。透水结构由玄武岩流层中发育的裂隙结构网络和灰岩层中发育的裂隙-溶隙结构网络组成。根据软弱结构面的分布形态和发育状况，坝区岩体裂隙结构可分类为层间层内错动带结构和裂隙结构。

坝区地应力：勘探结果显示，整体上坝区地应力场分布相对均衡，没有显著的应力集中区域，三向应力值 $\sigma_1 = 14.79 \sim 18.44$ MPa，$\sigma_2 = 10.05 \sim 15.85$ MPa，$\sigma_3 = 4.23 \sim 7.59$ MPa，σ_2 倾角较陡，σ_1 和 σ_3 倾角平缓，随着埋深的增加，地应力值会相应增大，总体为中等地应力区。

坝区温度场：坝区地温异常，主因是地下热水由下向上运移产生。坝址区河谷地段是地下水的最终排泄带，埋藏于玄武岩之下的灰岩裂隙水（热水）通过越流排向金沙江。热储应是灰岩岩溶裂隙含水层，上升通道是相互连通的玄武岩裂隙发育带，热水循环在坝址区达到(100 ± 50)m高程。

为观测蓄水后溪洛渡拱坝岸坡谷幅变形过程，在坝区上游布置了 4 条谷幅测线，下游布置了 3 条谷幅测线，测线高程及位置如图 1-14 所示。自 2013 年 5 月 4 日导流底孔下闸蓄水以来，溪洛渡工程谷幅变形持续发展，如图 1-15 所示。

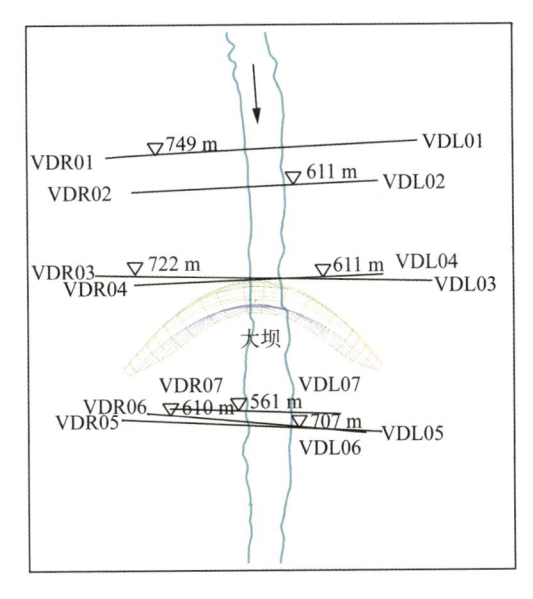

图 1-14 溪洛渡拱坝谷幅测线布置

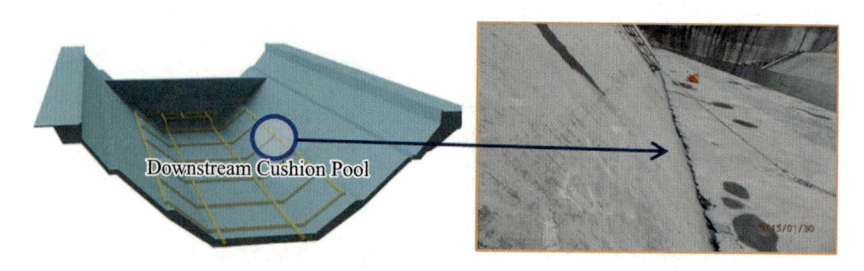

图 1-15　溪洛渡谷幅变形导致的水垫塘局部开裂[18]

坝区 7 条谷幅测线变形累计值曲线如图 1-16 所示，分析可知，变形具有以下空间特征：

（1）上下游方向：拱坝上下游谷幅测线均发生收窄变形且变形均匀、差异性小。

（2）沿高程方向：谷幅变形沿高程变化量值相当，并没有出现明显的沿坡底自下而上变形逐渐增大的现象，表明溪洛渡谷幅变形可能是岸坡沿底部的整体变形。

（3）左右岸方向：左岸坡上抬变形，右岸坡下沉变形，右岸坡累计变形量大于左岸坡，但相差值不大。

（4）整体变形：通过对比谷幅测线值与两岸观测平硐变形[19]，推断溪洛渡谷幅变形受山体深远处结构面影响，是范围大、结构面主导的整体变形，而不是浅表坡体变形。

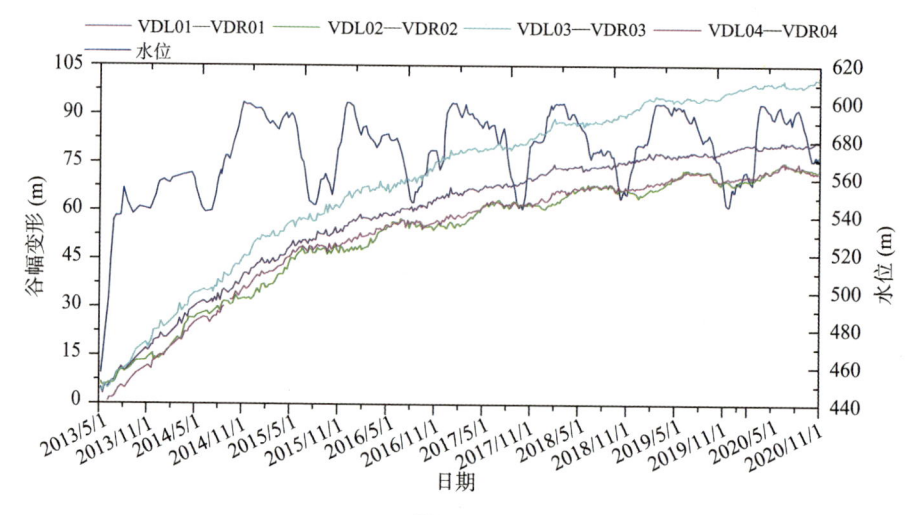

(a) 拱坝上游测线

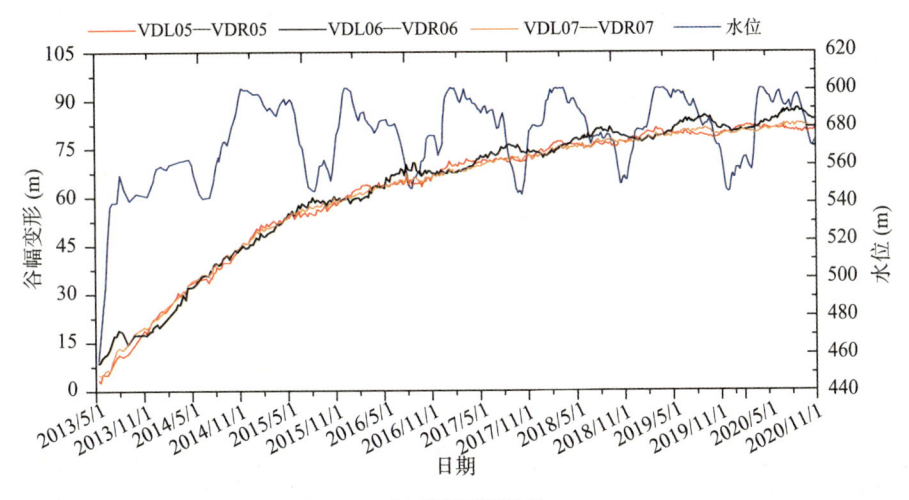

(b) 拱坝下游测线

图 1-16 溪洛渡谷幅变形过程线

截至 2020 年 10 月 30 日，坝顶上方 722 m 高程的 3 号测线变形最大。对溪洛渡谷幅变形测线进行统计，计算累计变形量中各水位年变形量的占比，结果如表 1-2 所示。结合谷幅变形过程曲线分析可知，变形具有以下时间特征：

（1）谷幅变形主要发生在 2015 年 5 月之前（前两个蓄水周期内），在蓄水初期是不可逆的塑性变形[20]，变形速率随季节变化无明显变化，同比其他时期变形速率较大，变形累计值占据总体变形的 56.2%～66.9%，各测线平均值达 62.8%。

（2）各测线谷幅变形值呈现逐年收缓趋势，从第三个蓄水周期开始，谷幅变形-时间变化曲线随季节变化呈现明显的变化特征，这种特征被 Barlar 等[21]称为年度变形周期特征。

表 1-2 溪洛渡高拱坝谷幅变形值逐年占比统计 单位：%

	测线 1	测线 2	测线 3	测线 4	测线 5	测线 6	测线 7
测线高程(m)	749	611	722	611	707	610	561
前两个水文年	60.1	60.9	56.2	63.4	66.1	65.8	66.9
前三个水文年	73.5	75.5	66.5	77.2	78.8	75.9	78.2
前四个水文年	83.1	85.1	78.9	85.0	87.4	87.2	86.1
前五个水文年	91.5	92.5	87.3	92.9	93.9	93.4	93.5
前六个水文年	95.8	97.2	94.5	97.2	98.0	98.0	97.8
前七个水文年	100.0	100.0	100.0	100.0	100.0	100.0	100.0

（3）蓄水期拱坝上下游谷幅均匀收窄，水位升降对谷幅变形影响不大。蓄水完成后谷幅年增量和变形速率呈逐渐减小趋势。

（4）随着库水位的不断变化，谷幅收缩呈单调递增趋势，水位下降期谷幅收缩量大于谷幅上升期。

1.3.4 瑞士 Zeuzier 拱坝

瑞士 Zeuzier 拱坝位于瑞士南部阿尔卑斯山区，是坝顶高程 1 778 m，坝身高度 156 m 的混凝土双曲拱坝，如图 1-17 所示。水电站于 1954 年开工建设，1957 年建成运行，正常蓄水位 1 777 m，装机量 9.2 万 kW，库容 0.5 亿 m³。

图 1-17 瑞士 Zeuzier 水电站

研究表明[22,23]：坝址河谷狭窄且极不对称，坝基为页岩、泥灰岩（软弱岩层）和石灰岩（坚硬岩层）的互层。河谷左岸边坡相对右岸受到侵蚀作用更显著，右坝座相比左坝座更加宽厚。坝体坐落于"S"形褶皱的北西翼上，坝基下部岩层走向相对平缓，基岩向下延伸与向斜层相连。坝座被若干条平行于褶皱轴的断层切割，故平行于主河谷且与西南方向倾角为 45°。坝区地下水活动主要受控于沉积岩层的特性，石灰岩层透水性相对较高，在构造断裂作用下更为显著；泥灰岩层则透水性较低。由于受到泥灰岩的阻水作用，地下深部存在一个在建造 Zeuzier 拱坝前未探明的地下封闭承压水层。坝区地质剖面图如图 1-18 所示[22]。

Zeuzier 拱坝在正常运行 20 年后，1978 年开始建设距峡谷谷底竖直距离 400 m、横向距离 1.4 km 的隧道，施工中穿过了一个由页岩及石灰岩组成的封

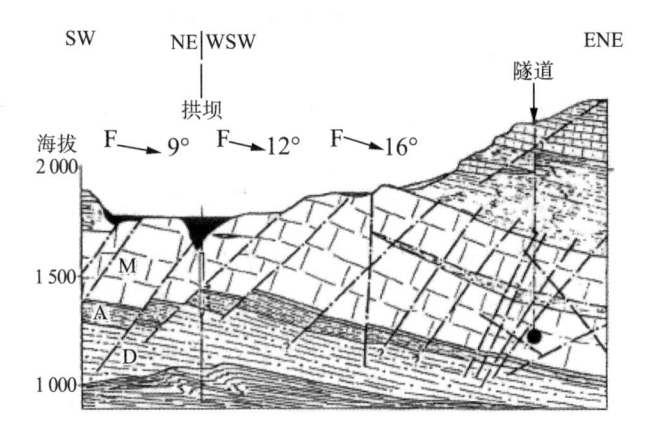

图 1-18 坝区地质剖面图(单位:m)[22]

闭裂隙岩层,由于岩层含水量丰富,隧道施工导致含水层大量排水,排水速度达到 300 L/s[24]。巨大的排水量导致地下水位下降并引发了较大范围的沉降及谷幅变形,造成了大坝开裂等结构性损伤。研究人员对原有大地测量网和水准导线进行复测并与 1972 年测量结果相对比,发现坝区出现异常位移现象。坝区山谷和拱坝的测点位移示意线如图 1-19 所示,由图可知[23]:

(1) 中央悬臂梁顶部测点朝向上游方向产生高达 71 mm 位移。由坝体测点的变形方向可知,坝体整体向上游产生变形,河谷两岸边坡均朝向河心变形,谷幅缩窄约 40 mm。

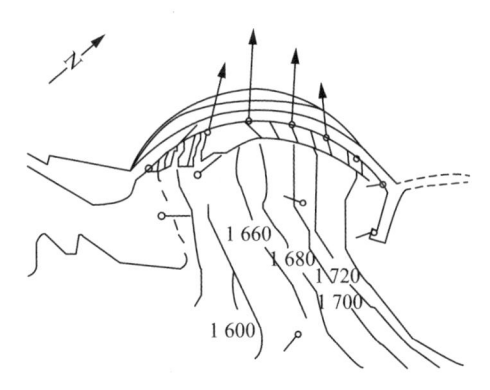

图 1-19 1972—1979 年 5 月期间水平位移方向示意图(单位:mm)[23]

(2) 位于大坝下游左右岸坝座上的测点横河向间距减小了 37 mm。

(3) 对比拱坝下游 1 000 m 处的水准基点发现,坝区产生沉陷变形。坝体测点沿铅直向变形达 83 mm,左右两岸坝座上的测点变形值大致相当。据此初步判断不仅是坝体或局部岩体产生变形,而是整个坝区发生沉降。

截至 1981 年,经过多次复测,证实坝区发生的是大规模的均匀沉陷,范围包括整个河谷和两岸数百米范围,这种沉陷最终导致:坝体沉陷 110 mm;坝顶弦长缩短 60 mm,谷幅缩窄;坝顶拱冠向上游位移 110 mm;坝基和坝座向下游方向转动 0.12‰ 等。Ehrbar 等[25]认为这与地下水位变化引发岩体内结构面调整,有效应力增加而引起的裂隙闭合有关。裂隙闭合作用在大范围内表现出了谷幅变形。Zangerl 等[26]的研究有着近似的发现,此外,Zangerl 等还通过敏感性分析发现地表水补给速率(表面降水)对变形同样具有显著影响。

1.3.5 其他拱坝工程案例

加拿大的 Oldman 坝位于加拿大 Alberta 省南部,水库自 1991 年蓄水后,溢洪道和水库右岸边坡出现了朝河谷中心的变形,在蓄水过程中的岸坡变形随库水位的变化规律与 Vajont 拱坝基本一致[27, 28]。

日本黑部拱坝自 1960 年首次蓄水以来,对坝体和基岩已进行了长达 40 余年的监测,发现河谷宽度是季节性变化的,引起山体变形的最大可能原因是基岩内深层地下水位的季节性变化。库岸岩体在初次蓄水后出现了变形,大部分变形集中在开始蓄水到首次蓄满的 9 年期间内。40 多年来,一些部位的岩体仍在继续变形,虽然量值很小。

意大利 Beauregard 拱坝位于 Aosta 河谷,是一座坝高 132 m,坝顶长度 408 m,正常设计蓄水位为 1 770 m 的拱坝。自 1958 年以来的监测数据显示,Beauregard 拱坝左岸边坡发现了明显的往河谷方向的位移,由于坡体移动,大坝发生了向上游的偏斜,坝体下游面出现大量横缝,左侧坝肩附近出现了严重的裂缝,下游面横缝如图 1-20 所示。

为了避免后续出现更为严重的问题,水库管理局将库水位控制在 1 710 m 左右,并加强了勘察与监测工作[30]。从 1967 年开始,对左岸坡进行了河谷向变形监测,测线布置如图 1-21 所示,根据测量结果,变形呈现明显的往河谷方向的发展,并具有距离坝肩越近变形越大的特征。1970 年至 2008 年间,1 813.4 m 高程处的 PR3 测点累计水平位移近 200 mm[30]。PR4 测点变形与库水位的时程图表明河谷向变形与库水位变化间存在明显的相关性。地质勘察发现左岸边坡存在严重的破碎岩体及断层,Barlar 等[31]由此推断

Beauregard拱坝大量值谷幅变形产生的原因是水库蓄水引起的剪切带激活。同时左岸边坡的冰川河流沉积物加大了渗流，Barlar等[21]研究还发现Beauregard的谷幅变形具有年度变形周期特征。

图1-20　Beauregard拱坝坝体下游面横缝[29]

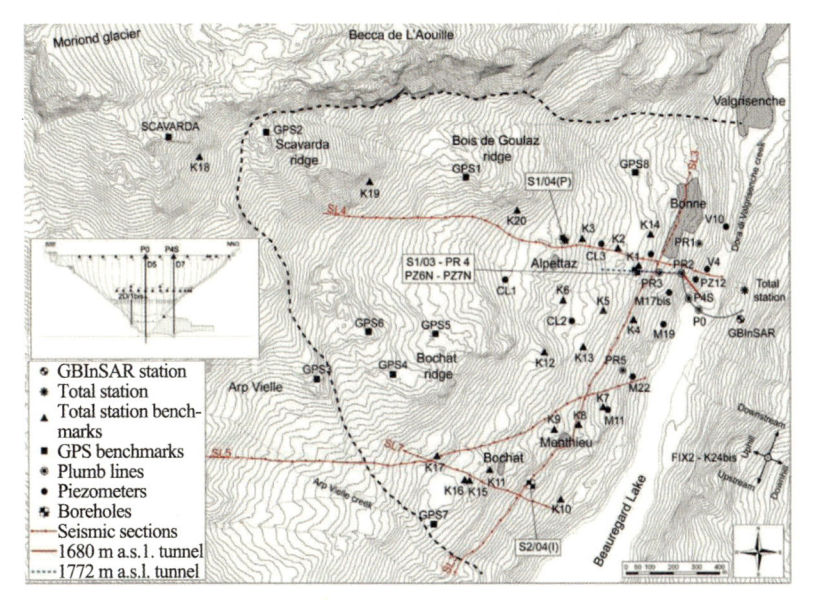

图1-21　Beauregard拱坝左岸河谷向变形监测点与测线布设[21]

1.4 峡谷区高拱坝谷幅变形研究现状

1.4.1 谷幅变形机理研究

围绕峡谷区高拱坝谷幅变形,国内外学者对其成因机理进行了分析并提出了相应的学术观点,可分为以下几类:

1. 渗流场演变

水库蓄水会对区域地下水环境产生重要影响,尤其是枢纽区地表水与地下水的交互过程[32]。这种交互过程使得区域地下水渗流场及应力场发生改变,进而影响着库区周围环境的初始平衡状态。因此,研究地下水动力条件的演变过程可为谷幅变形的成因机理、数值分析及趋势预测提供依据和参考。汤雪娟等[33]采用增量载荷法,研究了水库蓄水前后枢纽区渗流场对谷幅变形的影响,并对拱坝的应力状态和变形规律进行了分析,认为渗流场演变是导致拱坝朝向上游变形的重要因素。周志芳等[34,35]基于枢纽区水文地质环境,从渗流场的角度分析了谷幅变形成因机理,认为蓄水引起谷幅变形与库区两岸透水层与相对隔水层的相间分布、坝基下存在区域承压含水层等因素有关,如图 1-22 所示。徐海洋等[36]基于溪洛渡水电站渗流场专题研究工作获得的大量监测资料,对坝基下伏阳新灰岩承压含水层地下水动力特征进行了细致分析,发现蓄水后阳新灰岩内地下水位大幅升高,且随库水位同步变化。庄超等[37]依据承压含水层的水力响应解析解,建立了高拱坝谷幅变形的反演及预测模型,较好地重现了谷幅变形的动态响应过程。Chen 等[38]采用非稳定渗流模型和动态反馈分析方法,研究了拱坝运行过程中枢纽区裂隙岩体渗透特性和地下水渗流场的变化规律,认为蓄水引起的枢纽区水文地质条件演变是产生谷幅变形的重要诱因。辛长虹和赵引[39]结合锦屏一级拱坝谷幅变形监测资料,采用非线性有限元方法分析了裂隙岩体的非饱和渗流过程对谷幅变形的影响规律,结果表明在非饱和渗流作用下拱坝上游的谷幅变形量比下游大,且当渗流场达到饱和状态时,谷幅变形量值最大。

2. 渗流应力耦合

仅考虑渗流产生的渗透体积力并不能有效地解释谷幅变形的成因机理,蓄水过程中库岸岩体的渗流应力耦合作用不能忽视[40]。杨杰等[11]在对李家峡拱

(a)　　　　　　　　　　　　　　　(b)

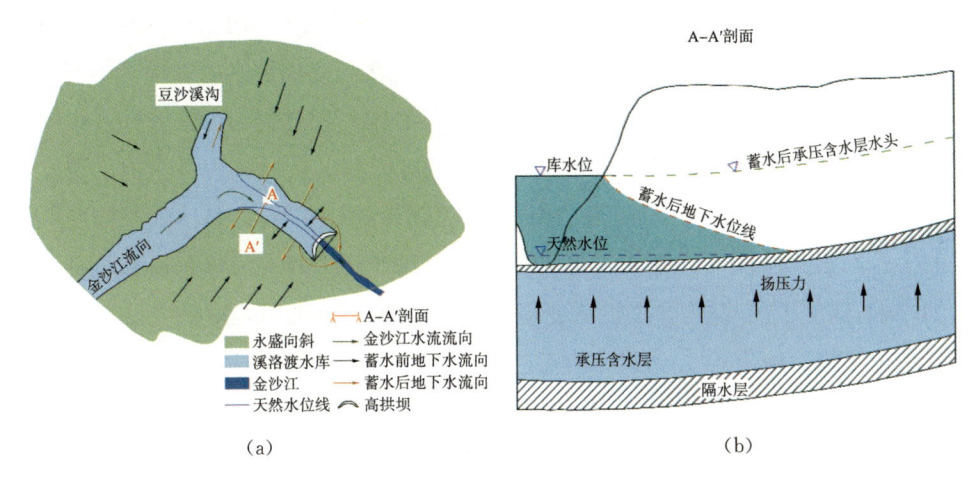

图 1-22　蓄水后锦屏枢纽区地表水-地下水交互过程示意图（根据文献[32]修改）

坝自 1996 年至 2002 年蓄水过程中的谷幅变形监测资料进行回归分析的基础上，将李家峡拱坝蓄水产生的谷幅变形归因于破碎带、断层和裂隙内逐渐增加的库水压力和渗透破坏作用。杨强等[12]从裂隙水压力的作用规律出发，提出了非饱和裂隙岩体的有效应力原理，并应用于锦屏一级拱坝谷幅变形数值计算，分析认为拱坝蓄水增大了边坡内的裂隙水压力，使得库岸边坡朝向临空面产生不可逆的塑性变形，进而造成峡谷区高拱坝的谷幅变形现象。Cheng 等[41]、钟大宁等[42]和 Wang 等[43]也开展了类似有意义的研究工作。Wu 等[44]将溪洛渡高拱坝谷幅变形归因于层间错动带内的初始残余水平应力以及蓄水后有效应力发生改变造成的层间错动带莫尔圆迁移。水库蓄水后，拱坝上下游产生的巨大水头差将使得地下水裂隙渗流逐渐偏离线性达西定律，而呈现出明显的非线性特征[45]，此时仍采用达西定律来评估裂隙的渗透能力，将产生严重的偏差。李彪[46]基于嵌入式的裂隙-基质模型，提出了裂隙岩体非达西渗流应力耦合数值分析方法，并应用于高拱坝蓄水过程中谷幅变形的研究，对比分析了达西与非达西渗流对谷幅变形的影响。石中岳等[47]考虑了水-岩耦合作用对岩体强度和刚度的影响，提出了岩体刚度软化的约束-松弛算法，并应用于溪洛渡高拱坝谷幅变形计算分析，结果表明谷幅变形是地下水动力条件改变与岩体水致劣化共同作用的结果。

3. 流变作用

流变是岩体材料固有的力学特性，对于揭示蓄水扰动过程中库岸岩体的时效变形特性具有重要意义。雷峥琦[48]采用扩展后的非连续变形分析（Discontinuous Deformation Analysis, DDA）方法，深入分析了溪洛渡高拱坝蓄水后谷幅变形的触发机制和时效变形特征，数值模拟结果与实测谷幅变形过程吻合性较好。张国新等[49]对溪洛渡高拱坝谷幅变形监测资料进行回归分析后认为蓄水扰动诱发的近坝库岸时效变形，尤其是沿层内、层间错动带的蠕变变形，是诱发谷幅变形的主控因素。何柱等[50]和Liu等[51]考虑了孔隙水压力对应力球张量和屈服面的影响，建立了弹-黏弹非线性流变损伤模型，并对溪洛渡谷幅时效变形规律进行数值模拟。徐岗等[52]通过分析锦屏一级水电站蓄水前后的谷幅变形响应特征以及两岸坡体的结构特征，认为蓄水后左岸坡体的变形对谷幅变形起主导作用，其变形机理为左岸上部倾倒变形体的蠕滑。

4. 温度场改变

一般来说，库水具有较大的比热容和热惯性，水库蓄水导致的温降效应会对枢纽区周围山体的热量传递产生影响，进而影响岸坡变形[53]。江汇[54]从枢纽区地热水文地质条件出发，对溪洛渡拱坝蓄水后产生的谷幅变形、库盆沉降以及拱坝朝向上游的变形特征进行了分析，建立了蓄水河谷-库坝变形的温降-渗流-库水相互作用模型（图1-23），并进行了数值仿真验证。与现场实测变形过程的对比分析结果表明，坝址区深部基岩温降是造成溪洛渡高拱坝谷幅变形的主要原因。Yin等[55]基于多孔介质的热-水-力（THM）耦合理论，计算分析了溪洛渡高拱坝蓄水后枢纽区岩体的温度场、渗流场和应力场的演化过程，与Jiang等[56]的观点一致，认为库水入渗基岩，使得谷底深部基岩产生大范围温降，进而诱发了枢纽区大范围的谷幅变形。张林飞[57]考虑了蓄水引起的库岸

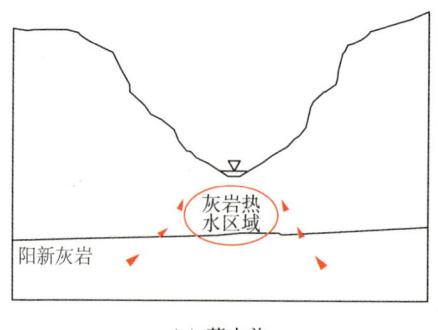

(a) 蓄水前

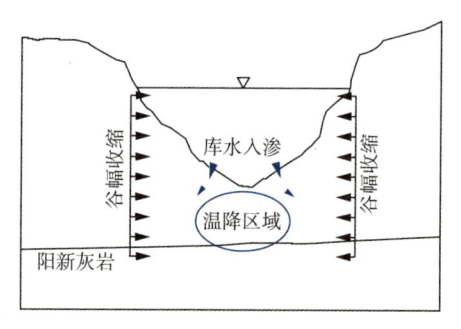

(b) 蓄水后

图1-23 谷幅变形温降模型[55, 56]

岩体内部热量迁移过程，通过数值模拟研究了溪洛渡坝址区蓄水前后温度场的演化规律，探讨了温降的产生机制及其合理性选择问题，认为基岩温降对拱坝上游的谷幅变形的影响权重为10％左右，对下游的谷幅变形基本没有影响。

我国高拱坝大多位于西南高地震烈度带，还有学者提出要研究蓄水前后枢纽区地震活动规律[58]，如图1-24所示，以探明谷幅变形是否与水库诱发地震有关[59]。

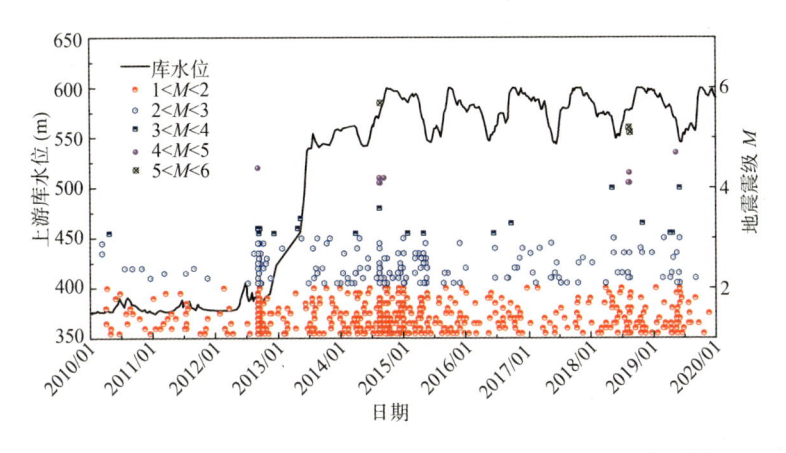

图1-24　溪洛渡近坝库区蓄水地震活动规律分布（根据文献[59]修改）

1.4.2　裂隙岩体渗流特性研究

水电站枢纽区断层、层内和层间错动带等复杂结构面往往广泛发育。当结构面法向与切线方向的尺寸比率远小于1时，这些结构面可被统称为裂隙[60-62]。裂隙及其联通网络因具有良好的导水性，是岩体内地下水渗流的主要通道。水库周期性的加卸载蓄水过程不仅造成枢纽区岩体结构内应力重分布，也使得地下水渗流及水动力条件发生剧烈变化，为岩体结构失稳创造了有利条件。研究裂隙渗流特性对分析岩体结构稳定性和地下水动力条件的演变至关重要[63,64]。单裂隙作为构成裂隙岩体网络的基本要素，研究其渗流特性以及与应力的关系是探究更为复杂裂隙网络渗流特性的基础。

经典的单裂隙渗流模型将裂隙视为光滑的平行板（图1-25），并在此基础上得到了著名的立方定律（Cubic Law，CL）[66,67]，它认为裂隙的渗透率与水力开度的平方成正比。裂隙开度的变化对渗流特性将产生较大的影响。而渗流应力耦合试验是研究应力作用下裂隙渗流特征最直接和最重要的手段[68]。许

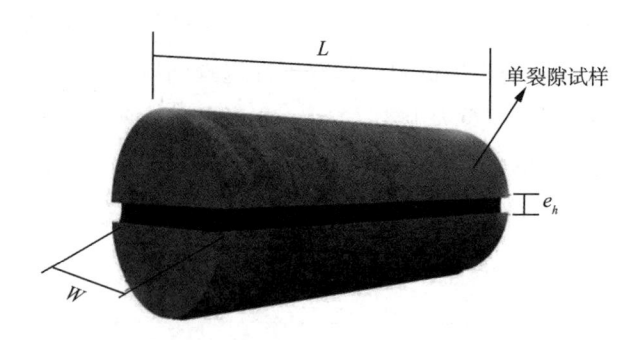

L—试样长度；W—裂隙宽度；e_h—裂隙开度。

图 1-25　光滑平行板模型示意图（根据文献[65]修改）

多学者围绕围压和渗压对裂隙渗流特征的影响开展了深入细致的研究。常宗旭等[69]在大量试验研究数据的基础上，推导了单裂隙渗透率在三向应力作用下的理论计算公式，与 Louis[70]提出的经验公式相吻合，认为裂隙的渗透率与法向应力呈现负指数关系。Ranjith 和 Darlington[71]进行了 0.55～3.0 MPa 围压条件下的单裂隙花岗岩试样的渗流试验，结果表明裂隙的单位导水系数 (T_a/T_0) 随着围压的增加逐渐下降，且当单位导水系数小于 0.9 时，裂隙渗流的非线性特征逐渐显现。Zhang 和 Nemcik[72]开展了低围压(1.0～3.5 MPa)条件下砂岩裂隙试样的水力试验，试验结果表明吻合型裂隙试样的渗流特征满足线性达西定律，且水力传导率随围压的增加呈双曲线函数形式下降。Chen 等[73]针对人工花岗岩裂隙试样开展了一系列的渗流试验，分析了围压在 1.0～30.0 MPa 条件下裂隙的渗流特征，结果表明围压的增大使得裂隙渗流的非线性效应增强，Zhou 等[74]也得到相似的结果。Fakherdavood 等[65]基于室内试验研究了围压和表面粗糙度对裂隙渗流特征的影响，发现高流速下围压的增大可以使得裂隙渗流的流态从线性到非线性转变。

立方定律因其形式简单而被广泛用来预测裂隙岩体的渗透特性。但实际上，天然裂隙表面通常是凹凸不平、起伏多变的，这就使得天然裂隙的渗流规律与光滑平行板模型之间存在差异[75,76]。因此，合理评估裂隙几何形貌对渗流特性的影响，建立适用性更强的裂隙渗流表征模型就显得尤为重要。Rasouli 和 Hosseinian[77]采用 FLUENT 有限差分软件开展了大量粗糙裂隙渗流数值试验，建立了等效水力开度与力学开度、裂隙上下表面平均粗糙度系数、裂隙最小闭合量之间的定量关系。Chen 等[78]通过室内试验的方法分析了粗糙裂隙形貌特征与渗透特性之间的定量关系,建立了水力开度与平均力学开度、接触比率以及相对分形维数之间的数学表达式,可为裂隙变形过程中渗透率的演化提供理论参考。Wang 等[79,80]考虑了裂隙局部粗糙度、流动通道迂曲度以及开度变化对裂隙渗透率的影响,通过引入相应的修正系数,对立方定律进行了修正。Cunningham 等[81]基于试验结果给出了裂隙面粗糙程度对临界雷诺数以及等效水力开度影响的数学表达式。类似的研究还有很多[82-86]。

综合以上研究现状可知,国内外学者针对岩石裂隙渗流及其表征模型开展了大量的研究,取得了较为丰硕的成果。但在 300 m 级高坝枢纽工程蓄水引起的高水头作用下,岩体中不连续面渗流特性、在载荷作用下的演化机制以及达西定律的适用性评价等研究方面仍存在明显的局限性,需要进一步开展深入研究。

1.4.3 裂隙岩体渗流应力耦合数值分析

裂隙岩体是水利水电等工程领域经常遇到的复杂不良地质体,深入研究其渗流应力耦合过程对于指导工程实践具有重要意义[87]。应力场通过影响裂隙开度与孔隙度影响岩体的渗透特性,进而影响岩体内孔隙水压力的分布;反过来,孔隙水压力的变化又影响着岩体内应力的分布,进而影响着岩体的变形特性,这种互馈作用即为裂隙岩体渗流场与应力场的耦合过程[88]。

为了描述裂隙岩体的渗流应力耦合行为,国内外学者发展了不同的数学模型。按照裂隙表征形式的不同,可以分为隐式和显式模型两大类;按照裂隙岩体渗流特性的不同,又可以细分为等效连续介质(Equivalent Continuum,EC)模型、双重介质(Dual Porosity,DP)模型、离散裂隙网络(Discreted Fracture Network,DFN)模型和离散裂隙-基质(Discreted Fracture-Matrix,DFM)模型等,如图 1-26 所示。

1. EC 模型

等效连续介质模型[图 1-26(a)]以渗透系数张量为基础,将裂隙发育的岩体等效为一连续介质体,其表征单元体(REV)的水力特性和本构关系可采用连续介质理论进行描述[90]。Min 等[91]基于现场实测结果,采用随机 REV 方法分析了裂隙岩体的等效渗透系数张量。杨建平等[92]在室内试验基础上,采用离散元 UDEC 软件研究了裂隙岩体的等效渗透系数的尺寸效应和各向异性,获得了该裂隙岩体的等效渗透系数张量。Zheng 等[93]根据裂隙的方位角、线密度和某一方向的渗透率值,提出了一种新的裂隙岩体渗透率张量的解析模型。此外,Arbogast 和 Lehr[94]、Huang 等[95]和 Wang 等[96]对裂隙岩体的等效渗透特性进行了研究,取得了相关成果。在裂隙岩体渗流应力耦合分析方面,Oda[97]通过引入裂隙网络几何张量,采用等效连续模型对裂隙岩体的渗流应力耦合行为进行描述。邓祥辉[98]以试验得出的渗透系数张量和应力之间的关系式为桥梁,建立了岩体渗流场与应力场耦合的等效连续介质模型,并采用有限单元法对一混凝土重力坝的水力耦合特性进行了分析。Gan 和 Elsworth[99]基于等效连续介质模型,采用 TF_FLAC^{3D} 软件分析了渗流应力耦合过程中裂隙岩体渗透特性的演化过程。Song 等[100]采用 REV 方法确定了裂隙岩体的等效渗透系数和力学参数,并据此分析了库岸边坡在库水位周期性波动过程中的稳定性。

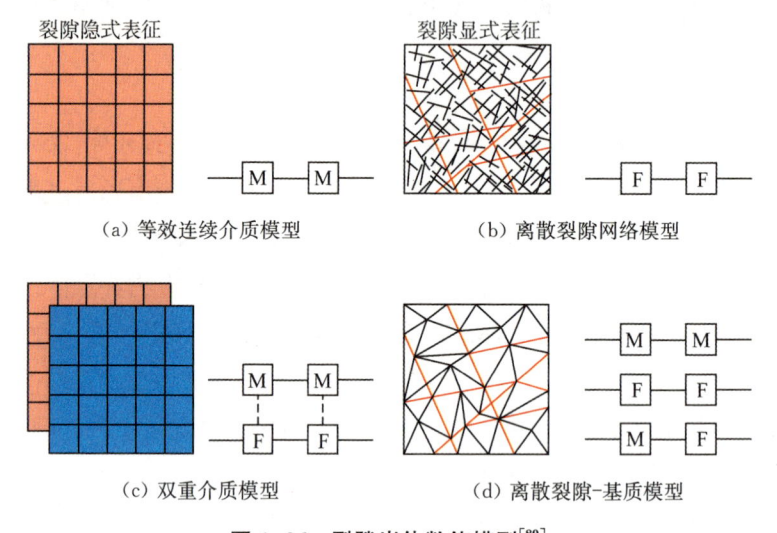

图 1-26 裂隙岩体数值模型[89]

等效连续介质模型强调裂隙岩体表现出来的宏观特性,不考虑裂隙的物理结构和几何分布情况,而是将裂隙岩体等效为均匀连续介质,具有计算效率高且易于应用的特点。但当岩层呈现较强非均质性或渗透路径受控于主要裂隙时,该模型会产生较大的误差。

2. DP 模型

双重介质模型[图 1-26(c)]最早由 Barenblatt[101]提出,后来由 Warren 和 Root[102]进一步发展和推广。该模型认为岩体由储水的孔隙介质和导水的裂隙介质共同组成,二者之间通过质量交换来耦合求解各自的渗流控制方程。Ghafouri 和 Lewis[103]推导了一种新的全耦合双重介质渗流应力耦合模型。

Choo 和 Borja[104]基于改进的多项式压力投影技术（Polynomial Pressure Projection Technique），提出了一种适用于双重孔隙介质流-固耦合分析的混合有限元方法。Zhang 等[105]考虑了微裂隙各向同性和纳米尺度孔隙非达西渗流作用，发展了一种双重介质渗流应力耦合模型。Hosking 等[106]在双重孔隙弹性理论框架下，提出了一种 THM 耦合计算模型，分析了 CO_2 封存过程中煤层的温度、气体流动和力学响应特征。刘耀儒等[107]采用 element-by-element（EBE）并行计算方法，发展了一种双重孔隙介质渗流应力耦合模型，分析了天然岩体中孔隙和裂隙系统的渗透特性及其应力耦合特性。张玉军和张维庆[108]基于双重介质模型对岩体内孔隙、裂隙水压力的分布及变形特性进行了研究，并考虑了裂隙刚度、方向、间距、组数和连通率变化的影响。刘洋等[109]基于连续介质离散元方法（Continuum-medium Distinct Element Method）建立了双重介质水-岩耦合模型，模拟了降雨和库水位变动联合作用下边坡的渐进破坏过程。盛茂等[110]将页岩气藏视为双孔双渗（Daul Porosity/Daul Permeability）介质，在考虑固体骨架变形对渗流场影响的基础上，建立了页岩气流固耦合模型。年庚乾等[111]基于双重介质模型，研究了不同降雨强度下裂隙岩质边坡的渗流特性。类似的研究还有很多[112-114]。

作为一种特殊的连续介质模型，双重介质模型不仅考虑了孔隙和裂隙之间的流量交换，而且在一定程度上刻画了裂隙的优先流现象。但在进行瞬态或者非恒定渗流分析时，孔隙介质和裂隙介质之间的流量交换难以确定[115]。

3. DFN 模型

离散裂隙网络模型［图 1-26（b）］采用数学公式显式表征每一条裂隙的几何特性（方向、迹长、开度和间距），其基本假设为岩石基质不透水，地下水的流动和溶质的运移只能通过裂隙网络实现。基于 DFN 模型的渗流应力耦合分析通常采用非连续数值方法进行求解，主要包括离散单元法（Distinct Element Method，DEM）和非连续变形分析（Discontinuous Deformation Analysis，DDA）方法[116]。Jing 等[117]基于 DDA 方法提出了裂隙岩体的渗流应力耦合数值模型，并采用试验数据验证了模型的有效性。张彦洪和柴军瑞[118]采用离散裂隙网络模型和变开度节理单元模型，在考虑渗透水压力和动水压力的影响下，研究了水位变动条件下裂隙岩体的渗流应力耦合特性。刘晓丽等[119]发展了一种基于 DFN-DDA 混合的渗流应力耦合模型，并对库岸边坡的稳定性进行了数值分析。赵志宏等[120]基于 DFN 模型的思想，采用离散元法模拟了裂隙岩体的渗流应力耦合过程,并采用粒子追踪法研究了溶质传输过程对应力变化的动态响应机制。Wu 和 Wong[121]基于数值流形元方法(Numerical Manifold Method,NMM)提出了裂隙岩体的渗流应力耦合模型,并分析了渗流对单裂隙岩质边坡稳定性的影响。Wang 等[122]将立方定律嵌入 NMM 中,模拟了流体驱动作用下的多级裂纹扩展问题。Helmons 等[123]发展了一种 DEM-SPH 耦合的数值求解模型,模拟了饱和岩体的渗流应力耦合行为,并分析了排水条件下岩体的强化/弱化效应。Zhang 和 Shi[124]从扬压力、块体变形和水力压裂三个分析角度验证了 DDA 耦合模型的正确性,分析结果表明 DDA 方法可以直观地显示岩块的破坏过程。He 等[125]、Hyman 等[126]、Fadakar Alghalandis[127]、Fumagalli 等[128]等众多学者也基于离散裂隙网络模型开展了大量关于岩石渗流应力耦合分析的研究。

离散裂隙网络模型虽然能够真实地描述裂隙对岩体渗流特性的影响,但在实际工程应用中,需要清楚地了解每条裂隙的空间分布特征,这限制了离散裂隙网络模型的推广和使用[129]。此外,离散裂隙网络模型未考虑岩石基质的渗透特性以及基质系统和裂隙系统之间的流量交换。

4. DFM 模型

考虑到离散裂隙网络模型的局限性,离散裂隙-基质模型应运而生,它在显式模拟裂隙渗流特征的同时,又考虑了岩石基质系统的渗透特性。DFM 模型通常采用匹配型非结构化网格[图 1-26(d)],即将裂隙作为内部边界,并以此为约束进行网格剖分。DFM 模型广泛应用于裂隙岩体地下水渗流与溶质运移、地热资源开发、非常规油气开采等领域[130-133]。Segura 和 Carol[134]采用无厚度接触面单元建立了一种适用于裂隙岩土材料的全耦合的渗流应力模型。Garipov 等[135]基于 DFM 模型,提出了一种模拟裂隙岩体流-固耦合的方法,并采用有限体积法(FVM)和有限元方法(FEM)进行数值求解。严侠等[136]基于非匹配型结构化网格,提出了一种嵌入式的 DFM 模型,模拟了流体在裂隙-基质系统中的流动特性。Sun 等[137]使用 DFM 模型,建立了一种可以模拟热能萃取中 HTM 耦合过程的高效数值分析方法。Rueda Cordero 等[138]考虑了裂隙的多尺度效应,将 DFM 模型与 DP 模型有效结合,提出了一种基于有限元求解的渗流应力耦合模型。Chen 等[139]发展了一种全耦合的离散裂隙模型,分析了 CO_2 地质封存过程中的渗流、吸附和煤层变形动态响应特征。Liu 等[140]将 DFM 模型与裂隙动态特征相结合,建立了一种全隐式求解的两相流固耦合的数值模型,模拟了超低渗透气藏生产过程中的动态压力变化。

DFM模型可以很好地描述裂隙渗流及其与基质系统的质量交换,适合大尺度裂隙的模拟。该方法将裂隙隐含到控制方程中,前处理时无须考虑裂隙开度,与裂隙精细化模拟相比,可有效降低网格离散难度,简化求解过程[130]。

1.4.4 谷幅变形监测及变形特征分析

1. 谷幅变形监测布置

谷幅变形通过在山体两岸布设监测装置进行监测。依据《混凝土坝安全监测技术规范》(DL/T 5178—2016),装置建议布设在同高程内垂直于河流的方向,且成对布设,测线布设如图1-27所示。

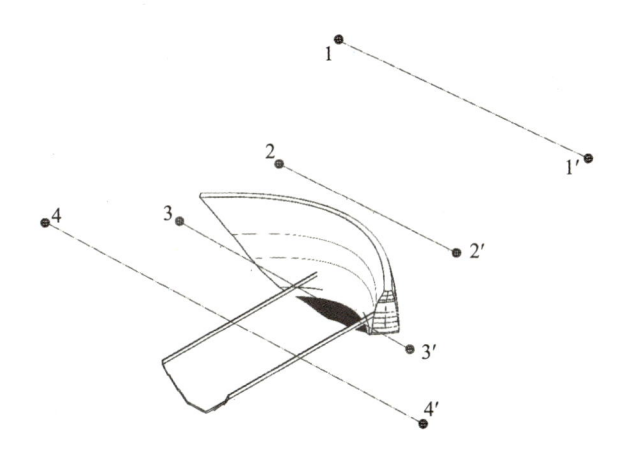

图1-27 谷幅变形测线布设方式图

成对布设的监测装置构成了谷幅变形测线,通过记录测线相关信息的数据变化,可获得谷幅变形随时间的变化情况。我国许多高拱坝工程中均布设了谷幅测线,早期工程的测线布设相对较少,空间覆盖范围相对较小,其中李家峡水电站在大坝下游侧高边坡布设了5条谷幅测线。锦屏一级拱坝早期在上游布设3条谷幅测线,下游布设2条。溪洛渡高拱坝蓄水初期在上游布设4条谷幅测线,下游布设3条。白鹤滩谷幅变形监测则最为系统,对库盆、拱坝抗力体、水垫塘等重要位置均布设了谷幅测线,上游监测为表观监测,下游监测则包含表观变形及深部变形[141]。

2. 谷幅变形监测技术及方法

谷幅变形监测通常采用高精度全站仪等来实现,主要通过观测各时间点对应的成对测点的间距获取谷幅变形时间序列[142,143]。测量数据需要依据相关规范对仪器误差、地球曲率、高差、干温、湿温等进行改正、归化[144]。激光测距仪也是工程实例中应用的监测方法[143,145,146]。20世纪80年代，龙羊峡拱坝通过引进瑞士ME-5000激光测距仪开展谷幅变形监测[146]。李家峡水电站采用马迪斯激光测距仪监测，共计布设7条谷幅测线[147]。激光测距仪监测的方法在锦屏一级水电站也得到了应用[143]。拉西瓦、公伯峡、积石峡等水电工程采用全站仪结合激光测距的方法开展谷幅变形监测[148]。

考虑到大坝所在峡谷的复杂气象条件、设备布设位置等，无论是全站仪监测还是激光测距仪监测，测距的结果需要经过参数修正再输出[143,147]。全站仪监测通常采用传统的气象修正模型修正数据，需要假设24 h内全天候气象平稳为计算前提条件；自动化激光测距则引入参数时间序列建模方法来减少残差趋势的影响，以满足基本监测要求[143]。

全站仪的修正主要考虑两岸干温、湿温、气压和湿度[143]，由于左右岸气象差异大、温差变化大且快、受光照先后间隔时间长，需要尽量满足监测时段固定、监测速度最快的原则来实施谷幅变形监测任务[142]，这使得全站仪监测在气象修正计算时考虑不全面，且需要假定观测气象平稳，在大雾、大风等复杂气象条件下气象折射系数计算方法不够严密[145]。另外，由于全站仪观测需要人工在监测时加装观测仪器至观测底座，存在仪器安置与人工观测误差等问题[143]。受限于复杂天气条件以及人工工作的强度和精度，监测工作具有时间分辨率不高、时间间隔不等的特点[145]。

自动化激光测距需要通过温度、气压、水蒸气压等参数修正，由于这种测量方法是一种单日内多次测量方式，需要对监测日内的数据进行二次处理以给出当日值。高帅等[147]结合李家峡实际工程案例，介绍了通过气象修正模型结合最小二乘法确定当日测值的方法。王明洁和李健[149]介绍了凉山彝族自治州内坝高305 m的特高拱坝谷幅变形监测方法，该工程先通过格拉布斯准则剔除异常值，再结合最小二乘法计算当日均值，作为谷幅变形当日监测值。周绿等[145]以锦屏一级水电站为例，通过引入参数时间序列信号处理方法来削弱趋势误差、随机误差的影响，通过联合加权最小二乘方法来实现精度要求内的全天时谷幅变形监测。该方法在计算时选取气象相对稳定时刻的测距中值作为参考，所得结果受中值影响很大。

这些方法输出的原始监测数据一定程度上削弱了环境噪声因素影响，但由于计算方法的前提假设、限制条件,这些方法的主要作用往往是提高精度而非消除噪声。除此以外,仪器设备、施工等因素对测距监测结果同样会产生影响。因此,尽管提高了监测数据质量,但由于各类监测方法的实施条件及气象模型的修正方式不同,实际现场监测获取的谷幅变形数据不同程度地存在缺失值、异常值、噪声等。针对这些特点,有必要弱化噪声、离群点等对变形分析的影响,在进行谷幅变形特征、影响因素分析和变形预测等研究前选取相应的数据处理方法,避免监测时间分辨率不高、时间间隔不等以及异常值、噪声等对研究分析的影响。

3. 高拱坝谷幅变形特征分析

谷幅变形特征分析是确定谷幅变形在空间、时间上的变化规律的重要途径,同时有利于了解其变形收敛状况,对谷幅变形影响因素的分析及预测研究工作具有重要意义。研究人员基于多个实际工程监测数据的对比分析,总结出谷幅变形空间分布特征通常具有上游变形显著而下游相对不明显的特点,典型的案例如锦屏一级大坝、拉西瓦水电站[50]。并非所有的工程案例都呈现这种特征规律,典型的案例如溪洛渡高拱坝工程,溪洛渡谷幅变形具有沿上下游、左右岸、不同高程分布较为均匀对称的特点[150]。此外,部分研究分析了谷幅变形随时间变化的特征,李家峡水电站监测了大坝下游侧高边坡谷幅变形,监测结果表明变形主要发生在蓄水初期,每一次蓄水时谷幅测值均明显减小,在第六个水文年时谷幅变形趋势逐渐减缓,呈现收敛稳定的迹象;谷幅变形测线位移变化趋势一致,随着布设高程越高而谷幅变形越大,且高程较高的谷幅测线对水位变化更为敏感。国内溪洛渡特高拱坝工程的谷幅变形则从第三个蓄水周期开始基本收敛[150],杨学超等[151]通过双参数指数函数拟合谷幅变形曲线,给出了在 0.001 mm/d 为收敛标准的情况下溪洛渡谷幅变形的收敛时间。谷幅变形在蓄水前期量值相对较大,随着时间的推移变形速率逐渐减小,但不同的工程案例中的变形曲线形态、收敛情况各不相同。部分学者通过数值仿真模型开展谷幅变形特征规律研究。Xu 等[152]根据地下水监测资料及相关工程地质资料构建了考虑渗流场的三维数值模型,确定了谷幅变形空间分布规律。徐磊等[153]建立了考虑岩石劣化的有限元模型,并分析了考虑基质压缩、错动带时的谷幅变形时变曲线。

1.4.5 谷幅变形预测研究

谷幅变形预测与拱坝工程安全运营密切相关,谷幅变形值通常是考虑谷幅变形条件影响下的高拱坝结构安全分析的基础[154-158]。开展谷幅变形预测研究，对实际工程安全具有重要的现实意义。

许多学者结合工程实例开展了大量的谷幅变形预测研究工作[159]，主要包含数值模拟和数学模型两大类。数值模拟主要通过构建研究区域大尺度数值模型，结合考虑不同因素的本构模型，研究谷幅变形的发展规律。钟大宁等[42]建立了白鹤滩拱坝-谷幅相互作用有限元数值计算模型，考虑裂隙岩体的有效应力准则、岩体材料遇水软化准则等因素，计算并预测了白鹤滩拱坝在蓄水过程中的谷幅变形值，以及谷幅变形对拱坝的影响。Cheng 等[41]使用岩体广义有效应力原理，建立基于非线性迭代算法的三维有限元数值模型，考虑了有效应力变化下的谷幅变形，使用该模型对蓄水过程中的谷幅变形进行预测，并对大坝影响进行研究。Liu 等[160]考虑研究区域的裂隙分布以及岩土体水力耦合物理化学特征，建立了谷幅变形离散元计算模型，对谷幅变形特征进行了预测分析，模型计算结果与监测结果吻合较好。何柱等[50]提出了考虑孔隙水压力影响下的弹-黏弹-黏塑非线性蠕变模型，建立了谷幅变形有限元计算模型，对蓄水后谷幅变形的长期趋势进行了预测。部分学者以数学模型为基础，通过在给定的基础模型上结合监测数据等进行参数计算，进而实现谷幅变形预测。Zhou 等[161]通过构建双因子关系模型开展谷幅变形预测研究，考虑了应力、谷幅变形和渗流之间的耦合作用。Li 等[162]在构建的地下水静力季节时间模型的基础上对溪洛渡工程谷幅变形值开展了预测研究。

1.5 谷幅变形研究展望

目前对谷幅变形机理还没有明确统一的认识，谷幅变形对拱坝长期安全稳定性的影响也还不十分明确。谷幅变形与枢纽区工程地质条件、库水位运行变化、岩体渗流特性及流变特性等因素密切相关。就峡谷地区高拱坝工程谷幅变形研究方向及对高拱坝安全工程评价应注重以下几个方面：

1. 深化库坝枢纽区地质结构和水文地质条件的认识

溪洛渡拱坝谷幅变形的产生原因与地质结构密切相关，其中坝区缓倾角的层间层内错动带起控制性作用。锦屏一级拱坝谷幅变形的产生原因与其复杂的地质构造以及广泛发育的深部拉裂隙密切相关。瑞士 Zeuzier 拱坝事故则是由坝基下部承压水层被意外打穿，水文地质条件发生剧烈改变所造成的。

2. 蓄水后坝区水文地质条件和地下水动力条件改变是影响谷幅变形的决定因素

蓄水后岩体渗流场发生改变,包括地下水流的补给、径流和排泄等大小和方向的改变,渗流力作用于裂隙岩体使构造面有效应力降低,岩体及其不连续结构受水浸泡后其材料物理力学参数发生劣化弱化。

3. 深入开展水岩耦合作用下坝区岩体变形机理研究

高拱坝蓄水期和运行期谷幅变形问题的实质是变水头作用下岩体渗流-应力耦合问题,大坝上下游谷幅变形受库水位变化影响十分明确。制订水电站水库水位运行调度方案时,须考虑库水位高低、升降、水位变化速率等因素对谷幅变形大小及方向的影响。

4. 开展枢纽区岩体在渗流-应力-流变耦合作用下流变时效特性研究

拱坝谷幅变形以坝区山体特别是岩体结构面的流变变形为主,岩体渗流-应力-流变耦合作用下坝区岩体强度和变形的时效特性是拱坝谷幅变形产生的主要原因。

5. 深入研究谷幅变形对工程安全的影响

分析谷幅变形对坝体应力状态、变形特征、流变力学特性和长期工作性态等方面的影响,需要判别不同量值谷幅变形条件下,拱坝是否处于线弹性和三向受压的工作状态,评价拱坝的安全性态。

6. 建立考虑谷幅变形的峡谷区高拱坝设计准则和规范以及拱坝设计方法

7. 建立基于谷幅变形的高拱坝运行风险分析方法和预警机制

包括影响拱坝安全的风险因子分析,可接受组合风险分析,以及降低风险的系统方法,建立高拱坝谷幅变形监测预警体系等。

8. 重视扩大范围的库坝枢纽区变形监测系统的设置

施工阶段就应在坝区设置全生命周期立体监测系统,包括谷幅变形监测、库盘变形监测、坝体变形监测等,以获得从施工期到运行期的全生命周期的长期有效监测数据,从而有利于对枢纽区整体安全稳定性的判断。谷幅变形安全监测系统的布置应考虑全方位长周期多变量的系统布置,重要测线设置位置包括拱坝上下游、坝肩处、岸坡不同高程处等,并开展基于数据驱动的谷幅变形分析,确保工程安全。

第二章

白鹤滩枢纽区地下水动态特征研究

2.1 引言

水文地质结构系统是指不同等级、不同形态、不同成因,经受不同地质构造作用,具有不同结构和水力学性质的水文地质综合体的空间组合,它控制着地下水的赋存状态和运移规律,是研究水电工程枢纽区地下水的基础。白鹤滩坝址区防渗帷幕、地下排水廊道以及主要地下洞室群的布设,使得枢纽区地下水的补给、径流、排泄条件发生了很大改变。枢纽工程与地质环境互馈引起的岩体渗透系数的改变以及水库蓄水后产生的高渗压使得原有的地下水动力条件再次改变。因此,有必要对两岸山体地下水动力条件变化引起的工程地质和水文地质问题进行深入研究,做出客观、科学的评价和建议。通过分析白鹤滩水电站枢纽区水文地质结构以及勘察、施工期和运行期的地下水观测资料,评估枢纽区地下水的赋存状态及其变化规律。

2.2 坝区水文地质结构特征

2.2.1 岩体水文地质结构特征

白鹤滩坝址区地层岩性以峨眉山玄武岩($P_2\beta$)为主,且右岸高程 1 100 m 以上分布有透水性较小的飞仙关组泥质粉砂岩(T_1f),对右岸地下水活动起着边界控制作用。天然状态下,枢纽区地下水的补给、径流和排泄特征如图 2-1 所示。总体上,坝址区两岸山体地下水的主要补给来源为大气降雨入渗,并经过不同距离的径流通道运输后,最终排泄于金沙江。由图可知,左岸整体上为一缓坡地形,汇水面积大,降雨入渗补给能力强,进而造成左岸地下水活动频繁。相较于左岸,右岸山体地势陡峭,地表径流能力强,且由于相对隔水层(T_1f)的存在,降雨难以补给地下水。因此,两岸地下水流系统相对独立。

白鹤滩水电站坝址区主要水文地质结构为大规模断层(F_{14}、F_{16} 和 F_{17})和贯穿左右岸的层内、层间错动带(C_2、C_{3-1}、C_3、C_4 和 C_5)等脉状裂隙结构,并构成了坝址区渗流场的主干网络,对地下水的运移传输起着重要作用。脉状裂隙结构的空间分布特征如图 2-2 所示,层间、层内错动带在左岸沿顺坡向发育,在右岸却倾向山里,且在右岸 1 100 m 高程以上分布有透水性较小的泥质粉砂岩。当断层与层间错动带在空间上相切时,坝址区水文地质结构更加复杂。

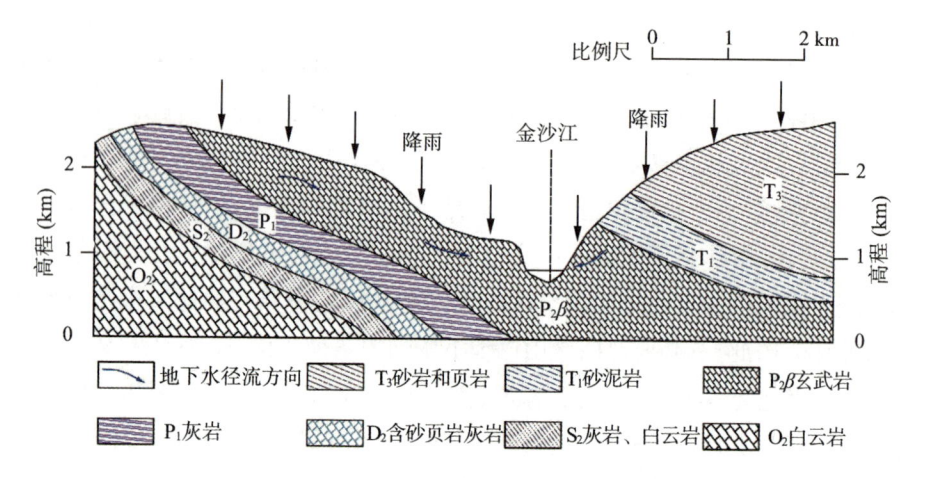

图 2-1 白鹤滩坝址区水文地质剖面图

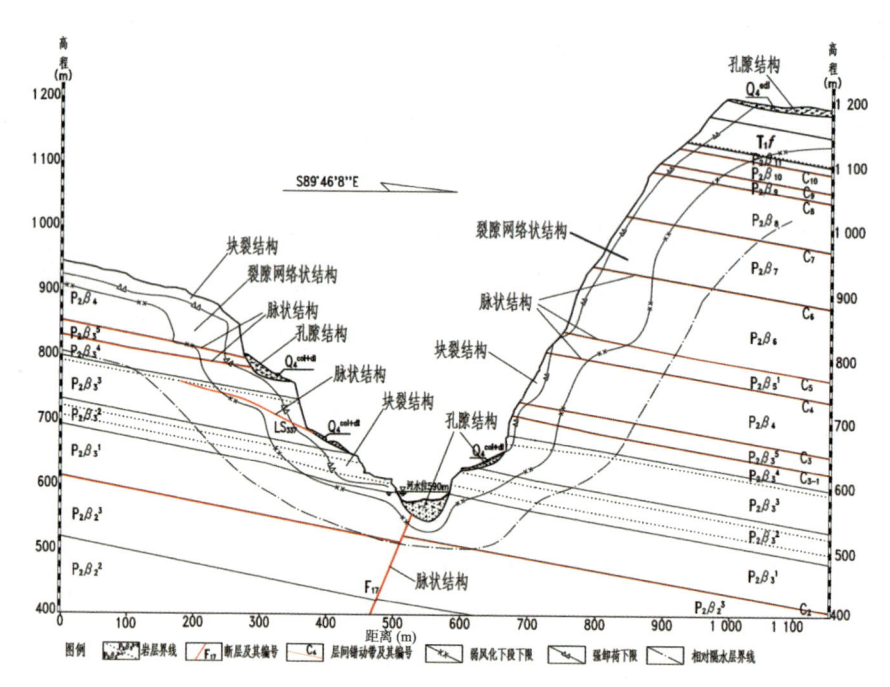

图 2-2 白鹤滩坝址区水文地质结构图

2.2.2 地下水动力响应模型

研究地下水与库水位之间的动态响应过程对了解枢纽区水文地质过程十分重要。由于坝址区裂隙系统的复杂性和水文地质参数的不确定性,地下水动态演变过程难以进行精确求解。为了对枢纽区地下水动态响应过程进行数学表征,将复杂的裂隙结构简化为含水平裂隙的含水层,并对其水力响应特征进行理论推导。

1. 模型建立

由于岩石基质的渗透特性比裂隙结构要小几个数量级,因此模型主要考虑裂隙结构内的地下水响应过程。枢纽区裂隙含水层水力响应过程如图2-3所示。采用笛卡尔直角坐标系,并取坐标原点为左岸山体边界与水平裂隙含水层的交点。在建立数学模型的过程中,采用的基本假设为:

(1) 库水位采用周期性边界进行表征,两岸山体远场地下水位为定水头边界;
(2) 库水位波动过程中,裂隙含水层始终处于饱和状态;
(3) 裂隙含水层均质且各向同性。

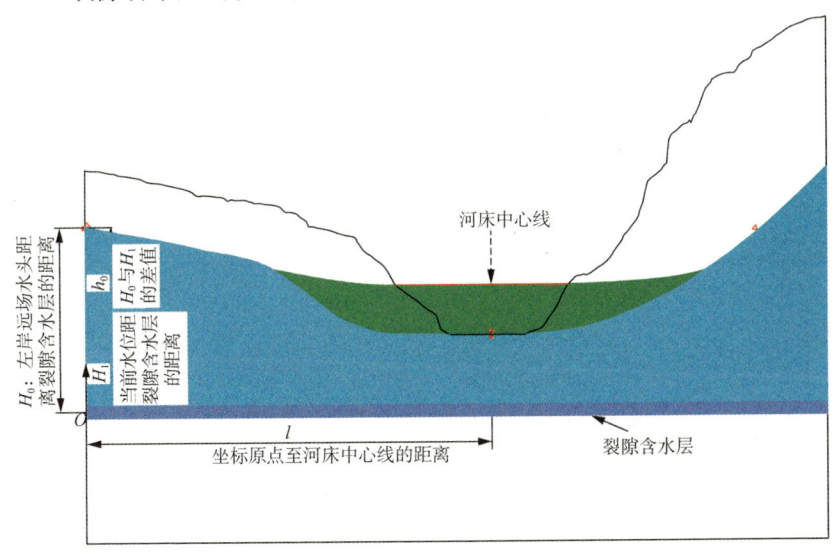

图 2-3 白鹤滩枢纽区裂隙含水层水力响应过程图

2. 模型解析解

考虑到河谷两岸地形的非对称特性,选取左岸边界至河床中心线范围的模型为研究对象,则枢纽区裂隙含水层一维地下水响应方程可表示为

$$K \frac{\partial^2 h(x,t)}{\partial x^2} = S_f \frac{\partial h(x,t)}{\partial t} \qquad (2-1)$$

式中：$h(x,t)$ 为裂隙含水层区域内 x 处在 t 时刻的水头；K 为裂隙含水层的本征渗透系数；S_f 为裂隙含水层的储水系数。

对库水位波动的水力响应过程，其初始条件和边界条件分别为

$$h(x,0) = \frac{h_0}{l}(l-x) + H_1 \qquad (2-2)$$

$$h(0,t) = H_0 \qquad (2-3)$$

$$h(l,t) = A\sin wt + H_1 \qquad (2-4)$$

式中：H_0 和 H_1 分别为左岸山体远场水头和当前水位高程距离裂隙含水层的距离，$h_0 = H_0 - H_1$；A 为库水位的波动幅值；w 为库水位的波动频率；l 为坐标原点至河床中心线的水平距离。

引入变换形式 $u(x,t) = h(x,t) - H_1$，并将其代入式(2-1)至式(2-4)可得

$$K \frac{\partial^2 u(x,t)}{\partial x^2} = S_f \frac{\partial u(x,t)}{\partial t} \qquad (2-5)$$

$$u(x,0) = \frac{h_0}{l}(l-x) \qquad (2-6)$$

$$u(0,t) = h_0 \qquad (2-7)$$

$$u(l,t) = A\sin wt \qquad (2-8)$$

对水流控制方程和相应的边界条件进行 Laplace 变换，消除水头方程对时间的依赖性，可得水头随空间变化的表达式

$$pg(x,p) - \frac{h_0}{l}(l-x) = \frac{K}{S_f} \frac{\partial^2 g(x,p)}{\partial x^2} \qquad (2-9)$$

$$g(0,p) = \frac{h_0}{p} \qquad (2-10)$$

$$g(l,p) = \frac{Aw}{p^2 + w^2} \qquad (2-11)$$

式中：p 为进行 Laplace 变换过程中对应 t 的空间变量；$g(x,p)$ 为方程 $u(x,t)$ 的 Laplace 变换形式。

基于特征根法[163],可得式(2-9)的通解

$$g(x,p) = \frac{h_0}{lp}(l-x) + C_1\exp(\zeta x) + C_2\exp(-\zeta x) \quad (2-12)$$

式中：$\zeta = \sqrt{\dfrac{pS_f}{K}}$；$C_1$ 和 C_2 为常数,可由边界条件确定。

$$g(0,p) = \frac{h_0}{p} + C_1 + C_2 = \frac{h_0}{p} \quad (2-13)$$

$$g(l,p) = C_1\exp(\zeta l) + C_2\exp(-\zeta l) = \frac{A\omega}{p^2+\omega^2} \quad (2-14)$$

联立式(2-13)和式(2-14)可得

$$C_1 = -C_2 = \frac{A\omega}{p^2+\omega^2} \cdot \frac{1}{\exp(\zeta l) - \exp(-\zeta l)} \quad (2-15)$$

将 C_1 和 C_2 代入式(2-12),可得

$$g(x,p) = \frac{h_0}{lp}(l-x) + \frac{A\omega}{p^2+\omega^2}\sum_{n=0}^{\infty}[\exp(-(2nl+l-x)\zeta) - \exp(-(2nl+l+x)\zeta)] \quad (2-16)$$

对 $g(x,p)$ 进行 Laplace 逆变换,即可得到 $u(x,t)$,进而求得 $h(x,t)$ 的表达式

$$h(x,t) = H_1 + \frac{h_0}{l}(l-x) + A\sum_{n=0}^{\infty}\left[\exp\left(-(l+2nl-x)\sqrt{\frac{\zeta^2}{2}}\right)\sin\left(\omega t - (l+2nl-x)\sqrt{\frac{\zeta^2}{2}}\right) - \exp\left(-(l+2nl+x)\sqrt{\frac{\zeta^2}{2}}\right)\sin\left(\omega t - (l+2nl+x)\sqrt{\frac{\zeta^2}{2}}\right)\right] - \frac{4AK\omega}{S_f\pi}\sum_{n=0}^{\infty}(l+2nl)^2\int_0^{\infty}\frac{z\exp\left(\dfrac{-Ktz^2}{S_f(l+2nl)^2}\right)}{\omega^2(l+2nl)^4 + (K/S_f)^2z^4}\left[\cos z\sin\left(\frac{xz}{l+2nl}\right)\right]\mathrm{d}z \quad (2-17)$$

其中,$z = (2n+1)lx$。由于式(2-17)中出现的级数和无穷积分呈现指数函数减小,因此水头函数可以快速地趋于收敛。

3. 讨论

为了定量分析库水位波动对裂隙含水层水力响应过程的影响,对式

(2-17)中的参数变量进行合理赋值,具体参数如表 2-1 所示。

图 2-4 绘制了裂隙含水层内不同位置处地下水位随库水位波动的时程响应曲线。由图可知,越靠近涉水岸坡(即 x 坐标值越大),裂隙含水层内地下水位波动幅值越大,且与库水位周期性波动特征一致性越好。随着距涉水岸坡水平距离的增加,即 x 坐标值的不断减小,裂隙含水层地下水位波动幅值越小。在 $x=1\ \mathrm{m}$ 处,含水层内地下水位近似为一定值,这是因为左岸山体远场地下水头为定水头边界。进一步对比分析裂隙含水层在 $x=50\ \mathrm{m}$ 和 $100\ \mathrm{m}$ 处地下水位时程曲线可知,由于裂隙含水层存在一定的储水能力,地下水位峰值点随库水位波动表现出一定的滞后性,且距涉水岸坡距离越远,滞后效应越明显。

表 2-1 裂隙含水层水力响应模型输入参数

参数名称	符号	单位	取值
裂隙含水层渗透系数	K	m/d	0.1
裂隙含水层储水系数	S_f	1/m	1×10^{-4}
左岸远场水头距含水层距离	H_0	m	60.0
当前水位距离含水层距离	H_1	m	20.0
左岸远场水头与库水位的水头差	h_0	m	40.0
左岸裂隙含水层延展长度	l	m	100.0
库水位波动幅值	A	m	5.0
库水位波动频率	w	1/d	$\pi/2$
库水位波动周期	T_0	d	4

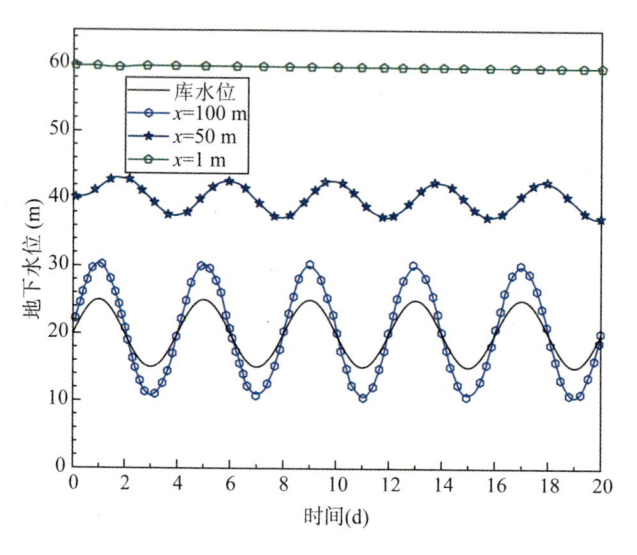

图 2-4 白鹤滩裂隙含水层不同位置地下水演化过程

2.3 坝区地下水动态特征

白鹤滩水电站在天然状态下、施工期和运行期积累了大量的长观孔地下水观测资料,天然状态下典型长观孔分布如图 2-5 所示。

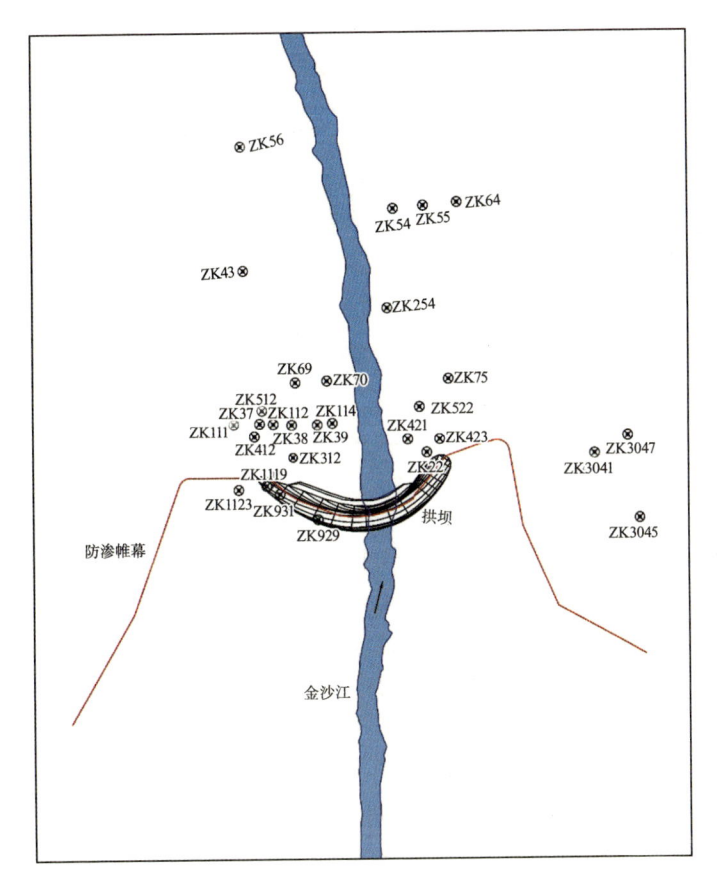

图 2-5 白鹤滩天然状态下地下水长观孔分布平面图

2.3.1 天然状态下左岸地下水动态特征

自 2001 年始,白鹤滩坝址区天然状态下完成了大量长观孔和勘测平硐的布设。勘探平硐的开挖使得山体内形成了新的地下水排泄通道,改变了左岸山体的初始水文地质条件。为了分析天然状态下坝区左岸地下水分布规律,将钻孔按照距河床中心线的距离投影到一个横剖面上,如图 2-6 所示。根据地质调查,左岸岸坡相对较缓,汇水面积较大,主要控水结构为大规模断层(F_{14}、F_{17})、层间错动带(C_3、C_{3-1}、C_2)和层内错动带 LS_{331}。

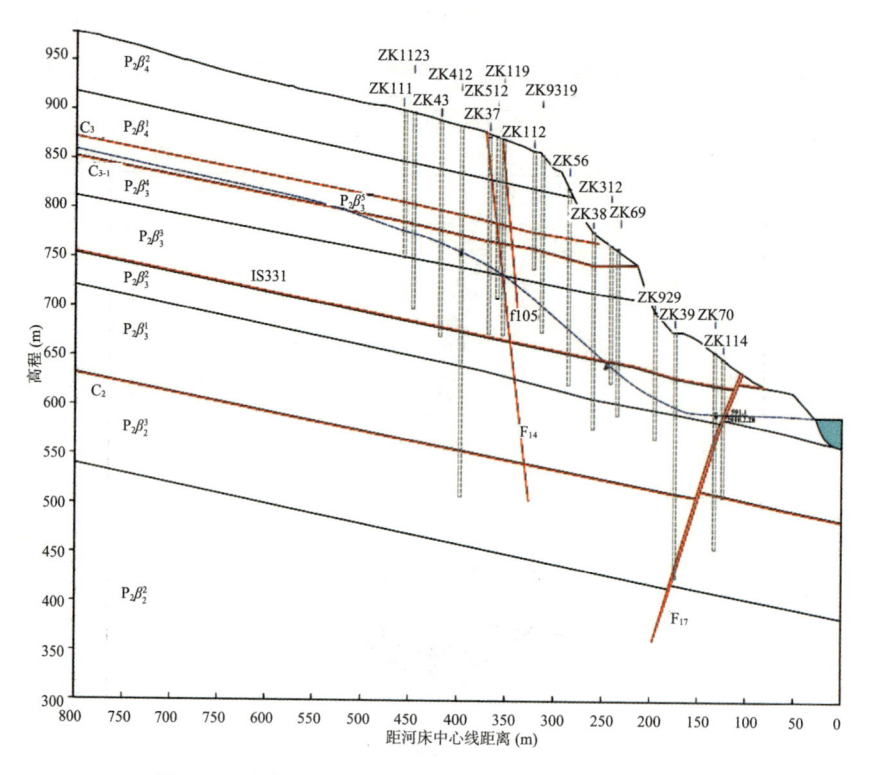

图 2-6 白鹤滩天然状态下左岸地下水长观孔位置分布

图 2-7 为左岸山体内典型长观孔地下水位时程曲线。由图可知,近河谷段钻孔(ZK114、ZK70 和 ZK39)地下水活动比较频繁,水位变幅在 12.2～21 m 之间,与江水位变动规律基本一致,表明近河谷段地下水与库水位之间存在着紧密的水力联系。而在远离河谷段,除钻孔 ZK69、ZK512 和 ZK112 外,大部分钻孔地下水位比较稳定,水位变化规律随江水位变化不明显,说明其地下水的补给来源为坡顶处缓慢的降雨入渗过程。钻孔地下水的统计结果如表 2-2 所示。根据钻孔监测资料统计结果可知,左岸地下水分布有一定的规律性,总体上,随着距河谷中心线水平距离的增加,地下水位高程逐渐增大,水位埋深范围为 40.3～170.5 m。

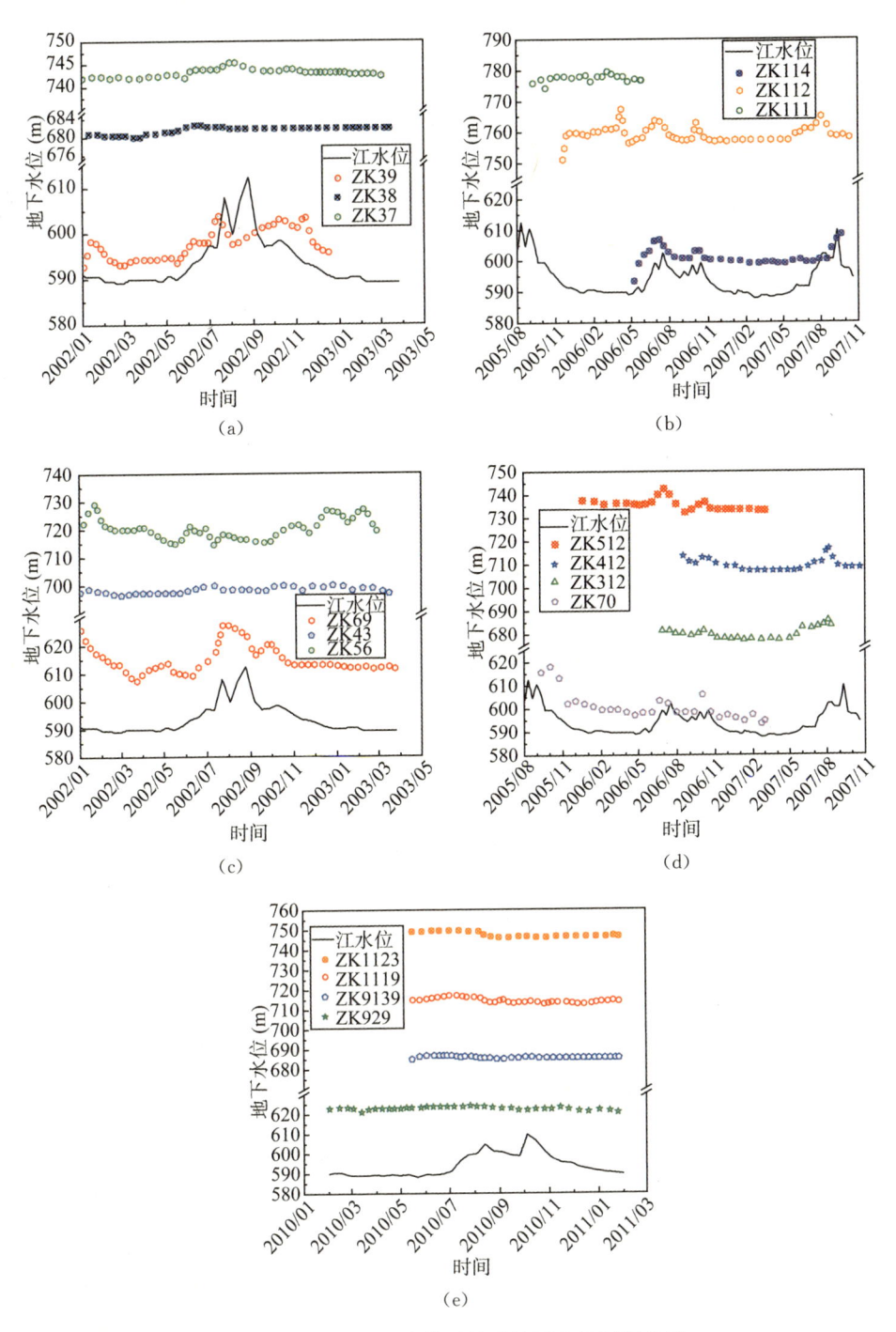

图 2-7 白鹤滩左岸典型钻孔地下水位时程曲线

表 2-2　坝区左岸钻孔地下水观测统计表

钻孔号	距河谷中心线距离 (m)	孔口高程 (m)	钻孔深度 (m)	地下水位 (m)	地下水埋深 (m)	水位变幅 (m)
ZK114	124.0	647.1	141.7	589.2~610.2	36.9~57.9	21.0
ZK70	132.6	667.5	200.5	587.6~605.2	62.3~79.9	17.6
ZK39	174.4	675.8	250.6	592.4~604.6	71.2~83.4	12.2
ZK929	196.0	695.5	130.7	620.6~624.3	71.2~74.9	3.7
ZK69	238.2	760.8	170.0	608.6~621.2	168.0~180.6	12.6
ZK312	242.2	763.6	140.3	677.5~686.5	40.3~49.3	9.0
ZK38	260.3	777.4	200.3	679.7~682.9	94.5~97.7	3.2
ZK56	285.2	830.1	200.3	714.5~729.6	108.7~115.6	6.9
ZK9319	313.1	855.9	181.1	685.3~687.0	168.9~170.6	1.7
ZK112	322.1	859.5	120.2	752.0~767.7	91.8~107.5	15.7
ZK1119	353.7	871.9	200.0	712.8~717.3	154.6~159.1	4.5
ZK512	359.7	874.4	165.0	732.1~744.3	130.1~142.3	12.2
ZK37	368.0	873.7	200.9	741.9~745.4	128.3~131.8	3.5
ZK412	397.6	877.6	377.8	707.1~715.0	162.6~170.5	7.9
ZK43	418.7	890.6	220.5	696.4~700.0	190.6~194.2	3.6
ZK1123	446.9	898.2	200.9	745.9~750.1	148.1~152.3	4.2
ZK111	455.7	900.4	150.3	776.1~780.4	120.0~124.3	4.3

2.3.2　天然状态下右岸地下水动态特征

坝区右岸岸坡山势陡峭，主要控水结构面为层间错动带 C_3、C_{3-1}、C_4、C_5 和 C_6 等脉状裂隙结构，与坡向方向相反，且在谷肩高程 1 040 m 以上分布有透水性较小的飞仙关组泥质粉砂岩（T_1f_1 和 T_1f_2），如图 2-8 所示。作为坡顶地下水的相对隔水层，泥质粉砂岩对降雨入渗起到阻隔作用，导致山体内地下水补给量有限，使得右岸地下水活动较弱。

右岸主要长观孔地下水位时程曲线如图 2-9 所示。由图 2-9(a)和(b)可知，钻孔 ZK54、ZK55、ZK254、ZK322 和 ZK421 地下水位与江水位变化基本同步，即丰水期地下水位抬升，枯水期地下水位下降。进一步分析可知，钻孔 ZK54 和 ZK55 揭露的平均地下水位分别为 599.4 m 和 689.6 m，地下水位落差为 90.2 m。ZK55 距河道水平距离较远，且钻孔孔口高程较高，由此可推测远场地下水是江水的补给源。钻孔 ZK254、ZK421 和 ZK322 地下水位波动范围分别为 586.2~605.2 m、606.8~619.5 m 和 646.5~659.0 m，变动幅值逐渐减小，其与钻孔距河道的水平距离不断增加有关。

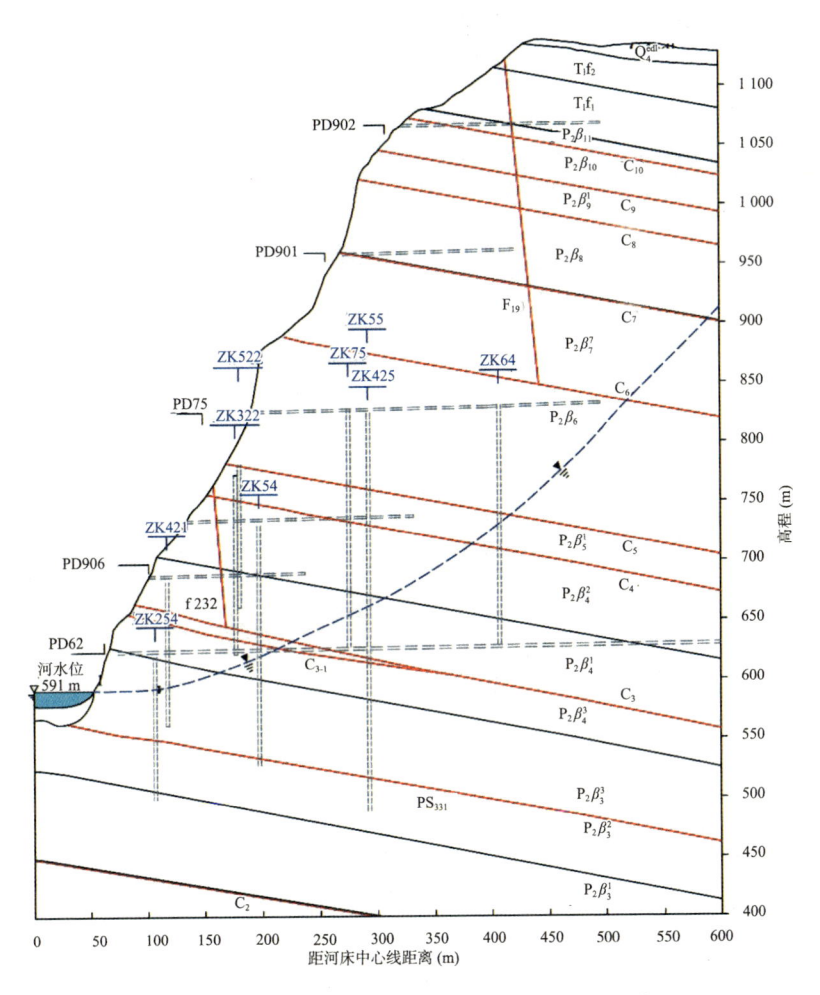

图 2-8 白鹤滩天然状态下右岸长观孔位置分布

坝址区右岸长观孔地下水位统计结果如表 2-3 所示。由表可知，右岸主要钻孔地下水位均有一定程度的波动，变动幅值在 6.5~25.6 m 之间。除钻孔 ZK54 和 ZK254 地下水与河水位保持一致外，其余钻孔地下水位高程分布散乱，钻孔 ZK522 和 ZK322 高程以及距河道水平距离均相近，但平均地下水位高程相差 16.5 m，且钻孔 ZK522 地下水变幅仅为 6.5 m，约为 ZK322 地下水变幅的一半。对比表 2-2 和表 2-3 可知，右岸同高程钻孔地下水埋深较大，这是因为坡顶泥质粉砂岩隔水层削弱了降雨垂直入渗作用。

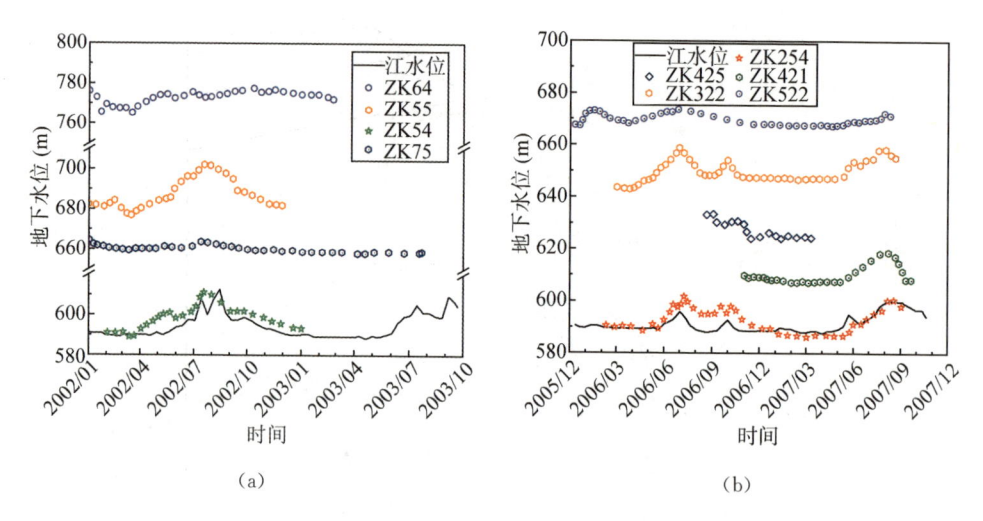

图 2-9 白鹤滩右岸典型钻孔地下水位时程曲线

表 2-3 坝区右岸钻孔地下水特征统计

钻孔号	距河床中心线距离(m)	孔口高程(m)	钻孔深度(m)	地下水位(m)	地下水埋深(m)	地下水变幅(m)
ZK54	192.1	729.7	201.9	587.7~611.0	118.7~142.0	23.3
ZK55	292.8	841.8	200.5	676.8~702.4	139.4~165.0	25.6
ZK64	406.8	843.3	201.1	765.1~777.9	65.4~78.2	12.8
ZK75	275.5	833.6	200.5	657.9~664.4	169.2~175.7	6.5
ZK254	106.5	619.8	120.6	586.2~605.2	14.6~33.6	19.0
ZK421	117.4	682.4	120.8	606.8~619.5	62.9~75.6	12.7
ZK425	292.8	824.7	335.7	623.5~634.9	189.8~201.2	11.4
ZK322	177.2	772.6	151.7	646.5~659.0	113.6~126.1	12.5
ZK522	177.5	781.7	120.6	667.2~673.7	108.0~114.5	6.5

2.3.3 施工期两岸地下水动态特征

在对天然状态下两岸地下水响应规律分析的基础上,进一步考虑坝址区防渗帷幕的布设、地下厂房以及排水廊道的开挖对两岸山体内渗流场的影响。白鹤滩坝址区地下水观测点大部分位于坝肩及水垫塘附近,如图 2-10 所示。钻孔位置与渗压计埋设情况见表 2-4。

图 2-11 给出了施工期左岸典型观测孔地下水位时程曲线。由图可知,观测孔(LG-1 和 LG-2)以及水垫塘附近钻孔(LG-7、LG-10 和 LG-11)地下水

图 2-10 施工期白鹤滩坝址区地下水观测点布设平面图

表 2-4 白鹤滩枢纽区地下水观测孔布设参数

观测断面	测点编号	部位	孔口高程(m)	渗压计埋设高程(m)
1-1 长观断面	LG-1	左岸	1 070.5	940.7
	LG-2	左岸	932.0	766.7
	RG-1	右岸	1 001.9	786.9
2-2 长观断面	LG-3	左岸	887.3	782.3(LG-3a)
				768.8(LG-3b)
				717.5(LG-3c)
	LG-4	左岸	861.7	751.7(LG-4a)
				740.0(LG-4b)
				731.9(LG-4c)
	RG-2	右岸	1 040.9	905.4(RG-2a)
				842.4(RG-2b)
3-3 长观断面	LG-5	左岸	889.8	797.1(LG-5a)
				779.0(LG-5b)
	LG-6	左岸	760.8	653.8(LG-6a)
				611.0(LG-6b)
	RG-3	右岸	789.0	664.0(RG-3a)
				646.0(RG-3b)
	RG-4	右岸	920.3	766.5(RG-4a)
				738.4(RG-4b)
				720.5(RG-4c)

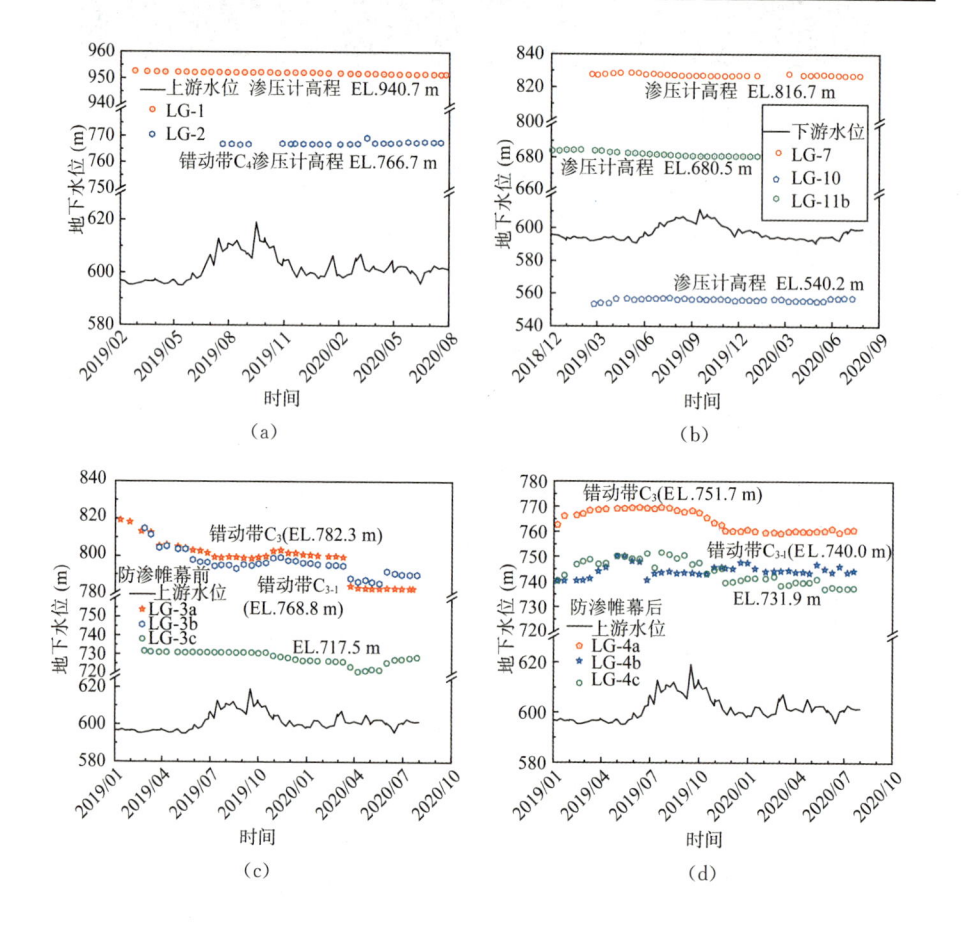

续表

观测断面	测点编号	部位	孔口高程(m)	渗压计埋设高程(m)
4-4 长观断面	LG-7	左岸	966.5	816.7
	LG-9	左岸	764.0	686.3
	LG-10	左岸	654.1	540.2
	RG-5	右岸	653.9	585.9(RG-5a) 570.9(RG-5b)
	RG-6	右岸	743.9	682.6
	RG-8	右岸	1 145.1	1 066.6
2-5 长观断面	LG-11	左岸	794.6	727.3(RG-11a) 680.5(RG-11b) 614.8(RG-11c)
	RG-9	右岸	833.1	719.1(RG-9a) 693.1(RG-9b) 623.3(RG-9c)

(a)

(b)

(c)

(d)

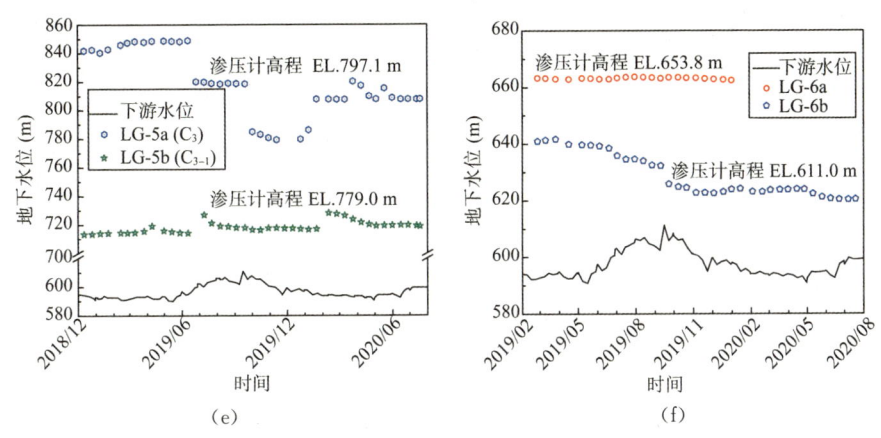

图 2-11　施工期白鹤滩左岸观测孔地下水位时程曲线

位基本保持恒定，不随上下游水位变化出现明显波动，且 LG-11 观测孔地下水位明显低于下游水位。原因可能是地下硐室和排水廊道的开挖施工在山体内形成了新的地下水排泄通道，导致地下水在短时间内被大量疏干，最后逐渐趋于稳定。左岸坝肩附近处观测孔(LG-3、LG-4、LG-5 和 LG-6)地下水波动幅度较大。这是由于错动带 C_3 和 C_{3-1} 等脉状裂隙结构在水平方向的导水性较好，大型地下硐室群等的开挖形成的排泄通道与错动带联通，造成错动带处地下水位动态变化。

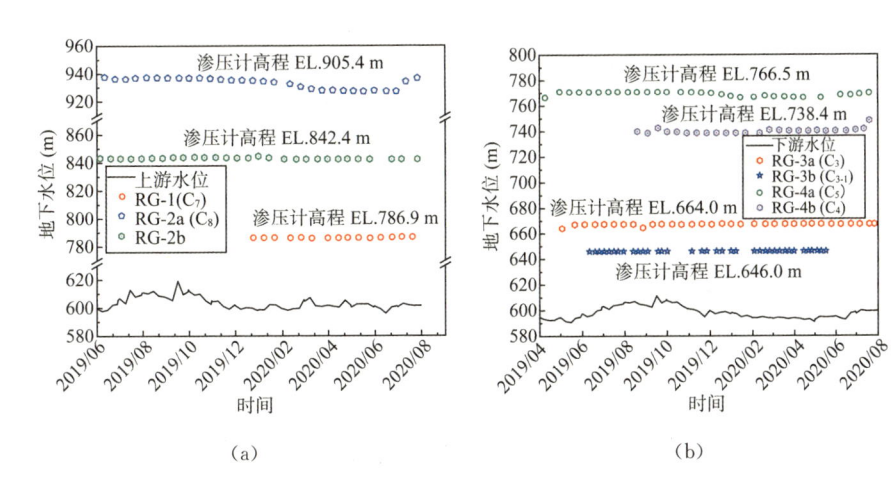

施工期右岸观测孔地下水位时程曲线如图 2-12 所示。由图可以看出，观测点 RG-5b，孔口位于右岸 EL.654.9 m 马道处，地下水位明显低于河水位。原因可能是施工产生的新排泄通道使得测点所在处地下水被大量疏干，从而造成自由液面大幅度下降。进一步对比图 2-11 和图 2-12 可知，在所选施工期观测时段内，坝址区右岸测点地下水活动较弱，地下水位波动幅度较小。

第二章　白鹤滩枢纽区地下水动态特征研究　053

(c)   (d)

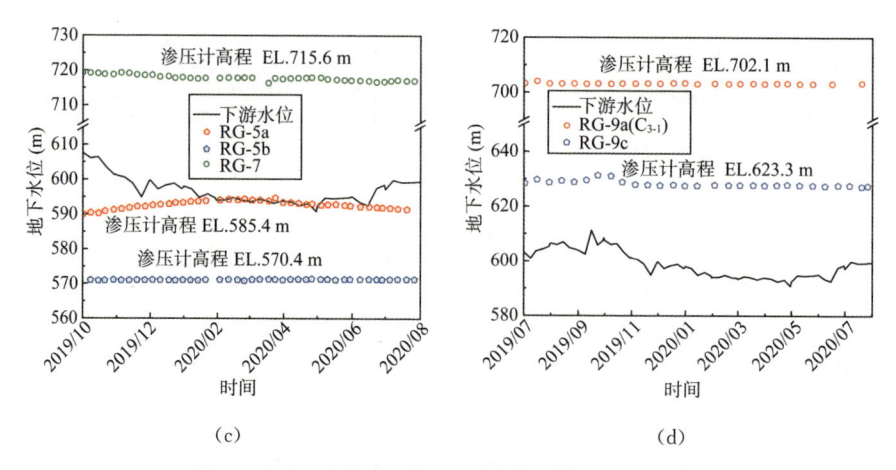

图 2-12　施工期白鹤滩右岸观测孔地下水位时程曲线

2.3.4　蓄水初期枢纽区两岸地下水动态特征

白鹤滩水电站蓄水后部分钻孔渗压监测数据曲线如图 2-13 所示。由图可知，左、右岸缆机平台附近的观测孔 LG-4 和 RG-4 在库水位上升至其渗压计埋设高程后，其地下水位与库水位同步变化，且没有出现明显的滞后性。其余长观断面观测孔地下水位随库水位变化规律不明显，其主要可能是观测孔 RG-4 位置距离库水较近，LG-4 与库水存在局部联通所致。

表 2-5 统计了 2021 年 4 月 2 日至 2021 年 6 月 27 日观测孔 LG-4 和 RG-4 内地下水位变化情况。在此时间段内，白鹤滩水库上游水位由 645.3 m 上升至 780.2 m，蓄水高度为 134.9 m。由表 2-5 可以看出，观测孔 LG-4 和 RG-4 内渗压计的埋设高程均低于蓄水前水位，且渗压计埋设高程越低，蓄水后地下水位的变幅越大，如 LG-4c 和 RG-4c。渗压计 LG-4c 内地下水位由 740.9 m 上升至 773.8 m，变幅为 32.9 m；RG-4c 内地下水位则由 730.1 m 上升至 777.7 m，变幅为 47.6 m。

表 2-5　白鹤滩观测孔 LG-4 和 RG-4 内地下水变幅统计
（2021 年 4 月 2 日—2021 年 6 月 27 日）

渗压计编号	渗压计高程(m)	初始地下水位(m)	当前地下水位(m)	地下水变化量(m)
LG-4a	751.7	768.7	782.1	13.4
LG-4b	740.0	749.0	769.3	20.3
LG-4c	731.9	740.9	773.8	32.9

续表

渗压计编号	渗压计高程(m)	初始地下水位(m)	当前地下水位(m)	地下水变化量(m)
RG-4a	766.5	772.0	773.9	1.9
RG-4b	738.4	740.3	775.4	35.1
RG-4c	720.5	730.1	777.7	47.6

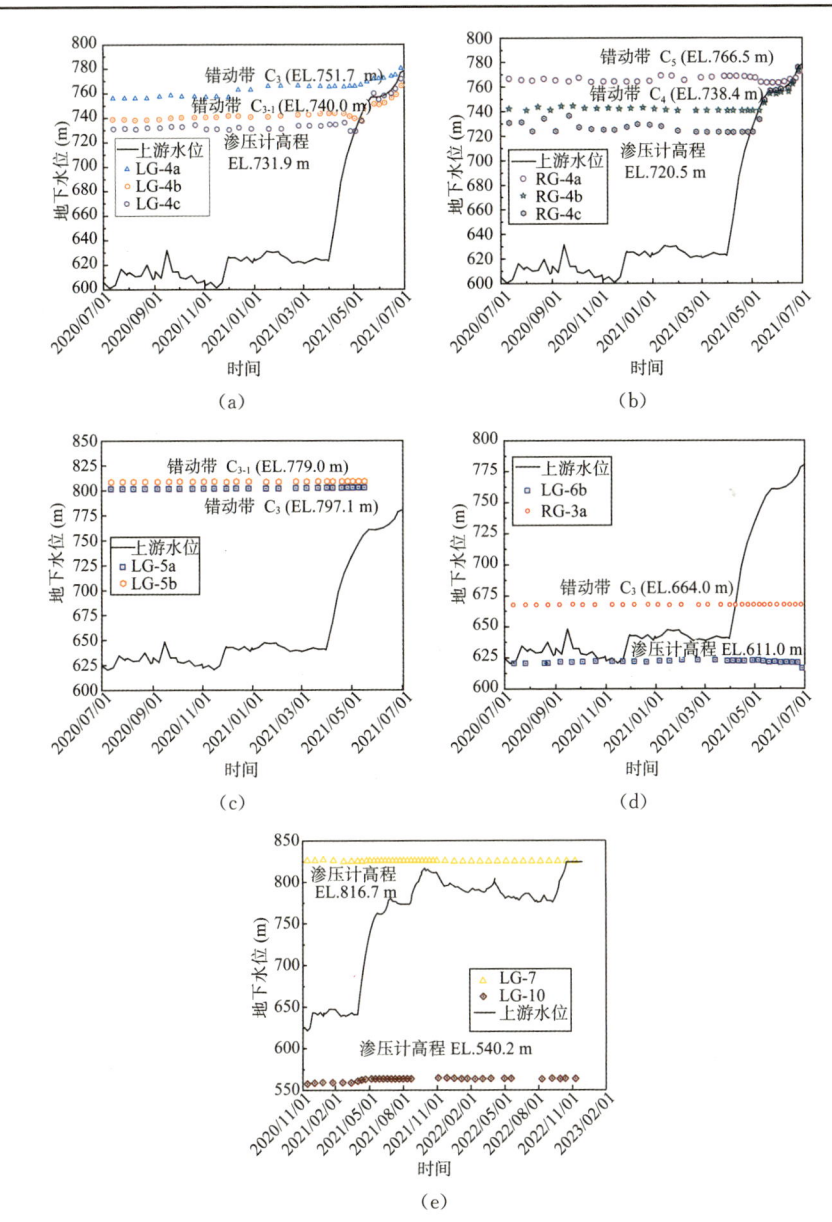

图 2-13 初期蓄水白鹤滩枢纽区地下水位动态响应特征

2.4 小结

(1) 白鹤滩坝区水文地质结构主要为玄武岩裂隙结构,其中层间错动带等脉状裂隙结构在水平面上呈导水性,在垂向上呈阻水性,起到了相对隔水层的作用,在空间上与玄武岩构成互层状结构,使得坝址区两岸地下水具有分层性。

(2) 天然状态下,近河谷段钻孔地下水活动比较频繁,水位变幅为 12.2～21.0 m,与江水位变动规律基本一致,表明近河谷段地下水与库水位之间存在着紧密的水力联系。而在远离河谷段,钻孔地下水位比较稳定,水位变化规律随江水位变化不明显。

(3) 初期蓄水过程中,左岸水动力条件扰动较为剧烈,其余大部分钻孔地下水位随库水位变化规律不明显,表明蓄水导致的地下水渗流场的形成具有一定的滞后效应。

第三章

白鹤滩岩体循环加卸载渗流应力流变力学试验

3.1 引言

水电站库水位随水库调度变化过程中，岩体通常处于循环加载、卸载状态，枢纽区库岸岩体在复杂应力环境下，其流变特性也更为复杂。白鹤滩水电站水库调度蓄水速率一般为 3 m/d，降水速率为 2 m/d。上游正常蓄水位为 825.00 m（相应下游水位为 601.00 m），上游校核洪水位为 831.82 m（相应下游水位为 634.30 m），水库运行使得枢纽区岩体受到循环荷载作用，岩体在加载和卸载过程中产生劣化，从而弱化岩体的强度；在库水位调度过程中，渗压交替增减，库岸岩体强度会进一步被弱化。本章针对白鹤滩库区典型柱状节理玄武岩和柱状节理岩体相似样开展了渗流应力耦合条件下的加卸载流变力学试验，以研究复杂应力路径下的岩体时效变形、长期强度以及渗透演化规律。

3.2 玄武岩渗流应力耦合循环加卸载流变力学试验

3.2.1 试验方案

1. 玄武岩渗流应力耦合循环加卸载渗流应力耦合力学试验方案设计

渗流应力耦合加卸载流变力学试验所采用的玄武岩试样为相同规格、相同岩性的玄武岩。玄武岩的三轴渗流应力耦合循环试验在多功能岩石三轴试验系统上进行。加载方式可以采用应力控制。在荷载加载、卸载过程中，岩体所承受的水压力也是在变化的，为了方便试验开展，每一个单独试样的围压和渗压保持不变，采用分级加载、卸载轴压的加载方式（图 3-1），即在每一个玄武岩试样上进行多级偏应力的加载和卸载，在每一级偏应力加载过程中，岩石试样先后经历加载和卸载两个阶段，这种加载方式有助于获得更多表征岩石循环荷载作用的变形特性。各级加载偏应力水平以弹性段取值为第一个加载等级，加载速率为 3 MPa/min，在卸载过程中，按照 6 MPa/min 卸载至 5 MPa。逐级加载至试样破坏。按照上述试验设计方案和操作步骤，开展玄武岩在渗流应力耦合条件下的加卸载力学试验，试验岩样的几何、物理参数和试验的围压条件如表 3-1 所示，方案如表 3-2 所示，玄武岩渗流应力耦合循环荷载试验前试样照片如图 3-2 所示。具体试验步骤如下：

（1）围压按 0.75 MPa/min 的加载速率施加至所需值。

（2）将偏应力按照加载速率为 3 MPa/min 首先加载到 80 MPa，在恒定轴向应力速率为 6 MPa/min 的条件下，将偏应力水平卸至 5 MPa。在随后的循环荷载实验中，加载速率与之前的加载速率相同，应力等级增量为 15 MPa。

（3）在峰后阶段，试样发生破坏，为了得到残余强度，在试样破坏之后依然进行两个循环的循环加载和卸载。

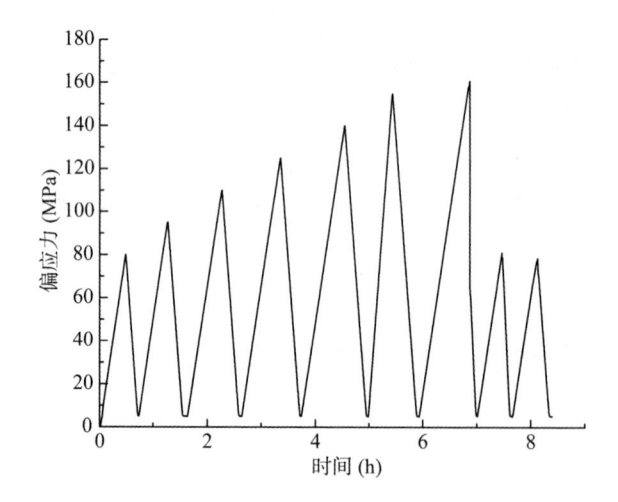

图 3-1　分级循环加卸载轴压试验示意图

表 3-1　渗流应力耦合加卸载试验玄武岩试样参数

试样编号	质量(g)	直径(mm)	高度(mm)	密度(kg/m³)	围压(MPa)	渗压(MPa)
BHT-C-01	579.41	49.89	100.55	2 947	5.0	1.0
BHT-C-02	581.90	50.12	100.53	2 934	5.0	2.0
BHT-C-03	581.42	50.11	100.35	2 939	5.0	3.0

表 3-2　渗流应力耦合加卸载试验方案

试样编号	加载偏应力 σ_1 (MPa)	级数
BHT-C-01	80、95、110、125、140、155、169.03、153.7、114.7	9
BHT-C-02	110、125、140、155、166.01、73.2、73.2	7
BHT-C-03	80、95、110、125、140、155.11、160、78.85、78.49	9

(a) BHT-C-01　　(b) BHT-C-02　　(c) BHT-C-03

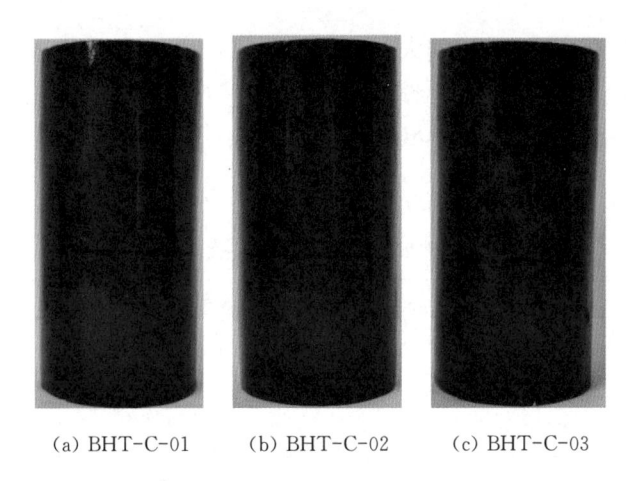

图 3-2　玄武岩渗流应力耦合循环荷载试验破坏前照片

2. 玄武岩渗流应力耦合循环加卸载流变力学试验方案设计

库岸岩体在水荷载加载、卸载过程中，岩体所承受的水压力也是在变化的，本章每一个单独试样的围压和渗压保持不变，采用分级加载、卸载轴压的加载方式（如图 3-3），即在每一个玄武岩试样上进行多级偏应力的加载和卸载，在每一级偏应力加载过程中，岩石试样先后经历加载和卸载两个阶段，这种加载方式有助于获得更多表征岩石流变特性的参数。在卸载过程中，按照与加载相同的速率卸载至 30 MPa 和 5 MPa，在低应力水平时，流变变形在相对较短的时间内进入稳态流变，并且在低应力水平下的流变增量很小，故在试验过程中卸

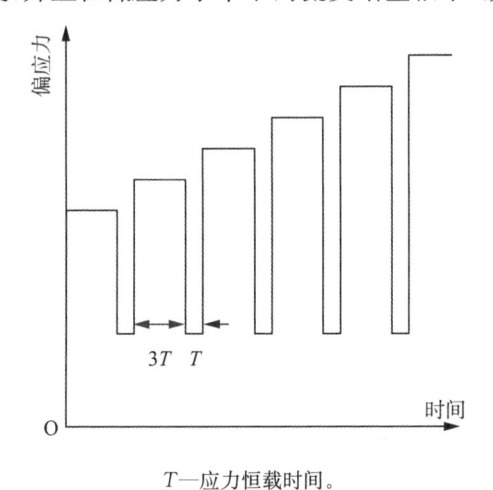

T—应力恒载时间。

图 3-3　分级循环加卸载轴压流变示意图

载至低应力水平下的保持时间大致为高应力水平保持时间的三分之一。

按照上述试验设计方案和操作步骤,开展玄武岩在渗流应力耦合条件下的加卸载流变试验,试验岩样的几何、物理参数和试验的围压条件如表3-3和表3-4所示。

表3-3 三轴加卸载流变试验玄武岩试样参数

试样编号	质量(g)	直径(mm)	高度(mm)	密度(kg/m³)	围压(MPa)	渗压(MPa)
XU-1	535.72	49.96	100.01	2 732	4.0	2.0
XU-2	525.88	50.01	100.12	2 701	6.0	2.0
XU-3	542.65	50.08	100.27	2 747	8.0	2.0
XU-4	542.25	50.18	100.26	2 743	3.5	2.0
BHT-CR-01	578.11	49.99	100.51	2 946	5.0	1.0
BHT-CR-02	580.98	50.02	100.51	2 933	5.0	2.0
BHT-CR-03	580.43	50.01	100.32	2 935	5.0	3.0

表3-4 玄武岩三轴加卸载渗流应力耦合流变试验方案

试样编号	围压(MPa)	渗压(MPa)	应力水平级数	偏应力(MPa)
XU-1	4.0	2.0	1	70
			2	80
			3	90
			4	100
			5	110
XU-2	6.0	2.0	1	70
			2	80
			3	90
			4	100
			5	110
			6	120
XU-3	8.0	2.0	1	70
			2	80
			3	90
			4	100
			5	110
			6	120
			7	130
			8	140
			9	150
			10	160
			11	170

续表

试样编号	围压(MPa)	渗压(MPa)	应力水平级数	偏应力(MPa)
XU-4	3.5	2.0	1	80
			2	95
			3	110
			4	125
			5	141
			6	152
			7	160
BHT-CR-01	5.0	1.0	1	90
			2	115
			3	140
			4	165
			5	190
			6	210
			7	225
			8	240
			9	260
BHT-CR-02	5.0	2.0	1	80
			2	95
			3	110
			4	125
			5	140
			6	155
			7	170
			8	185
			9	205
			10	220
			11	230
BHT-CR-03	5.0	3.0	1	80
			2	95
			3	110
			4	125
			5	140
			6	155
			7	170
			8	175

3.2.2 变形特性

1. 玄武岩变形瞬时循环加卸载试验曲线

玄武岩在围压(σ_3)为 5.0 MPa 及不同渗压(P_i = 1.0 MPa, 2.0 MPa, 3.0 MPa)下的三轴循环荷载试验成果如图 3-4～图 3-6 所示。在围压为

5.0 MPa，渗压分别为 1.0 MPa、2.0 MPa、3.0 MPa 作用下，随着渗压的增大，峰值强度减小，分别为 169 MPa、168 MPa、160 MPa。玄武岩的屈服应力和峰值强度呈减小趋势。残余强度(ε_3)在不同渗压作用下分别为 116 MPa、78 MPa、73 MPa。典型的应力-应变曲线可以分为五个阶段：①初始压缩阶段：由于原有微裂纹的压缩闭合，应力-应变曲线在初始压缩阶段呈凹形。随着渗压的增大，初始压缩较为明显。②线弹性阶段：应力-应变曲线在弹性阶段近似为一条直线，这是由于初始微裂纹的闭合。③应变硬化阶段：应力-应变曲线在峰前强度下呈凸状。这是在应变硬化阶段，原有微裂纹进一步增长和新微裂纹萌生的结果。④应变软化阶段：轴向应力迅速下降，由微裂纹的发展、聚结和不稳定扩展

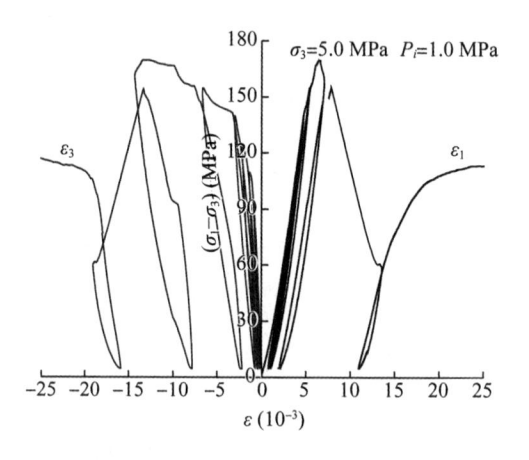

图 3-4　玄武岩试样 BHT-C-01 循环荷载试验应力-应变曲线

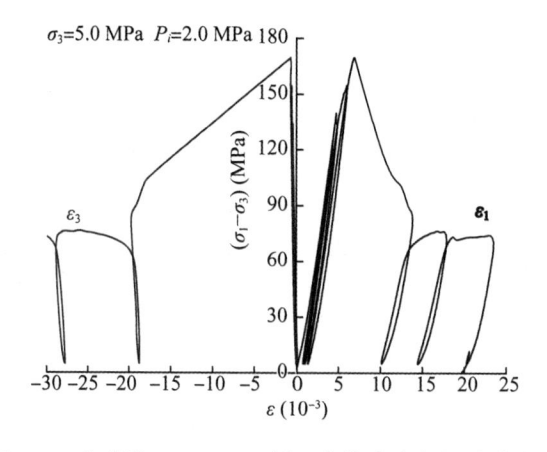

图 3-5　玄武岩 BHT-C-02 循环荷载试验应力-应变曲线

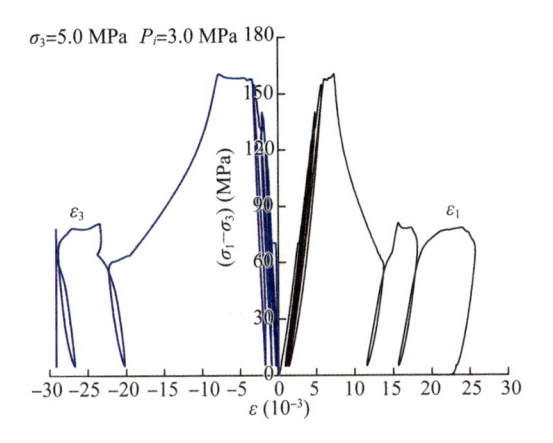

图 3-6 玄武岩 BHT-C-03 循环荷载试验应力-应变曲线

引起。⑤残余强度阶段:应力在残余强度阶段恒定。

2. 玄武岩变形循环加卸载流变试验曲线

图 3-7～图 3-13 所示为在渗压为 2.0 MPa、不同围压(3.5 MPa、4.0 MPa、6.0 MPa 和 8.0 MPa),围压为 5.0 MPa、不同渗压(1.0 MPa、2.0 MPa 和 3.0 MPa)条件下玄武岩试样应变随时间的变化曲线。从图中可以看出,在每一级偏应力瞬时加载完成之后,玄武岩试样均经历了衰减蠕变和稳态蠕变阶段;在每一次偏应力卸载至 30 MPa 时,玄武岩试样的流变特性与加载一样呈现出明显的衰减流变和稳态流变阶段。为了更好地对比不同偏应力水平下玄武岩的渗流应力耦合流变特性,根据三轴流变试验成果,将每个应力水平的加

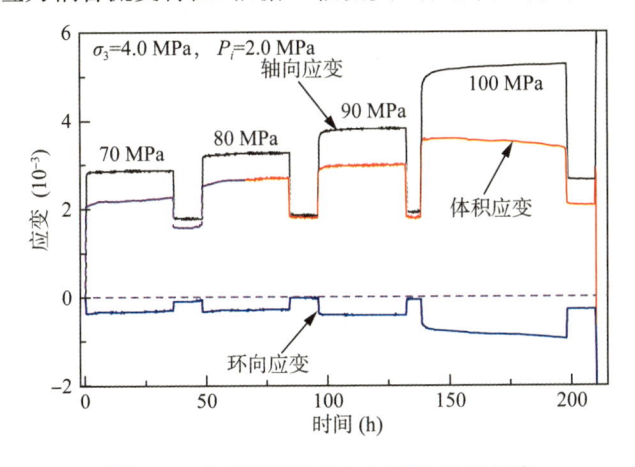

图 3-7 玄武岩试样 XU-1 应变-时间曲线

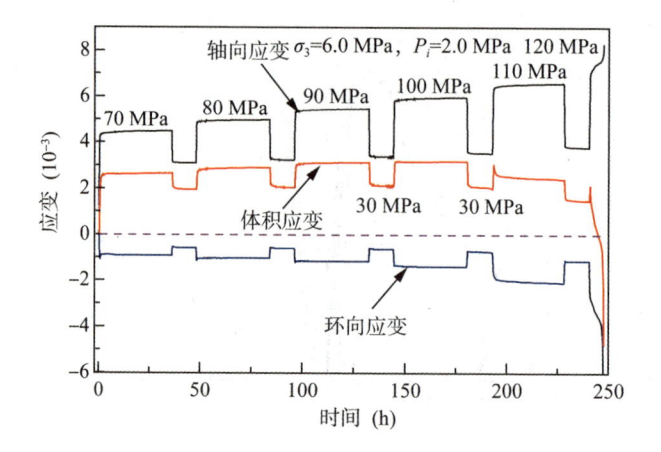

图 3-8　玄武岩试样 XU-2 应变-时间曲线

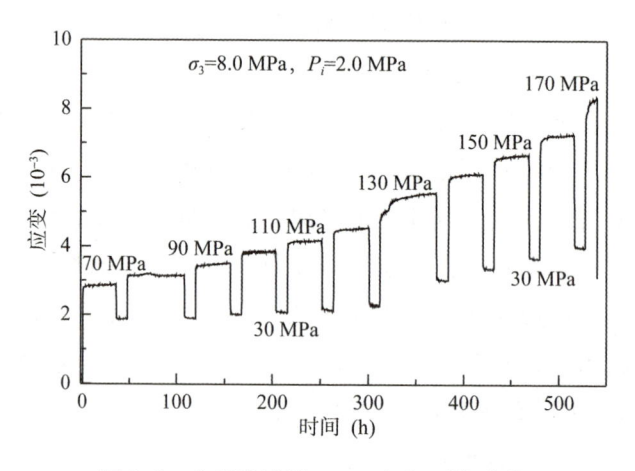

图 3-9　玄武岩试样 XU-3 应变-时间曲线

载和卸载阶段的轴向流变曲线进行分解,得到轴向应变在不同偏应力水平下随时间的变化曲线。

试样 XU-1 在前三级加载时的偏应力水平分别为 70 MPa、80 MPa 和 90 MPa,流变时间约为 36 h;在第四级 100 MPa 的偏应力水平下,玄武岩试样经历了约 60 h 的流变;在最后一级偏应力加载过程中,由于试样 XU-1 在前期流变过程中损伤量逐渐累积,100 MPa 偏应力已超过试样的长期强度,在最后一级偏应力水平加载至目标值 110 MPa 时发生脆性破坏。

玄武岩试样 XU-2,前五级偏应力水平分别为 70 MPa、80 MPa、90 MPa、

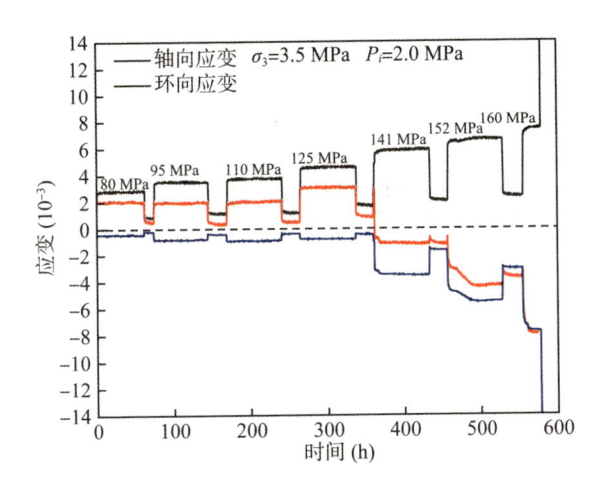

图 3-10 玄武岩试样 XU-4 应变-时间曲线

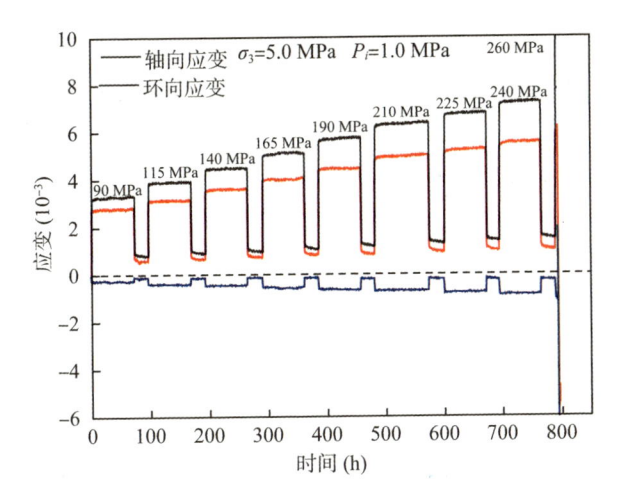

图 3-11 玄武岩试样 BHT-CR-01 应变-时间曲线

100 MPa 和 110 MPa，流变时间均为 36 h，可以看出，试样经历了明显的衰减流变和稳态流变。与试样 XU-1 和 XU-3 不同，在最后一级偏应力（120 MPa）作用下，试样 XU-2 经历了三个典型的流变阶段：衰减流变阶段、稳态流变阶段和加速流变阶段。在最后一级偏应力加载并持续约 6.6 h 后发生流变破坏。

玄武岩试样 XU-3 总共进行了 11 次加卸载循环，在偏应力分别为 70 MPa、90 MPa、100 MPa、110 MPa、120 MPa、140 MPa、150 MPa、160 MPa 时，每级偏应力水平经历了约 36 h 的流变变形。在偏应力为 80 MPa 和

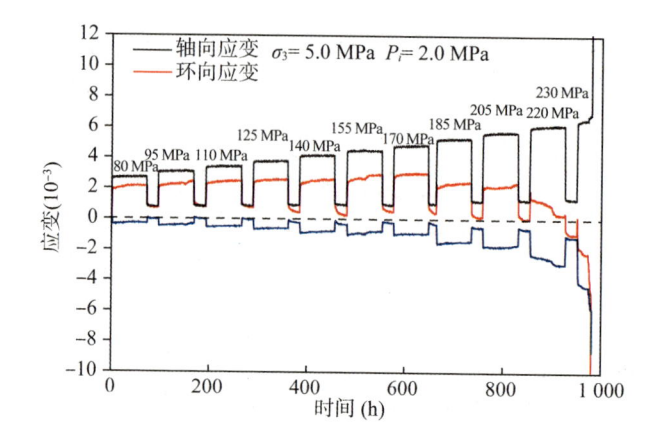

图 3-12 玄武岩试样 BHT-CR-02 应变-时间曲线

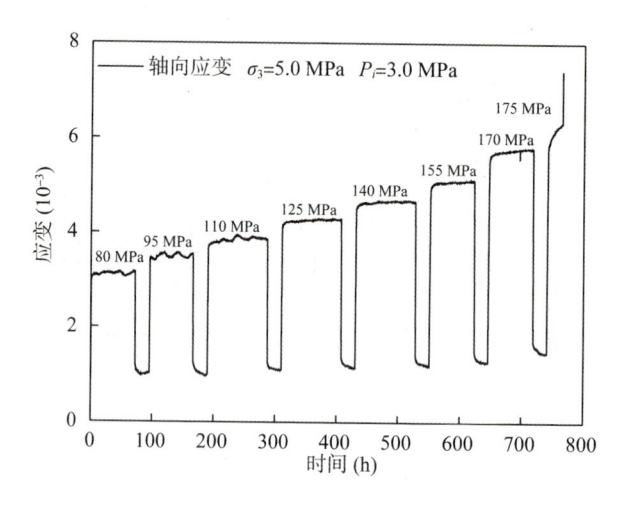

图 3-13 玄武岩试样 BHT-CR-03 应变-时间曲线

130 MPa 时，根据试验过程中环向变形监测，受试样局部损伤影响，经历了 36 h 流变后的环向变形依然以较大的速率增长，流变时间延长至 60 h。偏应力为 130 MPa 时，轴向应变-时间曲线出现了两次突变，分别出现在瞬时加载完成后的 1.2 h 和 8.9 h，流变速率突然增加，随着岩石内部结构的调整，流变速率又很快减小至某一恒值。试样在最后一级偏应力 170 MPa 下持续 12.2 h 后发生了破坏，破坏时发出声音，试样为脆性破坏。

通过对 4 个玄武岩试样在不同围压下的渗流应力耦合加卸载流变过程中的变形特性分析，可以得出以下基本规律：

(1) 在每一级瞬时加载阶段,玄武岩试样产生瞬时变形,在偏应力水平较低时表现出线性规律,随着偏应力水平逐级增加,试样产生的瞬时变形也随之增大,增大趋势也由线性逐渐过渡为非线性。

(2) 每一次加载或卸载之后,玄武岩试样均表现衰减流变和稳态流变两个流变阶段。加载完成后,稳态流变阶段的变形以一定的速率呈增大趋势,而在卸载完成后,稳态流变阶段的变形则以较小的速率呈减小趋势。

(3) 最后一级加载偏应力下,试样 XU-2、BHT-CR-01、BHT-CR-02、BHT-CR-03 经历了三个典型的流变变形阶段。

(4) 流变作用对岩石应力-应变曲线有着重要影响,偏应力水平处于弹性阶段时,卸载至 30 MPa 或 5 MPa 后产生的塑性残余变形较小;当加载偏应力水平达到岩石屈服应力时,流变作用对变形产生较大影响,卸载后的残余变形也随偏应力增大而增大。

(5) 围压对渗流应力耦合加卸载流变变形有着显著影响。围压越大,玄武岩的屈服强度越高,岩石侧向塑性变形也越大。此外,围压越大,试样中的微裂纹、微孔隙等预先存在的微缺陷扩展越缓慢。

3.2.3 加卸载条件下玄武岩应变分析

与典型加载流变试验一样,渗流应力耦合作用下的循环加卸载流变试验的流变曲线包括衰减流变、稳态流变和加速流变三个阶段。在循环加卸载轴压流变试验过程中,任意时刻玄武岩试样在偏应力加载、卸载条件下的总应变 ε 由瞬时应变 ε_m 和流变应变 ε_c 构成。瞬时应变 ε_m 分解为瞬时弹性应变 ε_{me} 和瞬时塑性应变 ε_{mp};流变应变 ε_c 分解为黏弹性应变 ε_{ce} 和黏塑性应变 ε_{cp}。

在卸载偏应力过程中,玄武岩试样中产生的瞬时弹性应变 ε_{me} 可以完全恢复,通过试验过程中瞬时卸载恢复的应变量确定。在偏应力卸载完成之后,流变应变中的黏弹性应变 ε_{ce} 随着时间的增加逐渐完全恢复;黏塑性应变 ε_{cp} 是残余变形,经过一定时间的流变之后再进行偏应力卸载,随着时间推移,此部分的应变是不可恢复的[164-168]。因此,我们可以假定岩石试样在偏应力的加载和卸载流变过程中黏弹性应变曲线是对称的,即在加载流变阶段产生的黏弹性应变与卸载流变过程中所恢复的应变是相等的,如图 3-14 所示。图 3-15 所示为三轴加卸载流变试验应变分解示意图。

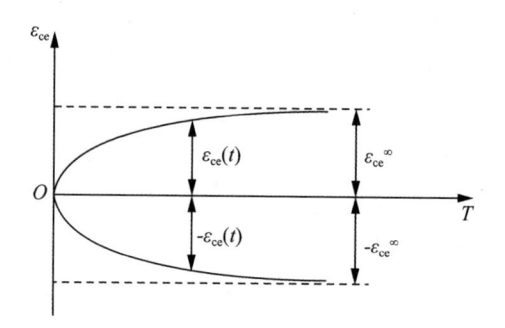

图 3-14 岩石滞后弹性恢复应变和黏弹性应变对应关系

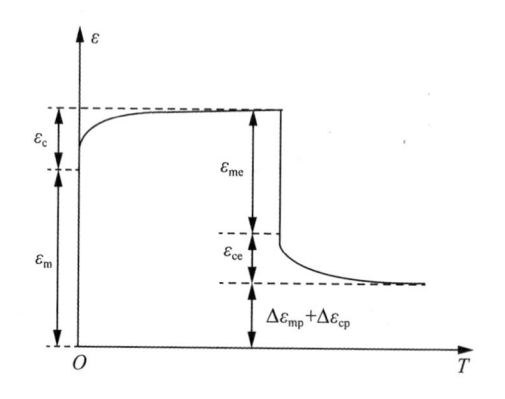

图 3-15 岩石加卸载流变试验轴向应变分解示意图

1. 分级加卸载条件下玄武岩瞬时应变分析

图 3-16~图 3-18 为围压为 5.0 MPa,渗压分别为 1.0 MPa、2.0 MPa、3.0 MPa 作用下玄武岩每个应力等级下的轴向应变分解,总应变等于不可逆变形(ε_{irr})和恢复变形(ε_r)之和。各应变之间的关系如下:

$$\varepsilon = \varepsilon_{irr} + \varepsilon_r \tag{3-1}$$

将玄武岩试样在任意应力水平的应变按照式(3-1)进行拆解计算分析,将围压为 5.0 MPa,渗压分别为 1.0 MPa、2.0 MPa、3.0 MPa 作用下的三个玄武岩试样的分级加卸载试验数据进行整理,得到不同偏应力水平下的各项应变实测结果,见表 3-5~表 3-7。从图 3-16~图 3-18 可以看出,随着偏应力水平的增加,不可逆变形逐渐增加,恢复变形先增加再减小,表示玄武岩在循环荷载作用下逐渐损伤,导致不可逆变形逐渐增加,试样发生脆性破坏之后,岩石试样的

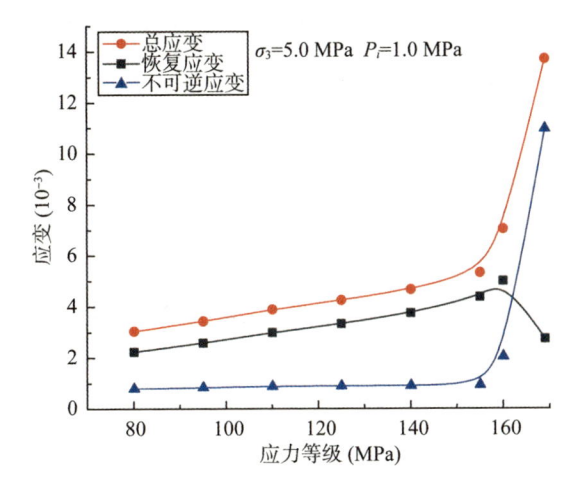

图 3-16 试样 BHT-C-01 的轴向应变分解

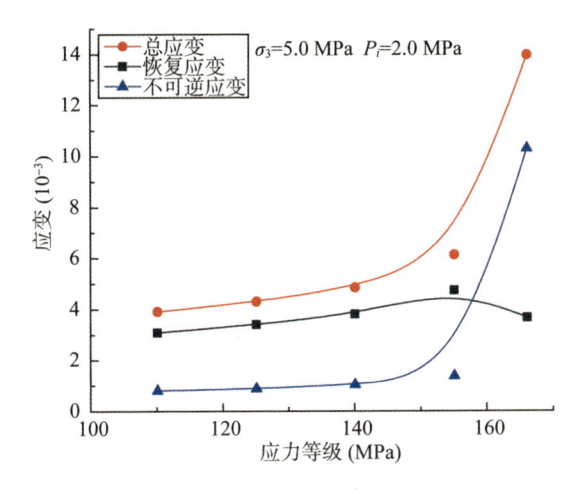

图 3-17 试样 BHT-C-02 的轴向应变分解

损伤显著增加。围压为 5.0 MPa、渗压为 1.0 MPa 作用下玄武岩试样不可逆变形由 0.81×10^{-3} 增加至 10.96×10^{-3}，增量为 10.15×10^{-3}，而在循环荷载作用下的恢复变形由 2.24×10^{-3} 增加至 5.00×10^{-3} 后又减至 2.74×10^{-3}。三个试样在不同偏应力水平的不可逆应变和恢复应变随着循环次数变化的曲线如图 3-19～图 3-21 所示。从图中可以看出，试样的不可逆应变随着循环次数的增加逐渐增加，而恢复应变随着循环次数的增加先增加再减小，表明在循环荷载作用下，试样发生疲劳损伤的累积是试样发生破坏失稳的主要原因。

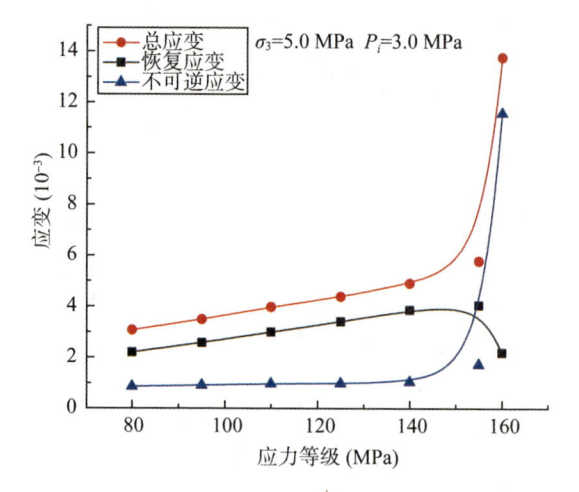

图 3-18　试样 BHT-C-03 的轴向应变分解

表 3-5　试样 BHT-C-01 分级加卸载条件下轴向应变实测值

循环次数	偏应力(MPa)	总应变(10^{-3})	不可逆应变(10^{-3})	恢复应变(10^{-3})
1	80	3.05	0.81	2.24
2	95	3.44	0.85	2.59
3	110	3.90	0.90	3.00
4	125	4.25	0.91	3.34
5	140	4.67	0.92	3.75
6	155	5.32	0.94	4.38
7	160	7.05	2.05	5.00
8	169	13.7	10.96	2.74

表 3-6　试样 BHT-C-02 分级加卸载条件下轴向应变实测值

循环次数	偏应力(MPa)	总应变(10^{-3})	不可逆应变(10^{-3})	恢复应变(10^{-3})
1	110	3.91	0.81	3.10
2	125	4.31	0.89	3.42
3	140	4.85	1.04	3.81
4	155	6.12	1.38	4.74
5	166	13.96	10.28	3.67

表 3-7　试样 BHT-C-03 分级加卸载条件下轴向应变实测值

循环次数	偏应力(MPa)	总应变(10^{-3})	不可逆应变(10^{-3})	恢复应变(10^{-3})
1	80	3.08	0.87	2.21
2	95	3.50	0.92	2.58

续表

循环次数	偏应力（MPa）	总应变（10^{-3}）	不可逆应变（10^{-3}）	恢复应变
3	110	3.98	0.98	3.00
4	125	4.39	0.99	3.40
5	140	4.91	1.05	3.86
6	155	5.78	1.73	4.05
7	160	13.77	11.57	2.20

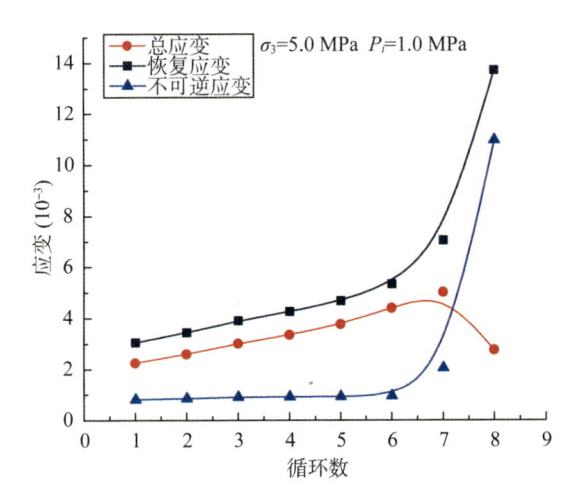

图 3-19 试样 BHT-C-01 的应变随循环次数变化规律

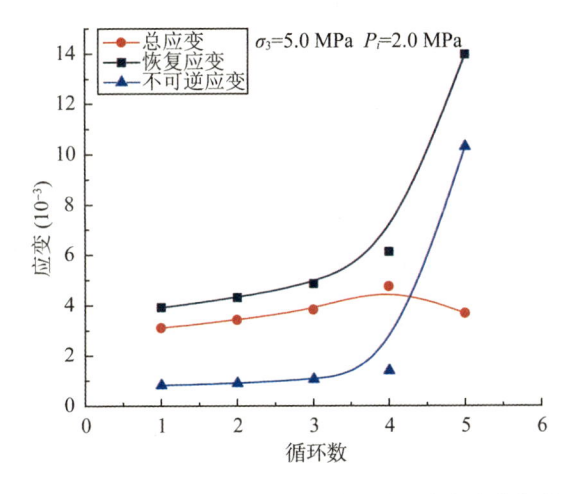

图 3-20 试样 BHT-C-02 的应变随循环次数变化规律

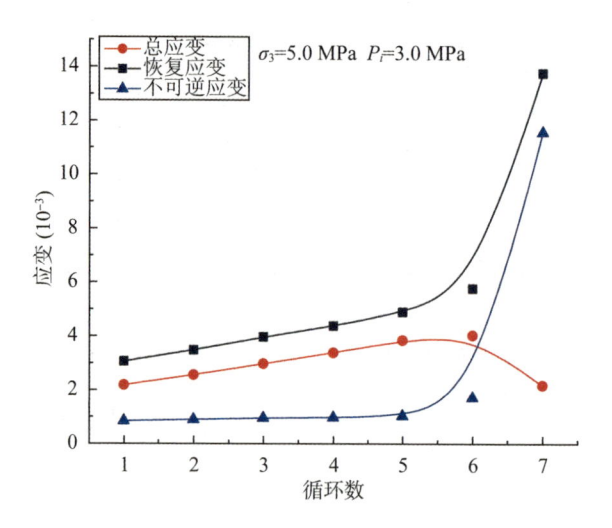

图 3-21 试样 BHT-C-03 的应变随循环次数变化规律

2. 分级加卸载条件下玄武岩流变应变分析

将玄武岩试样 XU-1、XU-2 和 XU-3 的分级加卸载流变试验数据进行整理,得到不同偏应力水平下的各项应变实测结果(表 3-8～表 3-10),并对比了三个试样在不同偏应力水平的瞬时应变和流变应变(图 3-22～图 3-24)。加卸载流变试验中的卸载过程是将偏应力卸载至 30 MPa,进行低应力水平下的流变应变分析。偏应力第一次卸载至 30 MPa 时,残余变形既有瞬时塑性应变和黏塑性应变,同时也包含 30 MPa 偏应力下的瞬时弹性应变,因此第二级之后偏应力下的应变是在第一次卸载至 30 MPa 产生残余应变基础上。第一级偏应力(70 MPa)下的瞬时加载应变、塑性应变增量大于其他偏应力水平下的应变值。

图 3-22 所示为试样 XU-1 在不同偏应力水平下的轴向应变分解,各级偏应力下玄武岩试样的瞬时应变由瞬时弹性应变和瞬时塑性应变组成。偏应力

表 3-8 试样 XU-1 分级加卸载条件下轴向应变实测值

偏应力 (MPa)	ε_m (10^{-3})	ε_c (10^{-3})	ε_{me} (10^{-3})	ε_{ce} (10^{-3})	ε_{mp} (10^{-3})	$\Delta\varepsilon_{mp}$ (10^{-3})	ε_{cp} (10^{-3})	$\Delta\varepsilon_{cp}$ (10^{-3})
70	2.770 6	0.100 5	1.057 7	0.035 9	1.712 9	1.712 9	0.064 6	0.064 6
80	3.157 8	0.117 5	1.376 4	0.092 9	1.781 4	0.068 5	0.089 2	0.024 6
90	3.617 8	0.199 2	1.810 5	0.095 9	1.807 3	0.025 9	0.192 5	0.103 3
100	4.598 3	0.674 7	2.580 1	0.044 1	2.018 2	0.210 9	0.823 1	0.630 6

表 3-9　试样 XU-2 分级加卸载条件下轴向应变实测值

偏应力 (MPa)	ε_m (10^{-3})	ε_c (10^{-3})	ε_{me} (10^{-3})	ε_{ce} (10^{-3})	ε_{mp} (10^{-3})	$\Delta\varepsilon_{mp}$ (10^{-3})	ε_{cp} (10^{-3})	$\Delta\varepsilon_{cp}$ (10^{-3})
70	4.175 1	0.306 3	1.302 2	0.093 3	2.872 9	2.872 9	0.213 0	0.213 0
80	4.797 6	0.173 4	1.648 5	0.096 2	3.149 1	0.276 2	0.290 2	0.077 2
90	5.267 5	0.192 7	1.990 9	0.100 6	3.276 6	0.127 5	0.382 3	0.092 1
100	5.750 0	0.220 7	2.339 2	0.112 4	3.410 8	0.134 2	0.490 6	0.108 3
110	6.288 8	0.291 9	2.687 8	0.111 9	3.601 0	0.190 2	0.670 6	0.180 0
120	4.175 1							

表 3-10　试样 XU-3 分级加卸载条件下轴向应变实测值

偏应力 (MPa)	ε_m (10^{-3})	ε_c (10^{-3})	ε_{me} (10^{-3})	ε_{ce} (10^{-3})	ε_{mp} (10^{-3})	$\Delta\varepsilon_{mp}$ (10^{-3})	ε_{cp} (10^{-3})	$\Delta\varepsilon_{cp}$ (10^{-3})
70	2.701 3	0.178 6	0.959 4	0.054 9	1.741 9	1.741 9	0.123 7	0.123 7
80	3.080 1	0.070 2	1.150 7	0.078 3	1.929 4	0.187 5	0.115 6	−0.008 1
90	3.403 2	0.081 8	1.402 9	0.080 5	2.000 3	0.070 9	0.116 9	0.001 3
100	3.787 0	0.073 4	1.706 9	0.078 7	2.080 1	0.079 8	0.111 6	−0.005 3
110	4.053 2	0.108 6	1.925 9	0.103 9	2.127 3	0.047 2	0.116 3	0.004 7
120	4.408 1	0.130 2	2.169 9	0.103 8	2.238 2	0.110 9	0.143 2	0.026 9
130	4.779 5	0.787 0	2.463 9	0.103 7	2.315 6	0.077 4	0.826 5	0.683 3
140	5.837 9	0.276 3	2.665 0	0.097 3	3.172 9	0.857 3	1.005 5	0.179 0
150	6.418 9	0.247 4	2.938 1	0.087 4	3.480 8	0.307 9	1.165 5	0.160 0
160	6.918 9	0.342 5	3.172 8	0.110 9	3.746 1	0.265 3	1.397 1	0.231 6
170	7.788 0	0.498 1						

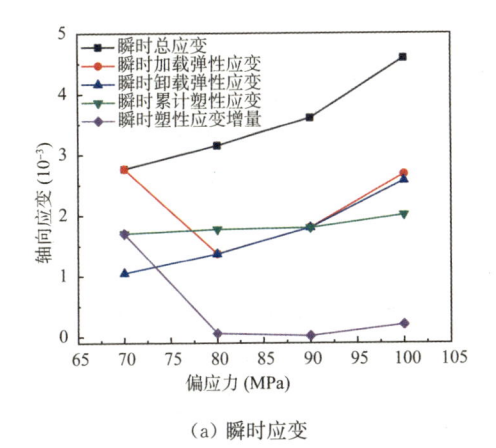

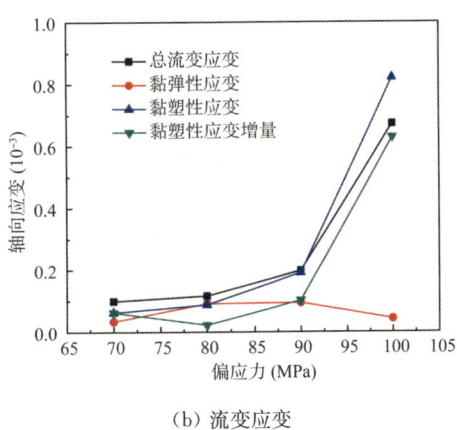

(a) 瞬时应变　　(b) 流变应变

图 3-22　试样 XU-1 在不同偏应力水平下的轴向应变分解

水平在 80 MPa、90 MPa 和 100 MPa 下，随着偏应力水平的增加，玄武岩的瞬时总应变和累计塑性应变增大。偏应力由 30 MPa 加载至 80 MPa 和 90 MPa 产生瞬时弹性应变与卸载过程应变恢复后，瞬时塑性应变增量为 $0.068\ 5 \times 10^{-3}$ 和 $0.025\ 9 \times 10^{-3}$，瞬时塑性应变相对较小；在偏应力 100 MPa 加卸载过程中的瞬时塑性应变增量为 $0.210\ 9 \times 10^{-3}$，说明试样内部产生不可恢复的塑性变形。黏塑性应变随着偏应力的增加呈非线性增长，在偏应力为 100 MPa 下的黏塑性应变增量为 $0.630\ 6 \times 10^{-3}$。

图 3-23 和图 3-24 是试样 XU-2 和 XU-3 的各项应变与偏应力的关系，与试样 XU-1 变化关系相同，在分级加卸载偏应力流变过程中，试样的瞬时总应

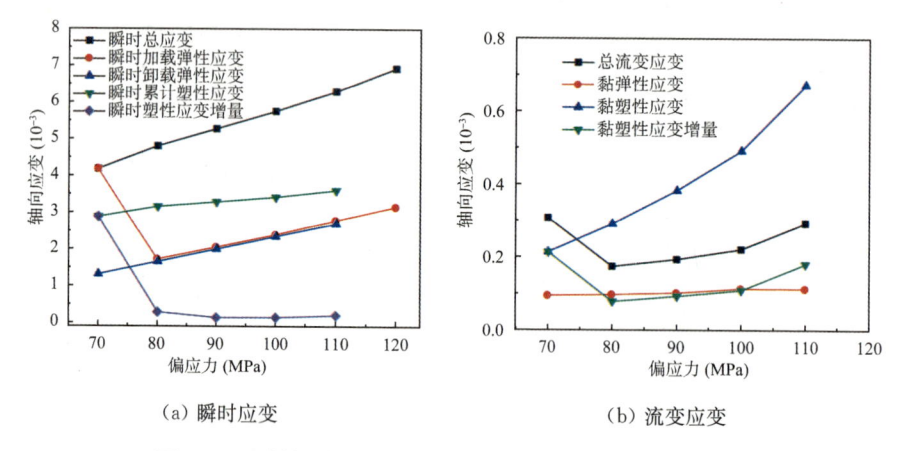

(a) 瞬时应变　　　　　　　　　　(b) 流变应变

图 3-23　试样 XU-2 在不同偏应力水平下的轴向应变分解

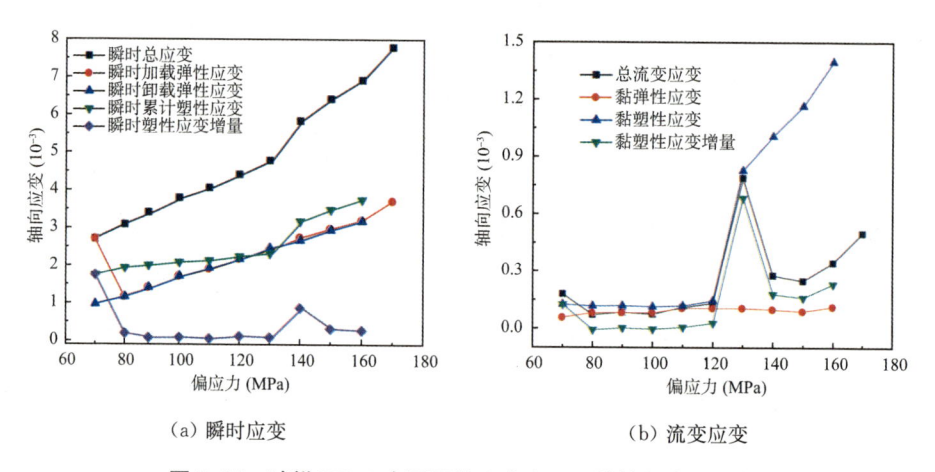

(a) 瞬时应变　　　　　　　　　　(b) 流变应变

图 3-24　试样 XU-3 在不同偏应力水平下的轴向应变分解

变、累计塑性应变、黏塑性应变呈非线性增长。在流变过程中,试样受围压、渗压以及试样离散性的影响,瞬时塑性应变增量和黏塑性应变增量与偏应力水平变化没有明显规律。试样 XU-3 在偏应力水平为 130 MPa 时各项应变出现突增现象,主要是由于试样中局部裂纹的扩展,可以看出试样的应变增长速率明显大于偏应力小于 130 MPa 时的增长速率,黏塑性应变的增加尤为明显。

由表 3-11 和图 3-25～图 3-27 可知,在各级偏应力作用下,玄武岩试样均表现出瞬时弹性、瞬时塑性、黏弹性和黏塑性;当作用在试样上的偏应力小于岩石长期强度时,其变形以黏弹性变形为主,当偏应力大于岩石试样的长期强度时,其流变变形表现出黏塑性特征。

表 3-11 玄武岩试样分级加卸载条件下轴向应变实测值

试样编号	偏应力(MPa)	$\varepsilon(10^{-3})$	$\varepsilon_m(10^{-3})$	$\varepsilon_{me}(10^{-3})$	$\varepsilon_{mp}(10^{-3})$	$\varepsilon_c(10^{-3})$	$\varepsilon_{ce}(10^{-3})$	$\varepsilon_{cp}(10^{-3})$
BHT-CR-01	90	3.34	3.13	2.39	0.74	0.21	0.17	0.04
	115	3.91	3.77	2.88	0.89	0.14	0.13	0.01
	140	4.49	4.37	3.34	1.03	0.12	0.05	0.07
	165	5.16	4.95	3.89	1.06	0.21	0.20	0.01
	190	5.76	5.49	4.4	1.09	0.27	0.17	0.1
	210	6.36	6.14	4.85	1.29	0.22	0.21	0.01
	225	6.78	6.59	5.18	1.41	0.19	0.18	0.01
	240	7.27	7.04	5.54	1.5	0.23	0.22	0.01
BHT-CR-02	80	2.71	2.54	1.83	0.71	0.17	0.12	0.05
	95	3.07	2.89	2.16	0.73	0.18	0.1	0.08
	110	3.425	3.25	2.475	0.775	0.175	0.11	0.065
	125	3.77	3.5	2.71	0.79	0.27	0.16	0.11
	140	4.15	3.95	3.08	0.87	0.2	0.13	0.07
	155	4.48	4.24	3.35	0.89	0.24	0.188	0.052
	170	4.85	4.58	3.64	0.94	0.27	0.21	0.06
	185	5.29	5.05	3.89	1.16	0.24	0.2	0.04
	205	5.68	5.44	4.25	1.19	0.24	0.19	0.05
	220	6.15	5.89	4.63	1.26	0.26	0.21	0.05
BHT-CR-03	80	3.14	2.929	1.97	0.959	0.211	0.16	0.051
	95	3.53	3.31	2.33	0.98	0.22	0.15	0.07
	110	3.85	3.61	2.62	0.99	0.24	0.132	0.108
	125	4.29	4.03	2.9	1.13	0.26	0.25	0.01
	140	4.65	4.37	3.23	1.14	0.28	0.23	0.05
	155	5.16	4.87	3.66	1.21	0.29	0.24	0.05
	170	5.77	5.46	4.03	1.43	0.31	0.27	0.04

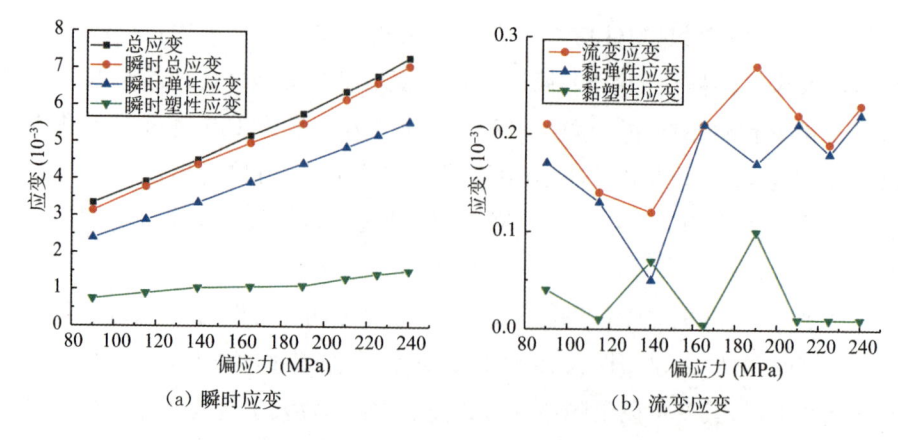

图 3-25　试样 BHT-CR-01 在不同偏应力水平下轴向应变分解

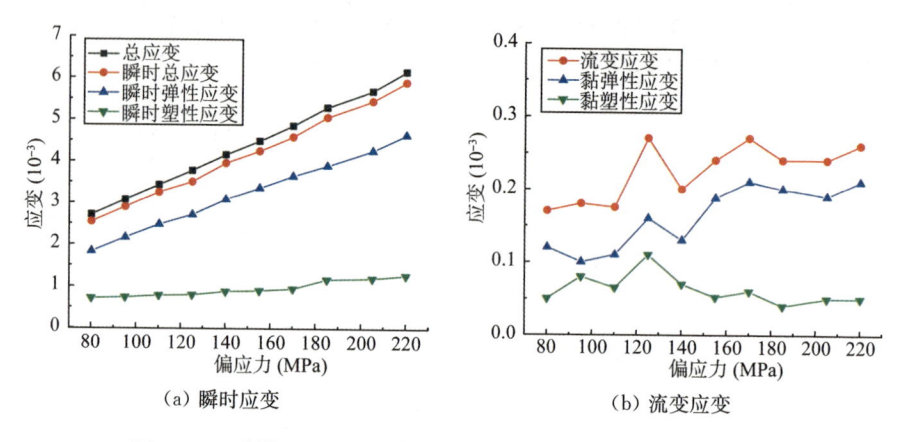

图 3-26　试样 BHT-CR-02 在不同偏应力水平下轴向应变分解

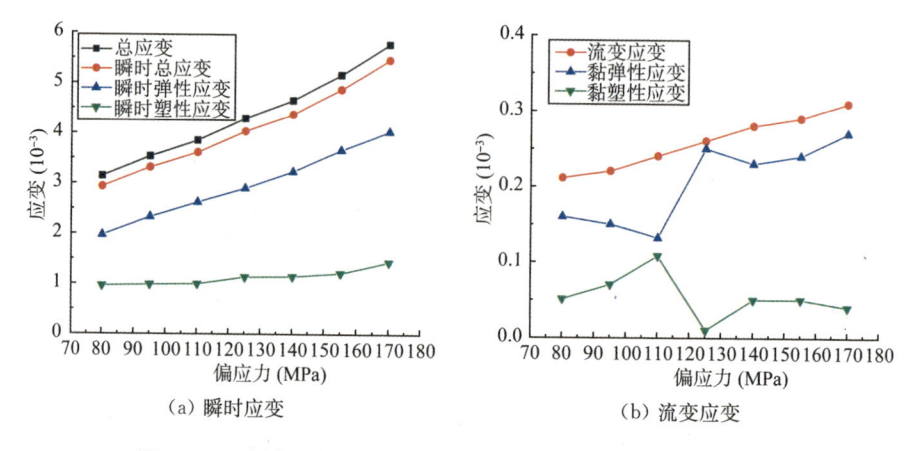

图 3-27　试样 BHT-CR-03 在不同偏应力水平下轴向应变分解

3.2.4 损伤演化规律

弹性模量通常用来定义损伤变量[169-174]:

$$D = 1 - \frac{E}{E_0} \quad (3-2)$$

式中:D 为损伤变量;E_0 为无损材料弹性模量;E 为受损材料的弹性模量。

通过式(3-2),可以利用围压为 5.0 MPa 时循环三轴试验卸载过程的实验数据来测量 E。弹性模量的变化以及损伤随着轴向应变演化的规律如图 3-28～图 3-30 所示。卸载过程中峰前阶段的弹性模量有小幅上升。此外,峰后状态下,弹性模量明显下降,损伤变量显著增加。

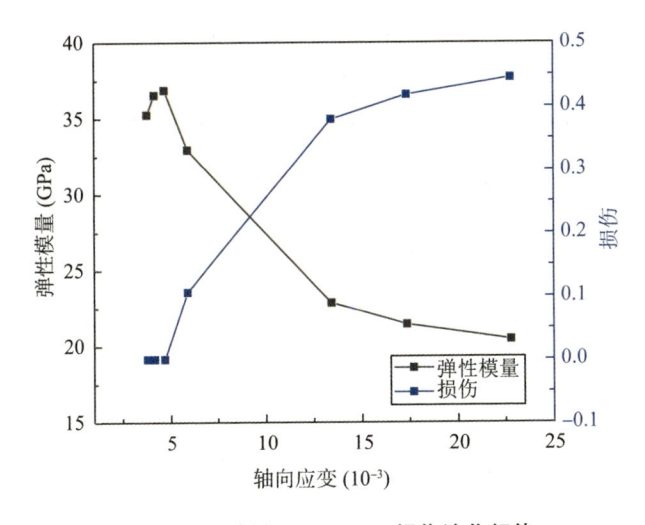

图 3-28 试样 BHT-C-01 损伤演化规律

3.2.5 渗流特性

1. 分级加卸载过程中玄武岩渗透演化规律

在分级加卸载渗流应力耦合力学试验过程中,将玄武岩视为连续介质,试样两端的渗透压力差为 1.0 MPa、2.0 MPa、3.0 MPa,假定其渗流规律符合达西定律。试验数据由计算机自动采集,试验过程中可以采集到每一时刻通过试样的渗流量。根据加卸载过程中累计渗流量变化、加卸载过程中流量变化,研究玄武岩在分级加卸载流变过程中的渗透演化规律。

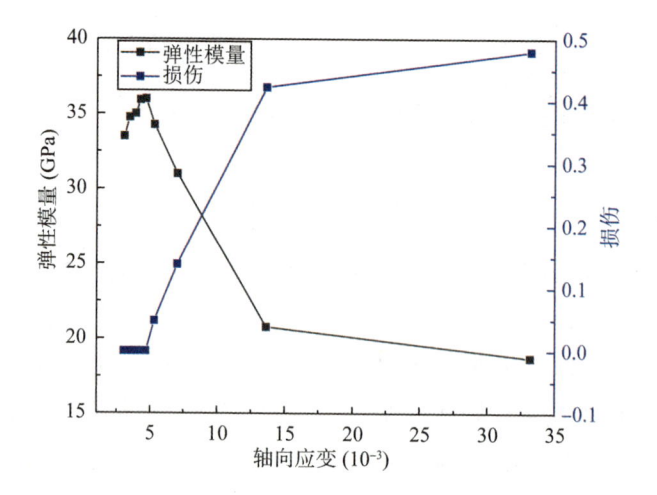

图 3-29　试样 BHT-C-02 损伤演化规律

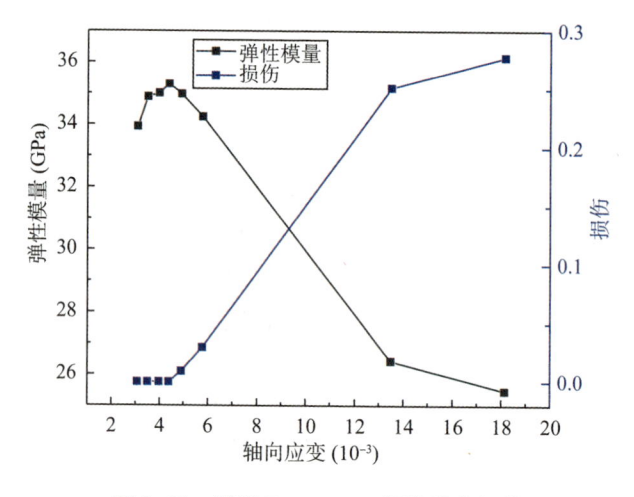

图 3-30　试样 BHT-C-03 损伤演化规律

在分级加卸载试验过程中,由累计渗流量随时间变化曲线可以直观地看出玄武岩在不同应力水平下,内部微裂纹、微孔隙的发育、扩展等情况。累计渗流量的大小与试样的初始微裂纹、应力状态及裂纹的随机扩展等息息相关。图 3-31～图 3-33 所示为三个玄武岩试样在围压 5.0 MPa,不同渗压(1.0 MPa、2.0 MPa 和 3.0 MPa)作用下的分级加卸载力学试验过程中累计渗流量随时间变化的曲线。从图中可以看出,三个试样的加载卸载过程中的累计渗流量达到 40.89 mL、15 mL 和 36.5 mL。不同渗压作用下,岩石的累计渗流量差别较大,渗压起主要作用。在渗压为 2.0 MPa 的循环荷载试验中的渗流量明显小于渗压为 1.0 MPa 和渗压为 3.0 MPa 的玄武岩试样，而且渗压为 1.0 MPa 和渗压为 3.0 MPa 的玄武岩试样在屈服后产生较大的裂隙，渗流量逐渐递增，使得渗压差逐渐趋于 0 MPa，表明试样的差异性造成的裂隙发展也是决定累计渗流量大小的重要因素。

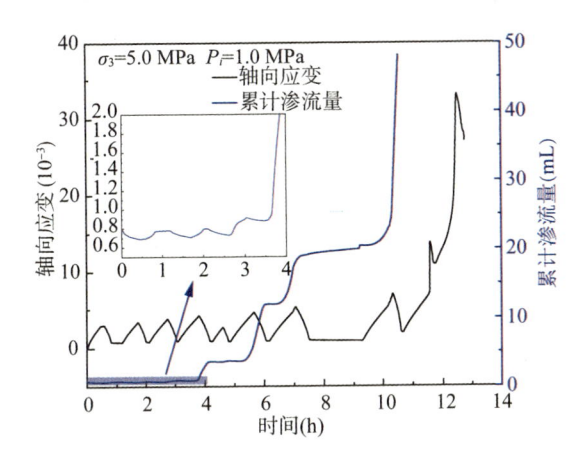

图 3-31　试样 BHT-C-01 分级加卸载渗流量随时间变化曲线

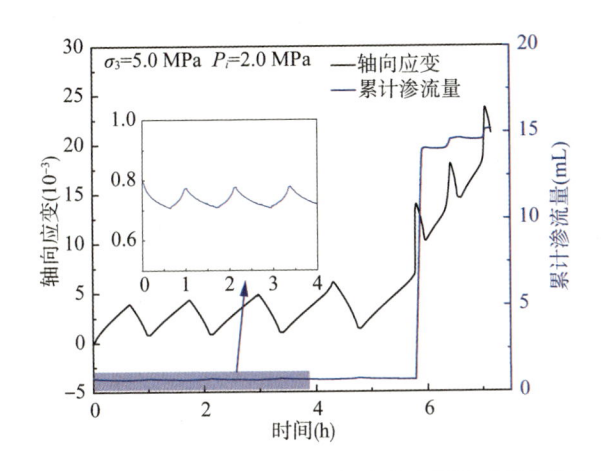

图 3-32　试样 BHT-C-02 分级加卸载渗流量随时间变化曲线

2. 分级加卸载流变过程中玄武岩渗透演化规律

在分级加卸载渗流应力耦合流变试验过程中，试样两端的渗透压力差为 2.0 MPa，假定其渗流规律符合达西定律。依据渗流量可以求得岩石加卸载流变过程中渗透率的变化。根据流变过程中累计渗流量变化、加卸载过程中流量

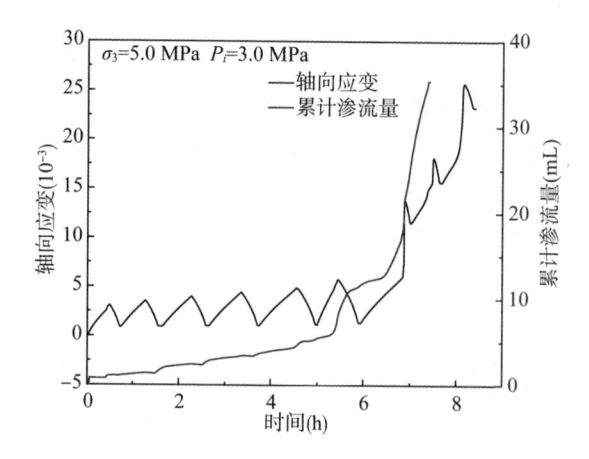

图 3-33　试样 BHT-C-03 分级加卸载渗流量随时间变化曲线

的变化，以及初始瞬时加载阶段、不同偏应力稳态流变阶段和最后一级应力水平（破坏应力水平）加速流变阶段的应变变化，分析在岩石流变过程中渗流速率随时间的变化以及渗透率与偏应力水平的变化关系，综合研究玄武岩在分级加卸载流变过程中的渗透演化规律。

开展不同围压作用下玄武岩加卸载渗流应力耦合流变试验，可较好地研究玄武岩在整个流变过程中的渗透演化规律。图 3-34 所示为三个玄武岩试样在不同围压（4.0 MPa、6.0 MPa 和 8.0 MPa）作用、相同渗压（2.0 MPa）作用下的分级加卸载流变试验过程中累计渗流量随时间变化的曲线。

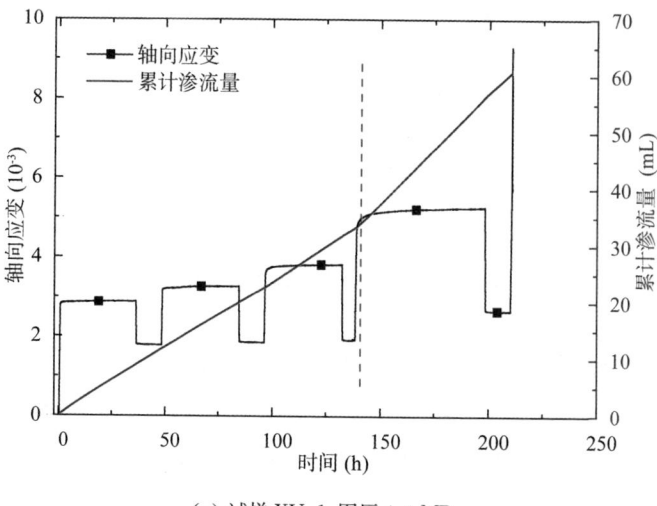

(a) 试样 XU-1，围压 4.0 MPa

(b) 试样 XU-2,围压 6.0 MPa

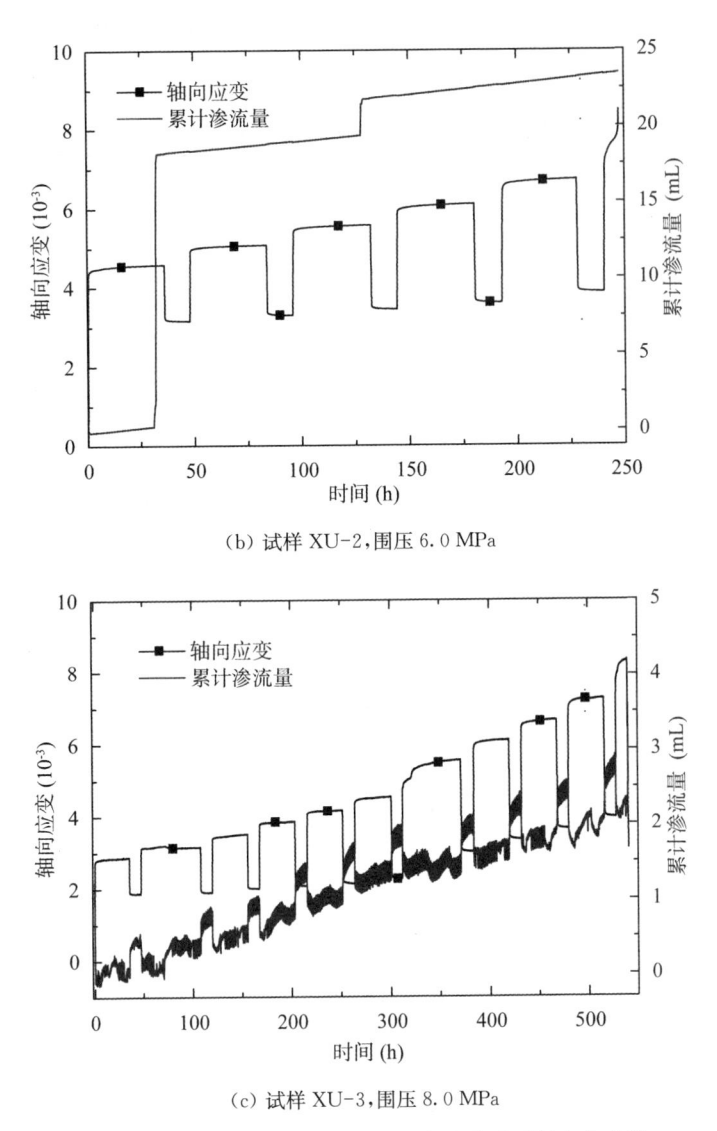

(c) 试样 XU-3,围压 8.0 MPa

图 3-34　玄武岩试样分级加卸载渗流量随时间变化曲线

从图 3-34 可以看出,三个试样的流变过程中的累计渗流量分别为 64.2 mL、23.5 mL 和 3.7 mL。不同围压作用下,岩石的累计渗流量差别较大,围压起主要作用,同时试样的离散性也是决定累计渗流量大小的重要因素。

试样 XU-1 在整个流变过程中的累计渗流量达到 64.2 mL,主要是由于试样内部还有较多初始微裂纹和微孔隙,在围压(4.0 MPa)和偏应力作用下没有完全闭合,在渗透压力作用下试样内部形成稳定的渗流通道。从图中可以看出,在第四级偏应力水平施加完成之后,试样的轴向应变发生了较大增长,累计流量曲线也在此刻出现拐点,曲线斜率增大即试样的渗透性增大。造成这一现象的主要原因是试样所承受的偏应力增加,岩石内部产生新的裂纹,使得渗透通道增多,渗流量增大。在最后一级偏应力(120 MPa)施加完成后,应力水平超过了岩石的承载能力,试样发生破坏,此时的渗流量急剧增加。

试样 XU-2 和试样 XU-3 分别在围压 6.0 MPa、8.0 MPa 作用下的累计渗流量为 23.5 mL 和 3.7 mL,试样 XU-5 的渗流量在流变过程中发生了两次跳跃,这是由于试样局部裂纹的联通和内部结构调整使得岩石渗流量突增,随着内部结构的调整,试样的渗透率在应力状态不变的情况下又恢复稳定。扣除两次渗流量的突然增量,试样 XU-2 在流变过程中的累计渗流量为 4.3 mL,与试样 XU-3 在流变过程中的累计渗流量差别不大,试样的微裂纹、微孔隙等初始缺陷明显少于试样 XU-1。

图 3-35 所示为加卸载前后试样渗流量的变化曲线,可以看出,在加卸载过程中,偏应力增大或减小,渗流量发生显著变化。当应力从 110 MPa 卸载到 30 MPa 时,试样中原先压密的微裂纹部分出现了恢复张开,从而增加了渗流量。反之,随着偏应力的增大,微裂纹等被重新压密闭合导致渗流量减小。试样累计渗流量的斜率在偏应力加卸载前后变化较为明显,加卸载前后应力状态的变化使得试样内部结构发生调整,加卸载完成后应力趋于稳定,试样内部结构不断调整,在低水平应力状态下试样没有再产生新的裂纹,渗透通道逐步趋于稳定,岩石渗透率不会发生明显改变。

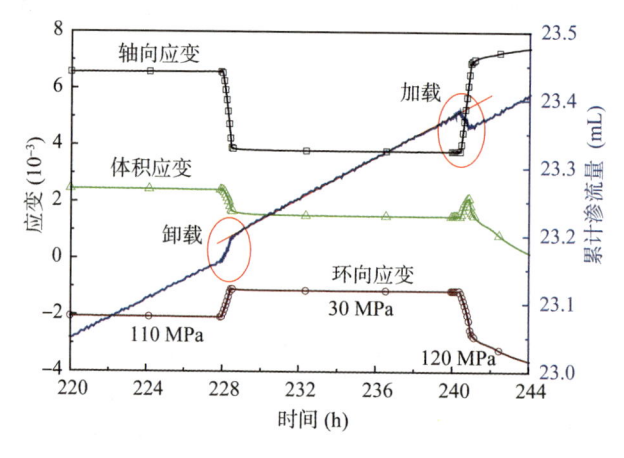

图 3-35 玄武岩试样分级加卸载渗流量随时间变化曲线

3.2.6 长期强度确定

在水库运行期间,水库水位的升降使得作用在坝基岩体以及两岸山体上的荷载交替变化,同时水的作用不仅会增加岩体的孔隙水压力,而且使岩石材料的物理力学性质发生改变,从而影响岩石工程的长期稳定性。在渗流应力耦合条件下玄武岩长期强度会进一步降低,因此研究循环加卸载条件下玄武岩的长期强度对峡谷区高拱坝谷幅变形研究具有重要的理论意义。基于确定岩石长期强度的方法,确定了玄武岩试样在不同围压条件下的长期强度,结果如表 3-12 所示。

表 3-12 三轴循环加卸载渗流应力耦合玄武岩长期强度

试样编号	围压(MPa)	渗压(MPa)	长期强度(MPa)
XU-1	4.0	2.0	97.4
XU-2	6.0	2.0	104.6
XU-3	8.0	2.0	153.9
BHT-CR-01	5.0	1.0	253.6
BHT-CR-02	5.0	2.0	223.5
BHT-CR-03	5.0	3.0	171.2

3.2.7 破坏模式与破坏机理

玄武岩渗流-应力耦合循环荷载试验试样破坏后照片如图 3-36 所示。围压 5.0 MPa、渗压 1.0 MPa 下破坏岩样形成多条沿轴线分布的裂纹,在岩样中部,破坏面倾角偏高,近似与轴向方向平行,在试样的中下部,破坏面发生偏移,角度变缓。围压 5.0 MPa、渗压 2.0 MPa 下破坏岩样形成多条裂纹,近似平行轴向应力方向,在岩样中部,宏观裂纹汇聚,破坏程度较高,岩样底部发生局部破坏严重。围压 5.0 MPa、渗压 3.0 MPa 下破坏岩样形成多条裂纹,近似平行轴向应力方向,在岩样上部,宏观裂纹汇聚,破坏程度较高,岩样上部发生局部破坏严重,底部形成多条沿轴向发展的裂纹。这表明循环加卸荷载试验中,渗压诱发轴向拉裂纹,渗压较小时试样发生脆性破坏明显,从而导致岩样发生拉剪混合破坏。

为了研究白鹤滩玄武岩破裂的微细观机理,对破坏后的岩样进行了扫描电子显微镜(SEM)的二次电子(SE)和背散射电子(BSE)试验。围压 5.0 MPa,渗压 1.0 MPa、2.0 MPa、3.0 MPa 作用下破坏后的玄武岩试样的 SE 试验和 BSE

(a) BHT-C-01　　(b) BHT-C-02　　(c) BHT-C-03

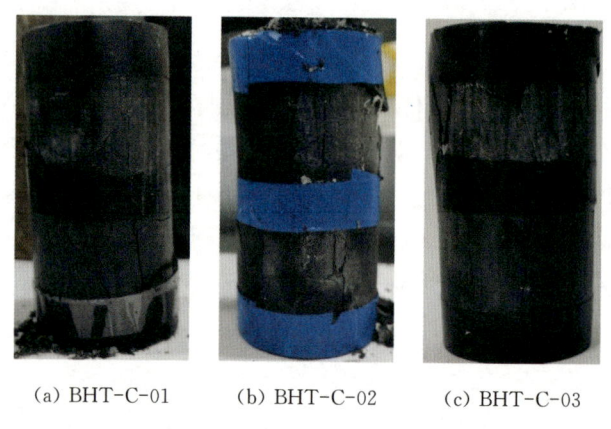

图 3-36　玄武岩渗流应力耦合循环荷载试验破坏后照片

试验结果如图 3-37～图 3-39 所示。从放大 500 倍和 1 000 倍 SE 图像中[图 3-37(b)和图 3-37(c)]可见玄武岩破坏样中构成岩样的矿物聚合体和矿物颗粒紧密结合。试样在局部形成了明显的微裂纹，微裂纹交错咬合，局部微裂纹相互贯通，导致部分矿物颗粒剥落形成孔洞，这些断口光滑平整，是由局部剪切应力造成的。在大的断口上还可见更加细小的裂纹延伸，局部附着有岩粉碎屑。为了更进一步研究裂纹扩展方向，在放大 2 000 倍的情况下，在电子显微镜下对一条贯穿裂纹进行追踪并拼接成如图 3-37(d)所示的一条完整裂纹。裂纹扩展切穿矿物颗粒并延展至颗粒另一侧的边界，形成晶内破坏；局部多条晶内裂纹相连，形成穿晶裂纹，对岩石形成更大的损伤破坏。随着渗压的增加，局部多条晶内裂纹逐渐增加，在大的断口上延伸的细小裂纹逐渐密集，说明渗压不仅对试样破坏过程产生了一定的滑移作用，还促进了试样裂隙的发展。

(a) 200 倍

(b) 500 倍

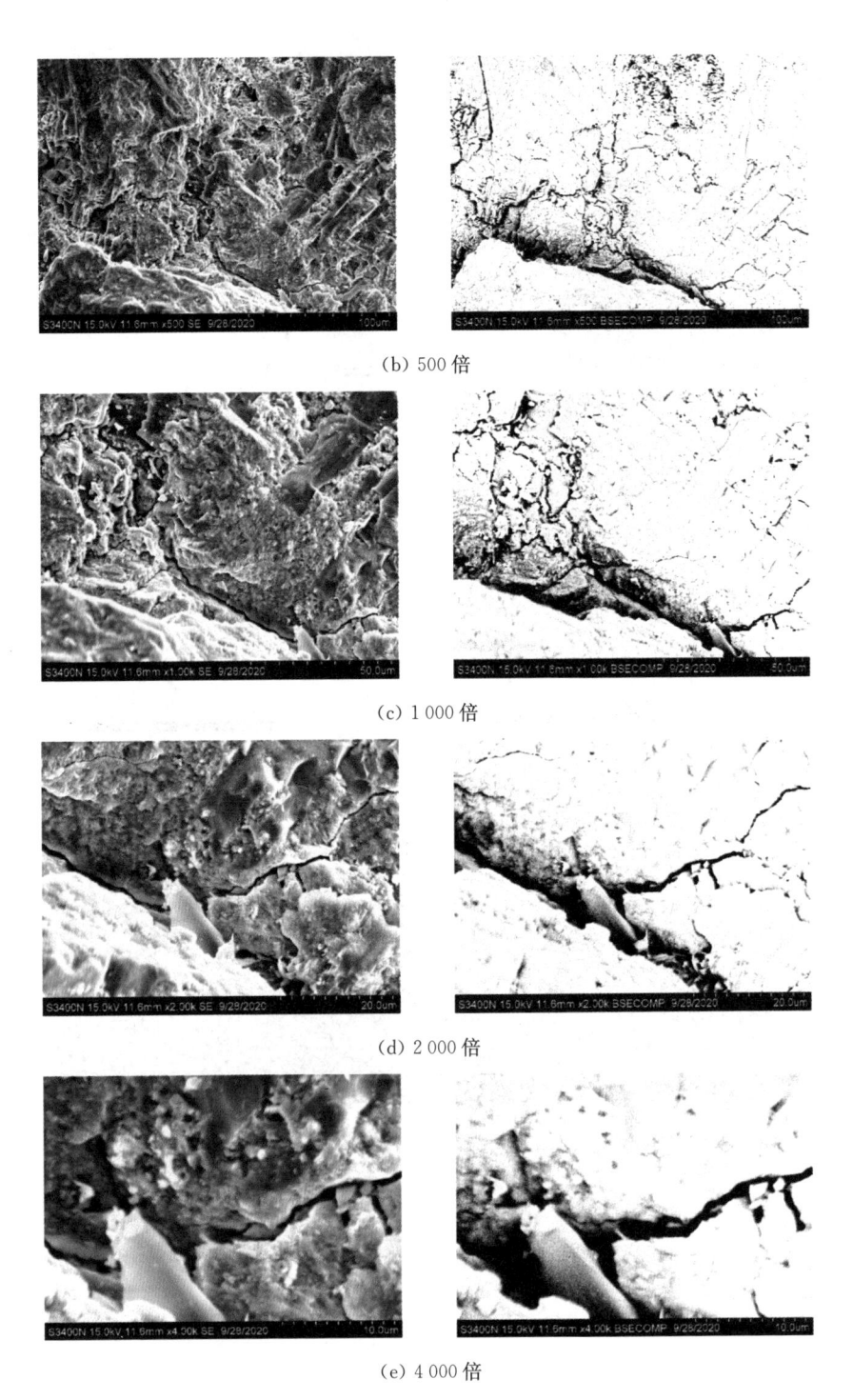

(c) 1 000 倍

(d) 2 000 倍

(e) 4 000 倍

图 3-37　围压 5.0 MPa 渗压 1.0 MPa 玄武岩 SE 和 BSE 照片

(a) 2 000 倍

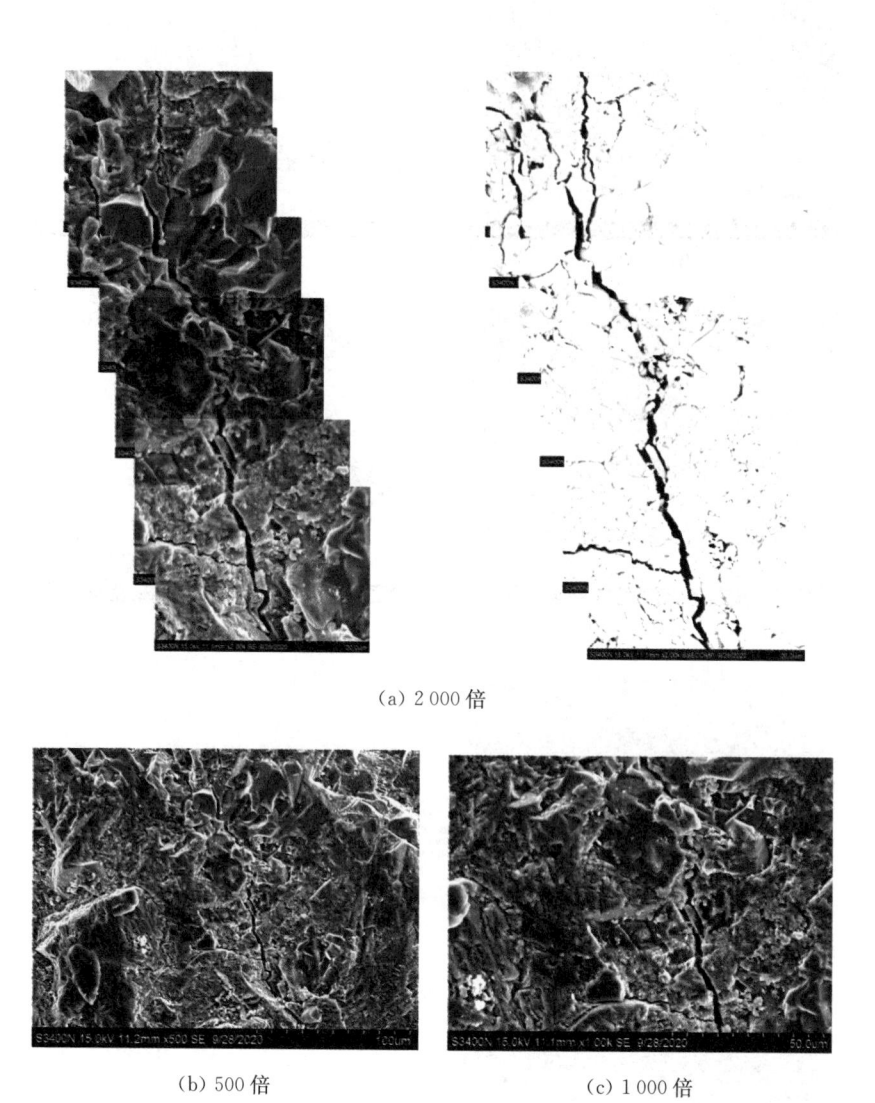

(b) 500 倍　　　　　　　　　　　(c) 1 000 倍

图 3-38　围压 5.0 MPa 渗压 2.0 MPa 玄武岩 SE 和 BSE 照片

(a) 200 倍

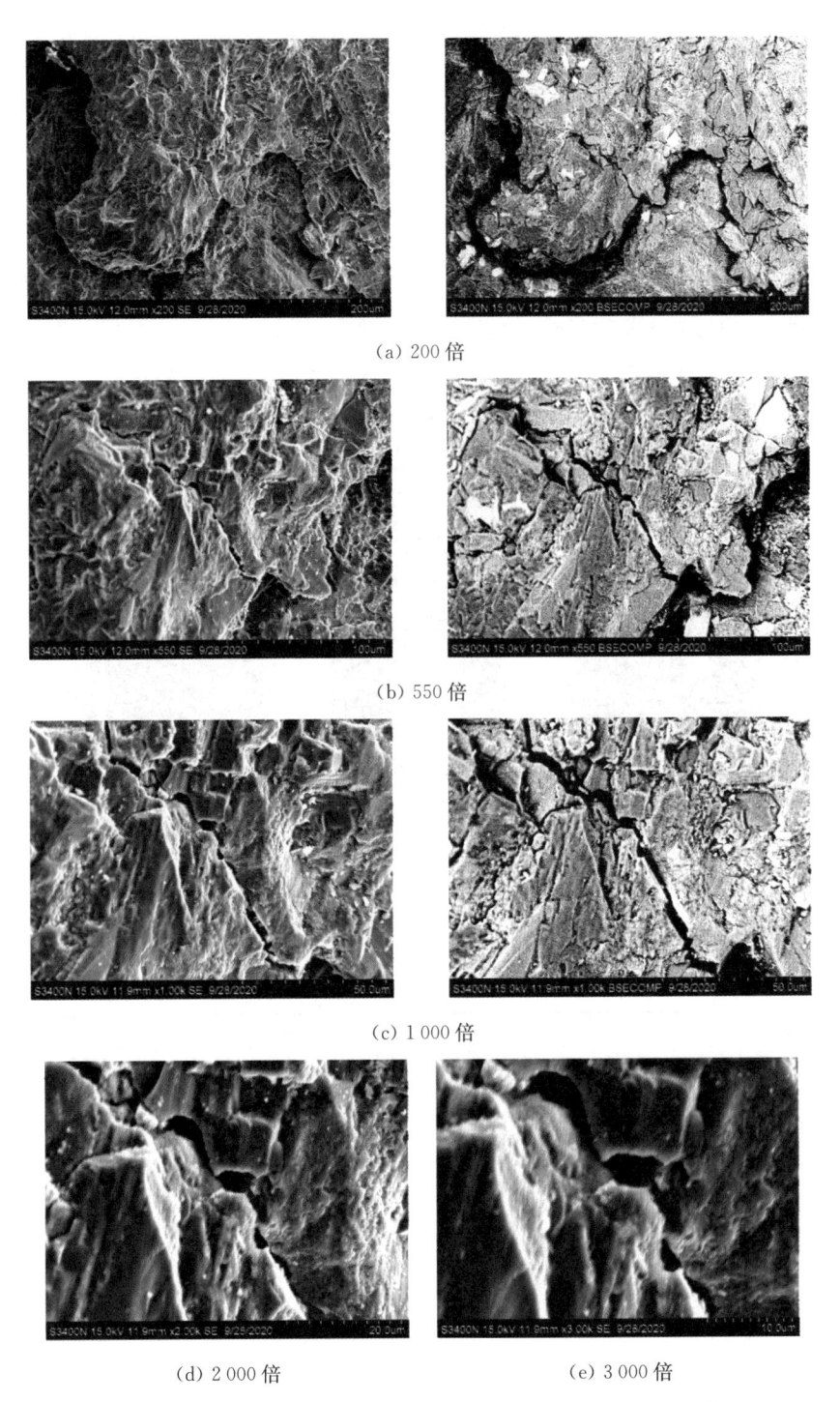

(b) 550 倍

(c) 1 000 倍

(d) 2 000 倍　　　　　　　　　　　　(e) 3 000 倍

图 3-39　围压 5.0 MPa 渗压 3.0 MPa 玄武岩 SE 和 BSE 照片

3.3 柱状节理岩体结构渗流应力流变耦合加卸载力学试验

3.3.1 试验方案

渗流应力耦合加卸载流变试验柱状节理相似试样如图 3-40 所示。加载围压和渗压保持不变,采用分级加载、卸载轴压的加载方式,在卸载过程中,按照与加载相同的速率卸载至 0 MPa,具体加载试验实施方案见表 3-13。

(a) BHT-J-01　　　(b) BHT-J-02　　　(c) BHT-J-03

图 3-40　柱状节理岩体结构试样

表 3-13　柱状节理试样流变试验围压、轴向应力水平

试样编号	围压(MPa)	渗压(MPa)	应力水平级数	偏应力(MPa)
BHT-J-01	5.0	1.0	1	15
			2	20
			3	25
			4	30
			5	33.85
BHT-J-02	5.0	2.0	1	10
			2	15
			3	20
			4	25
			5	30

续表

试样编号	围压(MPa)	渗压(MPa)	应力水平级数	偏应力(MPa)
BHT-J-03	5.0	3.0	1	10
			2	15
			3	18.25
			4	22.5
			5	26.25
			6	26.81

3.3.2 应变时间分析

图 3-41、图 3-42 和图 3-43 所示为围压为 5.0 MPa、不同渗压(1.0 MPa、2.0 MPa 和 3.0 MPa)条件下柱状节理岩体结构试样应变随时间变化的曲线。从图中可以看出,在每一级偏应力加载完成之后,柱状节理岩体结构试样均经历了衰减蠕变和稳态蠕变阶段;在每一次偏应力卸载至 0 MPa 时,柱状节理岩体结构试样的流变特性与加载一样,呈现出明显的衰减流变和稳态流变阶段。从环向应变可以看出,随着渗压的增加,环向变形明显增加,对比发生破坏的前一级加载环向应变可以发现,试样 BHT-J-01 应变增加至 3.3×10^{-3},试样 BHT-J-02 应变增加至 7.2×10^{-3},试样 BHT-J-03 应变增加至 17.09×10^{-3}。造成这种变形差异的原因可能是渗压的作用与柱状节理结构引起试样膨胀变

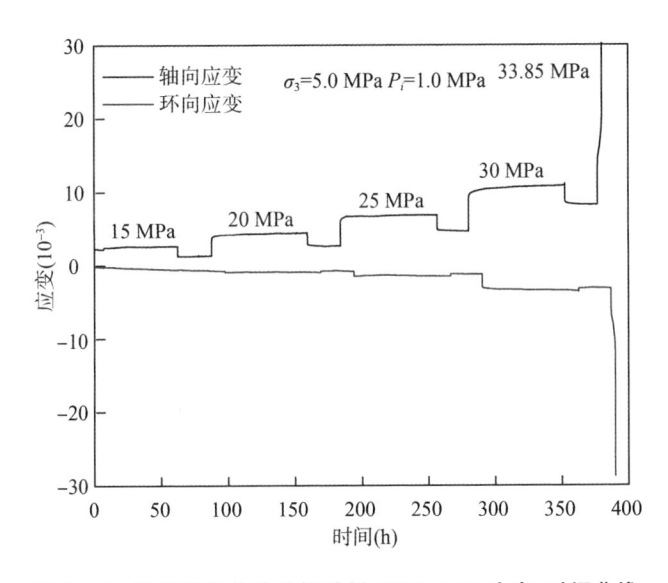

图 3-41 柱状节理岩体结构试样 BHT-J-01 应变-时间曲线

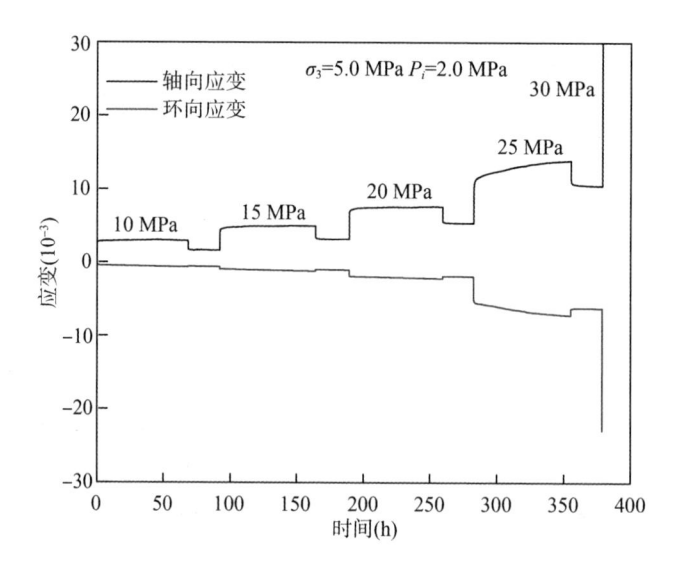

图 3-42　柱状节理岩体结构试样 BHT-J-02 应变-时间曲线

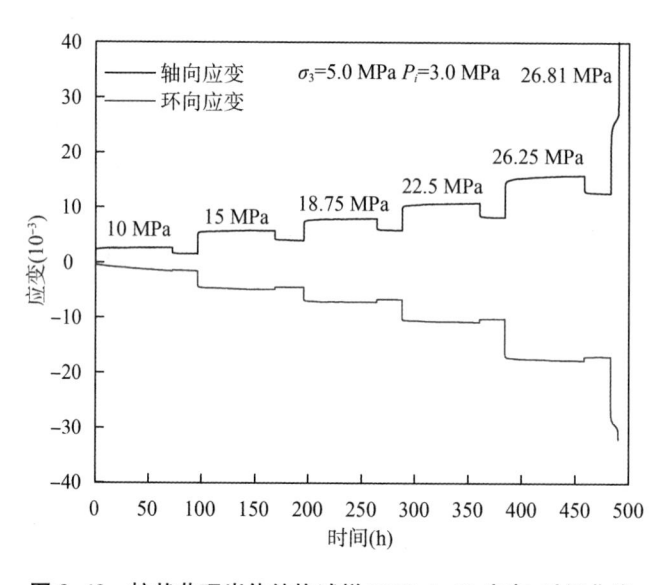

图 3-43　柱状节理岩体结构试样 BHT-J-03 应变-时间曲线

形显著。为了更好地对比不同偏应力水平下柱状节理岩体结构试样的渗流应力耦合流变特性，根据三轴流变试验成果，将每个应力水平的加载和卸载阶段的轴向流变曲线进行分解，得到轴向应变在不同偏应力水平下随时间的变化曲线。随着应变随时间的增加,试样在加速流变发生之前,均经历了衰减蠕变和稳态蠕变阶段,而在加速流变阶段,试样均经历了衰减蠕变、稳态蠕变和加速流变阶段,除此之外,试样在卸载后,仅经历了衰减蠕变和稳态蠕变阶段,其中进入稳态流变的时间比在应力加载阶段少。围压为 5.0 MPa,不同渗压(1.0 MPa、2.0 MPa 和 3.0 MPa)条件下柱状节理岩体结构试样的长期强度为 30.56 MPa、27.32 MPa 和 26.33 MPa。

3.3.3 流变变形特征

图 3-44、图 3-45 和图 3-46 分别是柱状节理岩体结构试样 BHT-J-01、BHT-J-02 和 BHT-J-03 各级偏应力水平下轴向应变与时间的关系曲线。试样 BHT-J-01 加载时的偏应力水平分别为 15 MPa、20 MPa、25 MPa、30 MPa 和 33.85 MPa,流变时间约为 62 h、72 h、72.05 h、72.5 h 和 72.5 h 后进行卸载至 0 MPa;在第五级 33.85 MPa 的偏应力水平下,玄武岩试样经历了约 3.25 h 的流变,试样发生破坏。试样 BHT-J-02 在前四级加载的偏应力水平下未发生破坏,在偏应力水平为 30 MPa 下试样发生破坏。试样 BHT-J-03 在 26.81 MPa 偏应力下经历 7.5 h 后发生破坏。

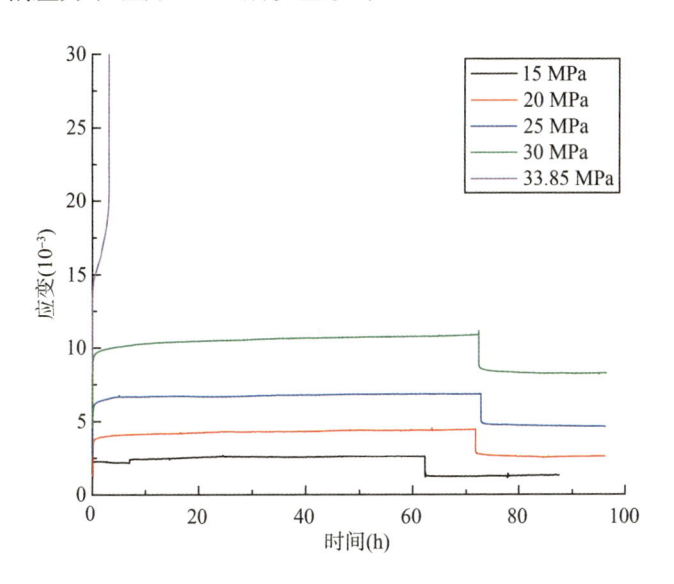

图 3-44 柱状节理岩体结构试样 BHT-J-01 单级流变变形曲线簇

与典型加载流变试验一样,渗流应力耦合作用下的循环加卸载流变试验的

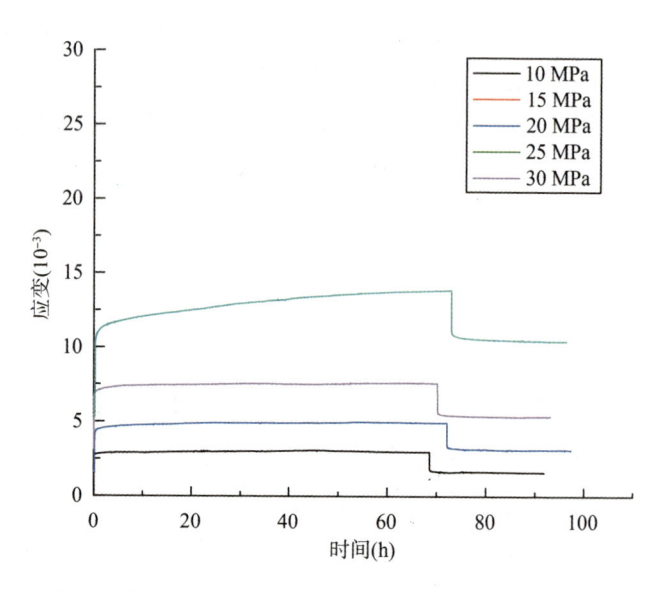

图 3-45　柱状节理岩体结构试样 BHT-J-02 单级流变变形曲线

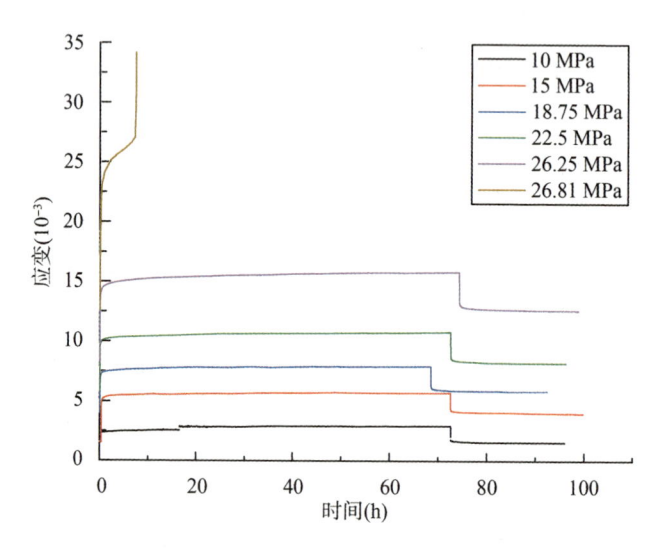

图 3-46　柱状节理岩体结构试样 BHT-J-03 单级流变变形曲线

流变曲线也包括了衰减流变、稳态流变和加速流变三个阶段。在循环加卸载轴压流变试验过程中,任意时刻玄武岩试样在偏应力加载、卸载条件下的总应变 ε 由瞬时应变 ε_m 和流变应变 ε_c 构成。瞬时应变 ε_m 分解为瞬时弹性应变 ε_{me} 和瞬时塑性应变 ε_{mp};流变应变 ε_c 分解为黏弹性应变 ε_{ce} 和黏塑性应变 ε_{cp}。

将柱状节理岩体结构试样 BHT-J-01、BHT-J-02 和 BHT-J-03 的分级加卸载流变试验数据进行整理,得到不同偏应力水平下的各项应变实测结果(表 3-14 和表 3-15),绘制三个试样在不同偏应力水平的瞬时应变和流变应变对比图(图 3-47～图 3-49)。加卸载流变试验中的卸载过程将偏应力卸载至 0 MPa,进行流变变形恢复。残余变形既有瞬时塑性应变和黏塑性应变。可以看出,总应变、瞬时应变、瞬时弹性应变和瞬时塑性应变均随着施加的偏应力增加而增加。

表 3-14 柱状节理岩体结构试样分级加卸载轴向瞬时应变值

试样编号	偏应力(MPa)	总应变(10^{-3})	瞬时应变(10^{-3})	瞬时弹性应变(10^{-3})	瞬时塑性应变(10^{-3})
BHT-J-01	15	2.615	2.122	1.206	0.916
	20	4.482	3.776	1.618	2.158
	25	6.877	6.066	1.823	4.243
	30	10.878	9.240	2.194	7.046
BHT-J-02	10	2.970	2.407	1.197	1.210
	15	4.967	4.169	1.615	2.554
	20	7.613	6.926	1.921	5.005
	25	13.890	10.335	2.703	7.632
BHT-J-03	10	2.660	2.046	0.939	1.107
	15	5.762	4.863	1.537	3.326
	18.75	7.972	6.737	1.724	5.013
	22.5	10.846	9.857	2.208	7.649
	26.25	15.857	13.662	2.539	11.123

表 3-15 柱状节理岩体结构试样分级加卸载轴向流变应变值

试样编号	偏应力(MPa)	总应变(10^{-3})	流变应变(10^{-3})	黏弹性应变(10^{-3})	黏塑性应变(10^{-3})
BHT-J-01	15	2.615	0.493	0.321	0.172
	20	4.482	0.706	0.478	0.228
	25	6.877	0.811	0.399	0.412
	30	10.878	1.638	1.216	0.422
BHT-J-02	10	2.970	0.563	0.173	0.390
	15	4.967	0.798	0.219	0.579
	20	7.613	0.687	0.322	0.365
	25	13.890	3.555	0.713	2.842
BHT-J-03	10	2.660	0.614	0.179	0.435
	15	5.762	0.899	0.235	0.664
	18.75	7.972	1.235	0.368	0.867
	22.5	10.846	0.989	0.399	0.590
	26.25	15.857	2.195	0.693	1.502

(a) 瞬时应变　　　　　　　　　　　　(b) 流变应变

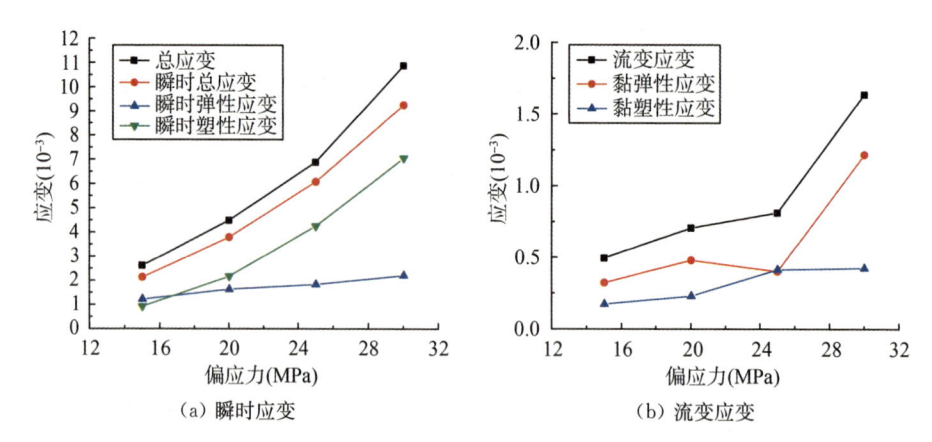

图 3-47　柱状节理岩体结构试样 BHT-J-01 不同偏应力水平轴向应变

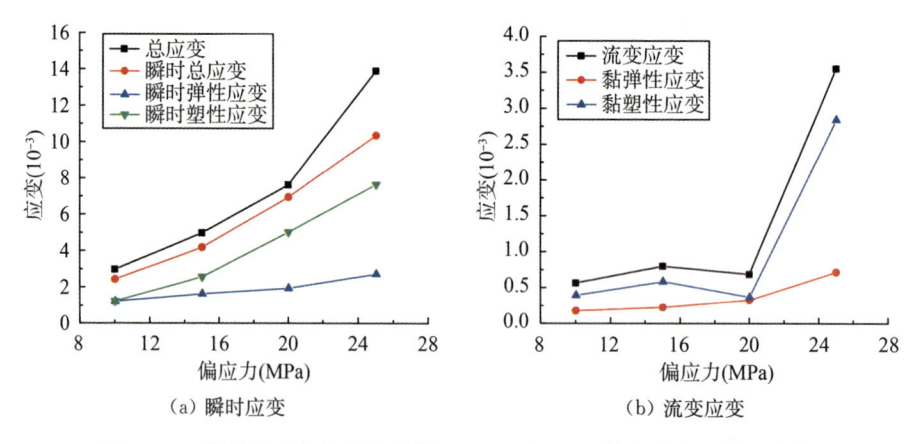

(a) 瞬时应变　　　　　　　　　　　　(b) 流变应变

图 3-48　柱状节理岩体结构试样 BHT-J-02 不同偏应力水平轴向应变

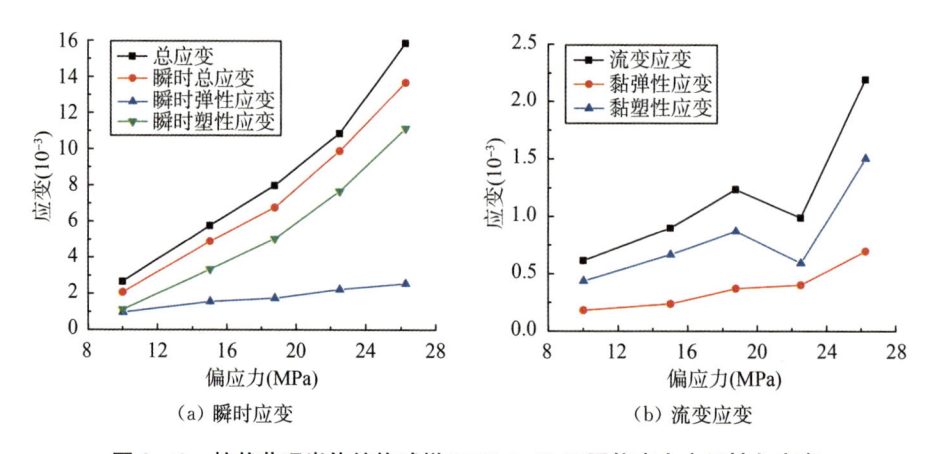

(a) 瞬时应变　　　　　　　　　　　　(b) 流变应变

图 3-49　柱状节理岩体结构试样 BHT-J-03 不同偏应力水平轴向应变

3.3.4 流变速率分析

在应力水平较低时,加卸载偏应力对轴向应变影响更为显著,对柱状节理岩体试样的分级轴向流变曲线进行分析,可以得出不同偏应力水平下轴向流变速率的关系曲线。在最后一级偏应力作用下,柱状节理岩体相似试样表现出典型的三阶段流变变形。图3-50~图3-52所示为围压5.0 MPa,渗压1.0 MPa、

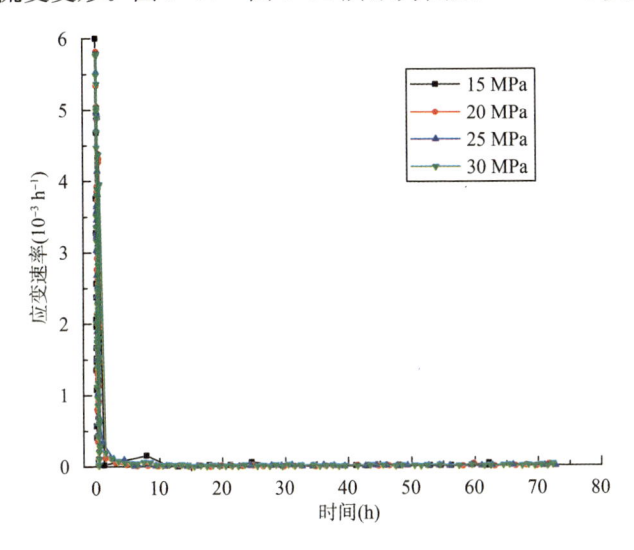

(a) 围压5.0 MPa,渗压1.0 MPa

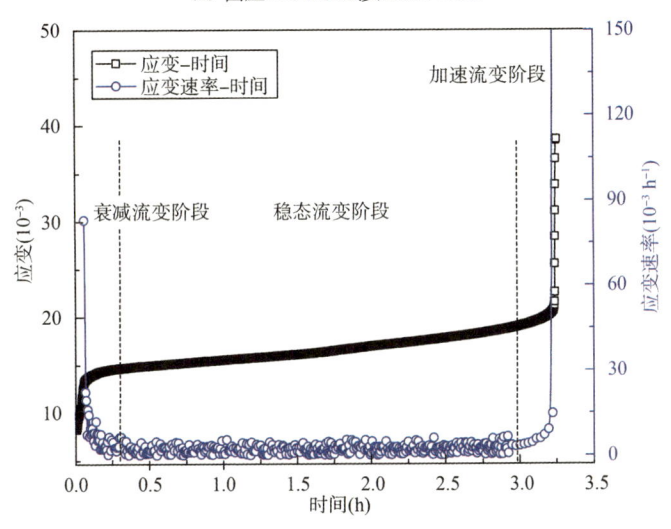

(b) 围压5.0 MPa,渗压1.0 MPa

图3-50 试样BHT-J-01流变速率与时间关系

2.0MPa 和 3.0MPa 作用下的柱状节理岩体相似试样在不同偏应力水平作用下的流变速率变化曲线。试样 BHT-J-01 在围压 5.0MPa、渗压 1.0MPa 的前四级应力水平下,试样经历了衰减流变和稳态流变阶段。在衰减流变阶段,

围压 5.0MPa,渗压 2.0MPa

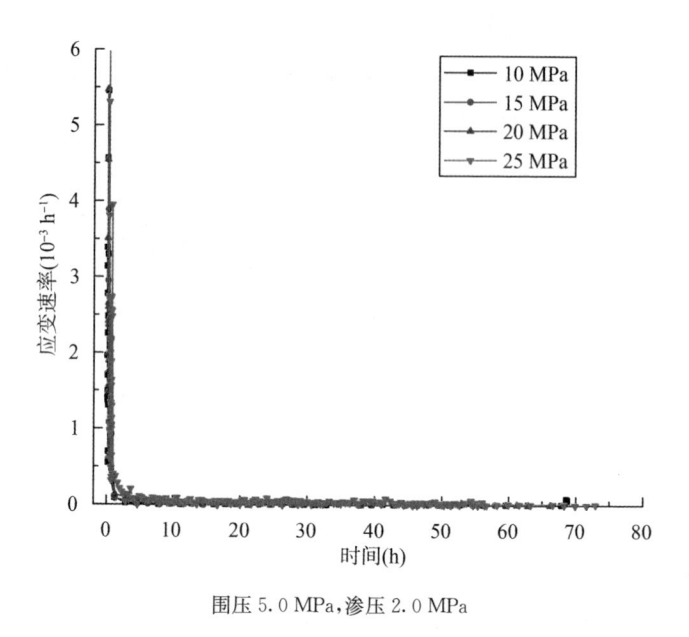

图 3-51　试样 BHT-J-02 流变速率与时间关系

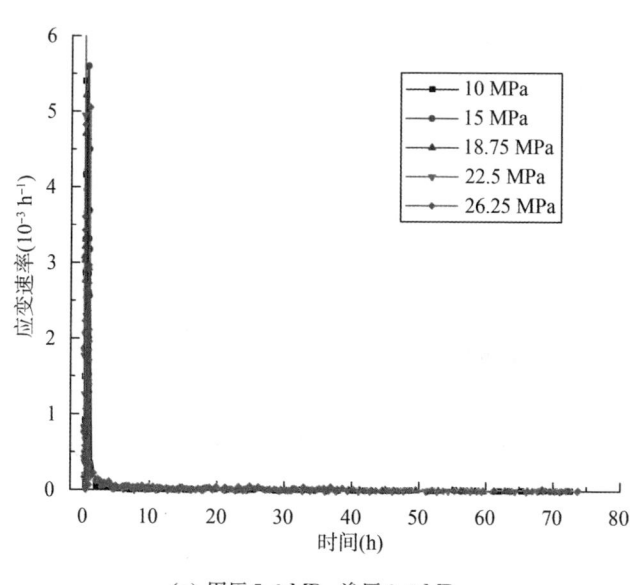

(a) 围压 5.0MPa,渗压 3.0MPa

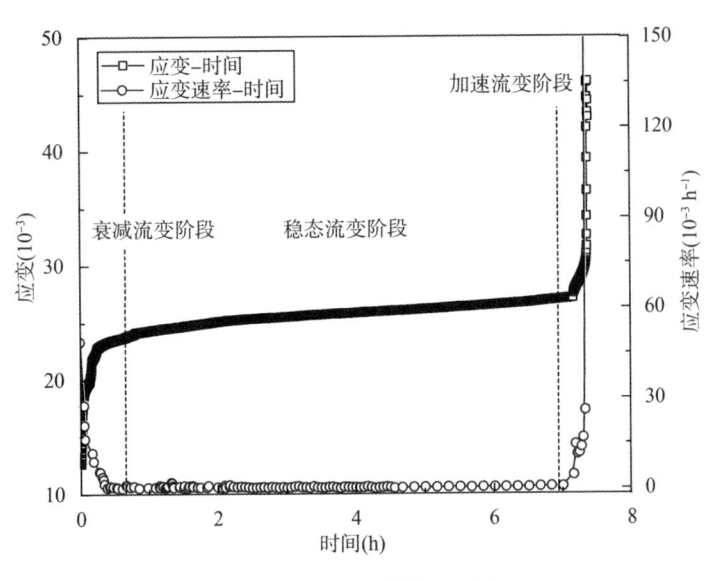

(b) 围压 5.0 MPa,渗压 3.0 MPa

图 3-52　试样 BHT-J-03 流变速率与时间关系

流变约 2.5 h 之后,各偏应力水平下的流变速率由初始值逐渐减小到 0.00465×10^{-3} h^{-1}。试样 BHT-J-02 经过 5 h 流变作用之后,试样流变进入稳态流变阶段,流变速率在 0.00256×10^{-3} h^{-1} 左右。试样 BHT-J-03 经过 6 h 流变作用之后,试样流变进入稳态流变阶段,流变速率在 0.005×10^{-3} h^{-1} 上下波动。当偏应力加载至最后一级偏应力水平(破坏应力)后,试样变形经历了三个阶段,即衰减流变、稳态流变和加速流变。

试样 BHT-J-01 在围压 5.0 MPa、渗压 1.0 MPa 的第五级应力水平下,在衰减流变阶段流变约 0.35 h 之后,偏应力水平下的流变速率由初始值逐渐减小到 1.2×10^{-3} h^{-1},在稳态流变阶段经历 2.65 h 后进入加速流变阶段。试样 BHT-J-03 经过 0.75 h 流变作用之后,试样流变进入稳态流变阶段,此时偏应力水平下的流变速率由初始值逐渐减小到 0.32×10^{-3} h^{-1},在稳态流变阶段经过 6.25 h 流变作用之后,试样流变进入加速流变阶段,试样逐渐破坏。

图 3-53 和图 3-54 所示为试样 BHT-J-01 和试样 BHT-J-03 在各级偏应力作用下流变速率变化曲线,从图中可以明显观察到流变速率受偏应力影响较大,在偏应力较小时,流变速率变化不明显,在偏应力较大时,流变速率明显增加,流变速率与偏应力水平的变化关系可以采用指数函数表示。渗压的作用同样对柱状节理岩体试样的流变特性产生较大影响。在相同偏应力水平作用下,

渗压越大,岩石稳态流变阶段的流变速率越大,同一围压水平下,偏应力增大,稳态流变速率也随之增大。

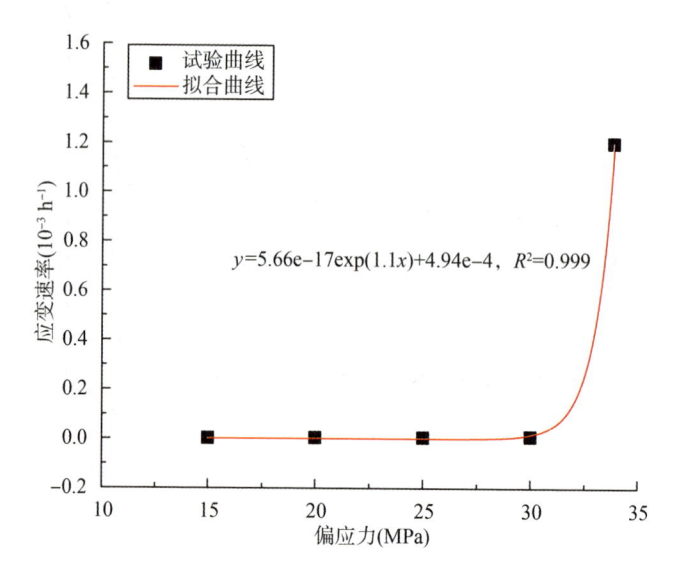

$y=5.66e-17\exp(1.1x)+4.94e-4$，$R^2=0.999$

图 3-53 试样 BHT-J-01 流变速率与偏应力关系

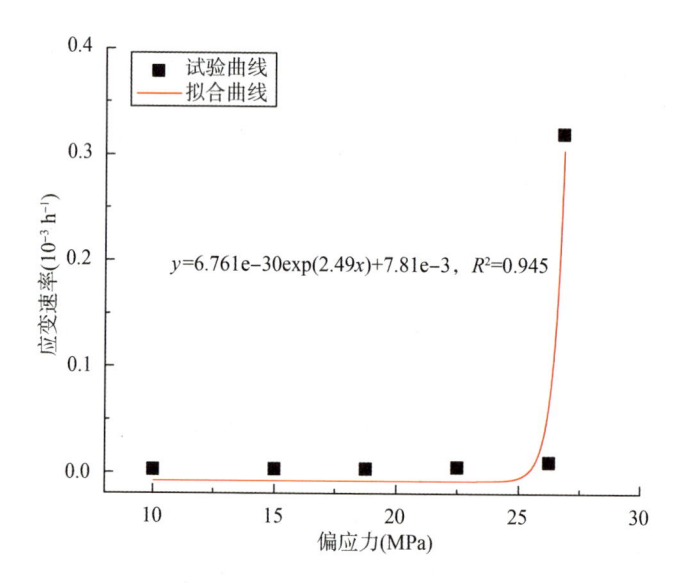

$y=6.761e-30\exp(2.49x)+7.81e-3$，$R^2=0.945$

图 3-54 试样 BHT-J-03 流变速率与偏应力关系

3.3.5 破坏模式与破坏机理

渗流应力耦合流变力学试验中柱状节理岩体的破坏模式示意图如图 3-55 所示。总体上,岩体的破坏模式主要受柱体倾角、围压与渗压控制。柱状节理试样的破坏模式为滑移破坏。表现为平行于柱体轴线方向节理面滑移贯通,从而导致试样整体失去承载能力。破裂面一般为单一滑移面,岩体破坏后柱体保持完好。破坏面的方向垂直于柱体法平面,破坏面在沿柱体轴向上摩擦系数较小,而垂直于柱体轴向方向破坏面起伏角较大。

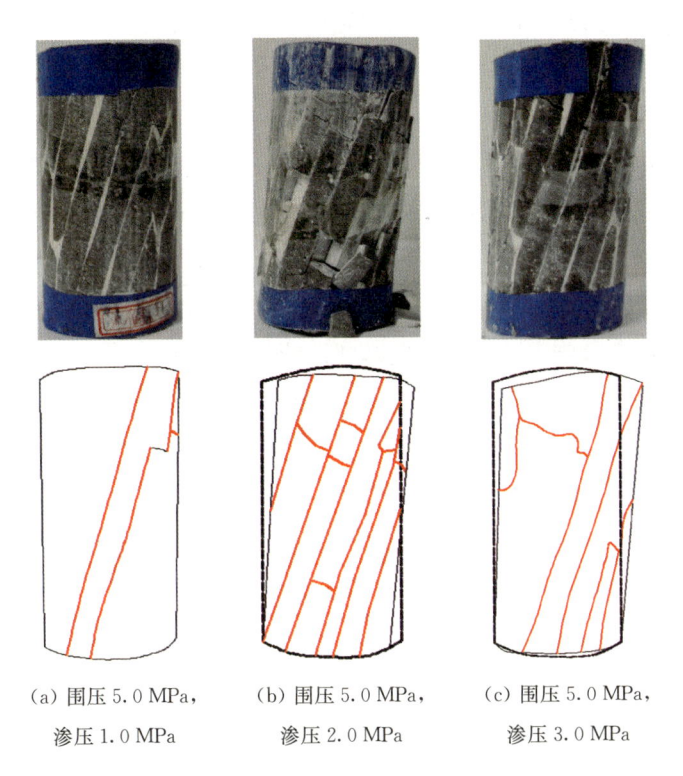

(a) 围压 5.0 MPa,渗压 1.0 MPa　　(b) 围压 5.0 MPa,渗压 2.0 MPa　　(c) 围压 5.0 MPa,渗压 3.0 MPa

图 3-55　柱状节理试样渗流应力耦合循环荷载流变试验破坏后照片

3.4　小结

本章针对白鹤滩水电站典型柱状节理玄武岩开展了渗流应力耦合条件下的循环荷载力学试验和循环荷载作用下的流变力学试验,分析了玄武岩不同围压、不同渗压作用下的三轴力学试验强度、变形特性以及破坏模式，探讨了玄武岩在渗流应力耦合流变过程中的时效力学特性和渗透演化规律。针对柱状节理岩体相似试样，开展了渗流应力耦合循环荷载作用下的流变力学试验，分析了柱状节理岩体相似试样在不同渗压作用下三轴流变力学试验强度、变形特性以及破坏模式。

（1）在循环荷载试验中，柱状节理玄武岩试样不可逆变形逐渐增加，可恢复的变形呈现出先增加再减小的变化规律；随着渗压的增加，峰值强度逐渐减小；弹性模量在屈服应力之前逐渐增加，体现岩石的硬化效应，应力超过屈服应力后，弹性模量逐渐减小，逐渐保持恒定；损伤演化规律为先迅速增加后逐渐保持恒定；岩样破坏模式为形成多条裂纹，近似平行轴向应力方向，在岩样中部，宏观裂纹汇聚，破坏程度较高。

（2）在低应力水平和卸载偏应力水平下，玄武岩试样流变过程表现出明显的衰减流变和稳态流变变形特征。最后一级应力水平作用下，试样经历了典型的衰减流变、稳态流变和非线性加速流变特性。

（3）通过分解分析玄武岩试样轴向应变，在各级偏应力作用下玄武岩试样变形均表现出瞬时弹性、瞬时塑性、黏弹性和黏塑性特性，偏应力低于岩石长期强度时的变形主要表现为黏弹性特征，当施加在试样上的偏应力水平大于试样长期强度时，玄武岩试样流变变形表现出黏塑性特征。分析表明，在加卸载流变过程中，玄武岩流变变形是黏-弹-塑性共存的复杂变形。

（4）玄武岩加卸载流变试验渗透演化规律主要特征表现为：在初始加载阶段渗透率呈减小趋势，岩石中的渗流通道逐步调整，渗透率有所增大并随着时间推移逐步趋于稳定；偏应力水平低于裂纹萌生应力时，偏应力加卸载前后渗透率出现突变，随着渗透通道不断调整，岩石渗透率在一定值上下波动，加卸载前后变化较小；在渗压相同情况下，围压对玄武岩的渗透率影响较为明显，同一偏应力下，围压越大，其稳态流变阶段的渗透率越小；在最后一级破坏应力水平下，岩石内部产生新的裂纹，累计损伤增多，稳态流变阶段的平均渗透率也增大。随着流变时间的持续，渗透率由缓慢增加过渡为快速增加，试样破坏前后渗透率达到峰值。

（5）循环荷载作用流变试验中，柱状节理相似试样在低应力水平和卸载偏应力水平下，表现出明显的衰减流变和稳态流变变形特征。在最后一级应力水平作用下，经历了典型的衰减流变、稳态流变和非线性加速流变特性。通过拆解分析柱状节理相似试样轴向应变,在各级偏应力作用下玄武岩试样变形均表现出瞬时弹性、瞬时塑性、黏弹性和黏塑性特性,偏应力低于岩石长期强度时的变形主要表现为黏弹性特征,当施加在试样上的偏应力水平大于试样的长期强度时,柱状节理相似试样的流变变形表现出黏塑性特征。从变形和破坏模式可知,柱状节理相似试样的失稳破坏主要受偏应力、围压、渗压和柱状节理的角度和节理强度影响。

第四章

白鹤滩含层间错动带岩体循环加卸载渗流应力流变力学试验

4.1　引言

本章针对含错动带岩体相似结构样、含错动带岩体和柱状节理岩体相似结构样开展了渗流应力耦合条件下的加卸载流变力学试验，以研究复杂应力路径下的时效变形、长期强度以及渗透演化规律。根据白鹤滩蓄水方案设计了渗流应力耦合条件下加卸载流变试验的应力路径；开展了不同围压条件下的渗流应力耦合加卸载流变力学试验；基于试验成果，对比分析了渗流应力耦合加卸载流变过程中不同偏应力作用下的流变变形、流变速率等；探讨了岩体在加卸载流变过程中的渗透演化规律，并对其长期强度进行了分析。

4.2　含层间错动带岩体循环加卸载流变力学试验

4.2.1　试验方案

1. 含层间错动带岩体试样循环加卸载三轴力学试验方案设计

含层间错动带岩体试样循环加卸载三轴力学试验在多功能岩石三轴试验系统上进行。加载方式可以采用应力控制。在荷载加载、卸载过程中，岩体所承受的水压力也是在变化的。单独试样的围压和渗压保持不变，采用分级加载、卸载轴压的加载方式(图 4-1)，即在每一个含层间错动带岩体试样上进行多级偏应力的加载和卸载，在每一级偏应力加载过程中，岩石试样先后经历加载和卸载两个阶段，这种加载方式有助于获得更多表征含层间错动带岩体试样受循环荷载作用的变形特性。各级加载偏应力水平以 5 MPa 为第一个加载等级，加载速率为 3 MPa/min，在卸载过程中，按照速率为 6 MPa/min 卸载至 0 MPa。逐级加载至试样破坏。按照上述试验方案设计，开展含层间错动带岩体试样在渗流应力耦合条件下的加卸载力学试验，试验岩样的几何、物理参数和试验的围压条件如表 4-1 所示，含层间错动带岩体试样渗流应力耦合循环荷载试验试样照片如图 4-2 所示。

具体试验步骤如下：

(1) 将制备好的试验用试样安装在橡胶套中，安装环向应变仪后，将试样装在试验腔体上。

（2）向试验腔体里充油,并以 0.75 MPa/min 的加载速率施加围压至所需围压值。

（3）待腔体中的围压稳定后,将偏应力按照加载速率 3 MPa/min 首先加载到 5 MPa,在恒定轴向应力速率为 6 MPa/min 的条件下,将偏应力水平卸至 0 MPa。随后的循环荷载试验中加载速率与之前的加载速率相同,应力等级增量为 5 MPa。

（4）在峰后阶段,试样发生破坏,为了得到残余强度,在试样破坏之后依然进行两个循环的循环加载和卸载。

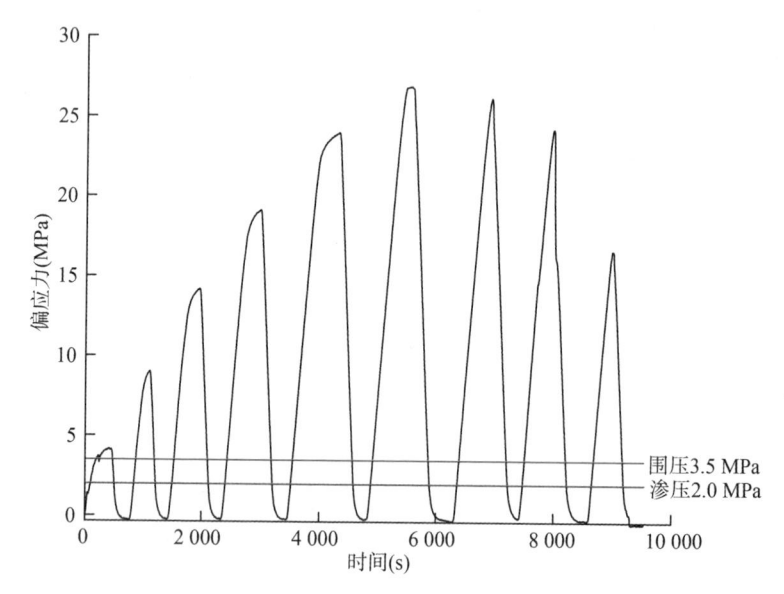

图 4-1　分级循环加卸载轴压试验

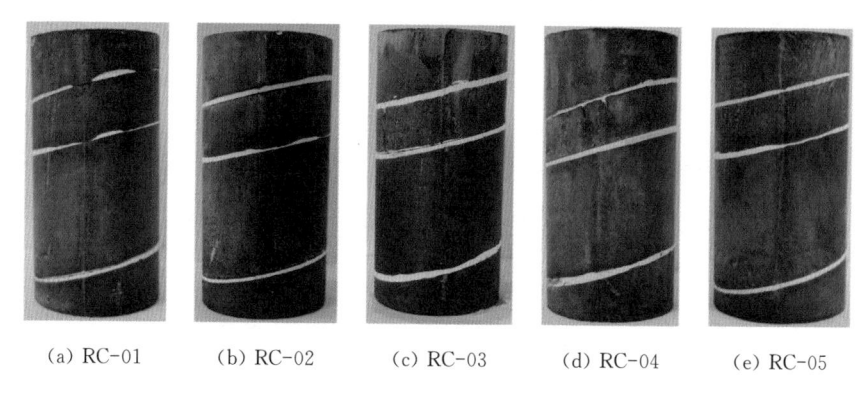

(a) RC-01　(b) RC-02　(c) RC-03　(d) RC-04　(e) RC-05

图 4-2　含层间错动带岩体试样渗流应力耦合力学试验破坏前照片

表 4-1　渗流应力耦合三轴试验含层间错动带岩体试样参数

试样编号	质量(g)	直径(mm)	高度(mm)	密度(kg/m³)	围压(MPa)	渗压(MPa)
RC-01	428.56	50.23	100.25	2 157.30	3.5	2.0
RC-02	432.62	50.15	100.55	2 178.18	5.0	1.0
RC-03	437.55	50.62	100.29	2 167.88	5.0	2.0
RC-04	435.29	50.81	100.34	2 139.52	5.0	3.0
RC-05	434.42	50.53	100.35	2 158.76	6.5	2.0

2. 含层间错动带岩体试样循环加卸载三轴流变力学试验方案设计与实施

根据水利水电工程岩石试验规程以及国际岩石力学学会(ISRM)推荐标准,含层间错动带岩体试样按 50 mm×100 mm(直径×长度)进行制备。含层间错动带岩体试样照片如图 4-3 所示。含层间错动带岩体试样的三轴渗流流变试验的围压为 5.0 MPa,渗压为 1.0 MPa、2.0 MPa 和 3.0 MPa。渗流流变力学试验采用分级加卸载的方式,具体的试验设计方案见表 4-2 和表 4-3。渗流流变力学主要试验步骤与瞬时三轴试验相同,即将饱水的试样装入试验仪器内,施加围压、渗压,饱水 12 h 后进行第一级应力加载,先采用应力控制的方式加载至第一级应力目标值,加载速率为 0.012 mm/min;待试样流变 72 h 后,采用第一级应力进行卸载至目标值,待试样在卸载装样流变 24 h 后,以应力控制的方式加载至下一级应力目标值,加载速率为 0.2 MPa/Min,后续每级加载均采用此方式。重复上述步骤直至试样流变破坏。在流变试验的过程中,观察试样侧向变形曲线趋势,若曲线斜率陡然增大,说明试样趋近于流变破坏,将不再进行下一级的加载。加载方式示意图如图 4-4 所示。

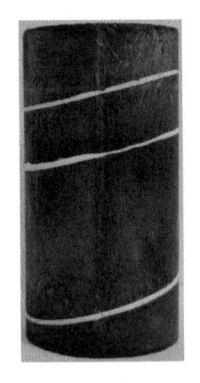

(a) RC-R-01　　(b) RC-R-02　　(c) RC-R-03

图 4-3　含层间错动带岩体试样渗流应力耦合流变力学循环荷载试验破坏前照片

表 4-2 渗流应力耦合三轴试验含层间错动带岩体试样参数

试样编号	质量(g)	直径(mm)	高度(mm)	密度(kg/m^3)	围压(MPa)	渗压(MPa)
RC-R-01	408.61	50.22	100.11	2 060.57	5.0	1.0
RC-R-02	407.69	50.10	100.42	2 059.42	5.0	2.0
RC-R-03	408.29	50.05	100.23	2 070.49	5.0	3.0

表 4-3 含层间错动带岩体三轴渗流流变试验围压、偏应力水平

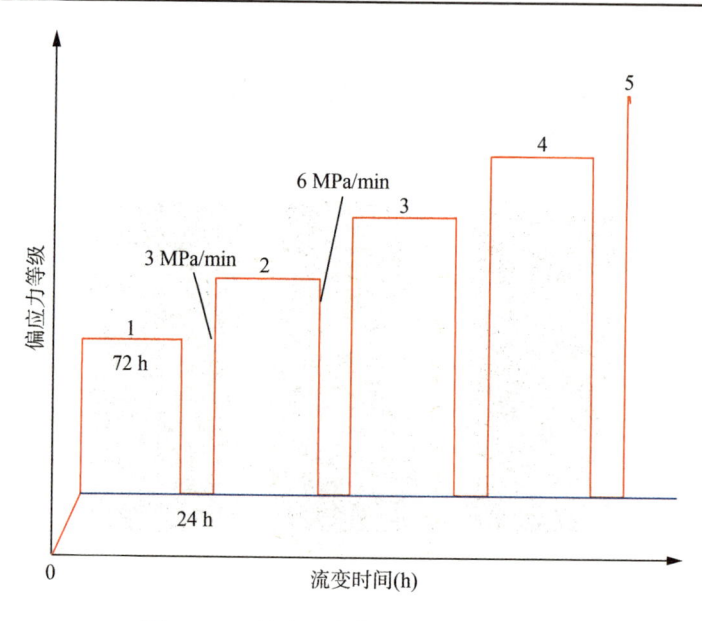

试样编号	围压(MPa) / 渗压(MPa)	应力水平级数	偏应力值(MPa)
RC-R-01	5.0 / 1.0	1	10
		2	15
		3	20
		4	25
		5	30
RC-R-02	5.0 / 2.0	1	10
		2	15
		3	20
		4	25
RC-R-03	5.0 / 3.0	1	10
		2	15
		3	20
		4	22.5

图 4-4 三轴渗流流变力学试验加载方式

4.2.2 循环加卸载试验

1. 含层间错动带岩体试样循环加卸载三轴力学试验结果

含层间错动带岩体试样在不同围压(3.5 MPa、5.0 MPa、6.5 MPa)及不同渗压(1.0 MPa、2.0 MPa、3.0 MPa)下的三轴循环荷载试验成果,如图 4-5~图 4-9 所示。在渗压为 2.0 MPa,围压分别为 3.5 MPa、5.0 MPa、6.5 MPa 作

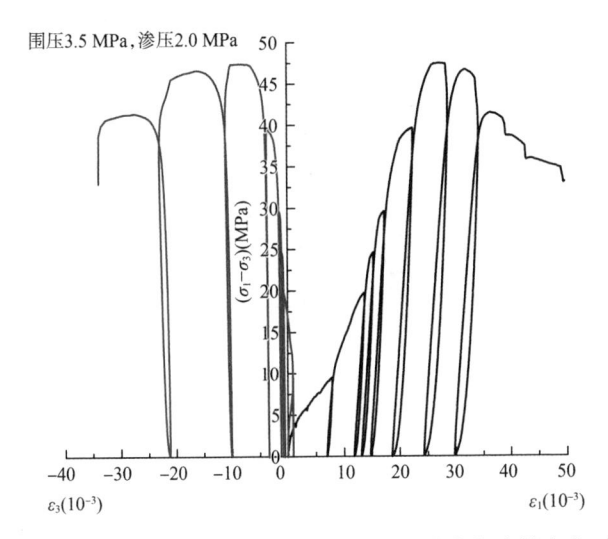

图 4-5 围压 3.5 MPa 渗压 2.0 MPa 含层间错动带岩体试样应力-应变曲线

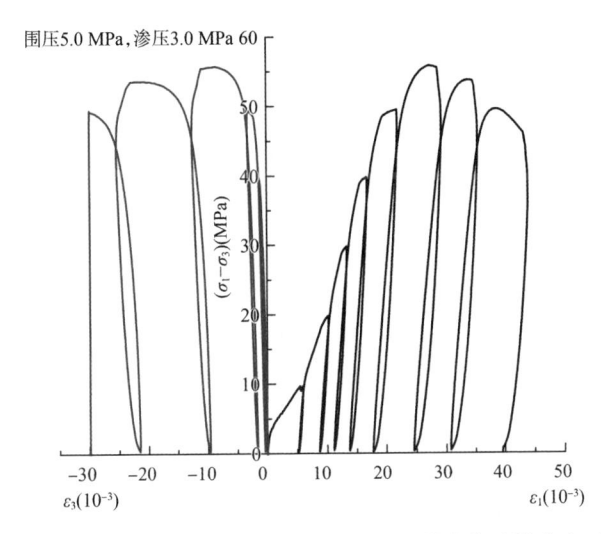

图 4-6 围压 5.0 MPa 渗压 3.0 MPa 含层间错动带岩体试样应力-应变曲线

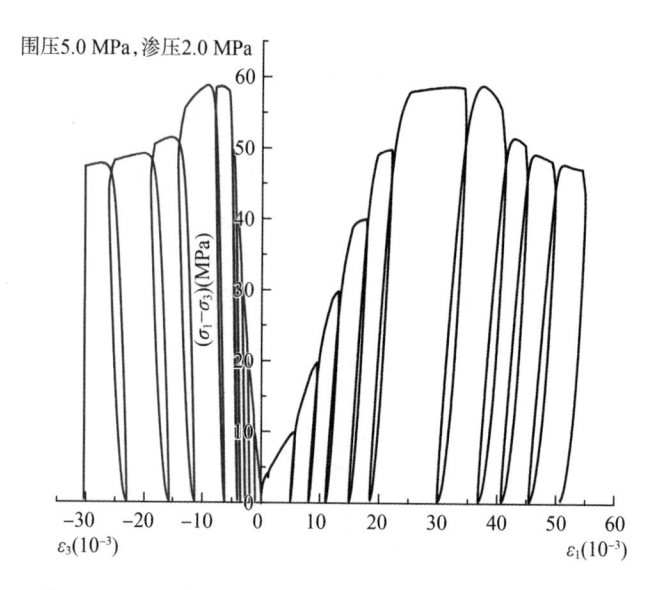

图 4-7　围压 5.0 MPa 渗压 2.0 MPa 含层间错动带岩体试样应力-应变曲线

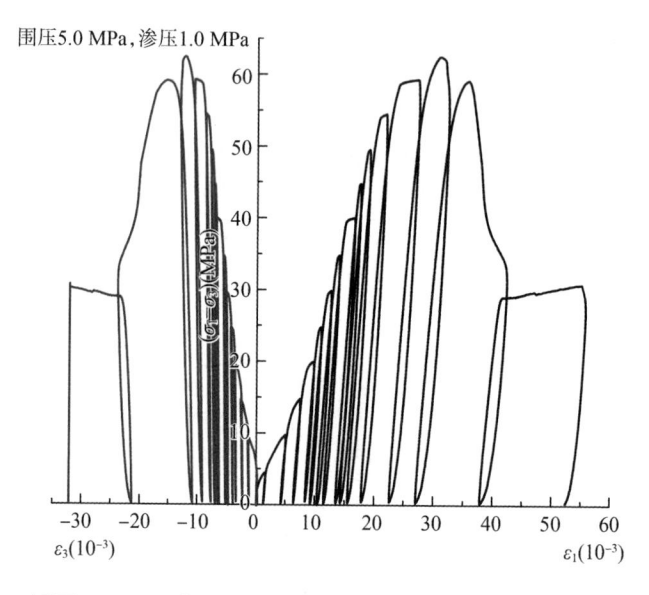

图 4-8　围压 5.0 MPa 渗压 1.0 MPa 含层间错动带岩体试样应力-应变曲线

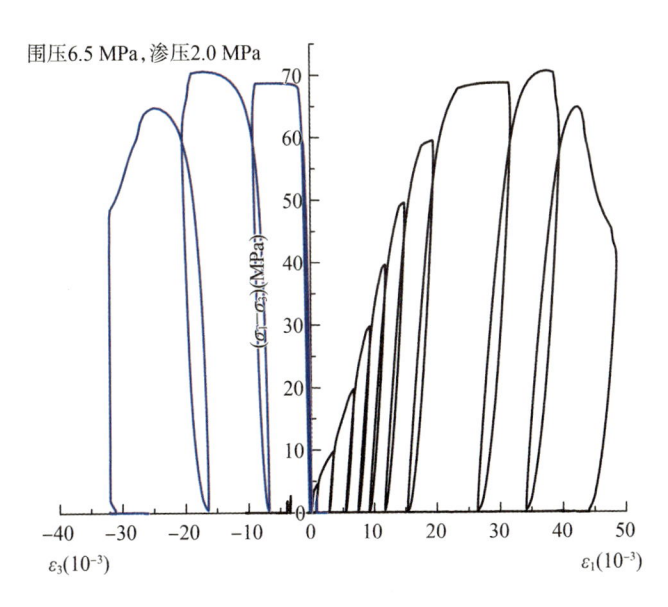

图 4-9　围压 6.5 MPa 渗压 2.0 MPa 含层间错动带岩体试样应力-应变曲线

用下，随着围压的增大，峰值强度增大，分别为 47.49 MPa、58.82 MPa、70.64 MPa。含层间错动带岩体试样的屈服应力和峰值强度呈增加趋势。残余强度在不同围压作用下分别为 35.05 MPa、47.10 MPa、45.35 MPa。在围压为 5.0 MPa，渗压分别为 1.0 MPa、2.0 MPa、3.0 MPa 作用下，随着渗压的增大，峰值强度减小，分别为 62.45 MPa、58.82 MPa、55.80 MPa。含层间错动带岩体试样的屈服应力和峰值强度呈减小趋势。残余强度在不同渗压作用下分别为 30.76 MPa、47.10 MPa、46.17 MPa。

2. 含层间错动带岩体试样循环加卸载流变力学试验

含层间错动带岩体试样开展围压 5.0 MPa、不同渗压(1.0 MPa、2.0 MPa、3.0 MPa)条件下的渗流流变力学试验，渗流流变试验曲线如图 4-10～图 4-12 所示，包括轴向应变、环向应变与时间的变化曲线，以及应力与时间的曲线。

在每一级偏应力瞬时加载完成之后，含层间错动带岩体试样均经历了衰减蠕变和稳态蠕变阶段；在每一次偏应力卸载至 0 MPa 时，含层间错动带岩体试样的流变特性与加载时一样呈现出明显的衰减流变和稳态流变阶段。为了更好地对比不同偏应力水平下含层间错动带岩体试样的渗流应力耦合流变特性，根据三轴流变试验成果，将加载和卸载阶段的轴向流变曲线进行分解，得到轴向应变在不同偏应力水平下随时间变化的曲线。对于含层间错动带岩体试样

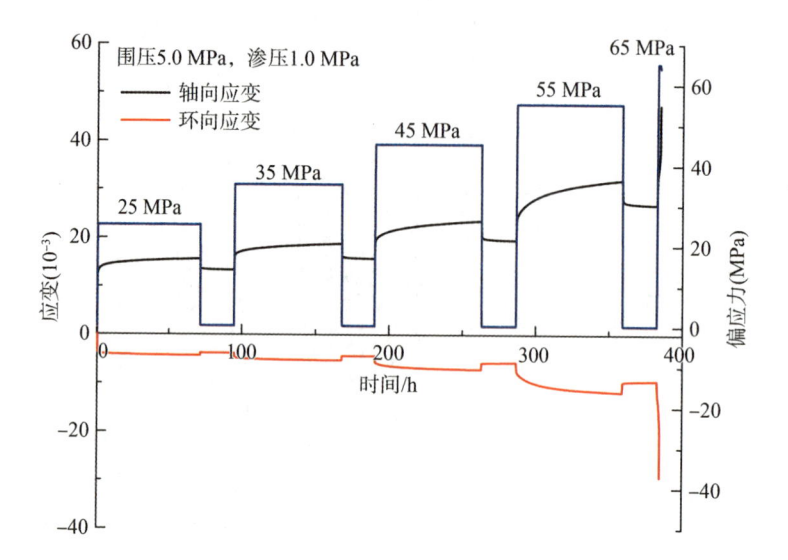

图 4-10　围压 5.0 MPa 渗压 1.0 MPa 含层间错动带岩体试样流变试验曲线

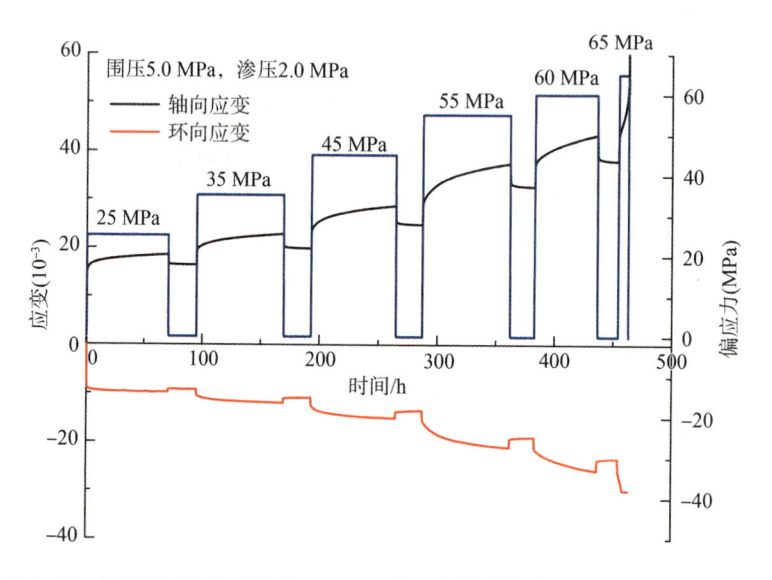

图 4-11　围压 5.0 MPa 渗压 2.0 MPa 含层间错动带岩体试样流变试验曲线

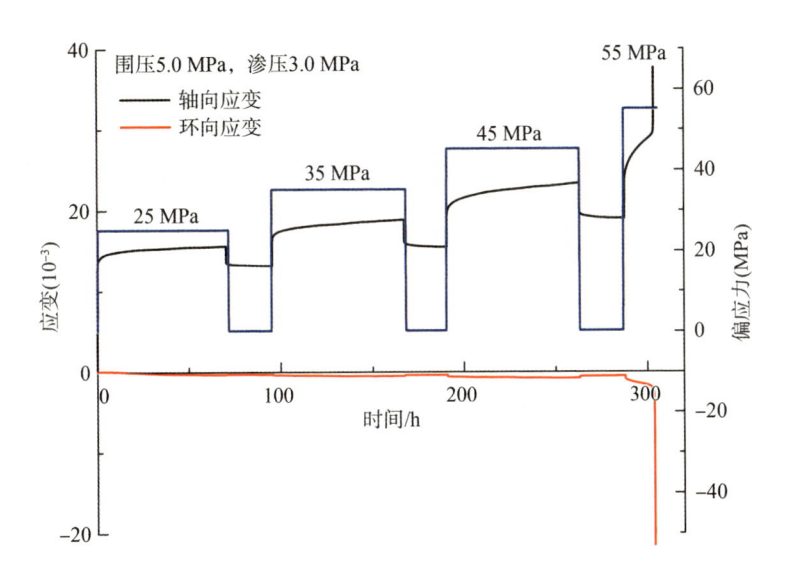

图 4-12　围压 5.0 MPa 渗压 3.0 MPa 含层间错动带岩体试样流变试验曲线

RC-R-01(围压 5.0 MPa、渗压 1.0 MPa),在 65 MPa 的偏应力下,经过 2.86 h 后发生加速流变,试样破坏。对于含层间错动带岩体试样 RC-R-02(围压 5.0 MPa、渗压 2.0 MPa),在 65 MPa 的偏应力下,经过 11 h 后发生加速流变,试样破坏。对于含层间错动带岩体试样 RC-R-03(围压 5.0 MPa、渗压 3.0 MPa),经过 22.6 h 后发生加速流变,试样破坏。

4.2.3　变形特性

1. 含层间错动带岩体试样循环加卸载三轴力学试验变形特性

图 4-13～图 4-17 为围压为 3.5 MPa、5.0 MPa、6.5 MPa,渗压分别为 1.0 MPa、2.0 MPa、3.0 MPa 作用下含层间错动带岩体试样每个应力等级下的轴向应变分解,总应变等于不可逆变形和恢复的变形之和。将含层间错动带岩体试样在任意应力水平下的应变进行拆解计算分析,将围压为 5.0 MPa,渗压分别为 1.0 MPa、2.0 MPa、3.0 MPa 作用下的含层间错动带岩体试样的分级加卸载试验数据进行整理,绘制变形曲线。随着偏应力水平的增加,不可逆变形逐渐增加,恢复变形先增加再减小,表示含层间错动带岩体试样在循环荷载作用下逐渐损伤,导致不可逆变形逐渐增加,试样发生脆性破坏之后,含层间错动带岩体试样的损伤显著增加。围压为 3.5 MPa、渗压为 2.0 MPa 作用下含层间

错动带岩体试样不可逆变形由 6.93×10^{-3} 增加至 29.74×10^{-3}，增量为 22.81×10^{-3}，而在循环荷载作用下的恢复变形由 0.87×10^{-3} 增加至 4.43×10^{-3}。围压为 5.0 MPa、渗压为 1.0 MPa 作用下含层间错动带岩体试样不可逆变形由 1.27×10^{-3} 增加至 37.89×10^{-3}，增量为 36.62×10^{-3}，而在循环荷载作用下的恢复变形由 0.31×10^{-3} 先增加至 5.32×10^{-3} 后减小至 4.42×10^{-3}。围压为 5.0 MPa、渗压为 2.0 MPa 作用下含层间错动带岩体试样不可逆变形由 5.06×10^{-3} 增加至 45.45×10^{-3}，增量为 40.39×10^{-3}，而在循环荷载作用下的恢复变形由 0.66×10^{-3} 先增加至 4.35×10^{-3} 后减小至 4.17×10^{-3}。围压为 5.0 MPa、渗压为 3.0 MPa 作用下含层间错动带岩体试样不可逆变形由 5.22×10^{-3} 增加至 30.73×10^{-3}，增量为 25.51×10^{-3}，而在循环荷载作用下的恢复变形由 0.72×10^{-3} 先增加至 4.68×10^{-3} 后减小至 4.67×10^{-3}。围压为 6.5 MPa、渗压为 2.0 MPa 作用下含层间错动带理岩体试样不可逆变形由 0.71×10^{-3} 增加至 34.17×10^{-3}，增量为 33.46×10^{-3}，而在循环荷载作用下的恢复变形由 0.27×10^{-3} 先增加至 5.48×10^{-3} 后减小至 4.38×10^{-3}。

试样在不同偏应力水平下的不可逆应变和恢复应变随着循环次数变化的曲线如图 4-18～图 4-22 所示。

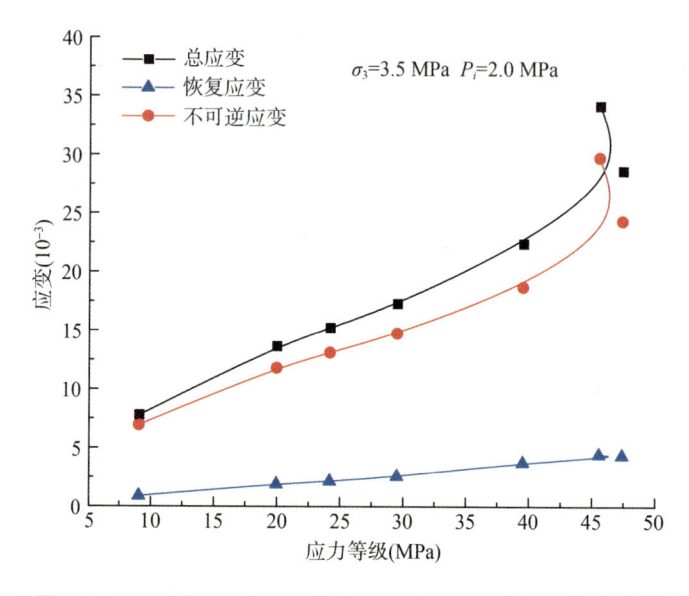

图 4-13　围压 3.5 MPa 渗压 2.0 MPa 含层间错动带岩体试样卸载应力-应变曲线

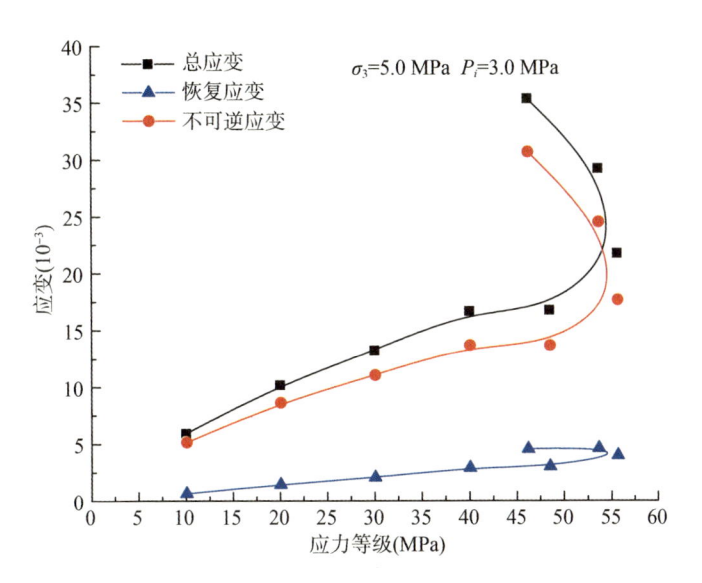

图 4-14　围压 5.0 MPa 渗压 3.0 MPa 含层间错动带岩体试样卸载应力-应变曲线

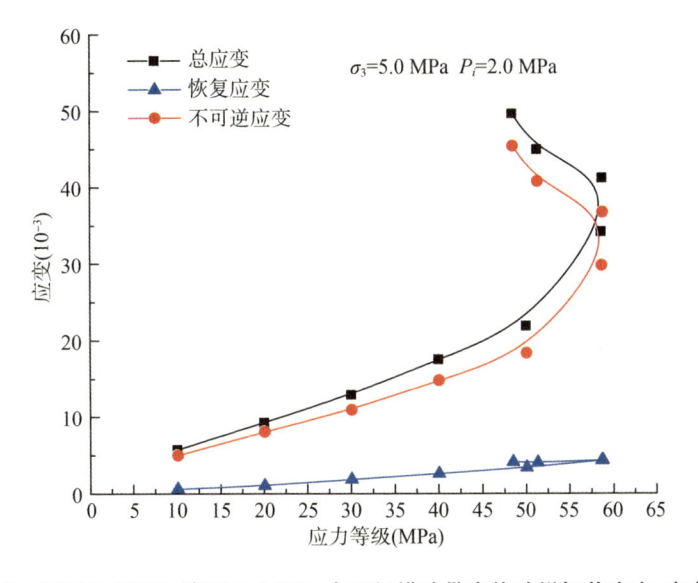

图 4-15　围压 5.0 MPa 渗压 2.0 MPa 含层间错动带岩体试样卸载应力-应变曲线

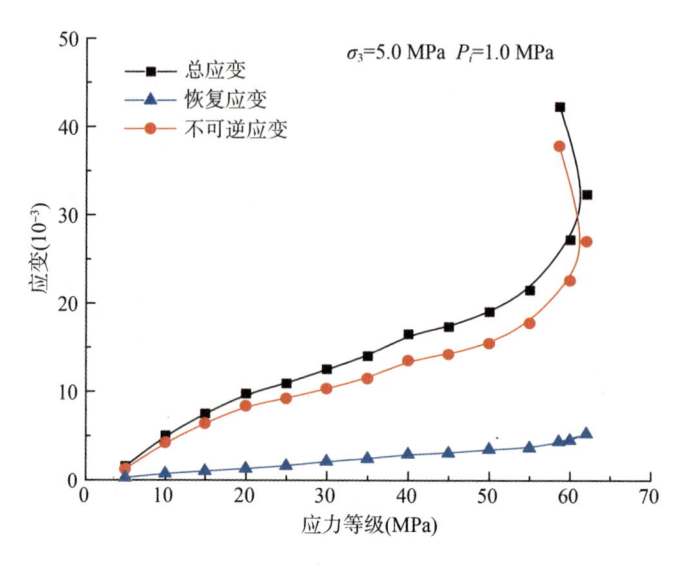

图 4-16 围压 5.0 MPa 渗压 1.0 MPa 含层间错动带岩体试样卸载应力-应变曲线

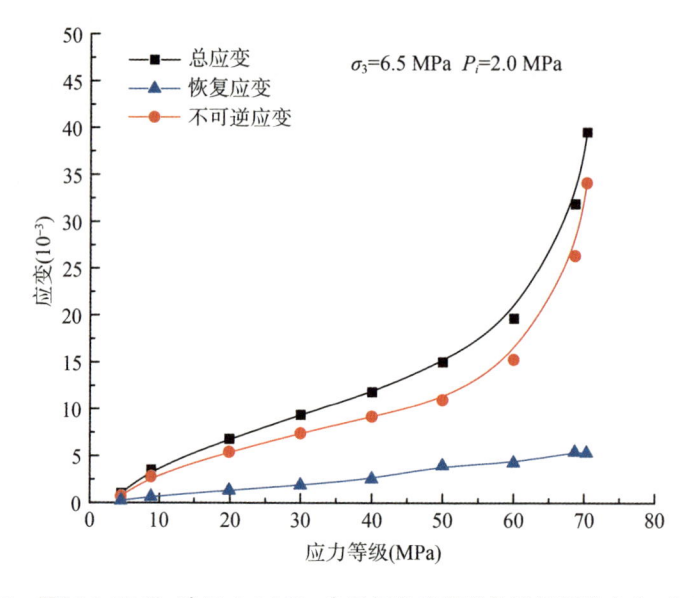

图 4-17 围压 6.5 MPa 渗压 2.0 MPa 含层间错动带岩体试样卸载应力-应变曲线

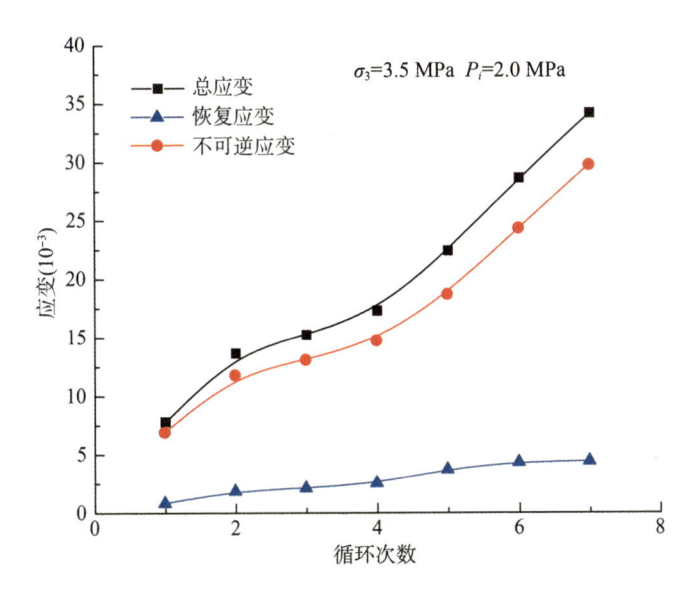

图 4-18　围压 3.5 MPa 渗压 2.0 MPa 含层间错动带岩体试样循环次数-应变曲线

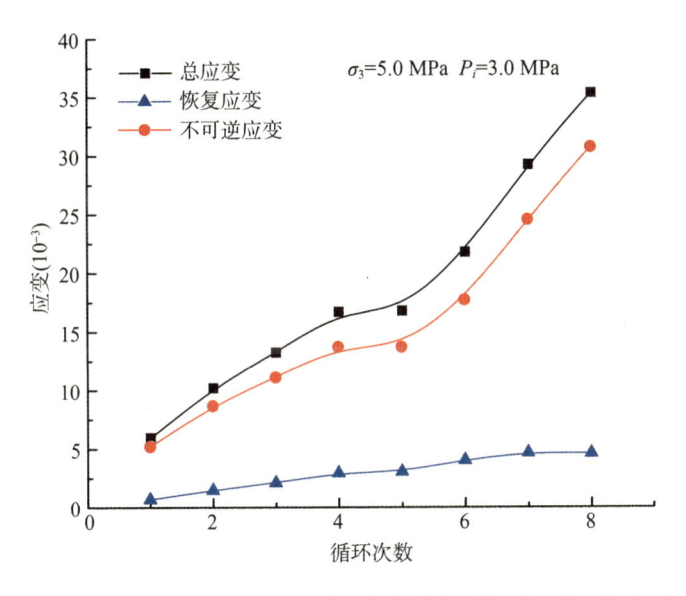

图 4-19　围压 5.0 MPa 渗压 3.0 MPa 含层间错动带岩体试样循环次数-应变曲线

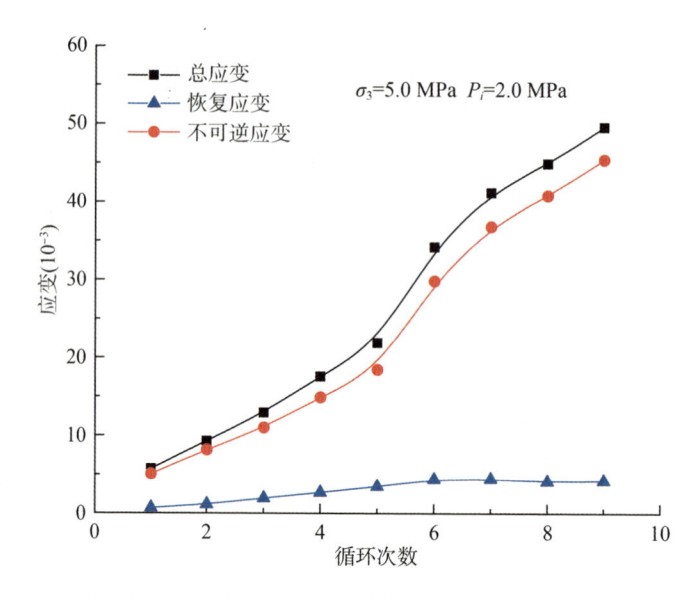

图 4-20　围压 5.0 MPa 渗压 2.0 MPa 含层间错动带岩体试样循环次数-应变曲线

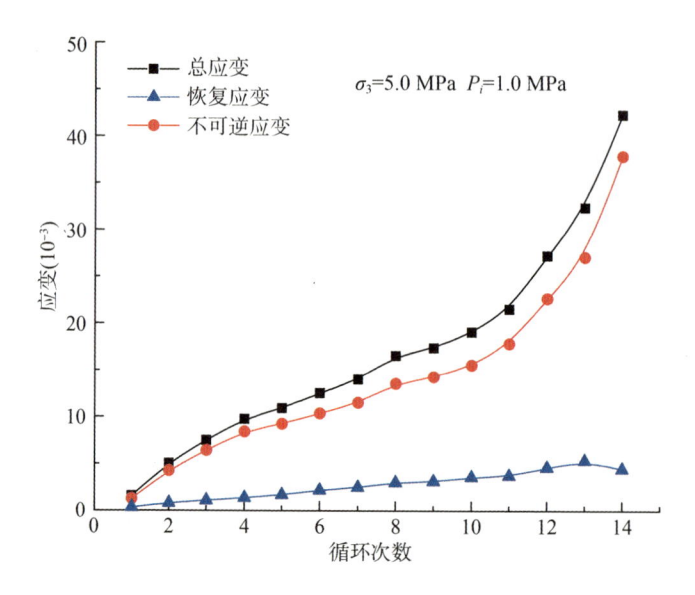

图 4-21　围压 5.0 MPa 渗压 1.0 MPa 含层间错动带岩体试样循环次数-应变曲线

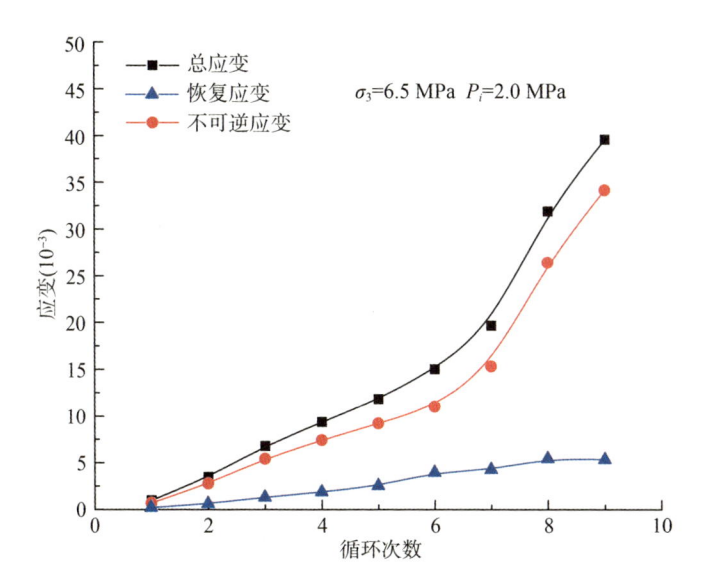

图 4-22　围压 6.5 MPa 渗压 2.0 MPa 含层间错动带岩体试样循环次数-应变曲线

2. 含层间错动带试样流变变形特性

试样 RC-R-01、试样 RC-R-02 和试样 RC-R-03 轴向应变加载和卸载曲线、环向应变加载和卸载曲线见图 4-23~图 4-34。其中由图 4-23、图 4-27、图 4-31 可知,三个试样在前几级加载的偏应力水平下流变时间约为 72 h;在

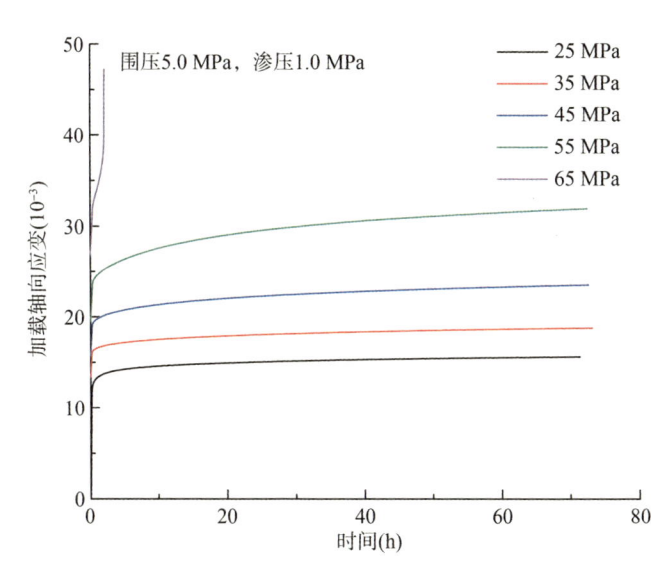

图 4-23　围压 5.0 MPa 渗压 1.0 MPa 含层间错动带岩体试样流变轴向加载试验曲线

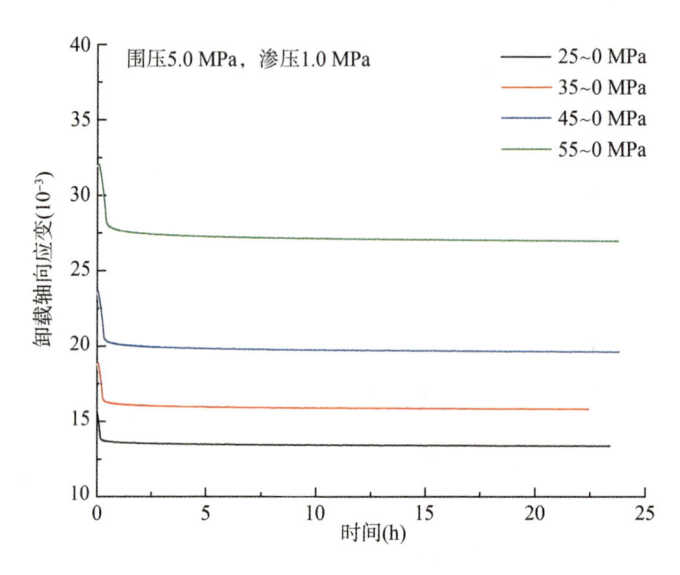

图 4-24　围压 5.0 MPa 渗压 1.0 MPa 含层间错动带岩体试样流变轴向卸载试验曲线

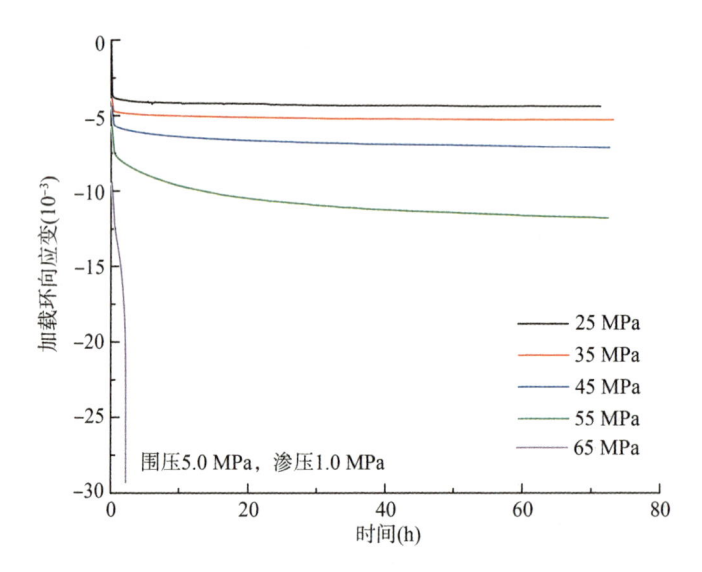

图 4-25　围压 5.0 MPa 渗压 1.0 MPa 含层间错动带岩体试样流变环向加载试验曲线

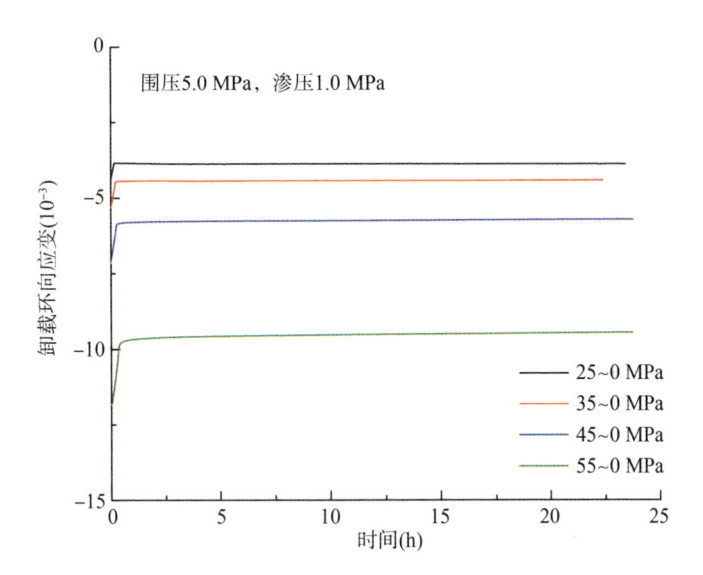

图 4-26 围压 5.0 MPa 渗压 1.0 MPa 含层间错动带岩体试样流变环向卸载试验曲线

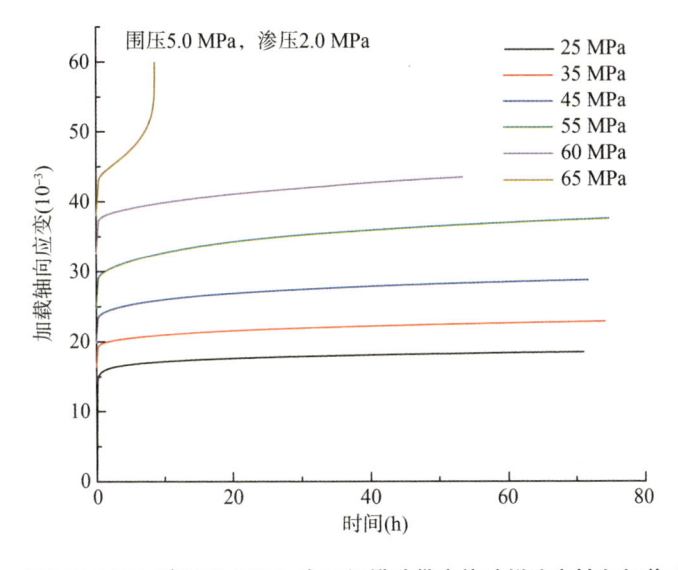

图 4-27 围压 5.0 MPa 渗压 2.0 MPa 含层间错动带岩体试样流变轴向加载试验曲线

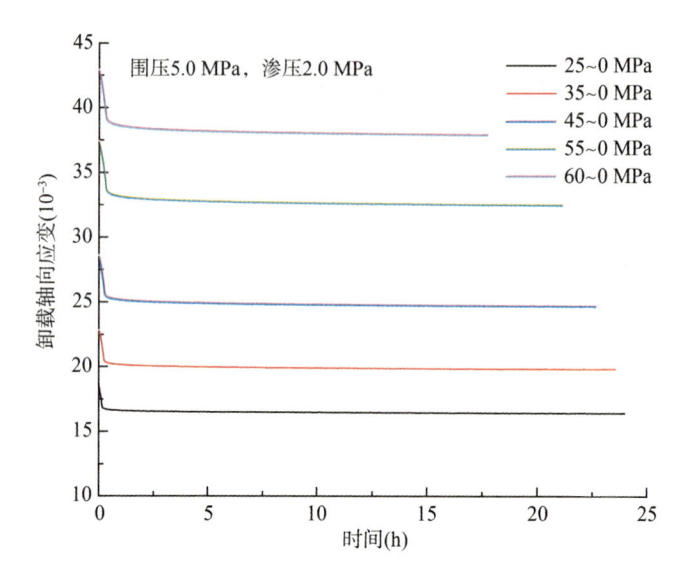

图 4-28　围压 5.0 MPa 渗压 2.0 MPa 含层间错动带岩体试样流变轴向卸载试验曲线

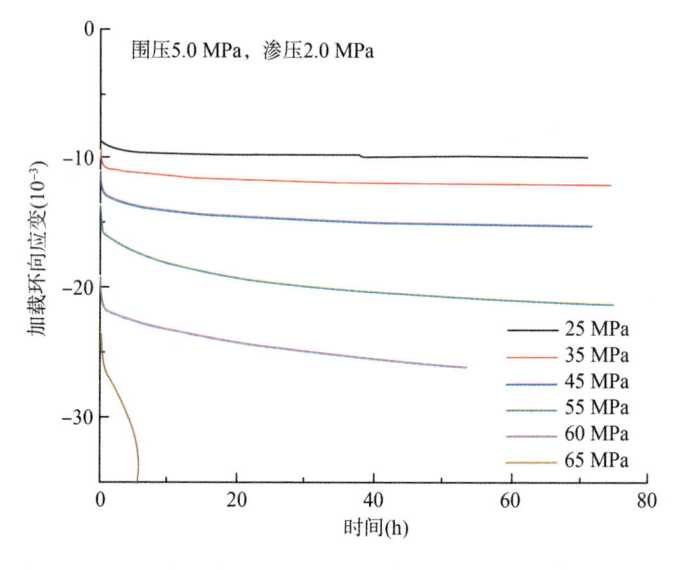

图 4-29　围压 5.0 MPa 渗压 2.0 MPa 含层间错动带岩体试样流变环向加载试验曲线

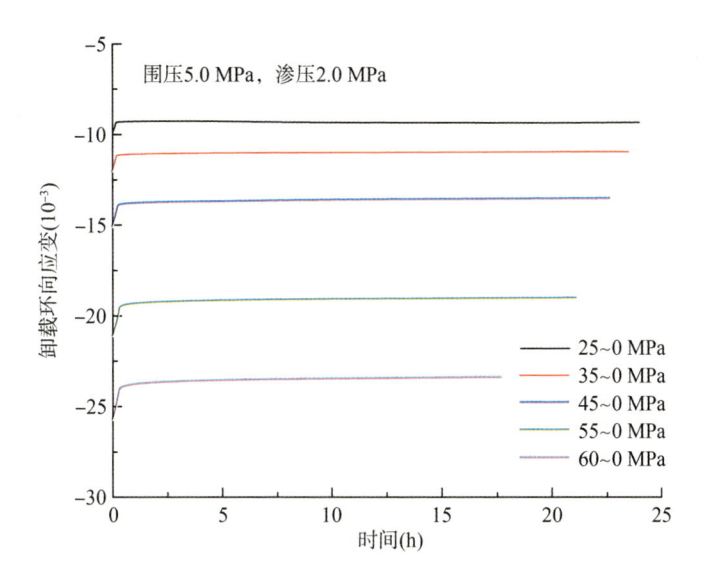

图 4-30　围压 5.0 MPa 渗压 2.0 MPa 含层间错动带岩体试样流变环向卸载试验曲线

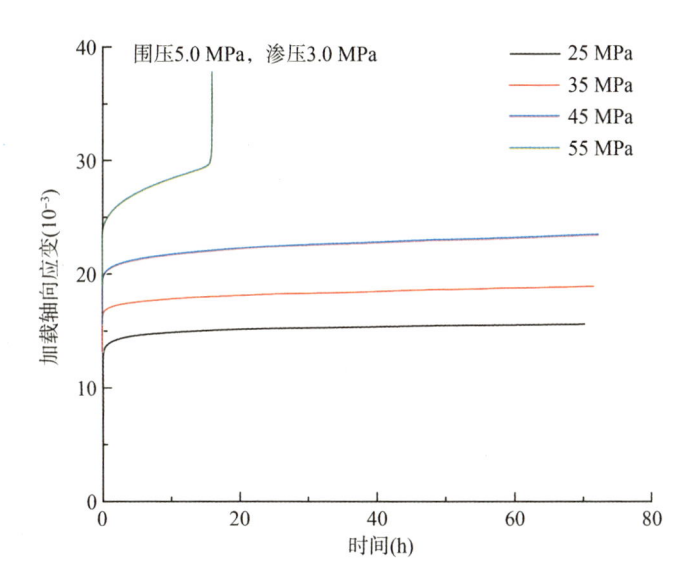

图 4-31　围压 5.0 MPa 渗压 3.0 MPa 含层间错动带岩体试样流变轴向加载试验曲线

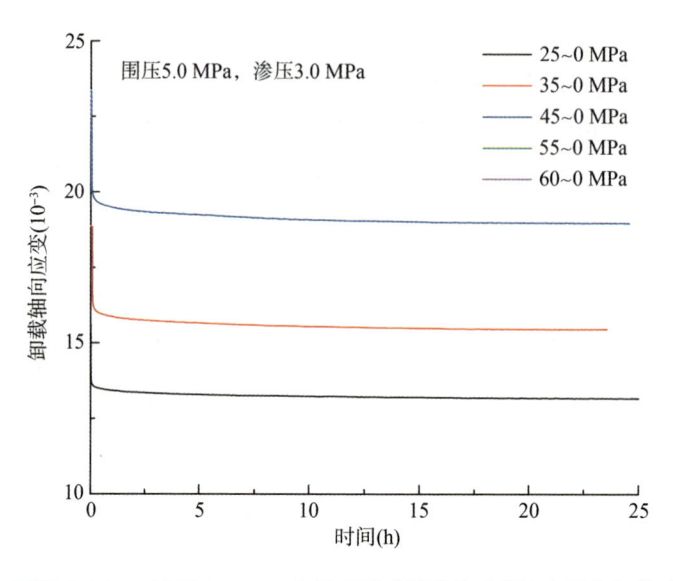

图 4-32　围压 5.0 MPa 渗压 3.0 MPa 含层间错动带岩体试样流变轴向卸载试验曲线

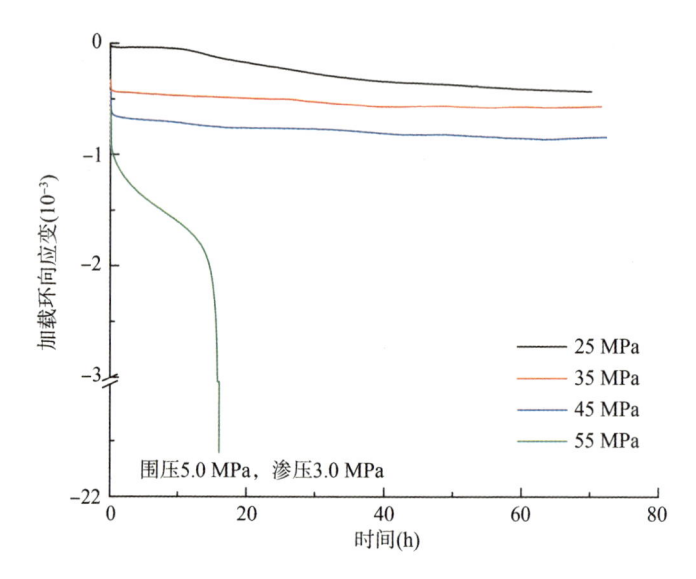

图 4-33　围压 5.0 MPa 渗压 3.0 MPa 含层间错动带岩体试样流变环向加载试验曲线

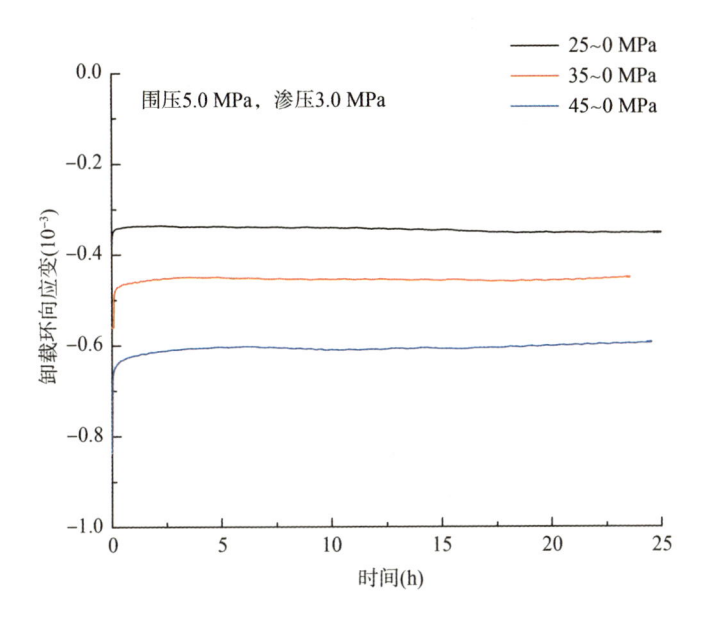

图 4-34　围压 5.0 MPa 渗压 3.0 MPa 含层间错动带岩体试样流变环向卸载试验曲线

最后一级偏应力水平下，含层间错动带岩体试样分别经历了约 2.86 h、11 h 和 22.6 h 的流变，由于试样在前期流变过程中损伤量逐渐累积，在最后一级偏应力水平加载至目标值时发生破坏。试样 RC-R-01 在卸载至一定的应力水平后，随着时间的增加，应变先瞬时减小后缓慢减小，最后逐渐趋近于恒定的值。

渗流应力耦合作用下的循环加卸载流变试验的流变曲线也包括了衰减流变、稳态流变和加速流变三个阶段。在循环加卸载轴压流变试验过程中，试样在偏应力加载、卸载条件下的总应变 ε 由瞬时应变 ε_m 和流变应变 ε_c 构成。瞬时应变 ε_m 分解为瞬时弹性应变 ε_{me} 和瞬时塑性应变 ε_{mp}；流变应变 ε_c 分解为黏弹性应变 ε_{ce} 和黏塑性应变 ε_{cp}。

图 4-35～图 4-40 给出了含层间错动带岩体试样在流变过程中的弹性应变和塑性应变随着应力水平增加的变化曲线。

4.2.4　渗流特性

在分级加卸载渗流应力耦合力学试验过程中，施加含层间错动带岩体试样两端的渗透压力差为 1.0 MPa、2.0 MPa、3.0 MPa。试验过程中可以采集到每一时刻通过试样的渗流量。根据加卸载过程中累计渗流量变化、加卸载过程中流量的变化,综合研究含层间错动带岩体试样在分级加卸载过程中的渗透演化规律。

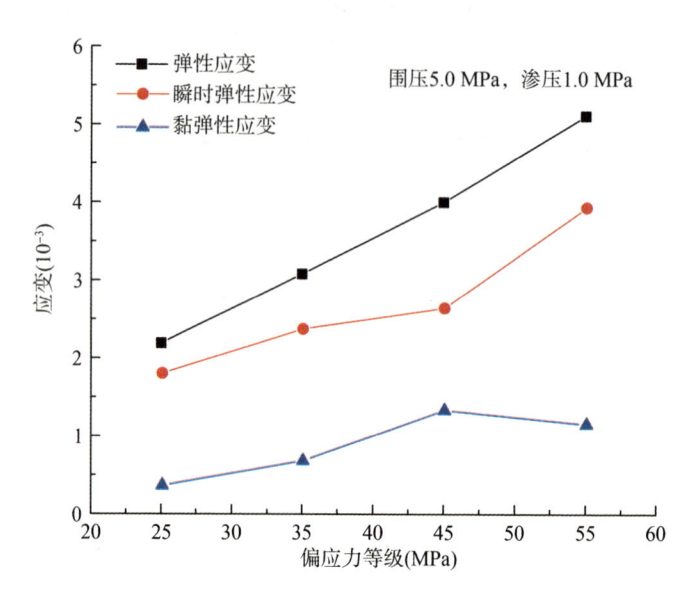

图 4-35　围压 5.0 MPa 渗压 1.0 MPa 含层间错动带岩体试样流变弹性应变

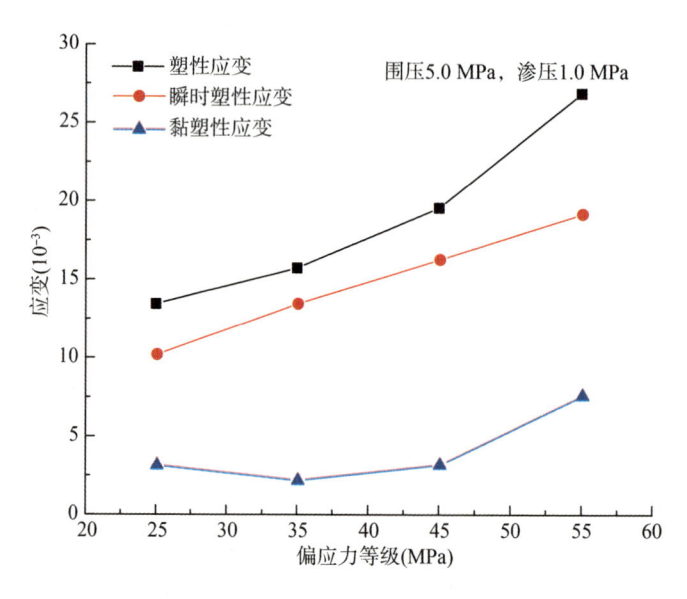

图 4-36　围压 5.0 MPa 渗压 1.0 MPa 含层间错动带岩体试样流变塑性应变

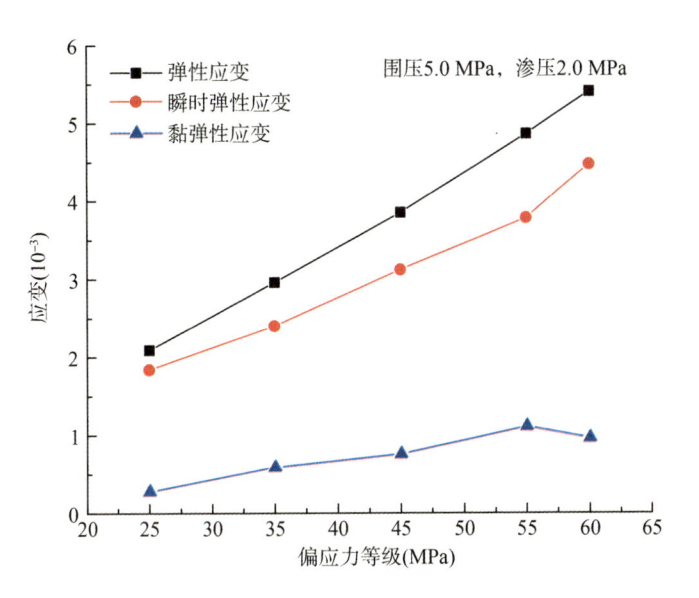

图 4-37 围压 5.0 MPa 渗压 2.0 MPa 含层间错动带岩体试样流变弹性应变

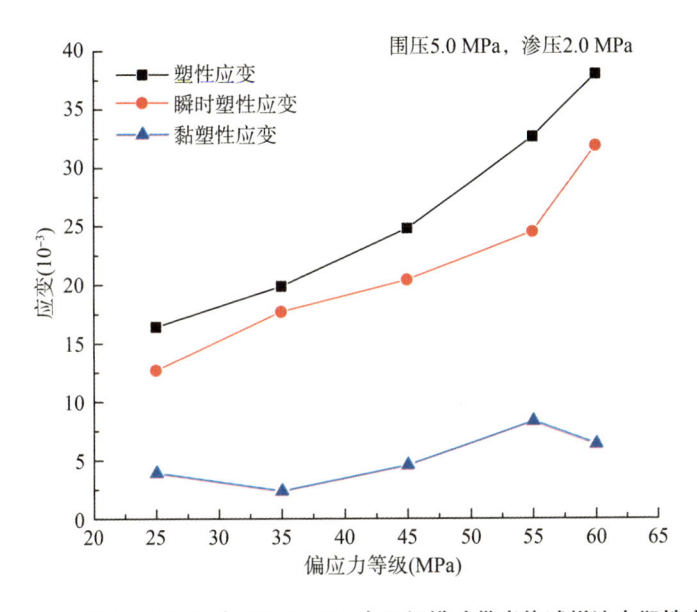

图 4-38 围压 5.0 MPa 渗压 2.0 MPa 含层间错动带岩体试样流变塑性应变

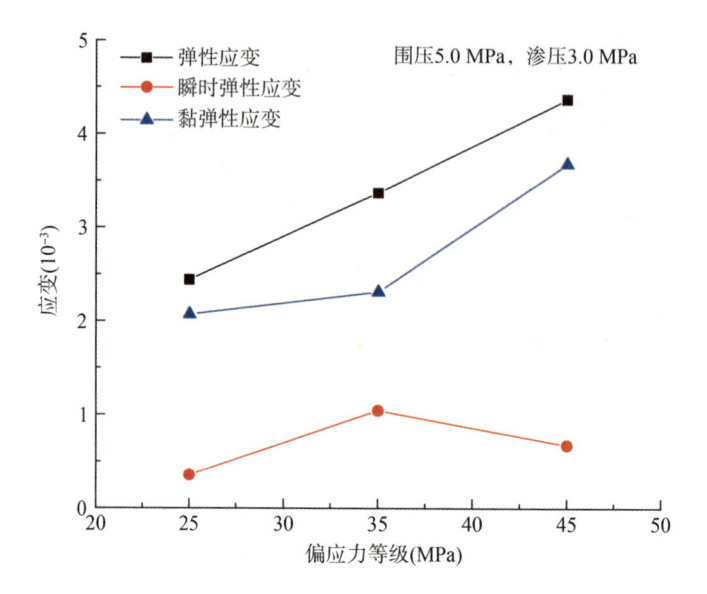

图 4-39　围压 5.0 MPa 渗压 3.0 MPa 含层间错动带岩体试样流变弹性应变

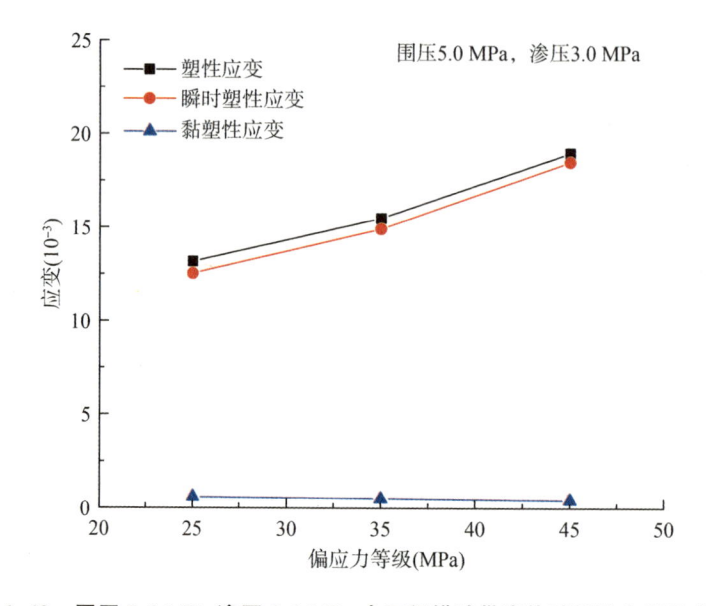

图 4-40　围压 5.0 MPa 渗压 3.0 MPa 含层间错动带岩体试样流变塑性应变

在分级加卸载试验过程中,累计渗流量大小与试样的初始微裂纹、应力状态及裂纹的随机扩展等相关。图 4-41~图 4-50 为含层间错动带岩体试样在围压为 3.5 MPa、5.0 MPa、6.5 MPa,渗压分别为 1.0 MPa、2.0 MPa、3.0 MPa 作用下的分级加卸载力学试验过程中累计渗流量随应变变化的曲线。

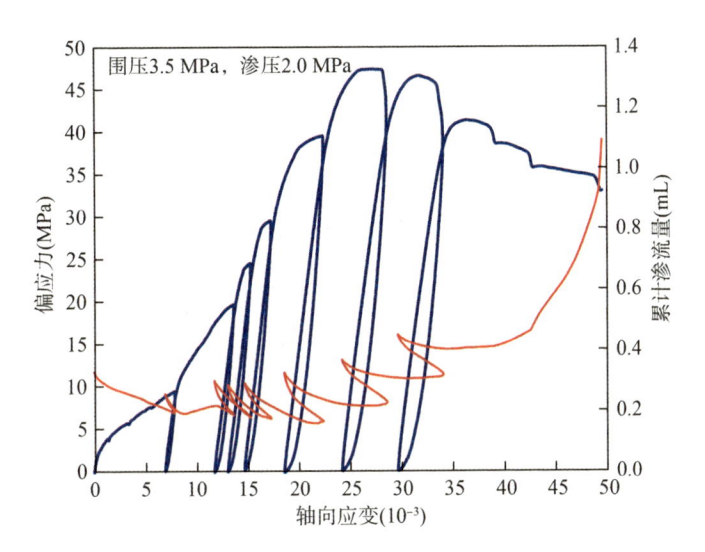

图 4-41 围压 3.5 MPa 渗压 2.0 MPa 含层间错动带岩体试样轴向应变-渗流量曲线

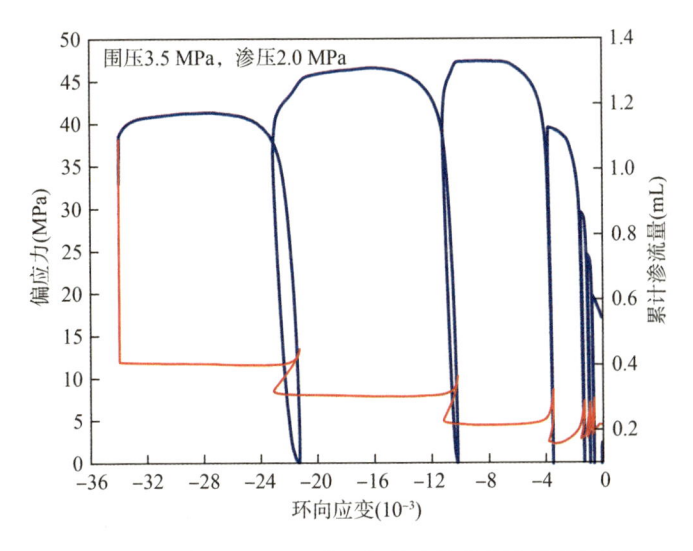

图 4-42 围压 3.5 MPa 渗压 2.0 MPa 含层间错动带岩体试样环向应变-渗流量曲线

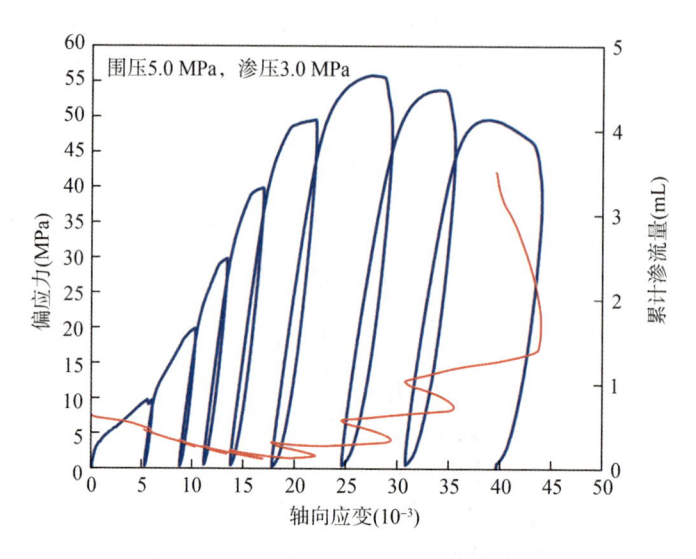

图 4-43　围压 5.0 MPa 渗压 3.0 MPa 含层间错动带岩体试样轴向应变-渗流量曲线

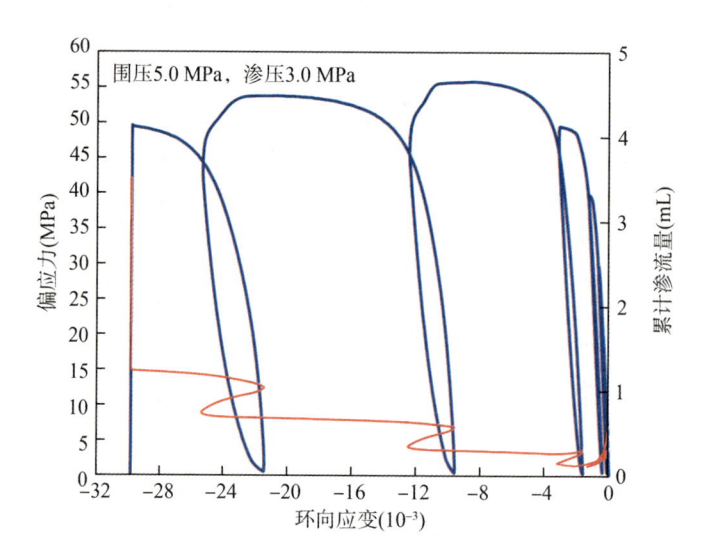

图 4-44　围压 5.0 MPa 渗压 3.0 MPa 含层间错动带岩体试样环向应变-渗流量曲线

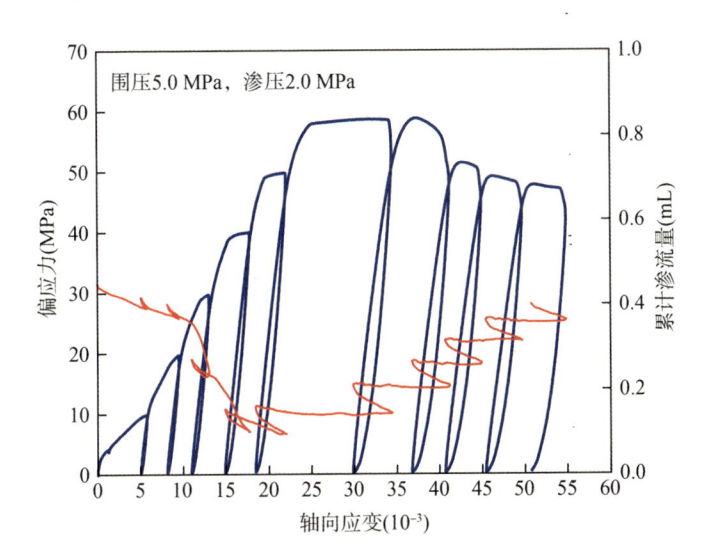

图 4-45　围压 5.0 MPa 渗压 2.0 MPa 含层间错动带岩体试样轴向应变-渗流量曲线

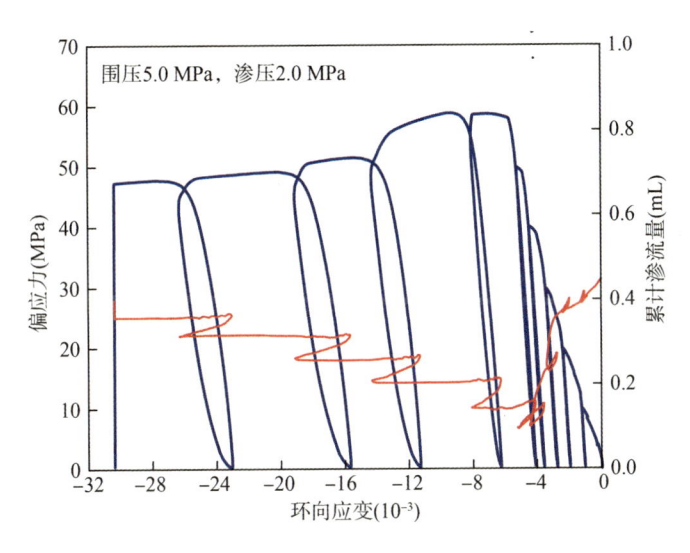

图 4-46　围压 5.0 MPa 渗压 2.0 MPa 含层间错动带岩体试样环向应变-渗流量曲线

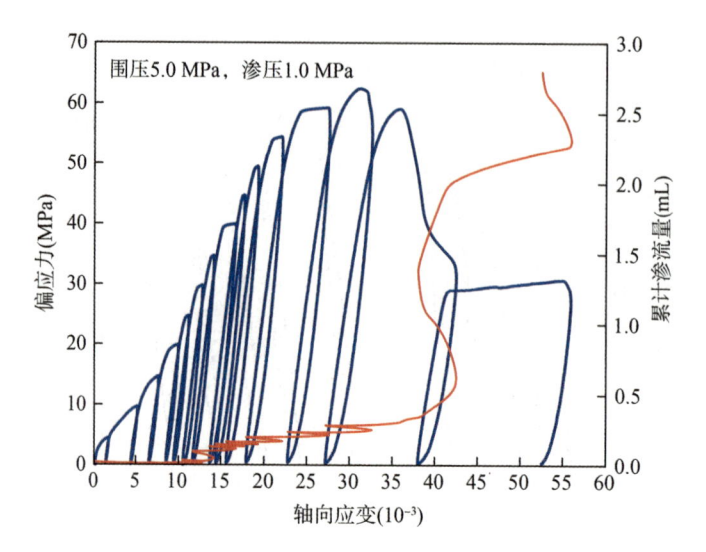

图 4-47　围压 5.0 MPa 渗压 1.0 MPa 含层间错动带岩体试样轴向应变-渗流量曲线

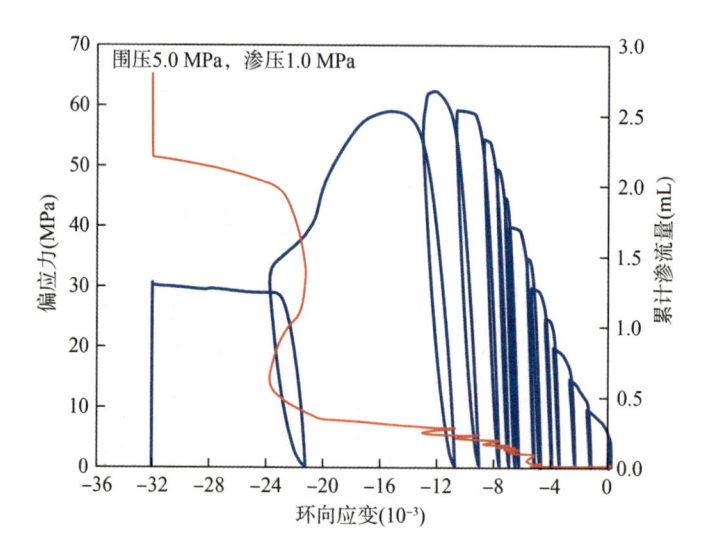

图 4-48　围压 5.0 MPa 渗压 1.0 MPa 含层间错动带岩体试样环向应变-渗流量曲线

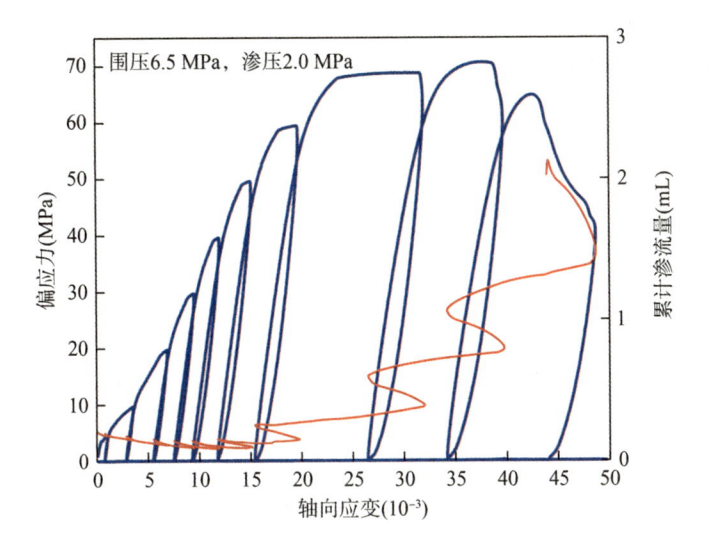

图 4-49 围压 6.5 MPa 渗压 2.0 MPa 含层间错动带岩体试样轴向应变-渗流量曲线

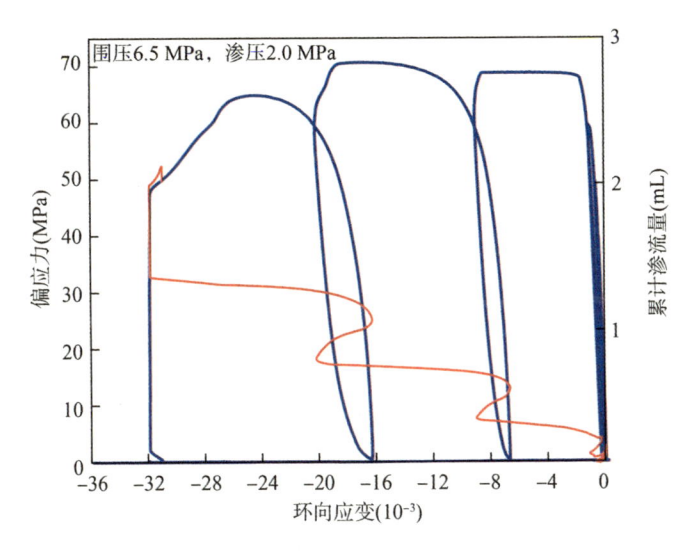

图 4-50 围压 6.5 MPa 渗压 2.0 MPa 含层间错动带岩体试样环向应变-渗流量曲线

4.2.5 流变速率

图 4-51～图 4-53 给出了围压 5.0 MPa、不同渗压(1.0 MPa、2.0 MPa、3.0 MPa)作用下含层间错动带岩体试样的轴向和环向稳态流变速率随着应力等级变化的曲线。

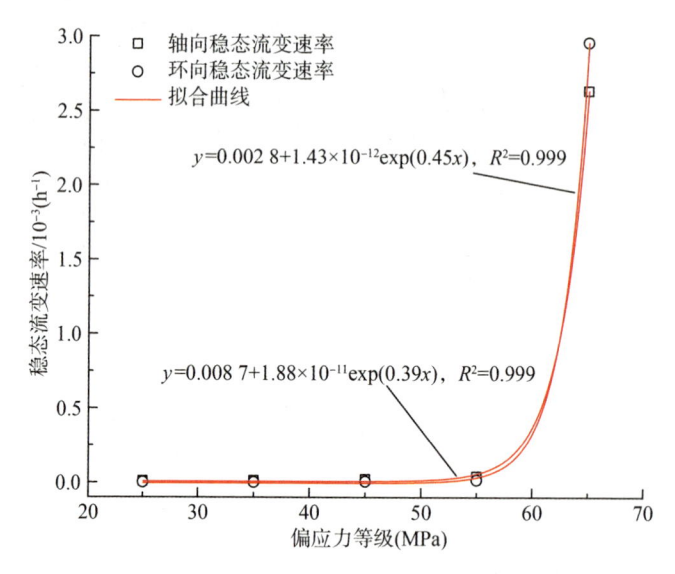

图 4-51 围压 5.0 MPa 渗压 1.0 MPa 含层间错动带岩体试样稳态流变速率曲线

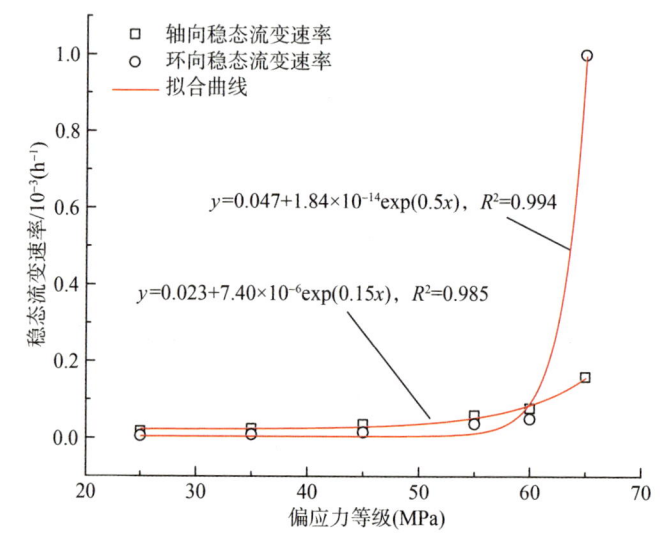

图 4-52 围压 5.0 MPa 渗压 2.0 MPa 含层间错动带岩体试样稳态流变速率曲线

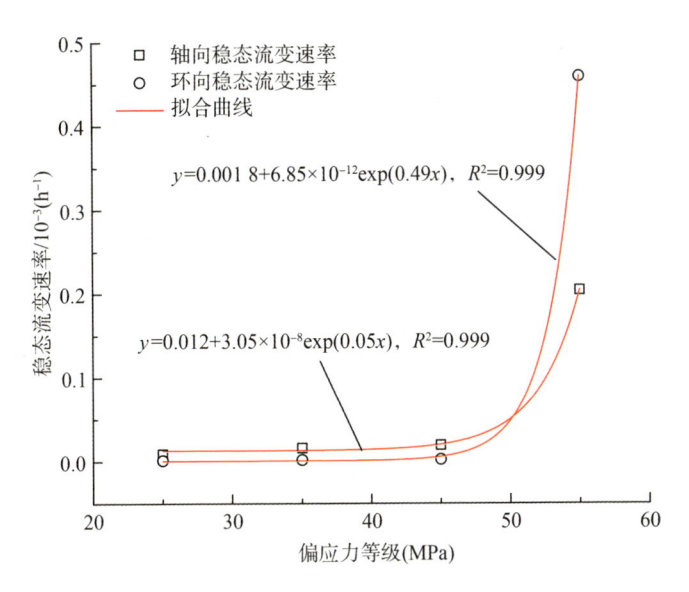

图 4-53　围压 5.0 MPa 渗压 3.0 MPa 含层间错动带岩体试样稳态流变速率曲线

对比不同渗压作用下的轴向和环向稳态流变速率，在试样发生膨胀之前，渗压 3.0 MPa 作用下的轴向和环向稳态流变速率的差值大于渗压 2.0 MPa 作用下的轴向和环向稳态流变速率差值，渗压 1.0 MPa 作用下的轴向和环向稳态流变速率差值最小。轴向和环向稳态流变速率随着应力等级的增加可以采用指数函数进行拟合。拟合函数如下：

$$y = e^{Bx} + C \tag{4-1}$$

式中：A，B 和 C 为拟合参数。

4.2.6　强度特性

1. 含层间错动带岩体循环加卸载三轴力学试验强度特征

图 4-54 给出了循环加卸载试验中，含层间错动带岩体试样在不同围压、渗压 2.0 MPa 下的峰值强度曲线。从图中可以看出，含层间错动带岩体试样的峰值强度随着围压的增加呈现出线性增加的变化趋势，相关系数为 0.999。

图 4-55 给出了循环加卸载试验中，含层间错动带岩体试样在围压 5.0 MPa、不同渗压下的峰值强度曲线。从图中可以看出，含层间错动带岩体试样的峰值强度随着渗压的增加呈现出线性减小的变化趋势，相关系数为 0.997。

表 4-4 为含层间错动带岩体试样在不同围压、不同渗压下的峰值强度汇总。

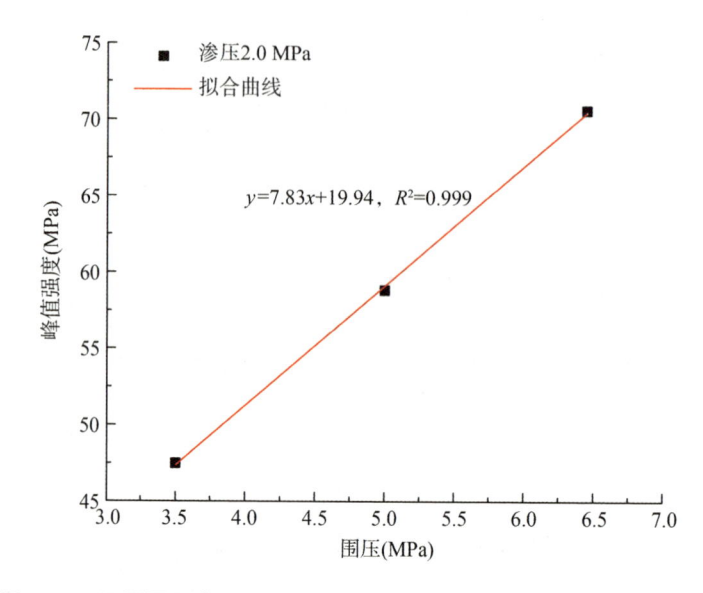

图 4-54　不同围压渗压 2.0 MPa 含层间错动带岩体试样峰值强度曲线

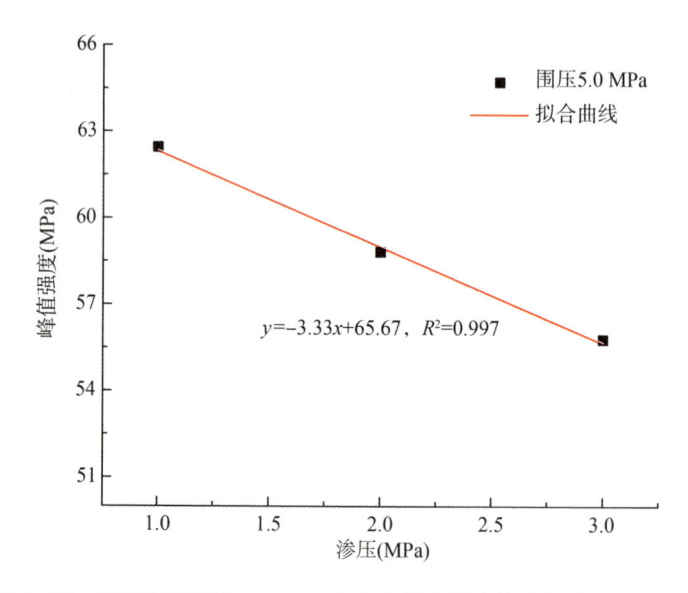

图 4-55　不同渗压围压 5.0 MPa 含层间错动带岩体试样峰值强度曲线

表 4-4 不同围压不同渗压含层间错动带岩体试样峰值强度

试样类型	围压(MPa)	渗压(MPa)	峰值强度(MPa)
含层间错动带岩体试样	3.5	2.0	47.49
	5.0	1.0	62.45
	5.0	2.0	58.82
	5.0	3.0	55.80
	6.5	2.0	70.64

2. 含层间错动带岩体循环加卸载三轴流变力学长期强度确定

根据岩石流变力学试验曲线可以确定长期强度、长期变形模量、长期黏聚力和内摩擦角等岩石流变力学参数。

对于多个岩石单级恒载试验,取试样破坏前受载时间足够长的最高荷载水平为岩石的长期强度,或通过数据拟合取破坏时间趋近于无穷大时的最高荷载作为岩石长期强度。

对于单个试样分级加载试验,首先由荷载增量相同、加载时间间隔不同的一组试验确定出破坏所需时间与破坏荷载量值的关系,把破坏时间足够大或是趋于无穷大时所对应的最小荷载作为相应荷载下的长期强度。

(1) 获得每一级应力水平下的应变-时间曲线,应用 Boltzmann 叠加原理进行叠加,叠加后的应变-时间曲线如图 4-56 所示。

(2) 由于每一级应力水平历时约 7~10 d,应变就能基本稳定,每一级应力水平的应变曲线可以直线延长。

(3) 根据图 4-56,以不同 t 为参数,可以得到一簇应力-应变等时曲线。根

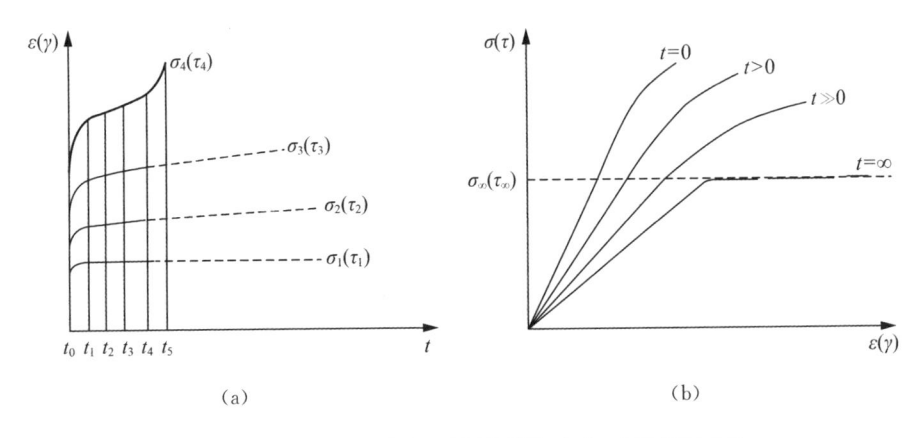

图 4-56 叠加后的应变-时间曲线和应力-应变等时曲线

据 $t \gg 0$ 曲线的变化趋势，绘制 $t = \infty$ 时的曲线，其水平渐近线在应力轴上的截距即为长期强度。

根据含层间错动带岩体试样的每一级应力水平下的应变-时间曲线，应用 Boltzmann 叠加原理进行叠加，得到了含层间错动带岩体试样在不同时间的等时曲线簇，主要是在不同时刻的轴向应变与加载的应力水平之间的曲线，图 4-57～图 4-59 为围压 5.0 MPa、不同渗压（1.0 MPa、2.0 MPa、3.0 MPa）作用下含层间错动带岩体试样的轴向应变速率随着应力等级变化的等时曲线。从图中可以看出等时曲线簇在较小的应力作用下比较紧密，而随着应力水平的增加，等时曲线簇变得比较稀疏，这表明随着应力水平的增加，含层间错动带岩体试样的变形逐渐增加。可以根据渐近线在应力轴上的截距确定含层间错动带岩体试样的长期强度。其中渗压 1.0 MPa 作用下含层间错动带岩体试样的长期强度为 53.6 MPa，渗压下 2.0 MPa 作用下含层间错动带岩体试样的长期强度为 51.8 MPa，渗压 3.0 MPa 作用下含层间错动带岩体试样的长期强度为 45.1 MPa。

图 4-60 为根据渐近线在应力轴上的截距确定的含层间错动带岩体试样的长期强度。随着渗压的增加，长期强度呈现出线性减小的趋势，相关系数为 0.900。

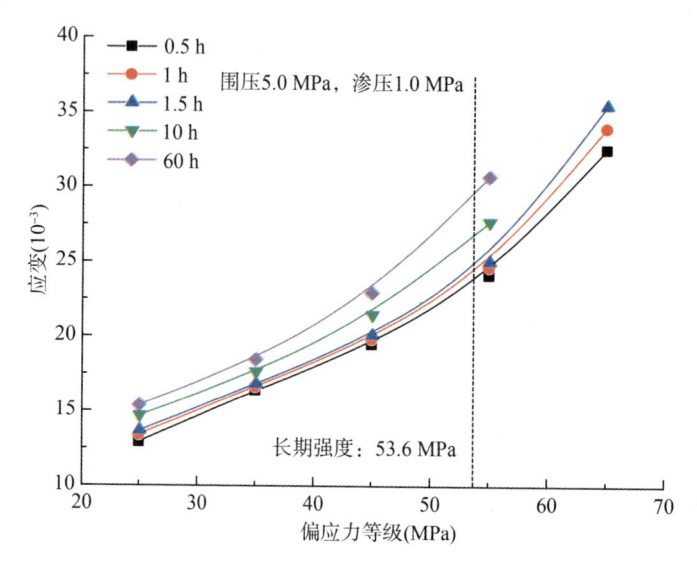

图 4-57　围压 5.0 MPa 渗压 1.0 MPa 含层间错动带岩体试样等时曲线

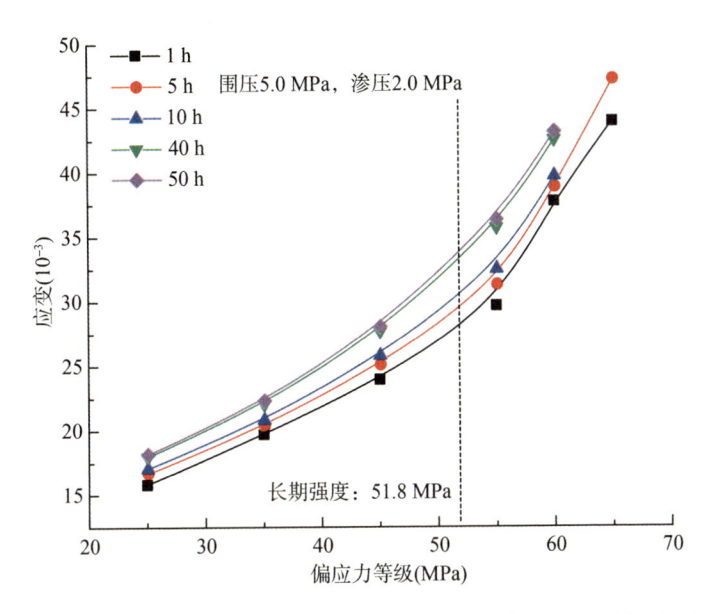

图 4-58 围压 5.0 MPa 渗压 2.0 MPa 含层间错动带岩体试样等时曲线

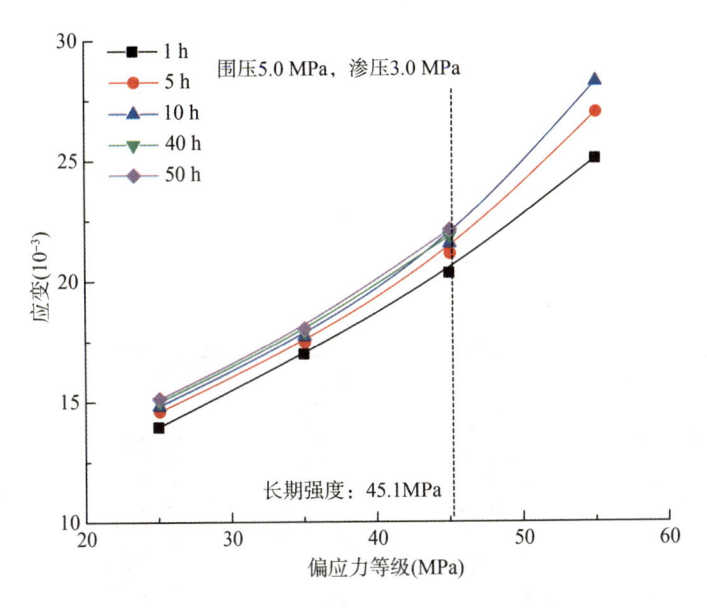

图 4-59 围压 5.0 MPa 渗压 3.0 MPa 含层间错动带岩体试样等时曲线

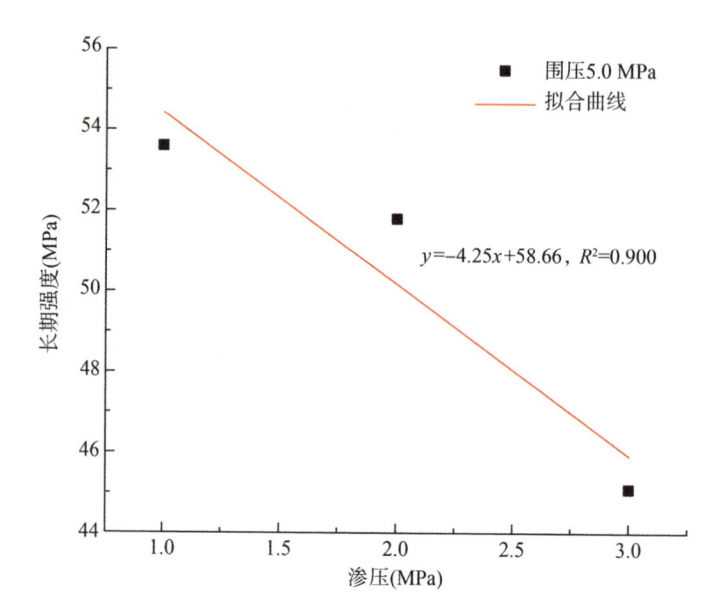

图 4-60　不同渗压含层间错动带岩体试样等时曲线

4.2.7　破坏模式与机理分析

1. 含层间错动带岩体渗流应力耦合循环荷载试验破坏模式

渗流应力耦合三轴压缩试验含层间错动带岩体试样的破坏模式如图 4-61 所示。总体上，岩体的破坏模式主要由岩石和层间错动带控制，围压与渗压的变化对破坏模式影响较大。不同围压和渗压组合下，破坏模式主要为复合破坏，包括贯穿节理和岩石的剪切破坏和沿着主滑移节理面扩展延伸的剪

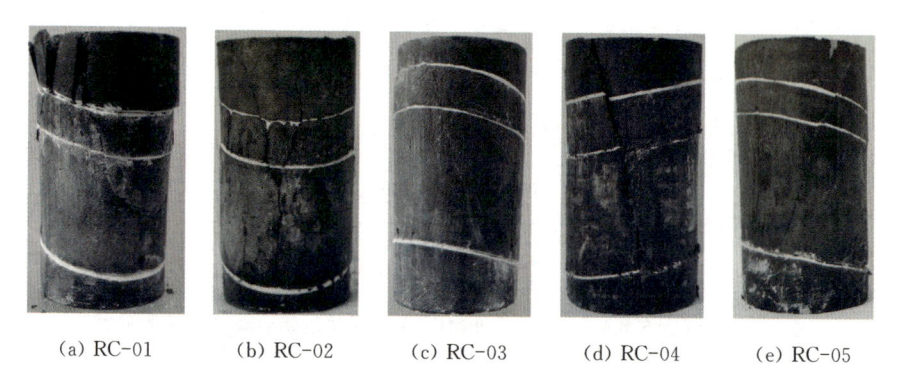

(a) RC-01　(b) RC-02　(c) RC-03　(d) RC-04　(e) RC-05

图 4-61　含层间错动带岩体试样渗流应力耦合循环荷载试验破坏后照片

切破坏,以及沿着错动带的滑移破坏。复合破坏使得试样的裂隙逐渐贯通,从而导致试样整体失去承载能力。在围压较小时,试样产生较多的裂隙;在渗压较大时,试样的裂隙扩展更加明显;在高围压下,试样发生单一剪切裂隙面。与瞬时三轴力学试验中含层间错动带岩体试样相比较,在高围压作用下试样发生剪切破坏,其剪切裂隙单一。

2. 含层间错动带岩体渗流应力耦合循环荷载流变试验破坏模式

渗流应力耦合三轴循环加卸载流变力学试验含层间错动带岩体试样的破坏模式如图4-62所示。

(a) RC-R-01　　(b) RC-R-02　　(c) RC-R-03

图 4-62　含层间错动带岩体试样渗流应力耦合循环荷载流变试验破坏后照片

4.3　含层间错动带和柱状节理岩体循环加卸载流变力学试验

4.3.1　试验方案

1. 含层间错动带和柱状节理岩体循环加卸载三轴力学试验方案设计

含层间错动带和柱状节理岩体试样循环加卸载三轴力学试验在多功能岩石三轴试验系统上进行。加载方式可以采用应力控制。每一个单独试样的围压和渗压保持不变,采用分级加载、卸载轴压的加载方式,与含层间错动带岩体试样试验的加载方式相同。各级加载偏应力水平以 5 MPa 为第一个加载等级,加载速率为 3 MPa/min,在卸载过程中,按照速率 6 MPa/min 卸载至 0 MPa。逐级加载至试样破坏。按照上述试验方案设计,开展含层间错动带和柱状节理岩体试样在渗流应力耦合条件下的加卸载力学试验,试验岩样的几何、物理参数和试验的围压条件如表 4-5 所示，含层间错动带和柱状节理岩体试样渗流应力耦合循环荷载试验前试样照片如图 4-63 所示。

表 4-5 渗流应力耦合三轴试验含层间错动带和柱状节理岩体试样参数

试样编号	质量(g)	直径(mm)	高度(mm)	密度(kg/m³)	围压(MPa)	渗压(MPa)
LC-01	408.61	50.22	100.11	2 060.57	3.5	2.0
LC-02	407.69	50.10	100.42	2 059.42	5.0	1.0
LC-03	408.29	50.05	100.23	2 070.49	5.0	2.0
LC-04	409.81	50.41	100.21	2 049.03	5.0	3.0
LC-05	408.74	50.14	100.33	2 063.28	6.5	2.0

(a) LC-01   (b) LC-02   (c) LC-03   (d) LC-04   (e) LC-05

图 4-63 含层间错动带和柱状节理岩体试样渗流应力耦合循环荷载试验破坏前照片

2. 含层间错动带和柱状节理岩体循环加卸载三轴流变力学试验方案设计

白鹤滩水电站枢纽区柱状节理岩体节理倾角以 75°为主，根据水利水电工程岩石试验规程以及国际岩石力学学会(ISRM)推荐标准，含层间错动带和柱状节理岩体试样与含层间错动带岩体试样按 50 mm×100 mm(直径×长度)进行制备。含层间错动带和柱状节理岩体试样照片如图 4-64 所示。对试样开展三轴渗流流变力学试验，含层间错动带和柱状节理岩体试样与含层间错动带岩体试样物理参数见表 4-6。

含层间错动带和柱状节理岩体试样与含层间错动带岩体试样的三轴渗流流变试验的围压均为 5.0 MPa，渗压为 1.0 MPa、2.0 MPa 和 3.0 MPa。渗流流变力学试验采用分级加卸载的方式，具体的试验设计方案见表 4-7。

(a) LC-R-01　　　　(b) LC-R-02　　　　(c) LC-R-03

图 4-64　含层间错动带和柱状节理岩体试样渗流应力耦合流变循环荷载试验破坏前照片

表 4-6　渗流应力耦合三轴试验含层间错动带和柱状节理岩体试样参数

试样编号	质量(g)	直径(mm)	高度(mm)	密度(kg/m³)	围压(MPa)	渗压(MPa)
LC-R-01	408.61	50.22	100.11	2 060.57	5.0	1.0
LC-R-02	407.69	50.10	100.42	2 059.42	5.0	2.0
LC-R-03	408.29	50.05	100.23	2 070.49	5.0	3.0

表 4-7　含层间错动带和柱状节理岩体试样三轴渗流流变试验围压、偏应力水平及加载时间

试样编号	围压(MPa) / 渗压(MPa)	应力水平级数	偏应力值(MPa)	保持时间(h)
LC-R-01	5.0 / 1.0	1	10	72
		2	15	72
		3	20	72
		4	25	72
		5	30	8.8
LC-R-02	5.0 / 2.0	1	10	72
		2	15	72
		3	20	72
		4	25	10.2
LC-R-03	5.0 / 3.0	1	10	72
		2	15	72
		3	20	72
		4	22.5	4.6

4.3.2　循环加卸载试验

1. 含层间错动带和柱状节理岩体循环加卸载三轴力学试验

含层间错动带和柱状节理岩体试样在不同围压(3.5 MPa、5.0 MPa、

6.5 MPa)及不同渗压(1.0 MPa、2.0 MPa、3.0 MPa)下的三轴循环荷载试验成果如图4-65～图4-69所示。

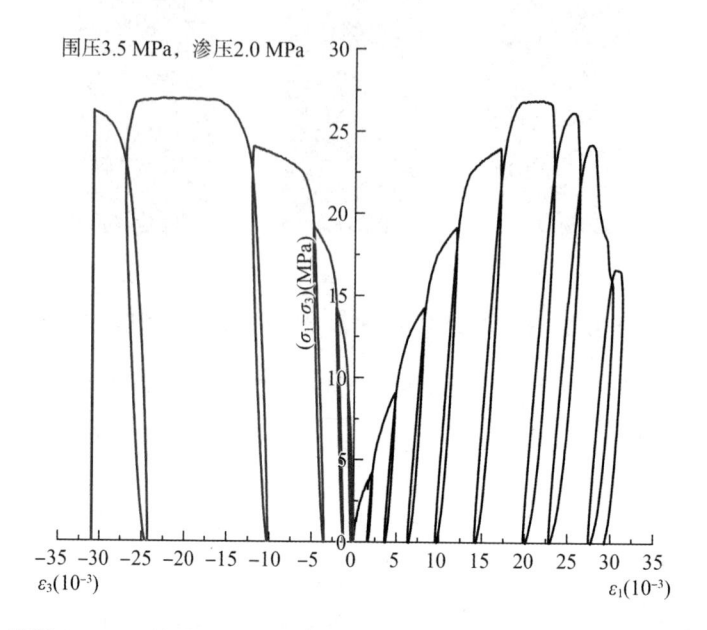

图4-65 围压3.5 MPa渗压2.0 MPa含层间错动带和柱状节理岩体试样应力-应变曲线

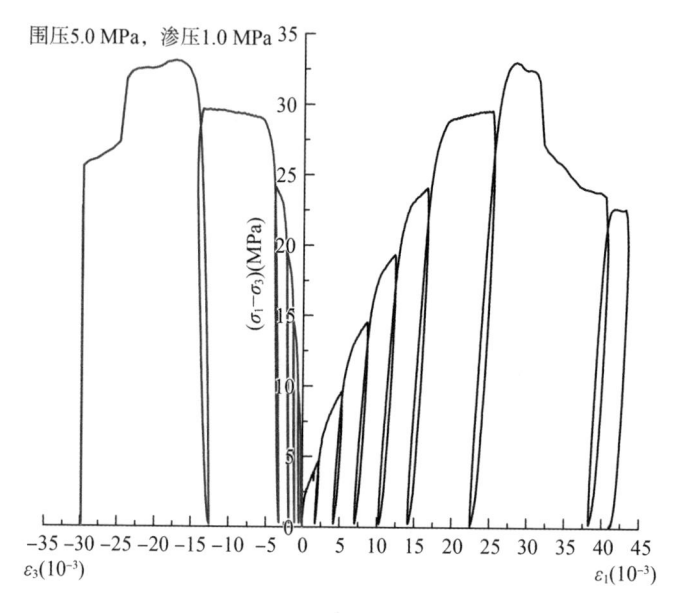

图4-66 围压5.0 MPa渗压1.0 MPa含层间错动带和柱状节理岩体试样应力-应变曲线

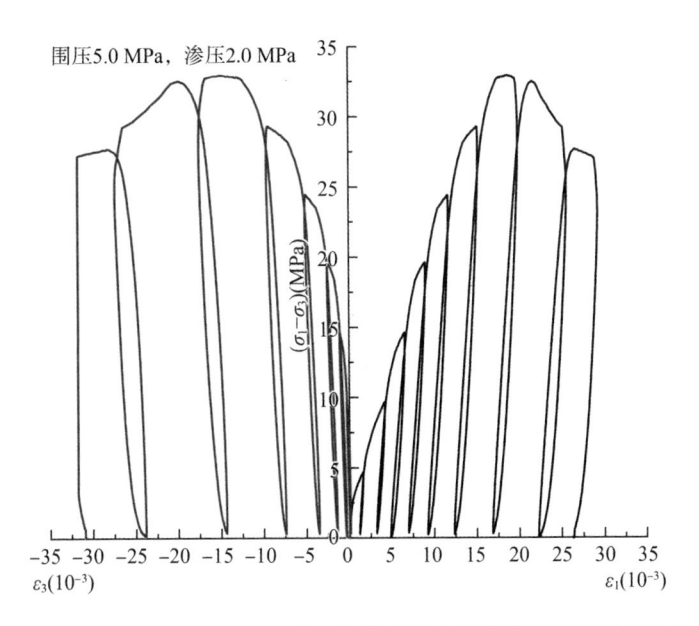

图 4-67 围压 5.0 MPa 渗压 2.0 MPa 含层间错动带和柱状节理岩体试样应力-应变曲线

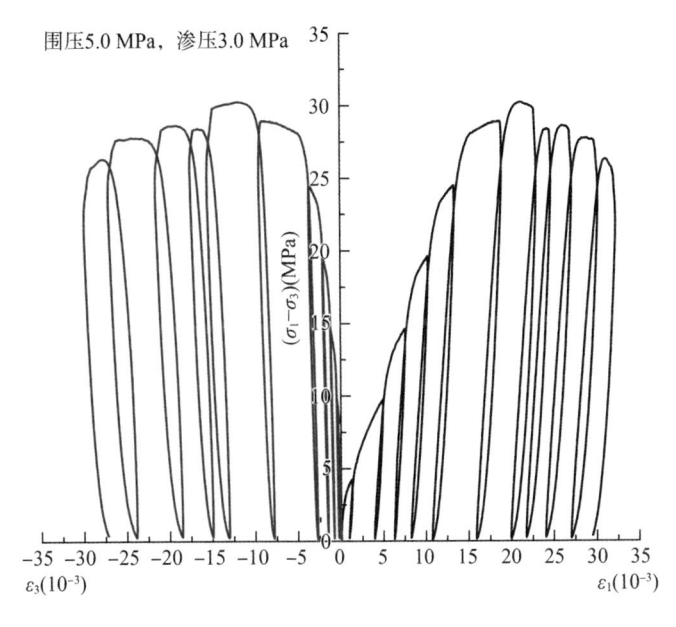

图 4-68 围压 5.0 MPa 渗压 3.0 MPa 含层间错动带和柱状节理岩体试样应力-应变曲线

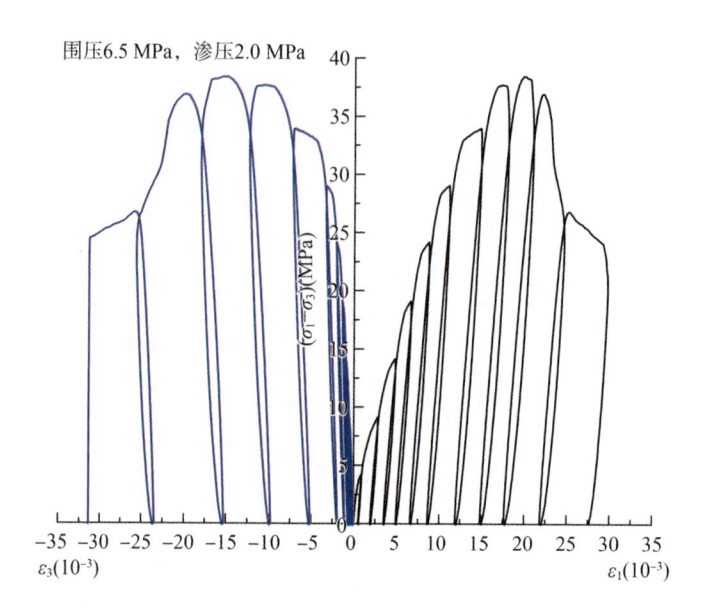

图 4-69　围压 6.5 MPa 渗压 2.0 MPa 含层间错动带和柱状节理岩体试样应力-应变曲线

在渗压为 2 MPa，围压为 3.5 MPa、5.0 MPa、6.5 MPa 作用下，随着围压的增大，峰值强度增大，分别为 26.90 MPa、32.91 MPa、38.44 MPa。含层间错动带和柱状节理岩体试样的屈服应力和峰值强度呈增加趋势。残余强度在不同围压作用下分别为 16.59 MPa、27.46 MPa、24.30 MPa。在围压为 5.0 MPa，渗压为 1.0 MPa、2.0 MPa、3.0 MPa 作用下，随着渗压的增大，峰值强度减小，分别为 33.02 MPa、32.91 MPa、30.23 MPa。含层间错动带和柱状节理岩体试样的屈服应力和峰值强度呈减小趋势。残余强度在不同渗压作用下分别为 22.64 MPa、27.46 MPa、26.32 MPa。

2. 含层间错动带和柱状节理岩体循环加卸载流变力学试验

对含 75°柱状节理岩体的含层间错动带和柱状节理岩体相似试样开展围压 5.0 MPa、不同渗压（1.0 MPa、2.0 MPa、3.0 MPa）条件下的渗流流变力学试验，渗流流变试验曲线如图 4-70～图 4-72 所示。

对于含层间错动带和柱状节理岩体试样 LC-R-01（围压 5.0 MPa、渗压 1.0 MPa）流变试验曲线，从图 4-70 中可看出岩石应变随着时间推移有着不同程度的增长，图中阶梯状平台即为该应力水平下的流变变形，可见随着偏应力水平的增加，流变变形同时在增长。当试样偏应力加载到 30 MPa 时，流变变

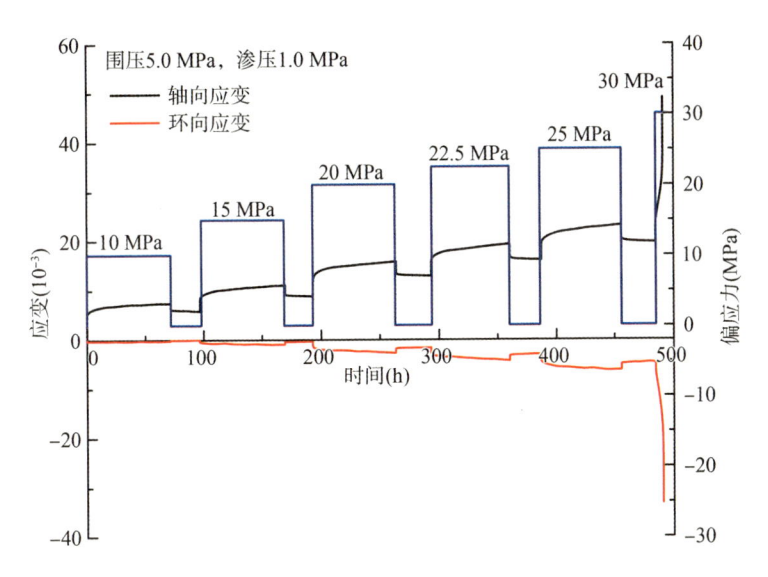

图 4-70　围压 5.0 MPa 渗压 1.0 MPa 含层间错动带和柱状节理岩体流变试验曲线

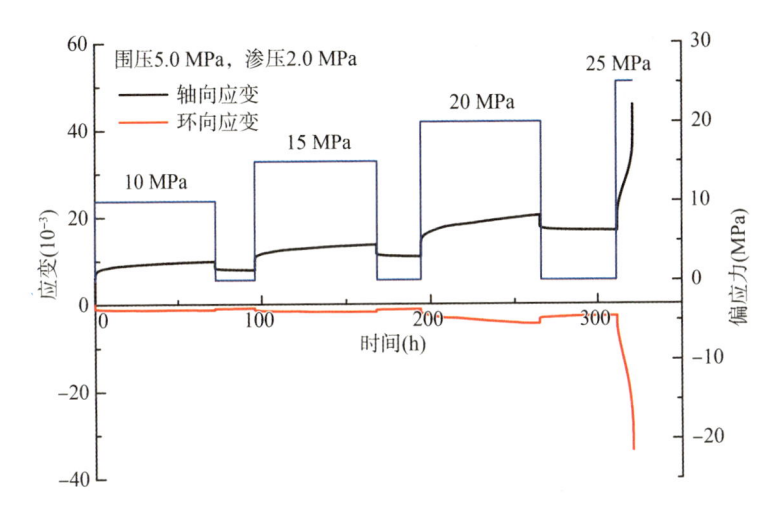

图 4-71　围压 5.0 MPa 渗压 2.0 MPa 含层间错动带和柱状节理岩体流变试验曲线

形随时间变化较为明显，经过 8.8 h 后发生加速流变破坏。含层间错动带和柱状节理岩体相似试样 LC-R-02(围压 5.0 MPa、渗压 2.0 MPa)、LC-R-03(围压 5.0 MPa、渗压 3.0 MPa)分别经过 10.2 h 和 4.6 h 后发生加速流变破坏。

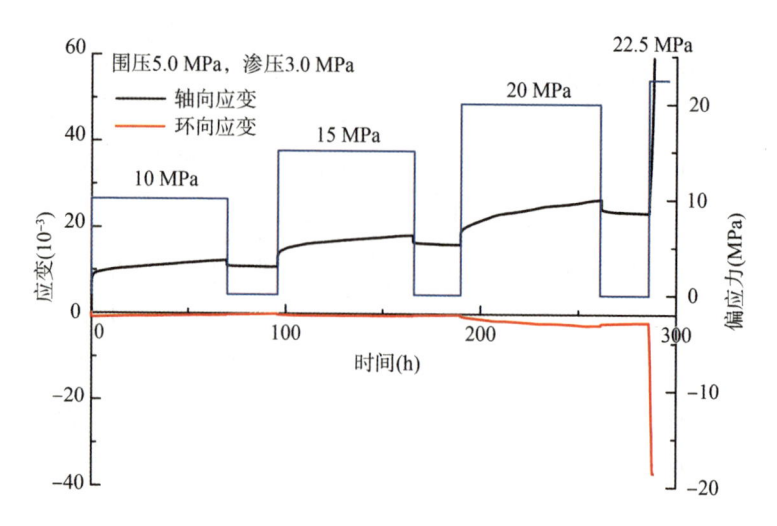

图 4-72 围压 5.0 MPa 渗压 3.0 MPa 含层间错动带和柱状节理岩体流变试验曲线

4.3.3 变形特性

1. 含层间错动带和柱状节理岩体试样三轴力学试验变形特性

图 4-73～图 4-77 为围压为 3.5 MPa、5.0 MPa、6.5 MPa,渗压分别为 1.0 MPa、2.0 MPa、3.0 MPa 作用下含层间错动带和柱状节理岩体试样每个应力等级下的轴向应变分解,总应变等于不可逆变形和恢复变形之和。

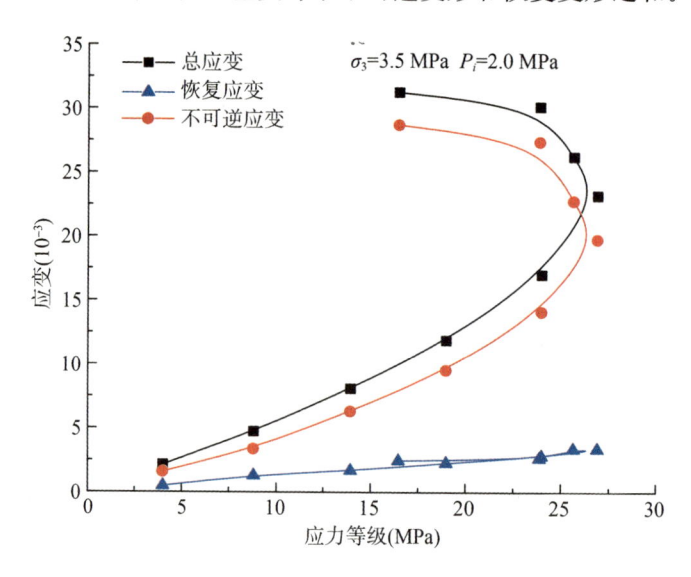

图 4-73 围压 3.5 MPa 渗压 2.0 MPa 含层间错动带和柱状节理岩体卸载应力-应变曲线

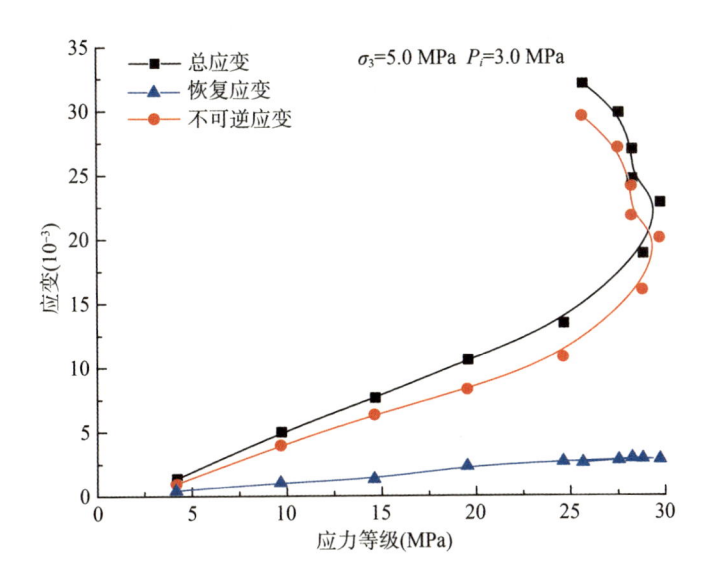

图 4-74　围压 5.0 MPa 渗压 3.0 MPa 含层间错动带和柱状节理岩体卸载应力-应变曲线

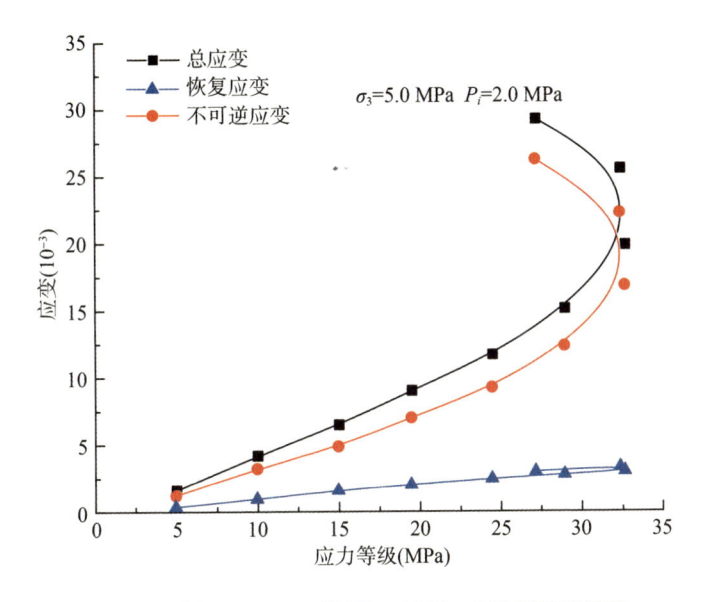

图 4-75　围压 5.0 MPa 渗压 2.0 MPa 含层间错动带和柱状节理岩体卸载应力-应变曲线

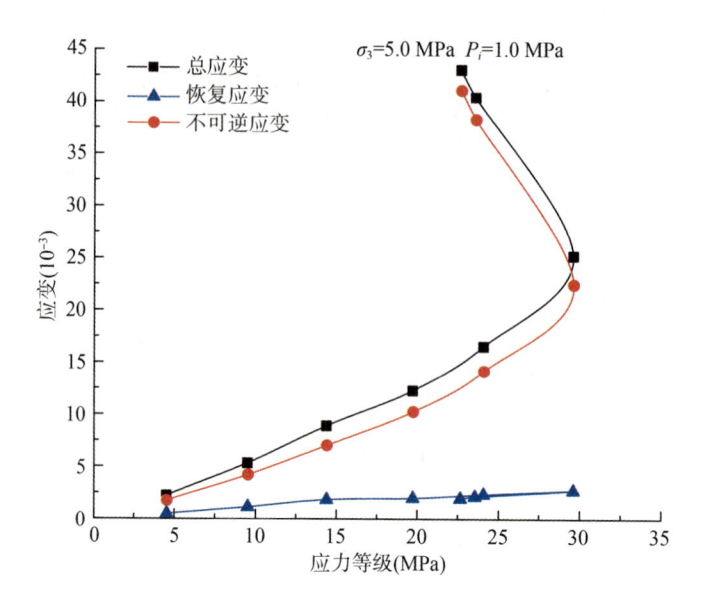

图 4-76　围压 5.0 MPa 渗压 1.0 MPa 含层间错动带和柱状节理岩体卸载应力-应变曲线

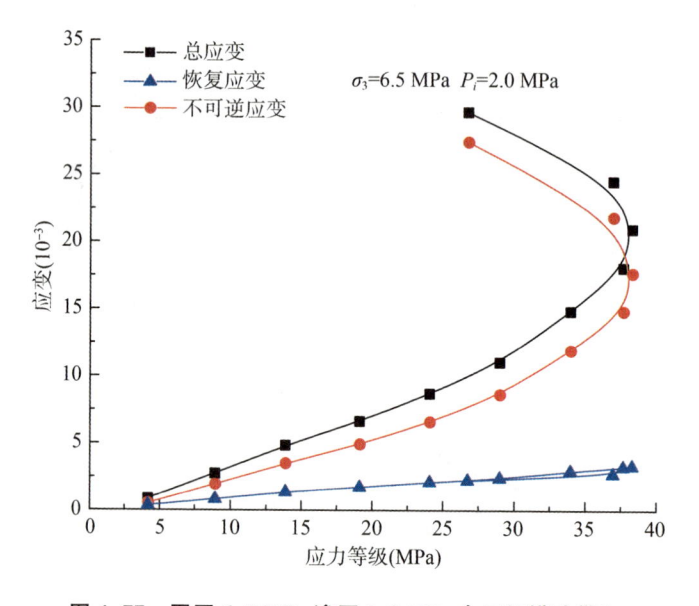

图 4-77　围压 6.5 MPa 渗压 2.0 MPa 含层间错动带和柱状节理岩体卸载应力-应变曲线

围压为 3.5 MPa、渗压为 2.0 MPa 作用下含层间错动带和柱状节理岩体试样不可逆变形由 1.61×10^{-3} 增加至 28.77×10^{-3}，增量为 22.16×10^{-3}，而在循环荷载作用下的恢复变形由 0.53×10^{-3} 先增加至 3.43×10^{-3} 后减小至 2.9×10^{-3}。围压为 5.0 MPa、渗压为 1.0 MPa 作用下含层间错动带和柱状节理岩体试样不可逆变形由 1.73×10^{-3} 增加至 41.11×10^{-3}，增量为 39.38×10^{-3}，而在循环荷载作用下的恢复变形由 0.49×10^{-3} 先增加至 2.76×10^{-3} 后减小至 1.99×10^{-3}。围压为 5.0 MPa、渗压为 2.0 MPa 作用下含层间错动带和柱状节理岩体试样不可逆变形由 1.23×10^{-3} 增加至 26.25×10^{-3}，增量为 25.02×10^{-3}，而在循环荷载作用下的恢复变形由 0.37×10^{-3} 先增加至 3.3×10^{-3} 后减小至 2.99×10^{-3}。围压为 5.0 MPa、渗压为 3.0 MPa 作用下含层间错动带和柱状节理岩体试样不可逆变形由 0.96×10^{-3} 增加至 29.5×10^{-3}，增量为 28.54×10^{-3}，而在循环荷载作用下的恢复变形由 0.43×10^{-3} 先增加至 2.9×10^{-3} 后减小至 2.55×10^{-3}。围压为 6.5 MPa、渗压为 2.0 MPa 作用下含层间错动带和柱状节理岩体试样不可逆变形由 0.51×10^{-3} 增加至 27.45×10^{-3}，增量为 26.94×10^{-3}，而在循环荷载作用下的恢复变形由 0.36×10^{-3} 先增加至 3.3×10^{-3} 后减小至 2.23×10^{-3}。

试样在不同偏应力水平下的不可逆应变和恢复应变随着循环次数增加的变化曲线如图 4-78～图 4-82 所示。

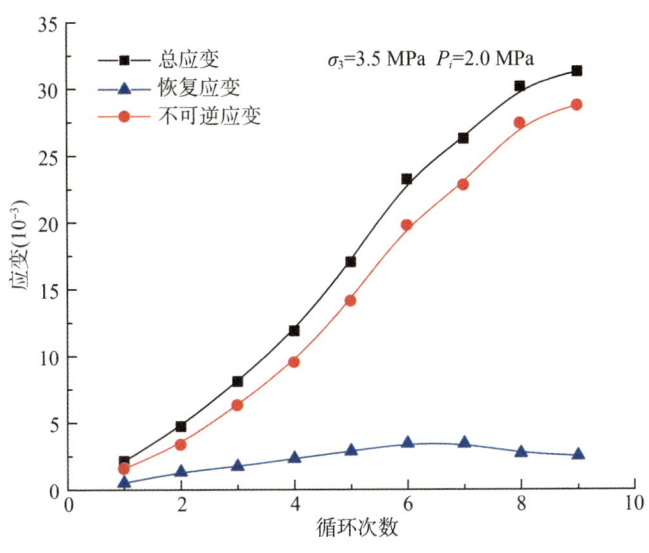

图 4-78　围压 3.5 MPa 渗压 2.0 MPa 含层间错动带和柱状节理岩体循环次数-应变曲线

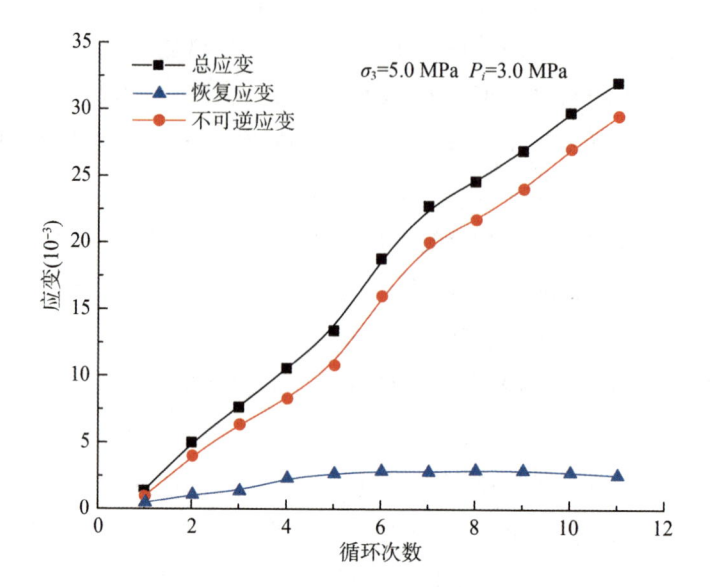

图 4-79　围压 5.0 MPa 渗压 3.0 MPa 含层间错动带和柱状节理岩体循环次数-应变曲线

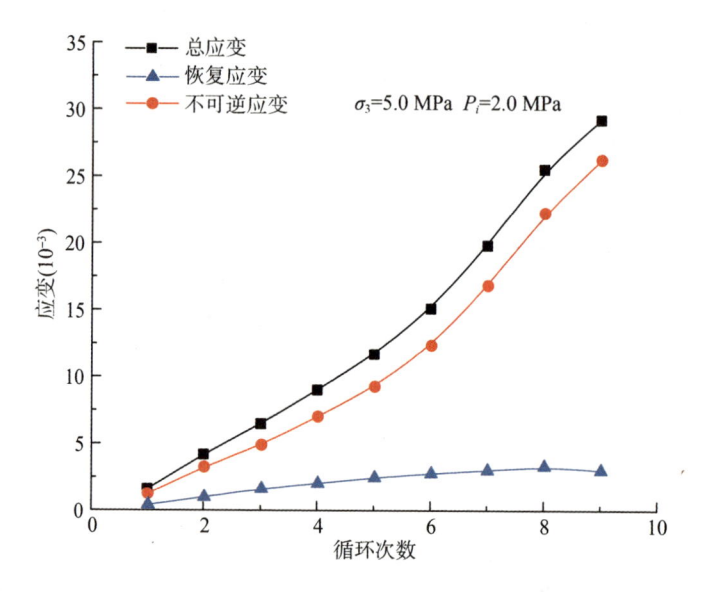

图 4-80　围压 5.0 MPa 渗压 2.0 MPa 含层间错动带和柱状节理岩体循环次数-应变曲线

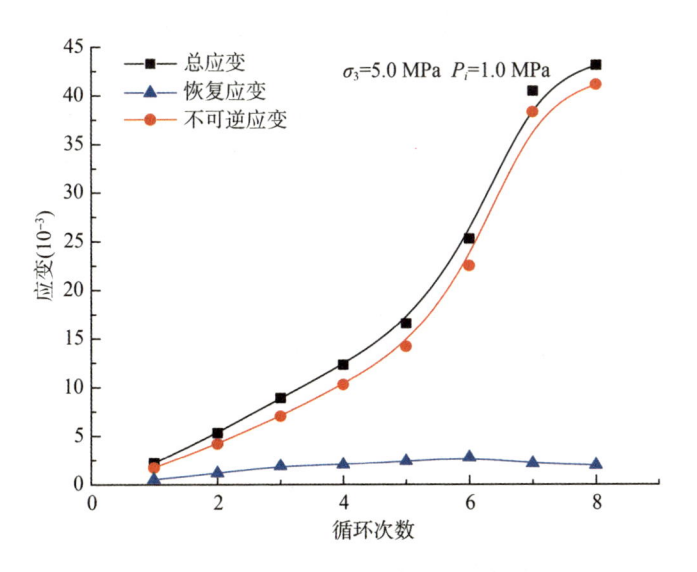

图 4-81　围压 5.0 MPa 渗压 1.0 MPa 含层间错动带和柱状节理岩体循环次数-应变曲线

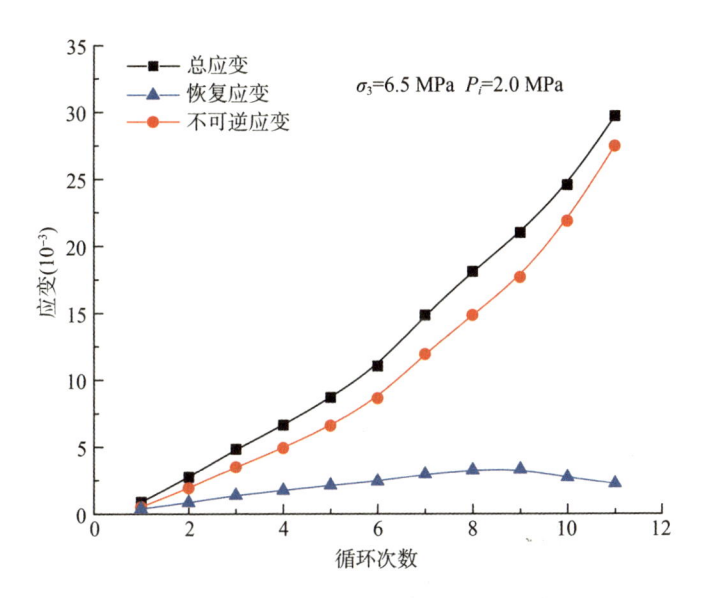

图 4-82　围压 6.5 MPa 渗压 2.0 MPa 含层间错动带和柱状节理岩体循环次数-应变曲线

从围压为 3.5 MPa、5.0 MPa、6.5 MPa,渗压分别为 1.0 MPa、2.0 MPa、3.0 MPa 作用下含层间错动带和柱状节理岩体试样与含层间错动带理岩体试样每个应力等级下的轴向应变曲线可以看出,整体的变形和不可逆变形以及可逆变形随卸载应力和循环次数变化的趋势是一致的,随着卸载应力的增加,整体的变形和不可逆变形以及可逆变形增加。随着循环次数的增加,整体的变形和不可逆变形呈现出指数函数的增加趋势,对于可逆变形则是先增加再减小。

2. 含层间错动带和柱状节理岩体试样流变变形特性

图 4-83~图 4-94 分别是含层间错动带和柱状节理岩体试样 LC-R-01、LC-R-02 和 LC-R-03 在各级偏应力水平下轴向应变和环向应变与时间的关系曲线。试样 LC-R-01 在应力水平较小时,应力恒定在一定的应力水平 72 h 过程中,其中前五级应力水平分别为 10 MPa、15 MPa、20 MPa、22.5 MPa、25 MPa。在最后一级应力水平 30 MPa 下,试样维持 8.8 h 发生加速流变破坏。

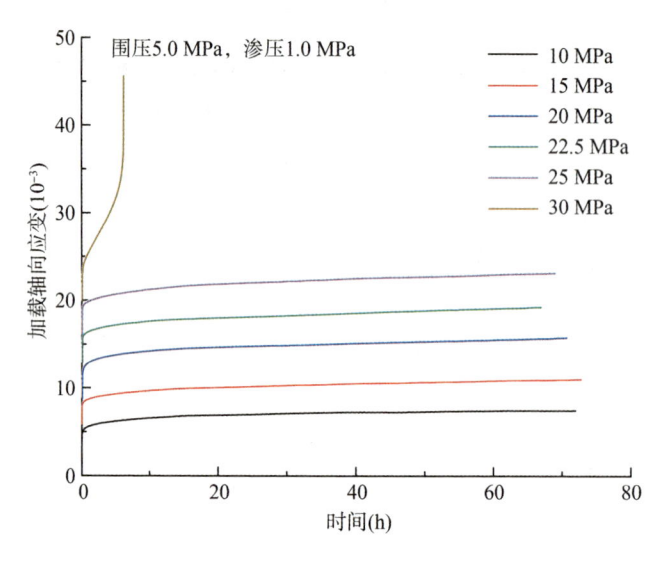

图 4-83 围压 5.0 MPa 渗压 1.0 MPa 含层间错动带和
柱状节理岩体流变轴向加载试验曲线

试样 LC-R-02 在应力水平较小时,应力恒定在一定的应力水平过程中,其中前三级应力水平分别为 10 MPa、15 MPa、20 MPa。在最后一级应力水平 25 MPa 下,试样维持 10.2 h 发生加速流变破坏。此过程中试样经历了三个典型的流变阶段:衰减流变阶段、稳态流变阶段和加速流变阶段。从卸载曲线中

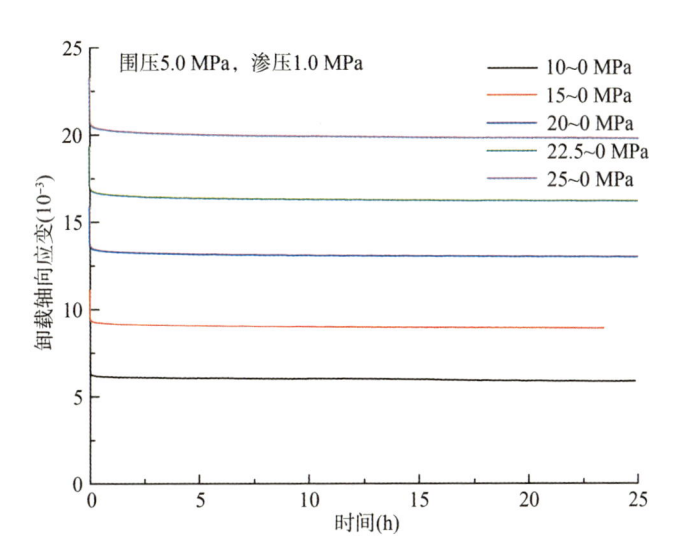

图 4-84　围压 5.0 MPa 渗压 1.0 MPa 含层间错动带和柱状节理岩体流变轴向卸载试验曲线

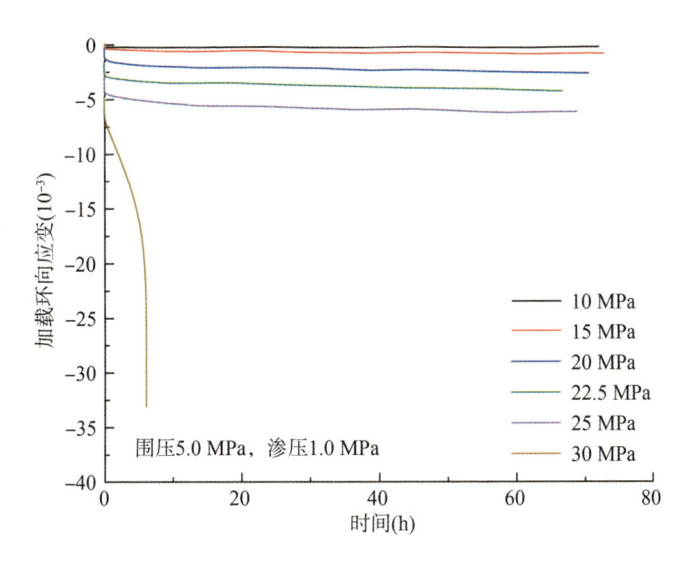

图 4-85　围压 5.0 MPa 渗压 1.0 MPa 含层间错动带和柱状节理岩体流变环向加载试验曲线

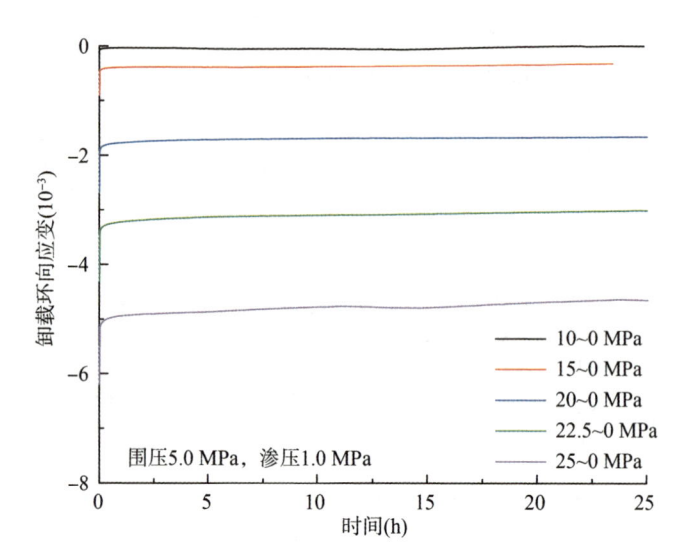

图 4-86　围压 5.0 MPa 渗压 1.0 MPa 含层间错动带和柱状节理岩体流变环向卸载试验曲线

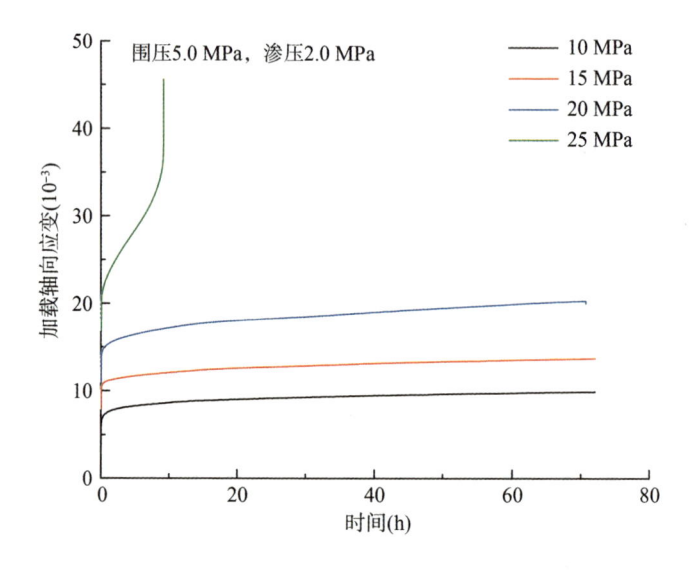

图 4-87　围压 5.0 MPa 渗压 2.0 MPa 含层间错动带和柱状节理岩体流变轴向加载试验曲线

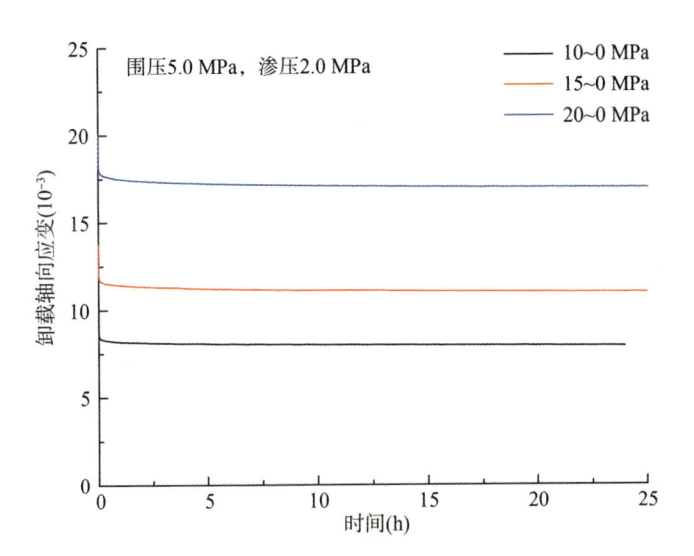

图 4-88　围压 5.0 MPa 渗压 2.0 MPa 含层间错动带和柱状节理岩体流变轴向卸载试验曲线

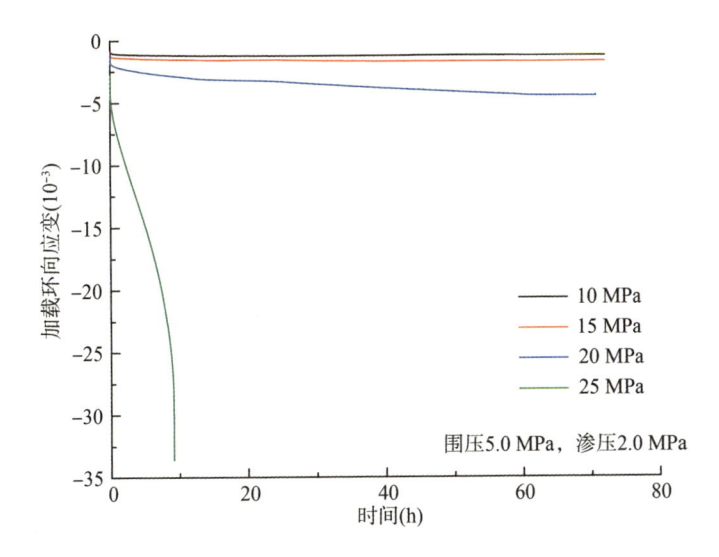

图 4-89　围压 5.0 MPa 渗压 2.0 MPa 含层间错动带和柱状节理岩体流变环向加载试验曲线

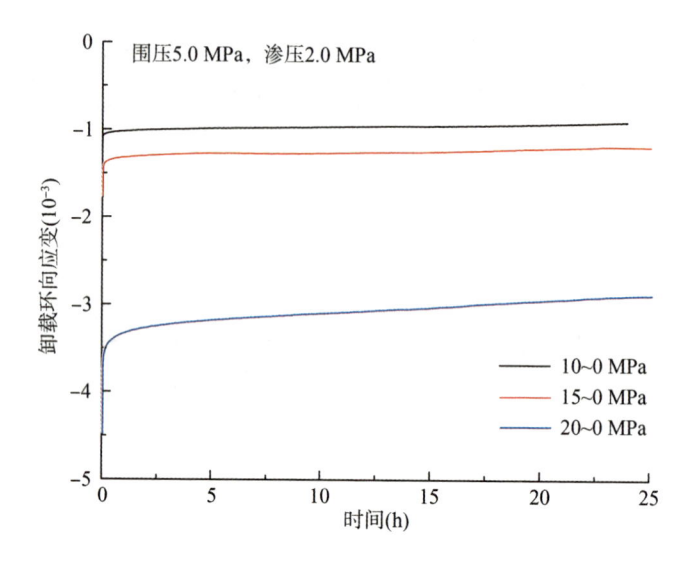

图 4-90　围压 5.0 MPa 渗压 2.0 MPa 含层间错动带和柱状节理岩体流变环向卸载试验曲线

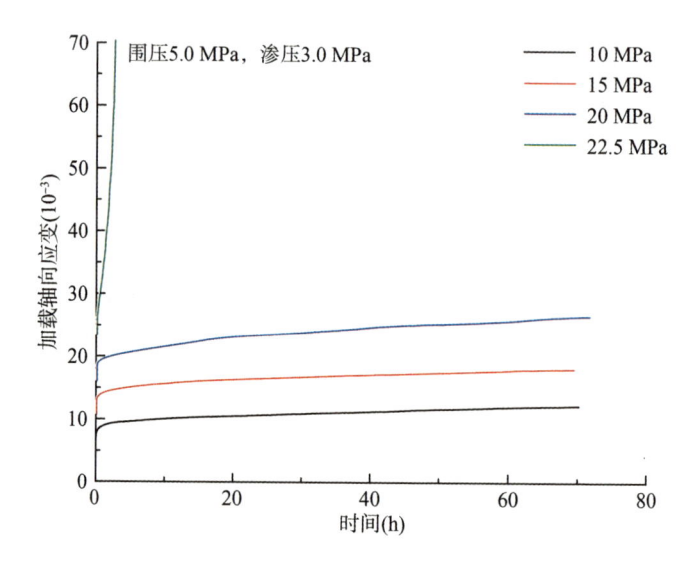

图 4-91　围压 5.0 MPa 渗压 3.0 MPa 含层间错动带和柱状节理岩体流变轴向加载试验曲线

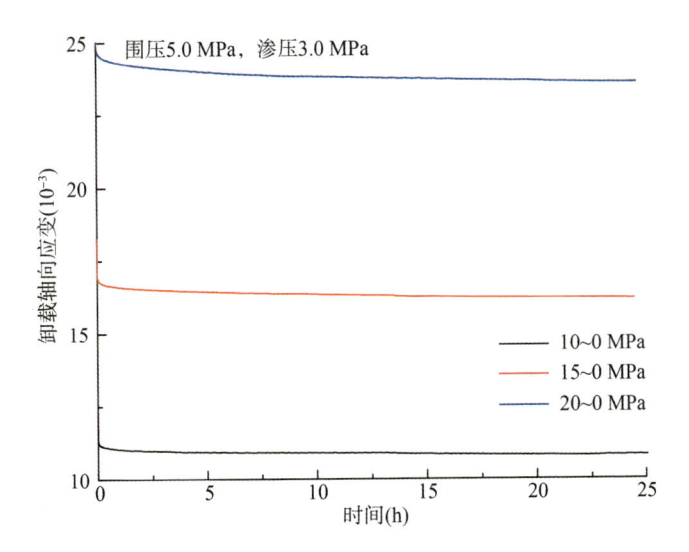

图 4-92　围压 5.0 MPa 渗压 3.0 MPa 含层间错动带和柱状节理岩体流变轴向卸载试验曲线

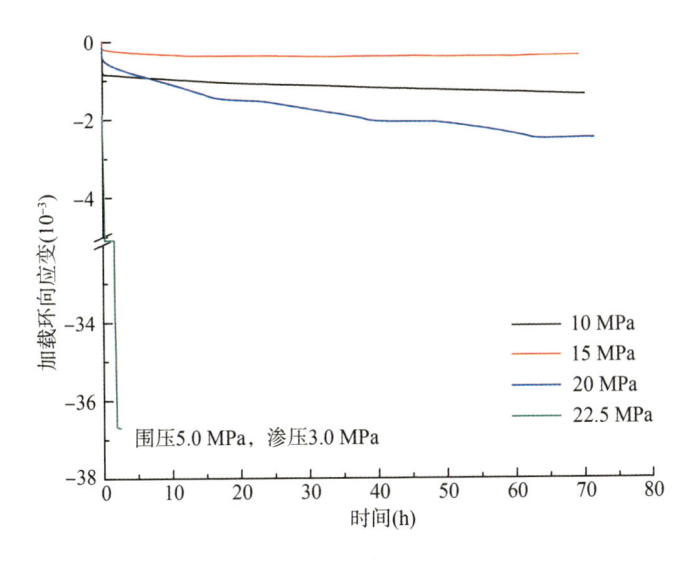

图 4-93　围压 5.0 MPa 渗压 3.0 MPa 含层间错动带和柱状节理岩体流变环向加载试验曲线

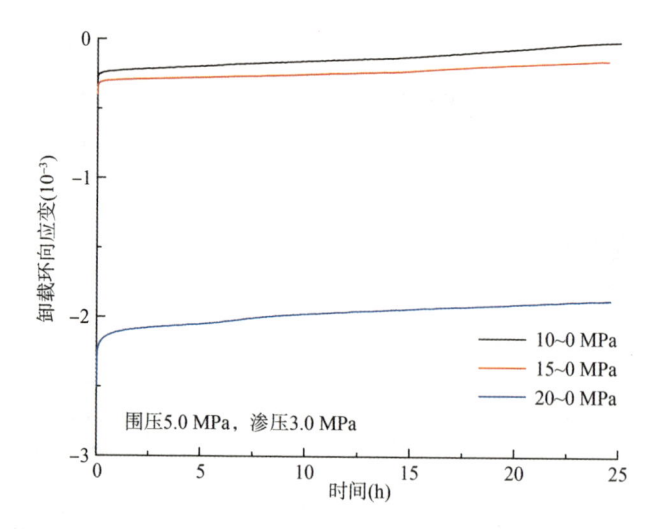

图 4-94　围压 5.0 MPa 渗压 3.0 MPa 含层间错动带和柱状节理岩体流变环向卸载试验曲线

能够看出，变形曲线经历了衰减流变阶段、稳态流变阶段。试样 LC-R-03 在应力水平较小时，应力恒定在一定的应力水平 72 h 过程中，其中前三级应力水平分别为 10 MPa、15 MPa、20 MPa。在最后一级应力水平 22.5 MPa 下，试样维持 4.6 h 发生加速流变破坏。

图 4-95～图 4-100 给出了含层间错动带和柱状节理岩体试样在流变过程中的应变随着应力水平增加的变化曲线。

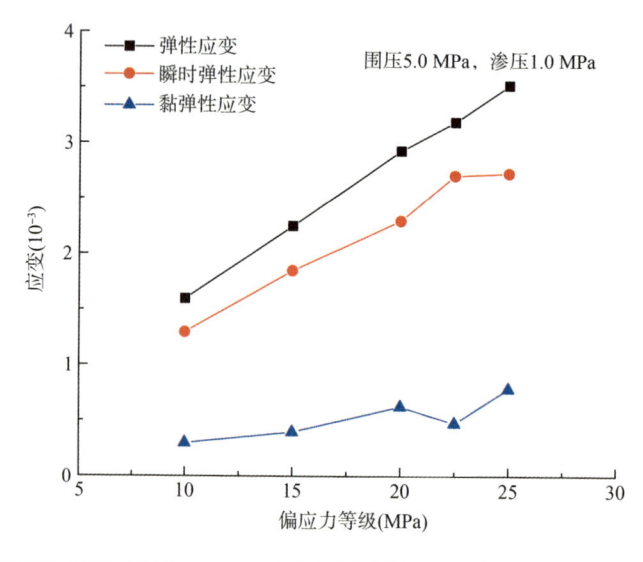

图 4-95　围压 5.0 MPa 渗压 1.0 MPa 含层间错动带和柱状节理岩体流变弹性应变分解

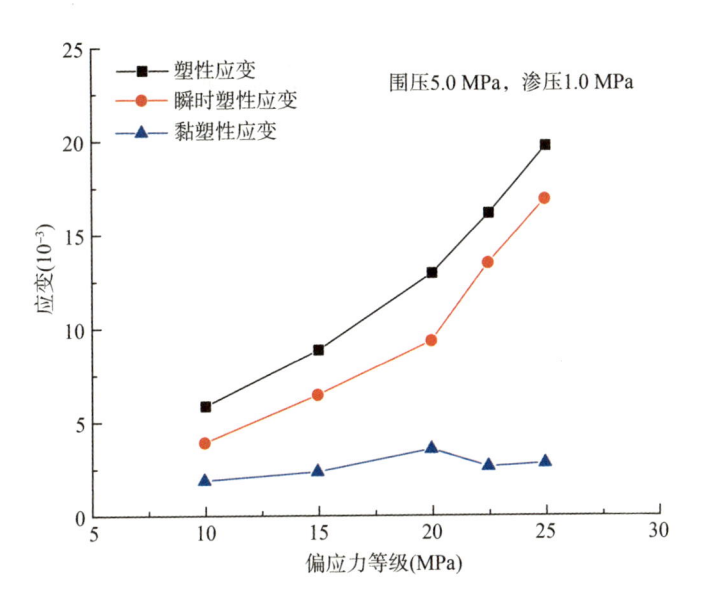

图 4-96　围压 5.0 MPa 渗压 1.0 MPa 含层间错动带和柱状节理岩体流变塑性应变分解

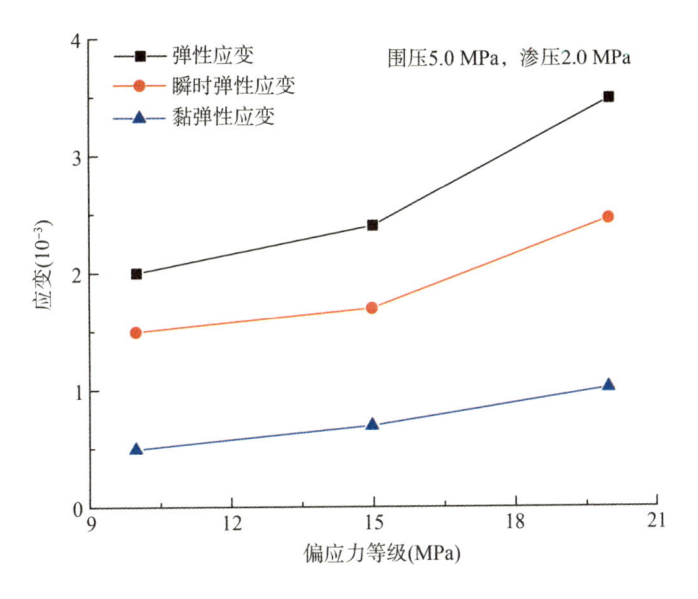

图 4-97　围压 5.0 MPa 渗压 2.0 MPa 含层间错动带和柱状节理岩体流变弹性应变分解

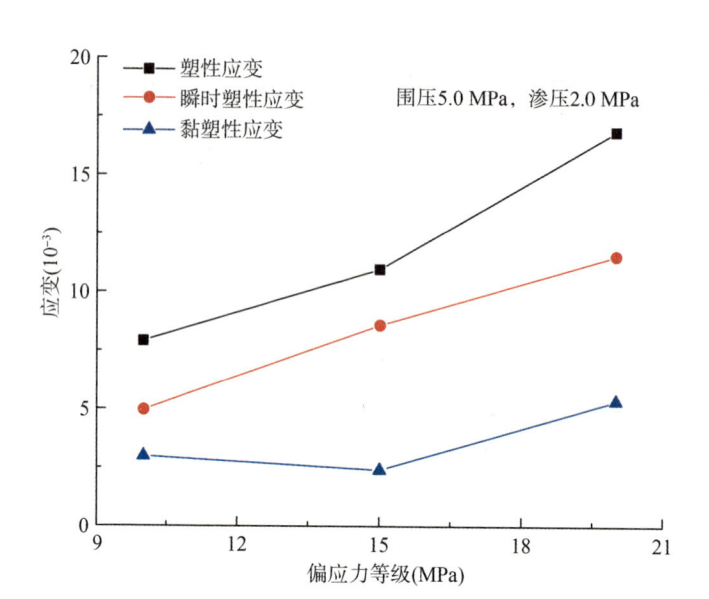

图 4-98　围压 5.0 MPa 渗压 2.0 MPa 含层间错动带和柱状节理岩体流变塑性应变分解

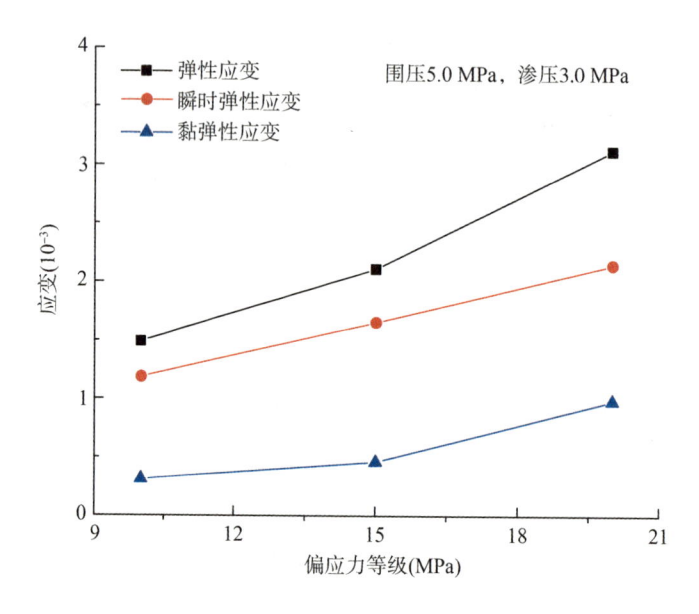

图 4-99　围压 5.0 MPa 渗压 3.0 MPa 含层间错动带和柱状节理岩体流变弹性应变分解

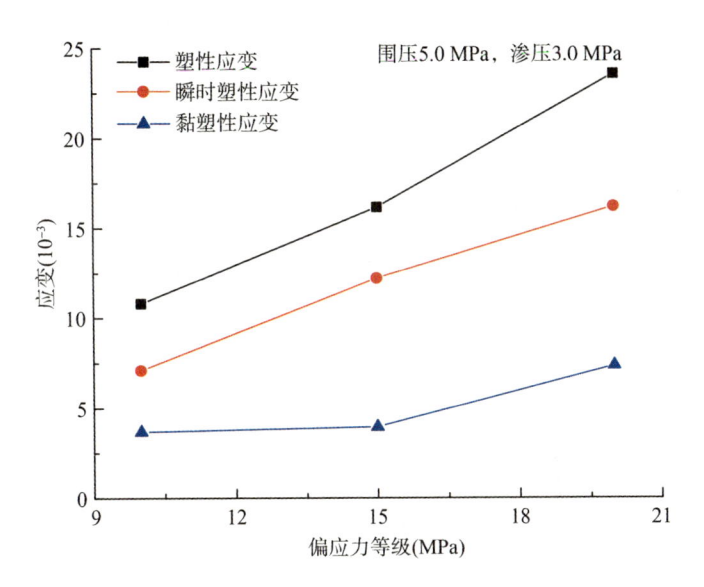

图 4-100　围压 5.0 MPa 渗压 3.0 MPa 含层间错动带和柱状节理岩体流变塑性应变分解

与含层间错动带岩体试验进行比较,含层间错动带岩体试样产生的变形要大于含层间错动带和柱状节理岩体试样,表明错动带对试样变形的贡献要大于柱状节理岩体。

4.3.4　渗流特性

在分级加卸载渗流应力耦合力学试验过程中,试样两端的渗透压力差为 1.0 MPa、2.0 MPa、3.0 MPa。

图 4-101～图 4-110 所示为五个含层间错动带和柱状节理岩体试样在围压为 3.5 MPa、5.0 MPa、6.5 MPa,渗压分别为 1.0 MPa、2.0 MPa、3.0 MPa 作用下的分级加卸载力学试验过程中累计渗流量随应变变化的曲线。从图中可以看出,试样在加载卸载过程中的累计渗流量达到 0.05～0.3 mL。

4.3.5　流变速率

图 4-111～图 4-113 给出了围压 5.0 MPa、不同渗压(1.0 MPa、2.0 MPa、3.0 MPa)作用下含层间错动带和柱状节理岩体试样的轴向和环向稳态流变速率随着应力等级变化的曲线。

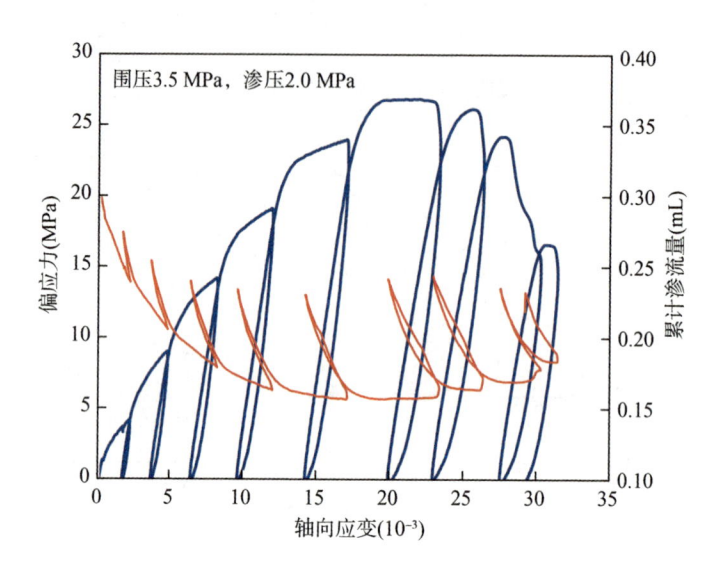

图 4-101　围压 3.5 MPa 渗压 2.0 MPa 含层间错动带和柱状节理岩体轴向应变-渗流量曲线

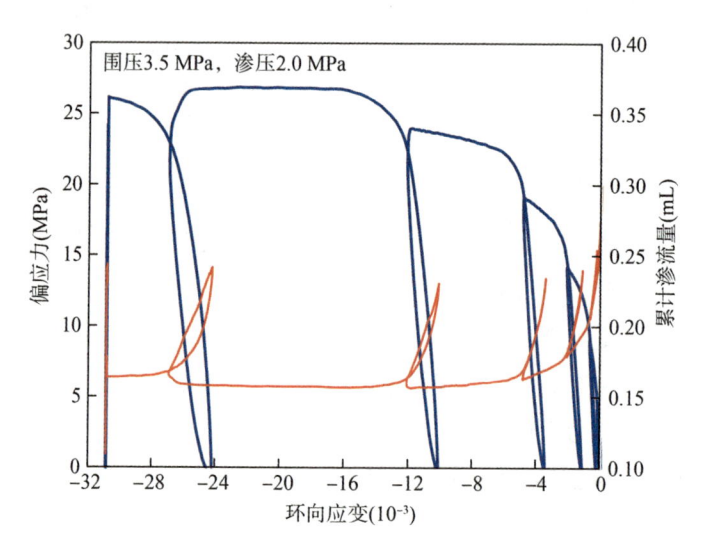

图 4-102　围压 3.5 MPa 渗压 2.0 MPa 含层间错动带和柱状节理岩体环向应变-渗流量曲线

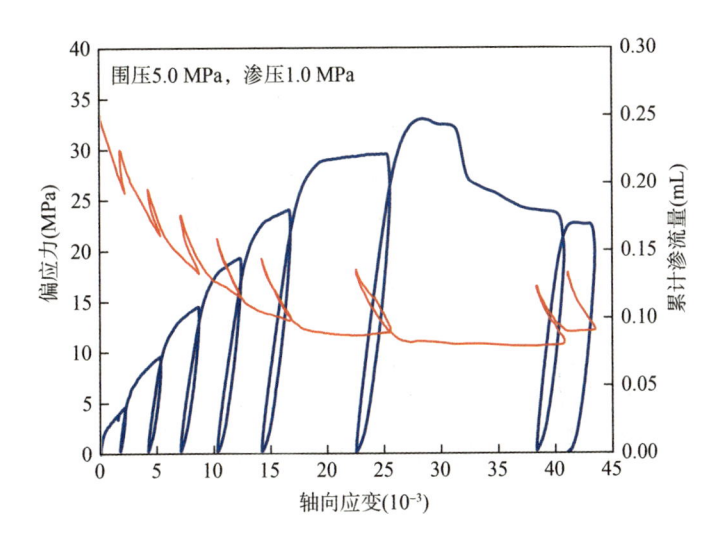

图 4-103　围压 5.0 MPa 渗压 1.0 MPa 含层间错动带和柱状节理岩体轴向应变-渗流量曲线

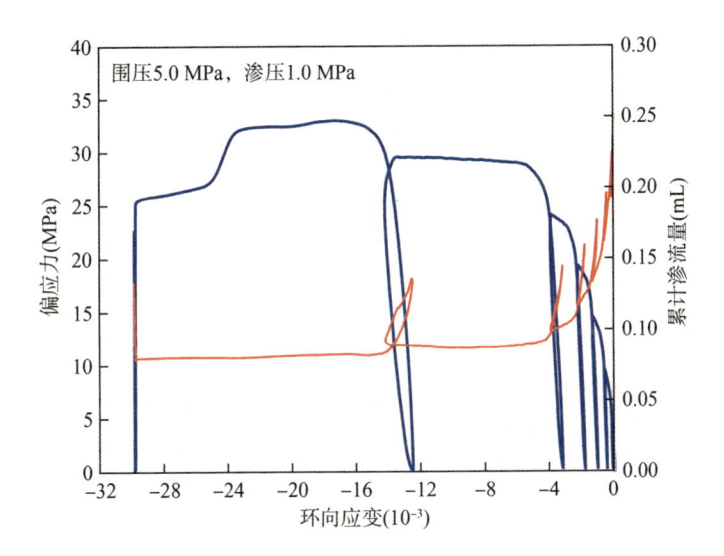

图 4-104　围压 5.0 MPa 渗压 1.0 MPa 含层间错动带和柱状节理岩体轴向应变-渗流量曲线

第四章　白鹤滩含层间错动带岩体循环加卸载渗流应力流变力学试验

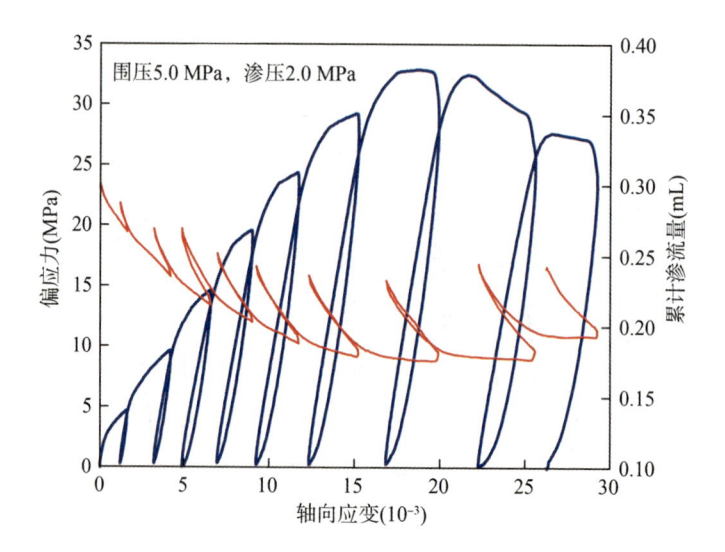

图 4-105　围压 5.0 MPa 渗压 2.0 MPa 含层间错动带和柱状节理岩体轴向应变-渗流量曲线

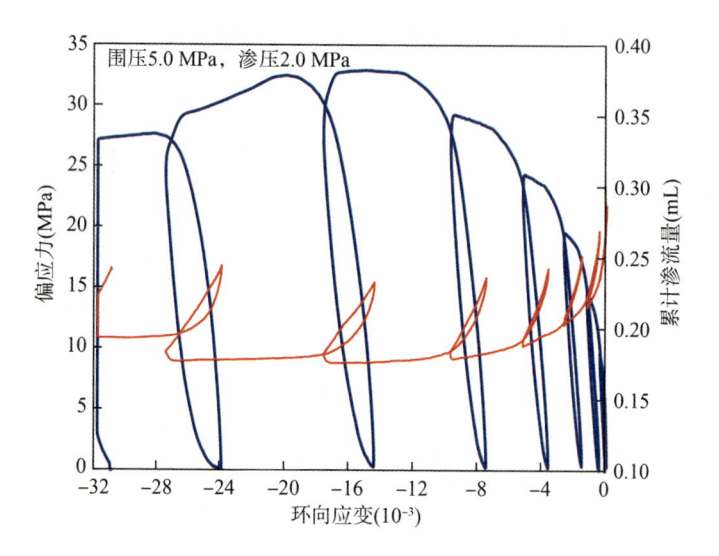

图 4-106　围压 5.0 MPa 渗压 2.0 MPa 含层间错动带和柱状节理岩体环向应变-渗流量曲线

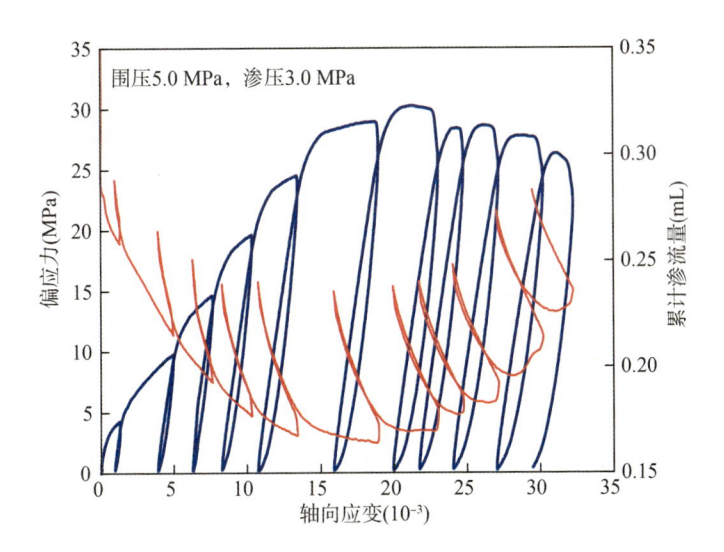

图 4-107　围压 5.0 MPa 渗压 3.0 MPa 含层间错动带和
　　　　　柱状节理岩体轴向应变-渗流量曲线

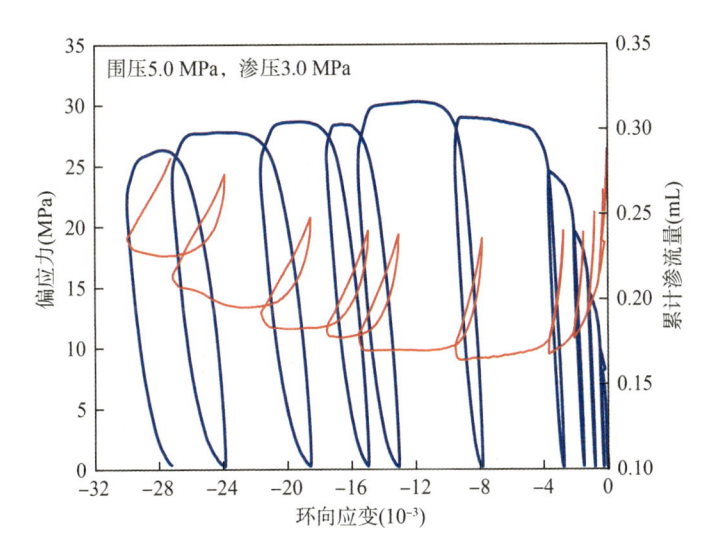

图 4-108　围压 5.0 MPa 渗压 3.0 MPa 含层间错动带和
　　　　　柱状节理岩体环向应变-渗流量曲线

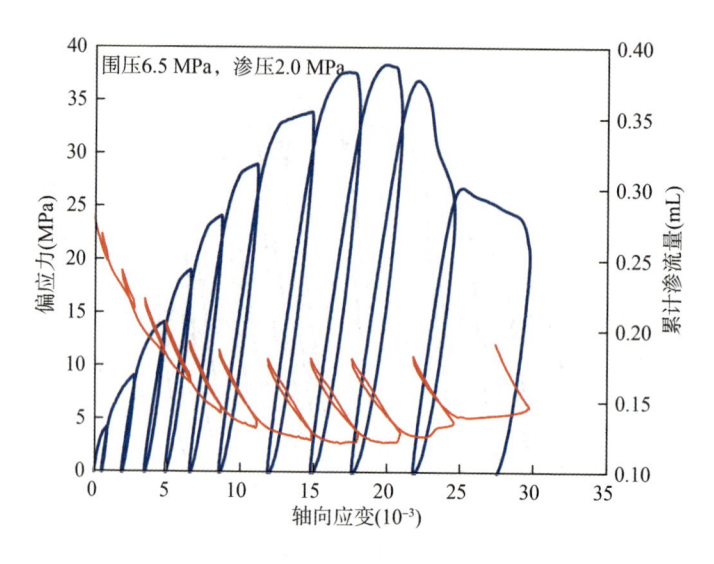

图 4-109　围压 6.5 MPa 渗压 2.0 MPa 含层间错动带和柱状节理岩体轴向应变-渗流量曲线

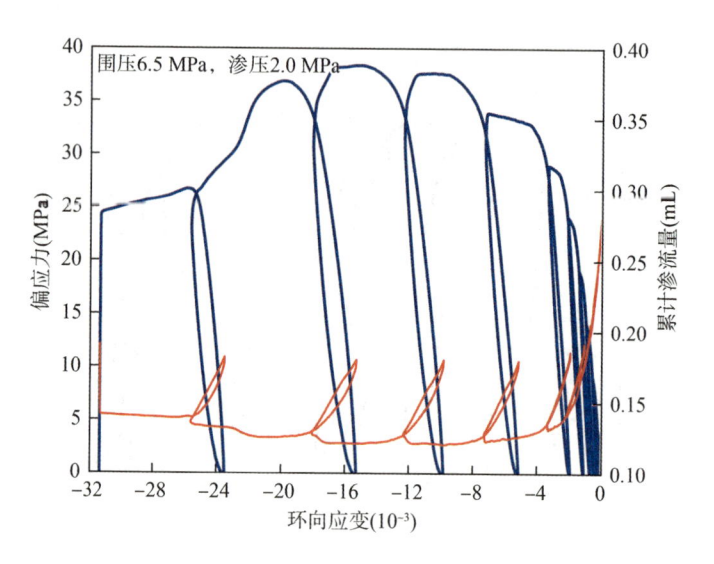

图 4-110　围压 6.5 MPa 渗压 2.0 MPa 含层间错动带和柱状节理岩体环向应变-渗流量曲线

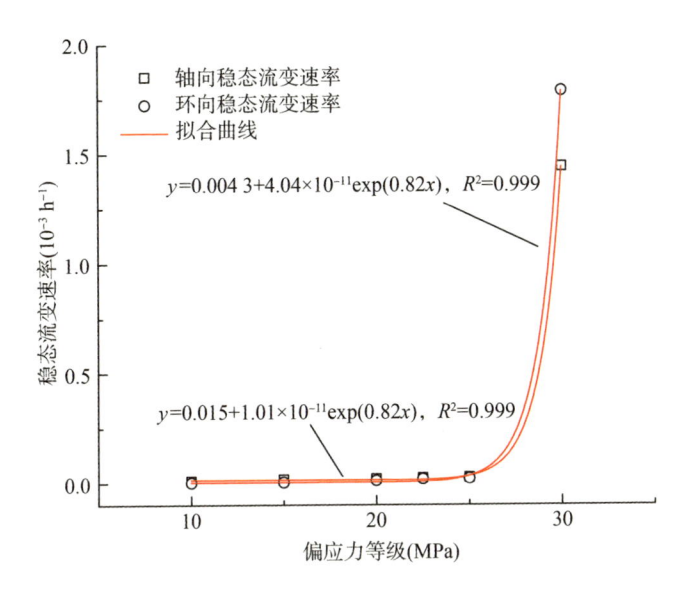

图 4-111　围压 5.0 MPa 渗压 1.0 MPa 含层间错动带和柱状节理岩体稳态流变速率曲线

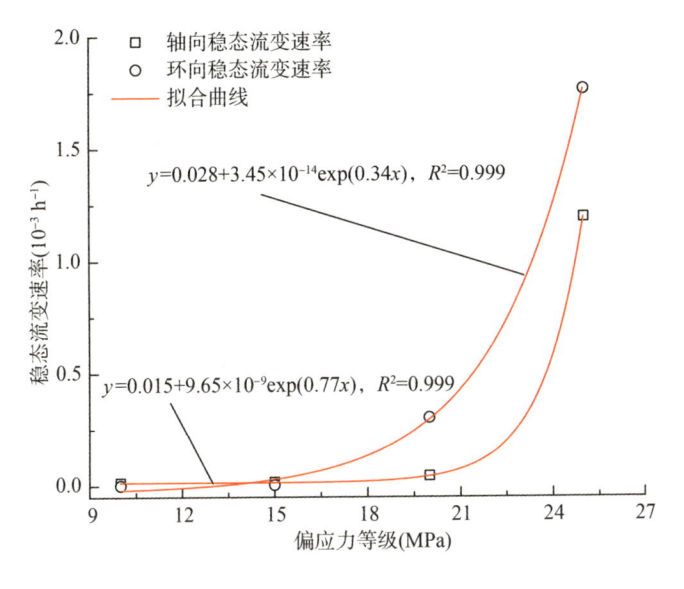

图 4-112　围压 5.0 MPa 渗压 2.0 MPa 含层间错动带和柱状节理岩体稳态流变速率曲线

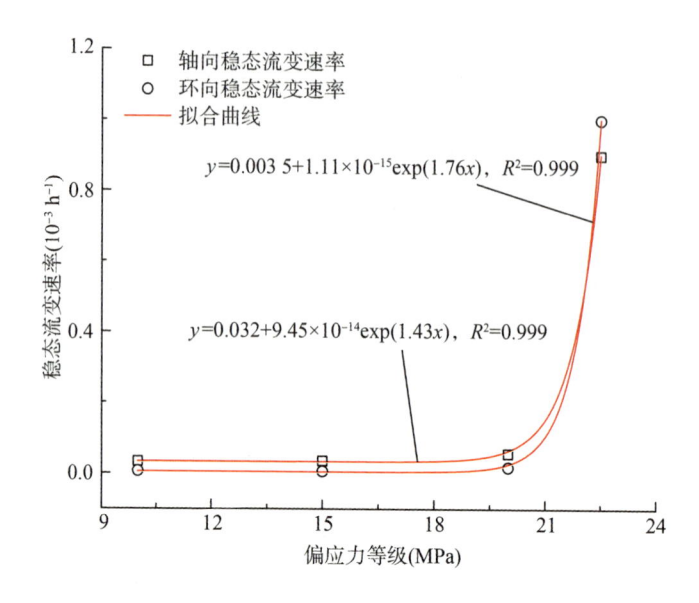

图 4-113　围压 5.0 MPa 渗压 3.0 MPa 含层间错动带和柱状节理岩体稳态流变速率曲线

图中拟合曲线方程：
$y=0.003\ 5+1.11\times10^{-15}\exp(1.76x)$, $R^2=0.999$
$y=0.032+9.45\times10^{-14}\exp(1.43x)$, $R^2=0.999$

4.3.6　强度特性

1. 含层间错动带和柱状节理岩体渗流应力耦合循环荷载试验强度特征

图 4-114 给出了循环加卸载试验中，含层间错动带和柱状节理岩体试样在不同围压、渗压 2.0 MPa 下的峰值强度曲线。从图中可以看出，峰值强度随着围压的增加呈现出线性增加的变化趋势，相关系数为 0.996。

图 4-115 给出了循环加卸载试验中，含层间错动带和柱状节理岩体试样在围压 5.0 MPa、不同渗压下的峰值强度曲线。从图中可以看出，峰值强度随着渗压的增加呈现出线性减小的变化趋势，且相关系数为 0.779。表 4-8 为含层间错动带和柱状节理岩体试样在不同围压不同渗压下的峰值强度汇总。

2. 含层间错动带和柱状节理岩体渗流应力耦合循环荷载试验长期强度确定

根据含层间错动带和柱状节理岩体试样的每一级应力水平下的应变-时间曲线，应用 Boltzmann 叠加原理进行叠加，得到含层间错动带和柱状节理岩体试样在不同时间的等时曲线簇，主要是在不同时刻的轴向应变与加载的应力水平之间的曲线。图 4-116～图 4-118 为围压 5.0 MPa、不同渗压(1.0 MPa、

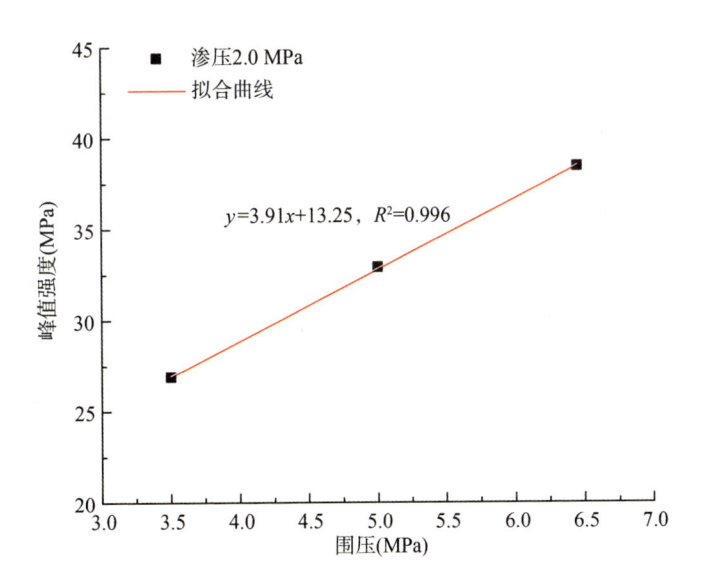

图 4-114　不同围压、渗压 2.0 MPa 含层间错动带和
柱状节理岩体峰值强度曲线

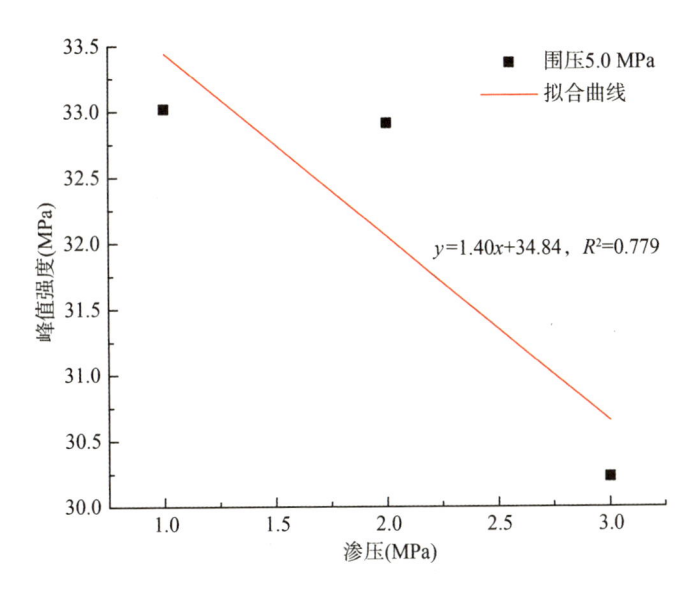

图 4-115　围压 5.0 MPa、不同渗压含层间错动带和
柱状节理岩体峰值强度曲线

2.0 MPa、3.0 MPa)作用下含层间错动带和柱状节理岩体试样的轴向应变速率随着应力等级变化的等时曲线。可以根据渐近线在应力轴上的截距确定含层间错动带和柱状节理岩体试样的长期强度。其中渗压 1.0 MPa 作用下含层间错动带和柱状节理岩体试样的长期强度为 21.3 MPa,渗压 2.0 MPa 作用下含层间错动带和柱状节理岩体试样的长期强度为 19.8 MPa,渗压 3.0 MPa 作用下含层间错动带和柱状节理岩体试样的长期强度为 18.5 MPa。

表 4-8　不同围压、不同渗压含层间错动带和柱状节理岩体峰值强度汇总

试样类型	围压(MPa)	渗压(MPa)	峰值强度(MPa)
含层间错动带和柱状节理岩体试样	3.5	2.0	26.90
	5.0	1.0	33.02
	5.0	2.0	32.91
	5.0	3.0	30.23
	6.5	2.0	38.44

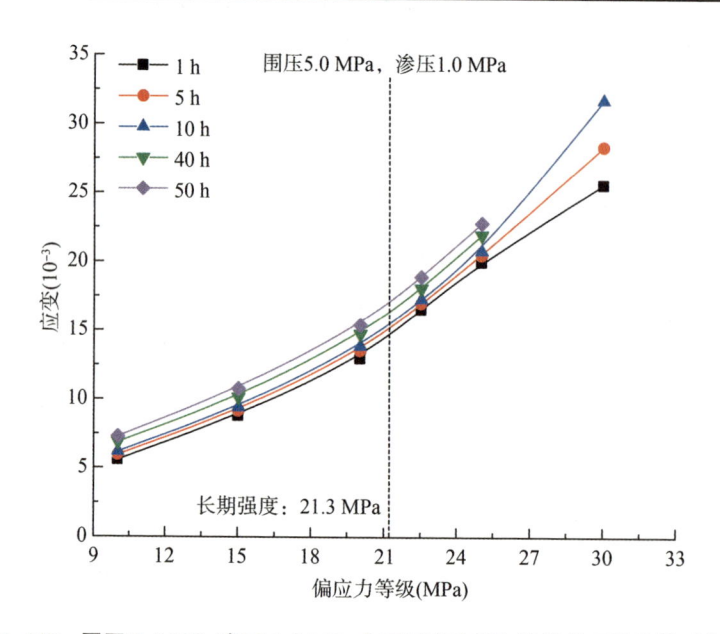

图 4-116　围压 5.0 MPa 渗压 1.0 MPa 含层间错动带和柱状节理岩体等时曲线

图 4-119 为根据渐近线在应力轴上的截距确定的含层间错动带和柱状节理岩体试样的长期强度。从图中可以看出,随着渗压的增加,含层间错动带和柱状节理岩体试样的长期强度呈现出线性减小的趋势,相关系数为 0.996。

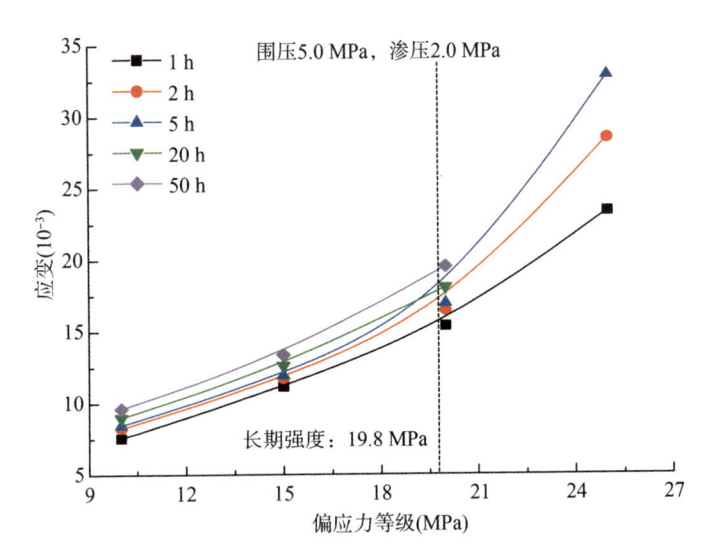

图 4-117　围压 5.0 MPa 渗压 2.0 MPa 含层间错动带和柱状节理岩体等时曲线

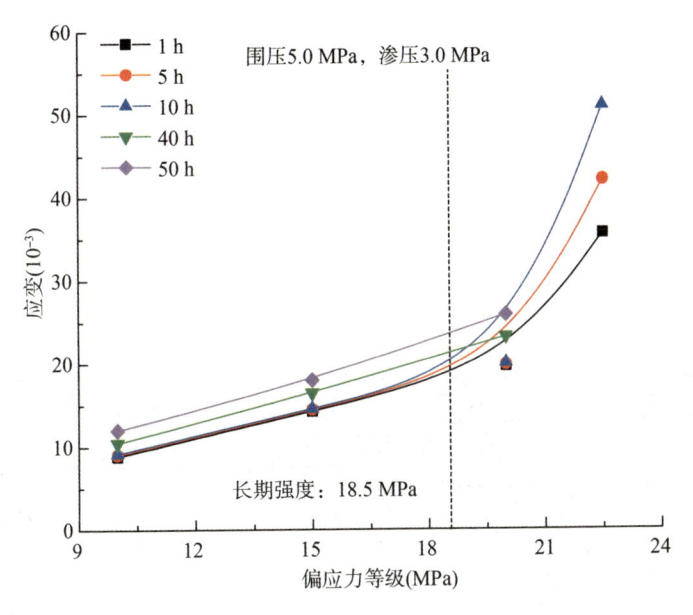

图 4-118　围压 5.0 MPa 渗压 3.0 MPa 含层间错动带和柱状节理岩体等时曲线

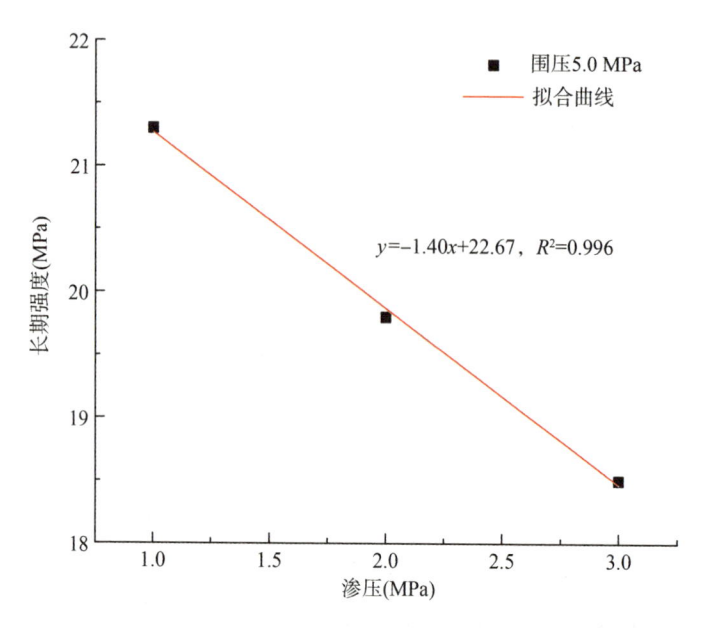

图 4-119　不同渗压下含层间错动带和柱状节理等时曲线

4.3.7　破坏模式与破坏机理分析

1. 含层间错动带和柱状节理岩体试样渗流应力耦合循环荷载试验破坏模式

渗流应力耦合三轴压缩试验含层间错动带和柱状节理岩体试样的破坏模式如图 4-120 所示。总体上，岩体的破坏模式主要受柱状节理结构和层间错动带控制。

(a) LC-01　　(b) LC-02　　(c) LC-03　　(d) LC-04　　(e) LC-05

图 4-120　含层间错动带和柱状节理岩体试样渗流应力耦合循环荷载试验破坏后照片

2. 含层间错动带和柱状节理岩体试样渗流应力耦合循环荷载流变试验破坏模式

渗流应力耦合三轴循环加卸载流变力学试验含层间错动带和柱状节理岩体试样的破坏模式如图 4-121 所示。

(a) LC-R-01　　(b) LC-R-02　　(c) LC-R-03

图 4-121　含层间错动带和柱状节理岩体试样渗流应力耦合循环荷载流变试验破坏后照片

4.4　小结

本章针对白鹤滩水电站典型柱状节理玄武岩和错动带分布情况，制作了结构和物理力学性质与原型相似的含层间错动带和柱状节理的岩体结构试样，对岩体结构相似试样开展了三轴渗流应力耦合循环加卸载下的瞬时力学试验和三轴渗流应力耦合作用的循环加卸载流变力学试验，分析了含层间错动带岩体结构试样与含层间错动带和柱状节理岩体结构试样在不同渗压作用下三轴流变力学试验强度、变形特性。

含层间错动带岩体结构试样与含层间错动带和柱状节理岩体结构试样均表现出明显的流变特性。在较低的流变应力水平下，轴向、侧向流变变形随时间变化仅呈现衰减流变阶段和稳态流变阶段；随着流变应力水平的增加，流变变形越来越明显；在最后一级流变应力水平下，试样流变变形呈现出衰减、稳态及加速流变典型流变阶段。在较低应力时，试样在循环荷载下主要以瞬时变形为主。在较高应力作用下，随着塑性变形的积累，试样发生流变破坏。

利用应力-应变等时曲线簇法得到了岩体结构相似样的长期强度。结果表明，渗流及围压对长期强度有重要影响。

第五章

裂隙接触面单元渗流应力流变耦合三维数值分析

5.1 引言

本章在离散裂隙-基质模型的基础上,将裂隙离散为无厚度平面单元,基于 COMSOL Multiphysics 软件二次开发实现模型的数值求解。针对白鹤滩高拱坝工程,开展基于裂隙接触面单元渗流应力流变耦合的峡谷区高拱坝谷幅变形三维数值模拟分析,分析水库蓄水对坝区地下水渗流条件和应力变形耦合作用规律的影响,研究水库蓄水过程中谷幅变形时空分布特征。

5.2 离散裂隙-基质模型求解方法

为了便于模型描述,首先对裂隙岩体区域进行表征,如图 5-1 所示,裂隙岩体渗流应力耦合数值模型的建立主要基于以下假设:①裂隙岩体处于饱和状态且无热量交换;②基质为均质、各向同性的线弹性体,且其变形属于小变形范畴;③裂隙变形可以采用两个弹簧连接的平行板来表征;④基质渗流和裂隙渗流均遵循线性达西定律;⑤岩石基质的孔隙度、渗透率随着体积应变动态变化。

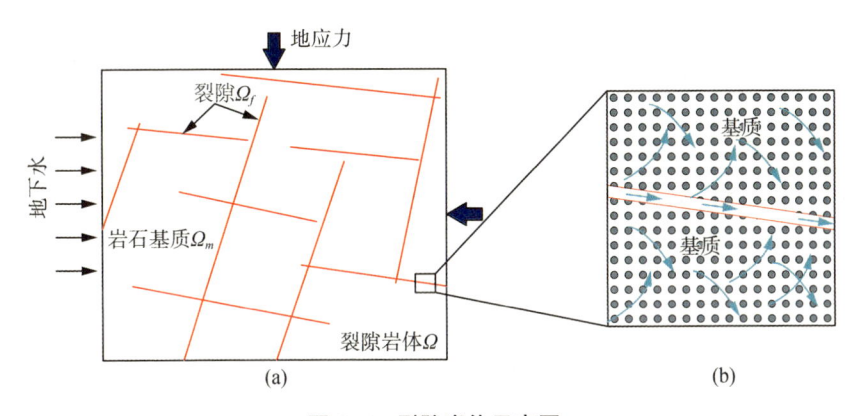

图 5-1 裂隙岩体示意图

5.2.1 裂隙力学变形

液体的流动和岩石基质的变形会对裂隙的开度产生重要的影响,进而影响裂隙的渗透特性。因此,为反映裂隙真实的力学性态,在求解过程中应考虑裂隙的张开或闭合。

1. 法向闭合

在法向应力和内部水压力的作用下,裂隙可能会张开或者闭合,如图 5-2(a)所示。规定压缩为正,则裂隙面的有效正应力可表示为:

$$\sigma'_n = \sigma_n - \alpha_b p_f \tag{5-1}$$

式中:σ'_n 为裂隙面的有效法向正应力;σ_n 为裂隙的法向接触应力;α_b 为比奥系数;p_f 为裂隙处的渗透水压力。

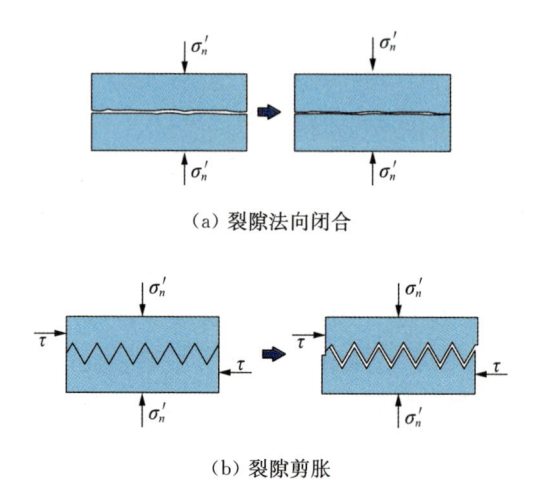

(a) 裂隙法向闭合

(b) 裂隙剪胀

图 5-2 裂隙变形示意图

根据 Barton-Bandis 方程,裂隙的法向闭合量主要受控于裂隙面的有效法向正应力 σ'_n 和法向刚度 K_n,如图 5-3 所示。

$$\Delta d_n = \frac{\sigma'_n d_{n\max}}{\sigma'_n + K_{n0} d_{n\max}} \tag{5-2}$$

式中:K_{n0} 为裂隙的初始法向刚度;$d_{n\max}$ 为裂隙的最大闭合量,如无特殊说明,裂隙的最大闭合量 $d_{n\max} = d_{f0}$。对某一特定的裂隙,参数 $d_{n\max}$ 和 K_n 可由压缩试验获取,且裂隙法向刚度为衡量裂隙对正应力敏感性的指标。对上式进行微分,可得到裂隙法向刚度的表达式

$$K_n = \frac{\partial \sigma'_n}{\partial \Delta d_n} = K_{n0} \left[1 - \frac{\sigma'_n}{K_{n0} d_{n\max} + \sigma'_n} \right]^{-2} \tag{5-3}$$

在有效法向应力的作用下,裂隙开度更新为

$$d_f = d_{f0} - \Delta d_n = d_{f0} - \frac{\sigma'_n d_{n\max}}{\sigma'_n + K_{n0} d_{n\max}} \tag{5-4}$$

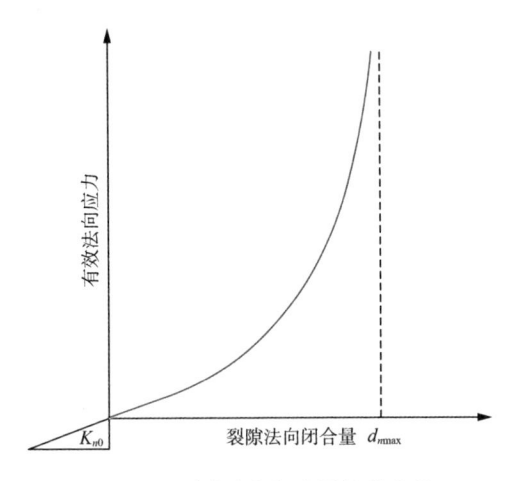

式中：d_{f0} 为裂隙的初始开度。

图 5-3　裂隙法向闭合量演化曲线

2. 剪胀效应

作用在裂隙面的剪应力使得裂隙发生剪切错动，进而导致裂隙张开。这种现象称为裂隙的剪胀效应，其作用机理如图 5-2(b)所示。当裂隙面的剪切应力达到剪切强度 τ_c 时，剪胀效应产生，如图 5-4 所示。裂隙的剪应力-应变曲线分为峰前剪胀和峰后剪胀两个阶段。当裂隙面的剪切应力达到峰值剪切应力 τ_p 时，即峰后剪胀阶段，裂隙岩体产生塑性变形。暂不考虑岩体的失效变形，则裂隙剪胀引起的法向位移与剪切应力之间的关系为：

$$d_s = \frac{\tau - \tau_c}{K_s} \tan\psi \tag{5-5}$$

式中：d_s 是由剪胀引起的裂隙开度；K_s 为裂隙的剪切刚度；ψ 为裂隙的剪胀角。

裂隙开度随应力的演化方程可由如下的分段函数表示：

$$d_f = d_{f0} - \Delta d_n + d_s = \begin{cases} d_{f0} - \dfrac{\sigma'_n d_{n\max}}{\sigma'_n + K_{n0} d_{n\max}}, & \sigma'_n > 0 \,\&\, \tau \leqslant \tau_c \\ d_{f0} - \dfrac{\sigma'_n d_{n\max}}{\sigma'_n + K_{n0} d_{n\max}} + \dfrac{\tau - \tau_c}{K_s}\tan\psi, & \sigma'_n > 0 \,\&\, \tau_c < \tau \end{cases} \tag{5-6}$$

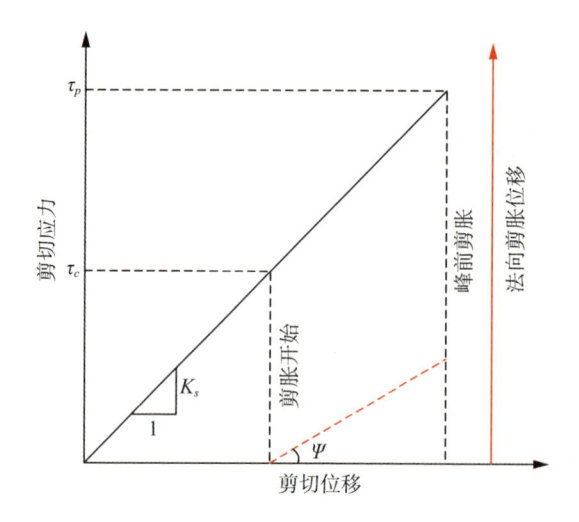

图 5-4　裂隙剪应力与法向剪胀位移关系曲线

对于裂隙的描述通常采用局部坐标系,如图 5-5 所示。为了更新裂隙开度,需要对全局坐标系下的应力分量进行如下的坐标变换

$$\sigma_n = \sigma_{xx}\sin^2\theta - 2\sigma_{xy}\sin\theta\cos\theta + \sigma_{yy}\cos^2\theta \tag{5-7}$$

$$\tau_n = -(\sigma_{xx} - \sigma_{yy})\sin\theta\cos\theta + \sigma_{xy}\cos2\theta \tag{5-8}$$

式中:θ 为裂隙的倾角;σ_{xy} 为 x 方向的应力;σ_{xy} 为切向应力;σ_{yy} 为 y 方向的应力。

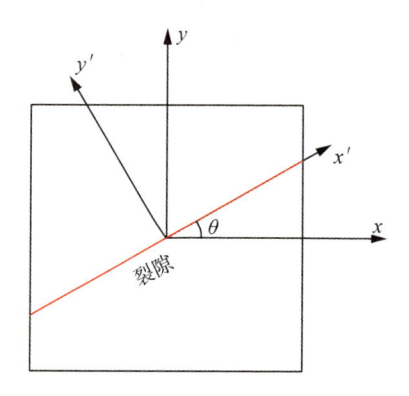

图 5-5　裂隙全局坐标到局部坐标的应力旋转

5.2.2　基质变形控制方程

在初始孔隙水压力作用下,固体骨架和孔隙流体的应力平衡方程为

$$\nabla(\pmb{\sigma}_0' + \alpha_b \pmb{I} p_{m0}) + \pmb{f} = 0 \qquad (5\text{-}9)$$

式中：∇ 为梯度算子；$\pmb{\sigma}_0'$ 为初始有效应力张量；α_b 为比奥系数；$\pmb{I}$ 为单位向量；p_{m0} 为基质中初始孔隙水压力；$\pmb{f}$ 为体积力。

蓄水过程中库水位的周期性波动使得岩石基质中孔隙水压力重新分布。此时，基质系统的应力平衡方程为

$$\nabla(\Delta \pmb{\sigma}' + \alpha_b \pmb{I} \Delta \pmb{p}_m + \pmb{\sigma}_0' + \alpha_b \pmb{I} p_{m0}) + \pmb{f} = 0 \qquad (5\text{-}10)$$

式中：$\Delta \pmb{p}_m$ 为水位波动引起的孔隙水压力的增量；$\Delta \pmb{\sigma}'$ 为岩石基质中有效应力的增量。

可得

$$\nabla \cdot (\Delta \pmb{\sigma}' + \alpha_b \pmb{I} \Delta \pmb{p}_m) = \nabla \cdot (\Delta \pmb{\sigma}') + \pmb{f}_p = 0 \qquad (5\text{-}11)$$

式中：$\pmb{f}_p = \alpha_b \nabla \cdot (\Delta \pmb{p}_m)$，为孔隙水压力梯度变化引起的等效体积力。

在小变形和线弹性的假设条件下，岩石基质的应力应变关系为

$$\pmb{\sigma}_m' = \pmb{D}_m : \pmb{\varepsilon}_m = \pmb{D}_m : \left(\frac{\nabla \pmb{u}_m + \nabla^T \pmb{u}_m}{2} \right) \qquad (5\text{-}12)$$

式中：$\pmb{D}_m$ 为岩石基质的弹性张量；$\pmb{\varepsilon}_m$ 和 $\pmb{u}_m$ 分别为基质的应变和位移。

5.2.3 基质渗流方程

在基质系统中，渗流满足质量守恒方程

$$\frac{\partial(\varphi_m \rho_w)}{\partial t} + \nabla \cdot (\pmb{v}_m \rho_w) - q_m = 0 \qquad (5\text{-}13)$$

式中：φ_m 为基质的孔隙率；ρ_w 为水的密度；$\pmb{v}_m$ 为基质中的水流速度；q_m 为基质的汇源项。

Coussy[175]给出了考虑固相速度时基质中水流速率的计算公式，

$$\pmb{v}_m = \varphi_m (\pmb{v} - \pmb{v}_s) \qquad (5\text{-}14)$$

式中：$\pmb{v}$ 为本征水流速度；$\pmb{v}_s$ 为固相速度。

基质中水的流动满足达西定律，考虑重力影响，本征水流速率的表达式为：

$$\pmb{v} = -\frac{\kappa_m}{\mu_w}(\nabla \pmb{p}_m - \rho_w \pmb{g} \Delta z) \qquad (5\text{-}15)$$

式中：κ_m 为基质的渗透率；μ_w 为水的动力黏度；g 为重力加速度；Δz 为高度差。

固相速度为基质位移随时间的导数

$$\boldsymbol{v}_s = \frac{\partial \boldsymbol{u}}{\partial t}, \nabla \cdot \boldsymbol{v}_s = \frac{\partial \boldsymbol{\varepsilon}_v}{\partial t} \tag{5-16}$$

式中：$\boldsymbol{\varepsilon}_v$ 为基质系统的体积应变。

可得

$$\frac{\partial(\rho_w \varphi_m)}{\partial t} - \rho_w \varphi_m \frac{\partial \boldsymbol{\varepsilon}_v}{\partial t} + \nabla \cdot \rho_w \boldsymbol{v} - q_m = 0 \tag{5-17}$$

考虑水的压缩性和固体颗粒的变形，可得到如下所述的基质储水模型

$$\frac{\partial(\rho_w \varphi_m)}{\partial t} = \rho_w S_m \frac{\partial \boldsymbol{p}_m}{\partial t} \tag{5-18}$$

基质储水系数 S_m 是孔隙度、液体体积压缩模量、比奥系数和固体颗粒压缩模量的函数，表达式如下所述

$$S_m = \frac{1}{M} = \frac{\varphi_m}{K_w} + \frac{\alpha_b - \varphi_m}{K_s} \tag{5-19}$$

式中：M 为比奥模量；K_w 为液体的体积模量；K_s 为固体颗粒压缩模量。

可改写为

$$S_m \frac{\partial \boldsymbol{p}_m}{\partial t} - \varphi_m \frac{\partial \boldsymbol{\varepsilon}_v}{\partial t} + \nabla \boldsymbol{v} - \frac{q_m}{\rho_w} = 0 \tag{5-20}$$

考虑基质变形，基质孔隙度、渗透率的演化方程可定义为：

$$\varphi_m = \frac{\varphi_{m0} + \boldsymbol{\varepsilon}_v}{1 + \boldsymbol{\varepsilon}_v} \tag{5-21}$$

$$\frac{k_m}{k_{m0}} = \frac{1}{1 + \boldsymbol{\varepsilon}_v} \left(1 + \frac{\boldsymbol{\varepsilon}_v}{\varphi_{m0}}\right)^3 \tag{5-22}$$

式中：φ_{m0} 和 k_{m0} 分别为基质的初始孔隙度和渗透率。

5.2.4 裂隙渗流方程

作为渗流的优先通道，裂隙独立于基质系统而存在，且其沿法向方向与切

向方向的长度相距甚远。因此,采用平面无厚度单元模拟裂隙。与实体单元相比,该方法将裂隙开度隐含到控制方程中,可以有效降低裂隙网格剖分的难度。如图5-6所示,在二维模型中基质采用三角形单元,裂隙采用线单元,则裂隙的渗流控制方程为

$$d_f \frac{\partial}{\partial t}(\varphi_f \rho_w) + \nabla_T \cdot (\rho_w \boldsymbol{q}_f) = d_f q_m \tag{5-23}$$

式中:d_f 为裂隙开度;φ_f 为裂隙的孔隙率;$\boldsymbol{q}_f$ 表示从基质流入裂隙的流量,可定义为

$$\boldsymbol{q}_f = -\frac{k_f}{\mu_w} d_f (\nabla_T \boldsymbol{p}_m - \rho_w \boldsymbol{g} \nabla_T z) \tag{5-24}$$

式中:k_f 为裂隙的渗透率;∇_T 表示沿裂隙切向方向的梯度。

基于立方定律推导出了裂隙的渗透率计算公式

$$k_f = \frac{d_f^2}{12} \tag{5-25}$$

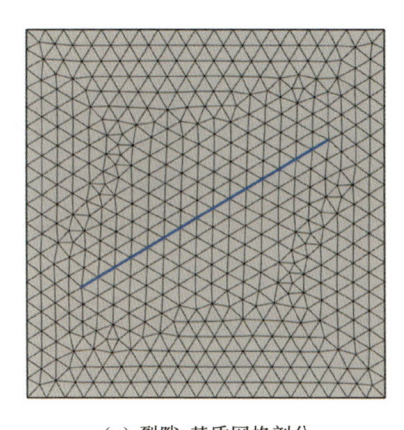

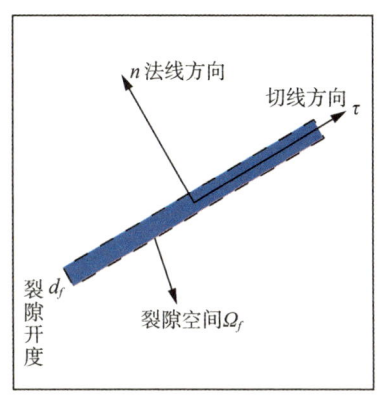

(a) 裂隙-基质网格剖分　　(b) 裂隙渗流数值求解

图 5-6　裂隙渗流表征

5.2.5　有限元离散格式

对上述渗流应力耦合控制方程采用有限元法求解,则其离散形式可以表示为

$$\boldsymbol{K}_e\boldsymbol{u} - \boldsymbol{Q}_e\boldsymbol{P} = \boldsymbol{f} \tag{5-26}$$

$$\boldsymbol{M}_e \frac{\mathrm{d}\boldsymbol{P}}{\mathrm{d}t} + \boldsymbol{T}_e\boldsymbol{P} = \boldsymbol{Q}_e^\mathrm{T} \frac{\mathrm{d}\boldsymbol{u}}{\mathrm{d}t} \tag{5-27}$$

式中:系数矩阵的计算式为

$$\boldsymbol{K}_e = \int_{\Omega_m} \boldsymbol{B}^\mathrm{T} \boldsymbol{D} \boldsymbol{B} \, \mathrm{d}\Omega_m \tag{5-28}$$

$$\boldsymbol{Q}_e = \int_{\Omega_m} \alpha_b \boldsymbol{B}^\mathrm{T} \boldsymbol{m} \boldsymbol{N}_m \, \mathrm{d}\Omega_m \tag{5-29}$$

$$\boldsymbol{M}_e = \int_{\Omega_m} S_m \boldsymbol{N}_m^\mathrm{T} \boldsymbol{N}_m \, \mathrm{d}\Omega_m \tag{5-30}$$

$$\boldsymbol{T}_e = \int_{\Omega_m} \nabla \boldsymbol{N}_m^\mathrm{T} \left(-\frac{k_m}{\mu_w}\right) \nabla \boldsymbol{N}_m \, \mathrm{d}\Omega_m + \int_{\Omega_f} \nabla_T \boldsymbol{N}_f^\mathrm{T} d_f \left(-\frac{k_f}{\mu_w}\right) \nabla_T \boldsymbol{N}_f \, \mathrm{d}\Omega_f \tag{5-31}$$

式中:Ω_m 和 Ω_f 分别表示基质和裂隙的计算域;$\boldsymbol{B}$ 和 $\boldsymbol{D}$ 分别为岩石基质应变矩阵和弹性矩阵;$\boldsymbol{N}_m$ 和 $\boldsymbol{N}_f$ 分别为基质单元和裂隙单元的形函数;$\boldsymbol{m}$ 表示单位矩阵。该离散裂隙模型的装配过程示意图如图 5-7 所示。

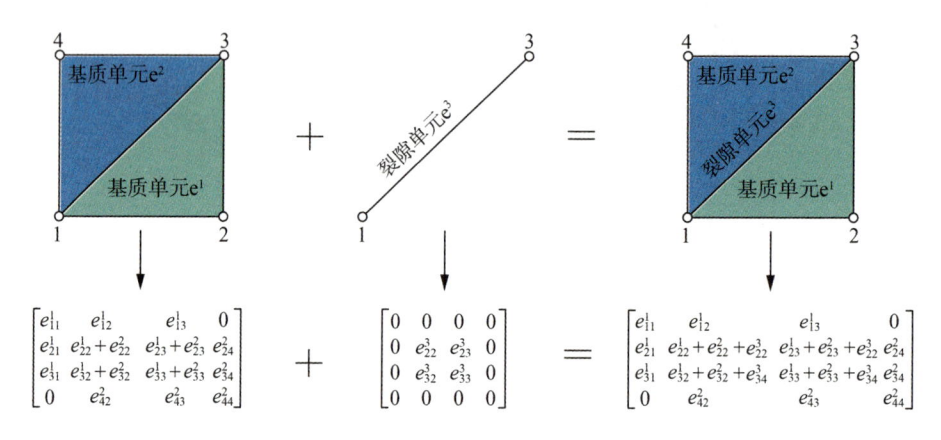

图 5-7 离散裂隙基质模型装配示意图

5.2.6 算法实现

基于 COMSOL Multiphysics 软件进行二次开发,实现裂隙岩体的渗流应力耦合模型的数值求解。宏观裂隙中的液体流动方程是通过有限元的弱形式实现的。首先,定义模型的初始边界条件、材料属性以及裂隙的相关信息(位置分布、初始开度),求解液体压力、岩体位移、应力和应变的初值。然后,根据前一时间步的计算结果,更新岩石基质的孔隙度、渗透率和裂隙的开度、法向刚度。在下一循环求解时间步内,一个新的渗流应力耦合求解过程将启动,直至到达相应的求解时间。

5.3 三维模型与计算条件

5.3.1 计算模型与范围

在综合分析白鹤滩枢纽区水文地质结构特征、防渗帷幕措施和谷幅测线布设情况的基础上,确定谷幅变形三维地质模型的建模范围如下:取 x 轴指向正东方向,y 轴指向正北方向,z 轴采用右手法则指向垂直向上。模型 xy 方向(横河向和顺河向)范围为 2 300 m×3 000 m,如图 5-8 所示。

白鹤滩坝址区域左岸山体坡度较缓,拱坝蓄水后有较大的库水补给面积。将模型左岸边界取至距河床中心线约 1 300 m 处的山体,相应的右岸边界取至距河床中心线 1 000 m 左右的山体处。模型上、下游截取边界距河床中心线与拱坝交点的距离分别为 1 420 m、1 580 m。

根据白鹤滩坝址区的地质结构特征,在三维地质建模过程中主要考虑的不连续结构面为大规模断层(F_{14}、F_{16} 和 F_{17})、正常蓄水位 825 m 高程以下的层间错动带(C_5、C_4、C_3、C_{3-1} 和 C_2)以及发育在柱状节理岩层 $P_2\beta_3^3$ 内的贯穿性层内错动带 LS_{331} 和 RS_{331},且模型中包含拱坝结构、左岸垫座、扩大基础以及防渗帷幕。采用有限元分析前处理软件 HyperMesh 进行三维网格剖分,并根据其内置接口转化为 COMSOL Multiphysics 有限元软件所接受的网格数据文件格式(.nas)。模型网格剖分以四面体单元为主,共包含 231 890 个节点,1 357 927 个单元,如图 5-9 所示。

5.3.2 蓄水过程与计算工况

根据白鹤滩拱坝自 2021 年 4 月 1 日导流底孔下闸蓄水以来的实际情况,并结合水库调度计划,确定其六个周期的蓄水过程:

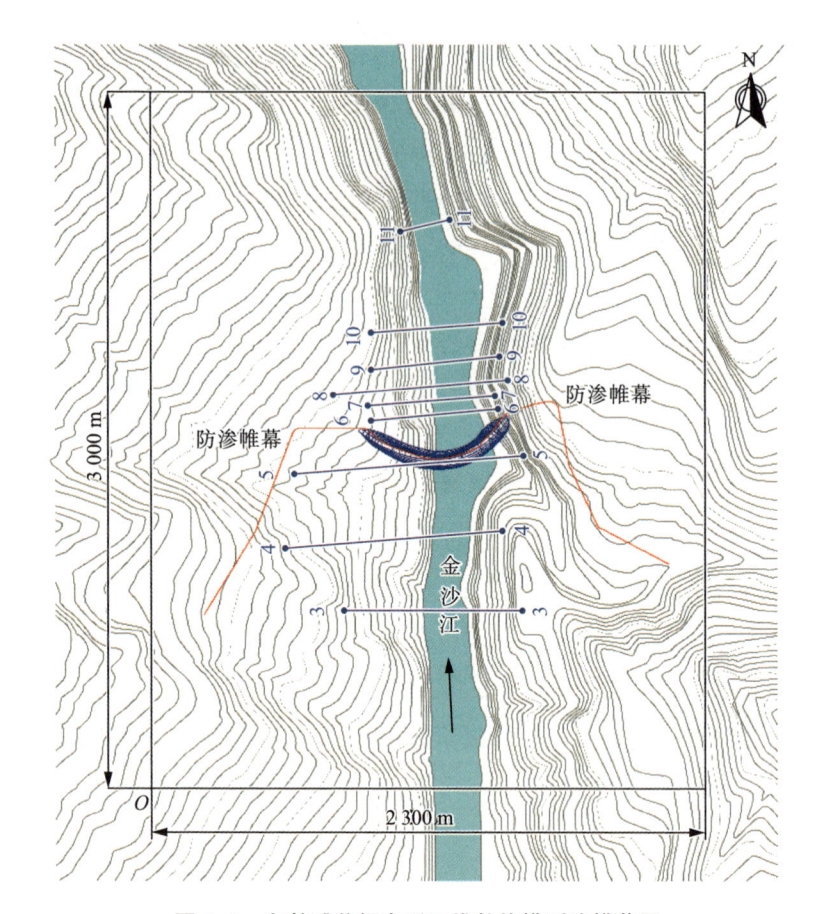

图 5-8　白鹤滩谷幅变形三维数值模型建模范围

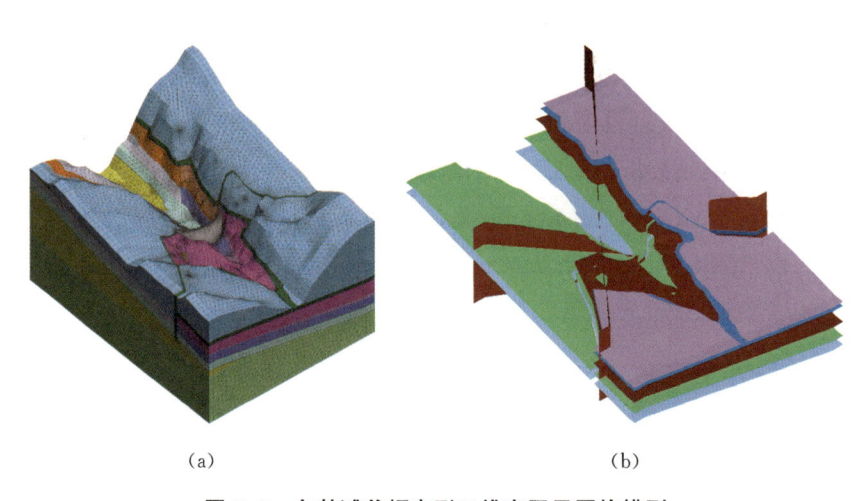

(a)　　　　　　　　　　(b)

图 5-9　白鹤滩谷幅变形三维有限元网格模型

第一个蓄水周期从 2021 年 4 月 1 日开始,初始上游水位高程为 640 m。第一阶段在 2021 年 6 月 14 日蓄水至 765 m 高程,并维持该水位 16 d;第二阶段蓄水至 785 m 高程,并维持 15 d;第三阶段蓄水至 800 m 高程,维持 285 d;第四阶段上游水位消落至 785 m 高程,并保持 45 d。

第二个蓄水周期从 2022 年 7 月 1 日开始,第一阶段蓄水至 800 m 高程,维持 15 d;第二阶段蓄水至 825 m 高程,并保持 255 d;第三阶段水位降至 800 m 高程,并保持 15 d;第四阶段水位降至 785 m,并保持 45 d。

第三、四、五和第六个蓄水周期与第二个蓄水周期类似,共分四个阶段进行蓄水。具体如图 5-10 所示。

数值计算采用提出的裂隙岩体渗流应力耦合数值模型及非线性流变本构模型,在枢纽区初始地应力场和初始渗流场计算的基础上,考虑六个周期的蓄水过程以及流变载荷的作用,对蓄水期白鹤滩高拱坝谷幅变形特征进行分析。

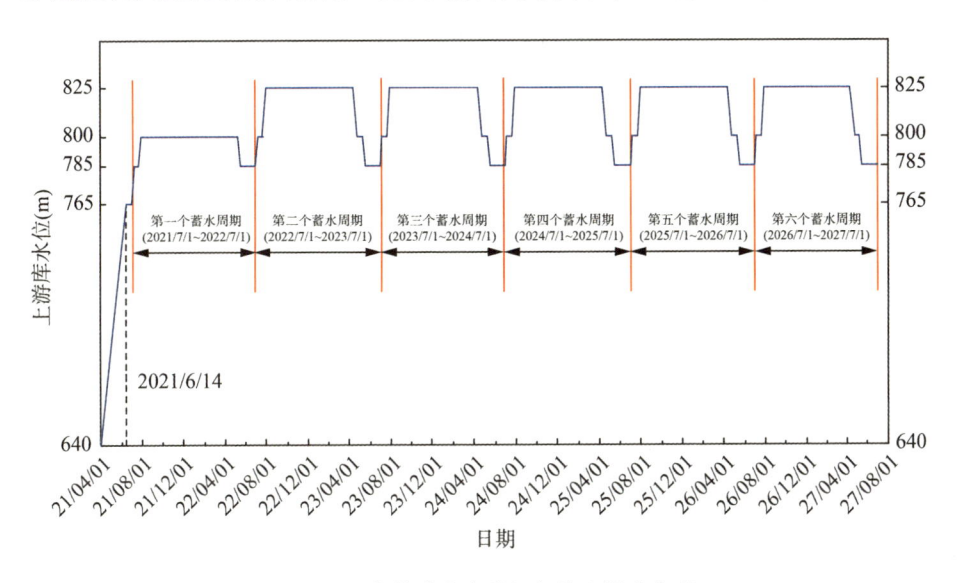

图 5-10 白鹤滩水电站运行蓄水调度方案

5.3.3 材料参数取值

采用 Mohr-Coulomb 弹塑性本构模型进行库岸岩体在渗流应力耦合作用下的变形分析。枢纽区主要结构面(错动带和断层)、岩体以及坝体混凝土材料的强度参数和渗透系数按照实际建议参数取值,具体参数如表 5-1 和表 5-2。

库岸岩体流变力学参数取值以现场原位试验以及室内试验为依据,确定计算采用的岩体流变力学参数如表 5-3 所示。

表 5-1 三维数值模拟错动带与断层计算参数取值

结构面名称	变形模量(GPa)	泊松比	内摩擦角(°)	黏聚力(MPa)	渗透系数 K(m/s) 平行结构面	垂直结构面
C_2	0.04	0.35	14.6	0.04	1.5×10^{-5}	1.5×10^{-6}
C_3	0.20	0.35	21.3	0.15	2.0×10^{-5}	2.0×10^{-6}
C_{3-1}	0.10	0.35	20.3	0.10	2.0×10^{-5}	2.0×10^{-6}
C_4	0.05	0.35	15.6	0.04	1.5×10^{-5}	1.0×10^{-6}
C_5	0.10	0.35	14.0	0.04	2.0×10^{-5}	2.0×10^{-6}
LS_{331}、RS_{331}	2.00	0.35	35.0	0.30	3.0×10^{-5}	3.0×10^{-6}
F_{14}	0.20	0.35	24.2	0.15	3.0×10^{-5}	3.0×10^{-6}
F_{16}	0.30	0.35	30.1	0.20	1.0×10^{-6}	1.0×10^{-7}
F_{17}	0.30	0.35	29.2	0.20	1.0×10^{-6}	1.0×10^{-7}

表 5-2 三维数值模拟力学参数与渗透系数取值

材料分类	密度(kg/m³)	弹性模量(GPa)	泊松比	内摩擦角(°)	黏聚力(MPa)	渗透系数 K(m/s) 水平方向	垂直方向
混凝土材料	2 400	24.0	0.17	54.5	2.5	1.0×10^{-9}	1.0×10^{-9}
柱状节理岩体	2 600	11.5	0.27	43.5	1.1	1.6×10^{-5}	4.2×10^{-6}
典型玄武岩层	2 700	16.5	0.24	48.9	0.8	1.0×10^{-6}	1.0×10^{-6}
微新岩体	2 800	27.5	0.22	53.5	1.6	1.0×10^{-6}	1.0×10^{-6}

表 5-3 岩石流变力学参数取值

岩性	K(GPa)	G_1(GPa)	η_1(GPa·d)	G_2(GPa)	η_2(GPa·d)	η_3(GPa·d)	η_0(GPa·d)
典型玄武岩	6.8	4.5	1.1×10^5	89.4	275	262	161
柱状节理岩层	6.7	4.0	1.0×10^5	80.0	250	239	133
微新岩体	12.9	8.9	9.0×10^4	180	550	629	645

注:K 为体积模量;G_1、G_2 为剪切模量;η_1 为稳态流变参数;η_2 为衰减流变参数;η_3 为加速流变参数;η_0 为初始流变参数。

5.4 枢纽区初始应力场与渗流场

白鹤滩坝址区属于典型的深切峡谷地形,其初始地应力场是岩体自重、沿横河向和顺河向的区域构造运动以及河谷演变过程中河流下切侵蚀地表等因素长期共同作用的结果。了解和掌握坝址区初始地应力场的分布规律是进行蓄水期高拱坝谷幅变形数值分析的前提和基础。为进行坝址区初始地应力的计算,在前期研究工作的基础上考虑地表剥蚀作用,河谷下切过程示意图如图 5-11 所示。

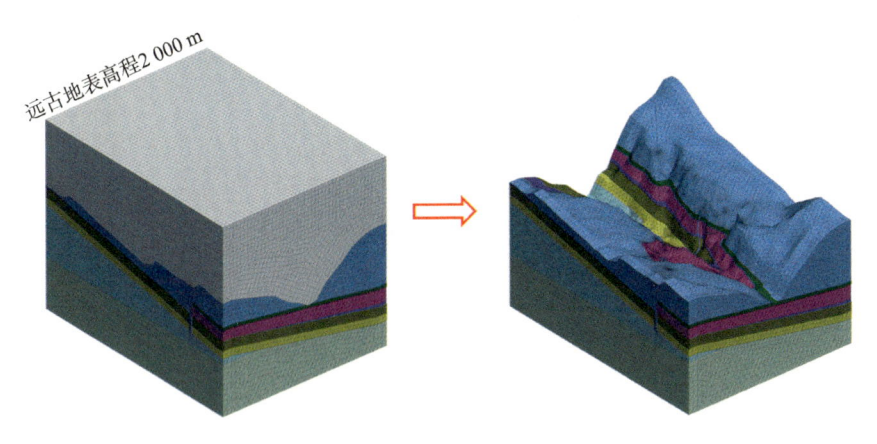

图 5-11　白鹤滩坝址区河谷下切过程示意图

图 5-12 为上游进水口边坡 4-4 剖面的大主应力分布云图。从图中可以看出,由于河谷地层的不断下切,在两岸岸坡表面区域范围内出现了一定程度的应力松弛区。随着埋深的增加,上覆岩层的重量逐渐增加,松弛区域的应力值逐渐增大。与此同时,在河床谷底深度约 100 m 的范围内出现了明显的应力集中现象,应力值范围在 28~36 MPa 之间。这是由于随着地表的剥蚀,河床表面的应力不断释放所致。总体来看,河谷两岸大主应力呈对称分布,应力值主要在 16~24 MPa 之间。此外,高程 200 m 以下的岩体基本处于原岩应力状态。

根据天然状态下枢纽区地下水观测成果以及大量反演计算结果,确定模型初始渗流场计算边界条件如下:模型左侧边界和右侧边界为定水头边界条件,水头分别为 890 m 和 910 m;拱坝上游表面及河床淹没区水位为 640 m,拱坝下游面及下游河床水位为 610 m,其余边界均为不透水边界。大坝及防渗帷幕的渗透系数参照混凝土材料参数进行选取,为 1×10^{-9} m/s。

图 5-13 给出了枢纽区岩体及主要错动带在天然状态下孔隙水压力和裂隙水压力分布情况。从图中可以看出,蓄水前上下游库水位较低,河床岩体只有少量区域位于初始水位以下,使得靠近河床处岩体的孔隙水压力数值较小。随着岩体埋深的增加,孔隙水压力值逐渐增大。对于错动带裂隙结构,最大裂隙

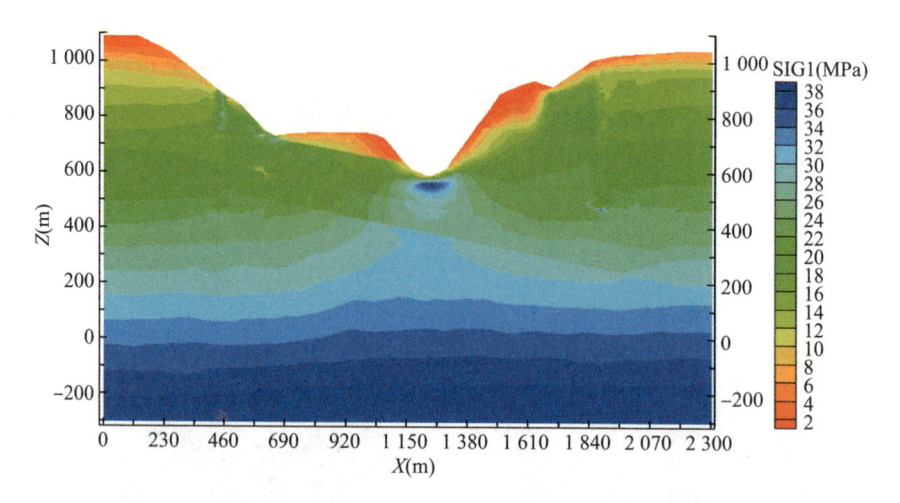

图 5-12　上游进水口边坡附近剖面大主应力分云图

水压力位于错动带 C_2 右下角处,可达 6.5 MPa。此外,错动带裂隙结构由于渗透系数的各向异性,其在平行结构面方向存在裂隙优先流现象,造成下游错动带局部范围内存在较小的裂隙水压力,如图 5-13(b)所示。

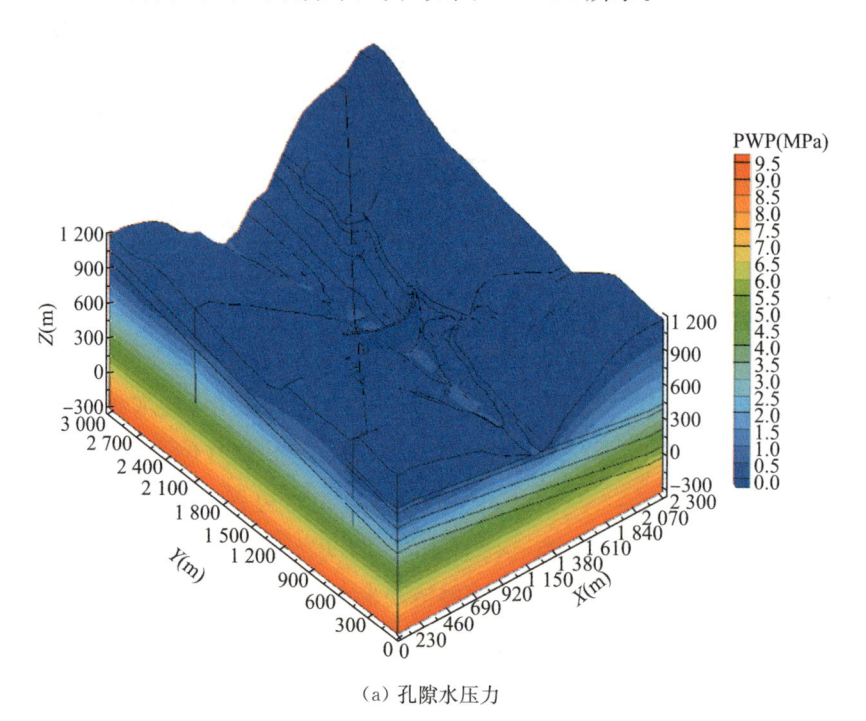

(a) 孔隙水压力

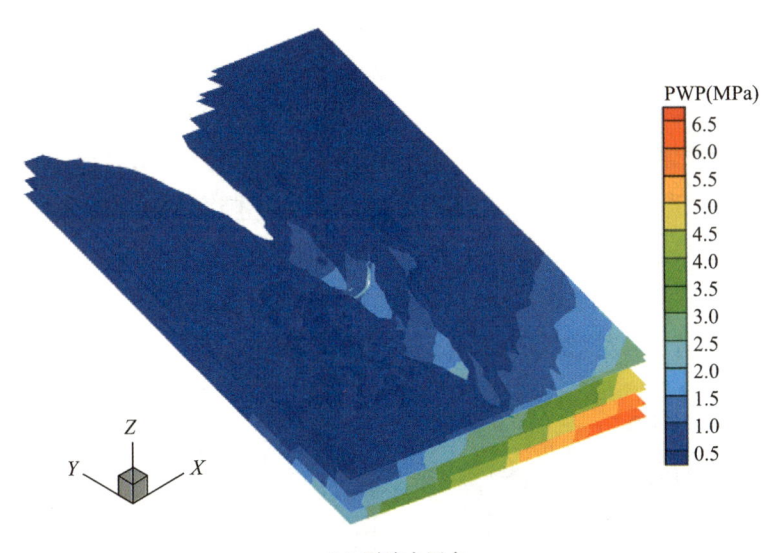

(b) 裂隙水压力

图 5-13　枢纽区初始渗流场水压力分布

为了验证初始渗流场计算结果的合理性与正确性,选取 8 个典型观测点的实测结果进行对比分析。表 5-4 给出了枢纽区左右岸典型观测点地下水位计算结果与实测结果的对比结果。由表可知,总体上选取测点的地下水观测值与计算结果一致性较好,相对误差在 4.96%~9.62%之间,表明枢纽区初始渗流场的计算结果是合理可靠的,可以用于白鹤滩高拱坝谷幅变形三维数值分析。

表 5-4　枢纽区初始地下水位计算值与实测值对比

钻孔编号	位置	地下水位观测平均值(m)	地下水位计算值(m)	相对误差(%)
ZK114	下游左岸	599.7	562.9	6.14
ZK112	下游左岸	759.9	722.2	4.96
ZK1119	下游左岸	715.1	658.5	7.91
ZK69	下游左岸	641.9	597.8	6.87
ZK54	下游右岸	599.4	553.8	7.61
ZK55	下游右岸	689.6	651.3	5.56
ZK421	下游右岸	613.2	575.7	6.11
ZK322	下游右岸	652.8	590.0	9.62

5.5　蓄水期谷幅变形时空响应特征

图 5-14 所示为水库蓄水过程中不同特征水位条件下谷幅变形位移分布云

图。图中正值表征两岸山体朝向河谷中心的变形。水库蓄水后两岸山体均表现出不同程度的谷幅收缩变形现象,左岸山体的变形量总体上大于右岸,这与错动带在左岸顺坡向发育而在右岸与岸坡方向相反的空间产状有关。随着蓄水过程的推进,两岸山体横河向变形范围和数值不断增大。以蓄水至 765 m 和 825 m 高程为例,当初期蓄水至 765 m 高程时,左岸朝向河谷方向的位移最大值为 8.0 mm,位于上游坝肩附近;右岸朝向河谷方向位移最大值为 6.0 mm,分布于上游高程 1 000 m 附近处。当第二个蓄水周期内库位水为 825 m 高程时,右岸横河向位移最大值为 18.0 mm,左岸最大变形量为 19.5 mm。

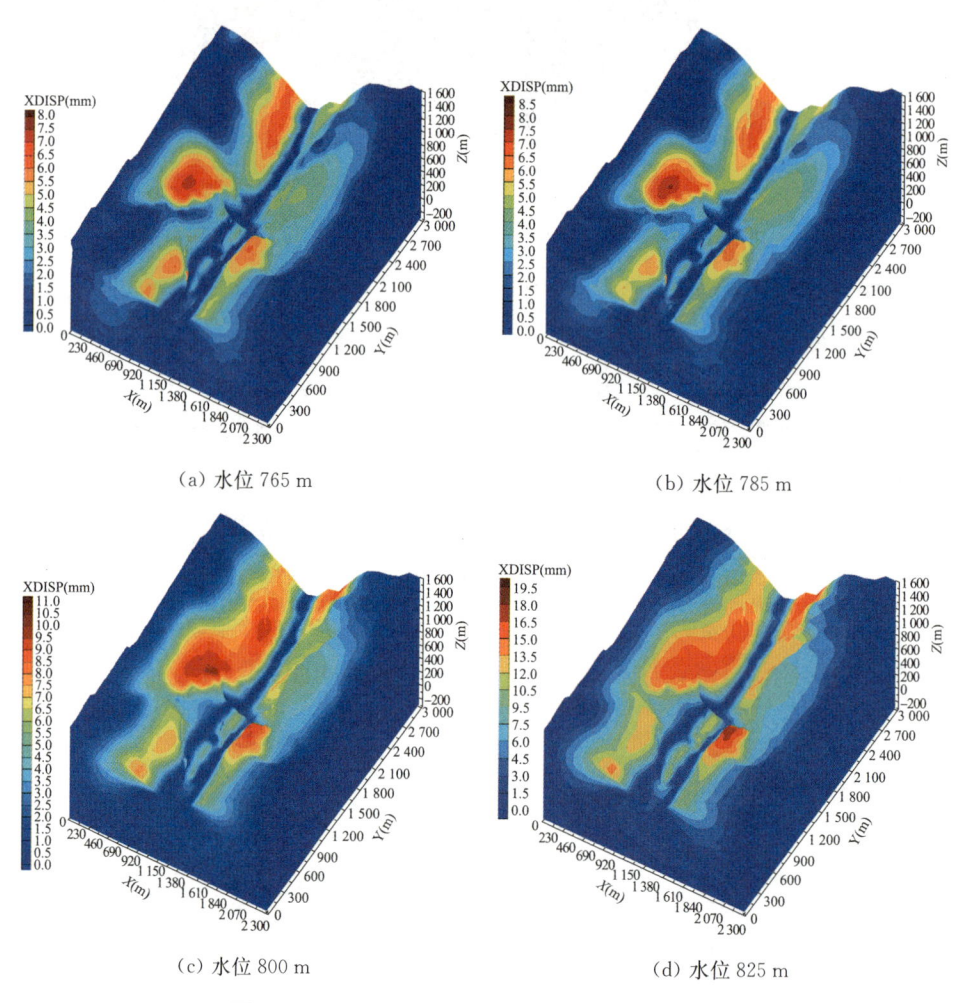

(a) 水位 765 m

(b) 水位 785 m

(c) 水位 800 m

(d) 水位 825 m

图 5-14 不同库水位枢纽区整体横河向位移分布

为验证数值计算的合理性,初期蓄水至 765 m 高程时各测线谷幅变形实测值与计算值对比结果如图 5-15 所示。可以看出,计算值与实测值一致性较好,数值结果较为合理。

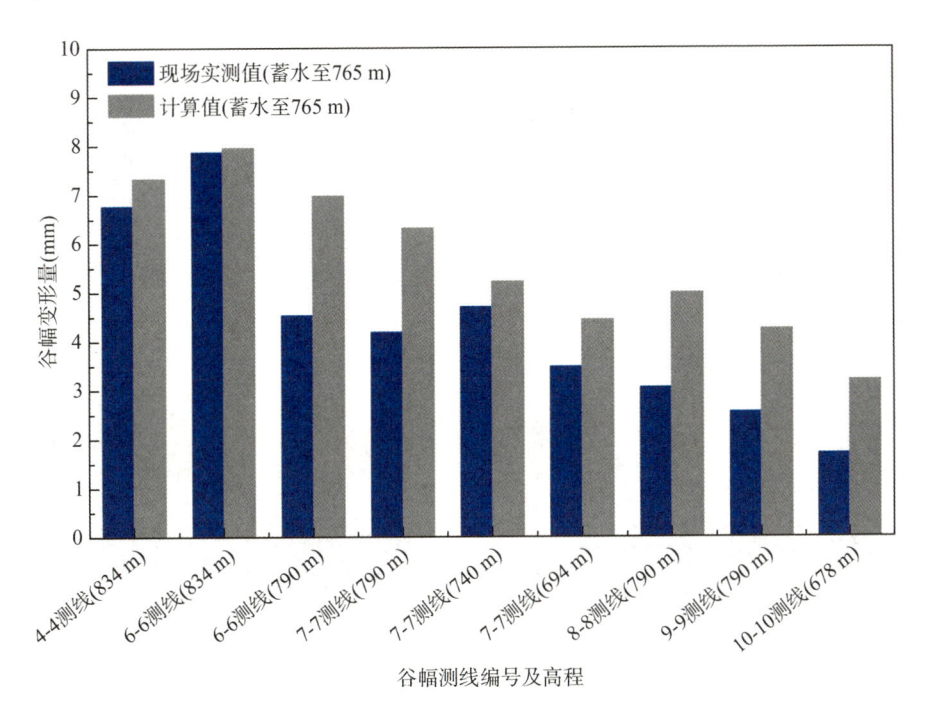

图 5-15　各谷幅测线计算值与实测值结果对比

为了分析蓄水过程中枢纽区不同位置的谷幅变形时空变化特征,对比白鹤滩现场谷幅变形实际监测方案,从上游到下游在白鹤滩高拱坝谷幅变形三维数值计算模型中分别选取上游进水口边坡测线 5-5、下游水垫塘测线 6-6 以及二道坝附近测线 9-9 等 3 个测线剖面对谷幅变形特征进行分析。

5.5.1　上游进水口边坡 5-5 测线

5-5 测线位于上游进水口边坡附近,与坝肩距离较近,只有 12 m,分析该测线谷幅变形过程有助于及时了解和掌握拱坝的工作性态。图 5-16 为不同特征水位下库水压力+裂隙岩体渗流应力耦合+流变综合作用下测线断面谷幅变形位移云图。由图可知,在初期蓄水至 765 m 高程时,左岸朝向河谷的变形量为 7.0 mm,而右岸朝向河谷的最大变形量只有 4.0 mm,这与层间错动带在左岸为顺倾的产状因素有关。进一步分析可知,沿垂直深度方向,右岸的变形范围较大,其原因是因为错动带在右岸的埋深较左岸大。随着蓄水过程的不断推进,两岸山体朝向河谷的变形逐渐增大。当库水位达到正常蓄水位 825 m 高程时,左岸横河向的最大位移量为 16.5 mm,右岸的最大变形量为 12.0 mm。

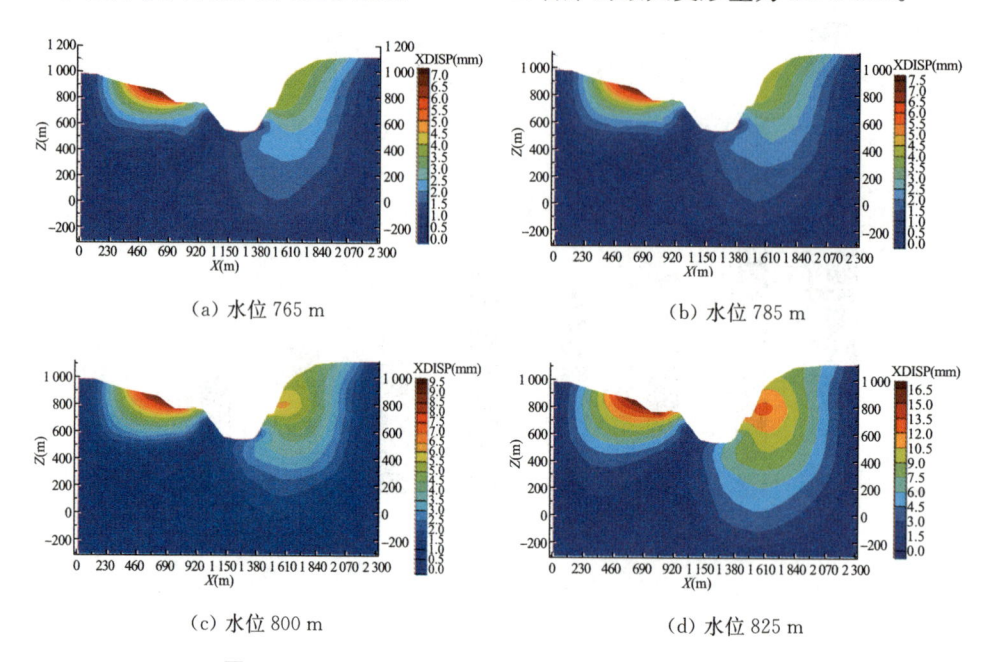

(a) 水位 765 m

(b) 水位 785 m

(c) 水位 800 m

(d) 水位 825 m

图 5-16　不同特征水位时 5-5 测线断面谷幅变形云图

图 5-17 所示为上游进水口边坡 5-5 测线谷幅变形时程曲线。在经历六个完整的蓄水周期后,测线的累计谷幅收缩量为 46.5 mm,略大于 4-4 测线的 42.5 mm,其可能原因是坝肩位置地下水渗流场分布较为复杂,地下水动力条件较为活跃。各蓄水周期内该测线谷幅变形增量统计结果如图 5-18。由图可知,在第一至第六个蓄水周期内,5-5 测线谷幅变形增量逐渐减小,分别为 28.0 mm、5.7 mm、4.0 mm、3.7 mm、3.3 mm 和 1.8 mm,在枢纽区地下水渗流场逐渐稳定后,谷幅变形逐渐趋于收敛。

5.5.2　下游水垫塘 6-6 测线

图 5-19 为下游水垫塘 6-6 测线监测断面在不同特征水位下的谷幅变形分布云图。可以看出,蓄水后渗流场的变化导致岩体有效应力降低,触发了谷幅收缩变形。当初期蓄水至 765 m 高程时,左、右两岸朝向河谷方向的最大变形

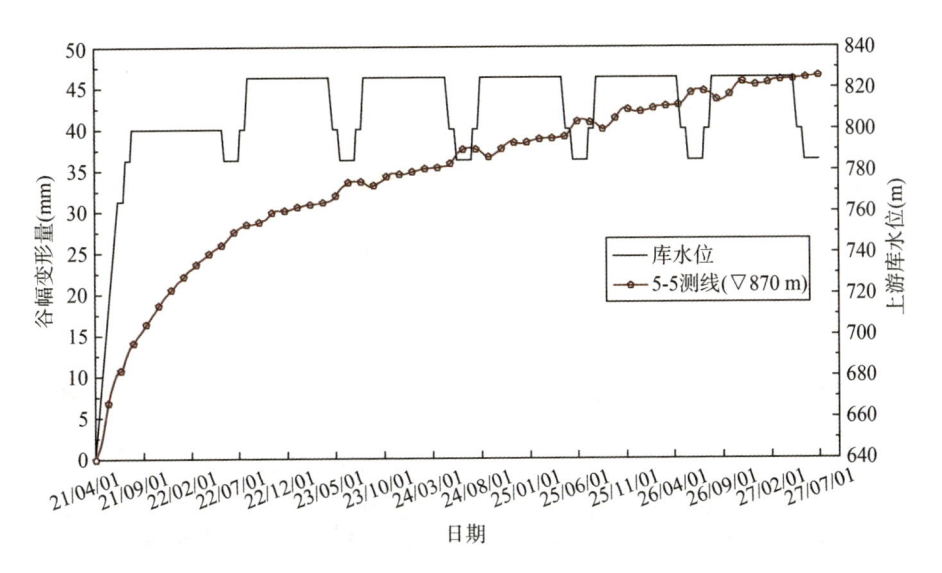

图 5-17　上游进水口边坡 5-5 测线谷幅变形曲线

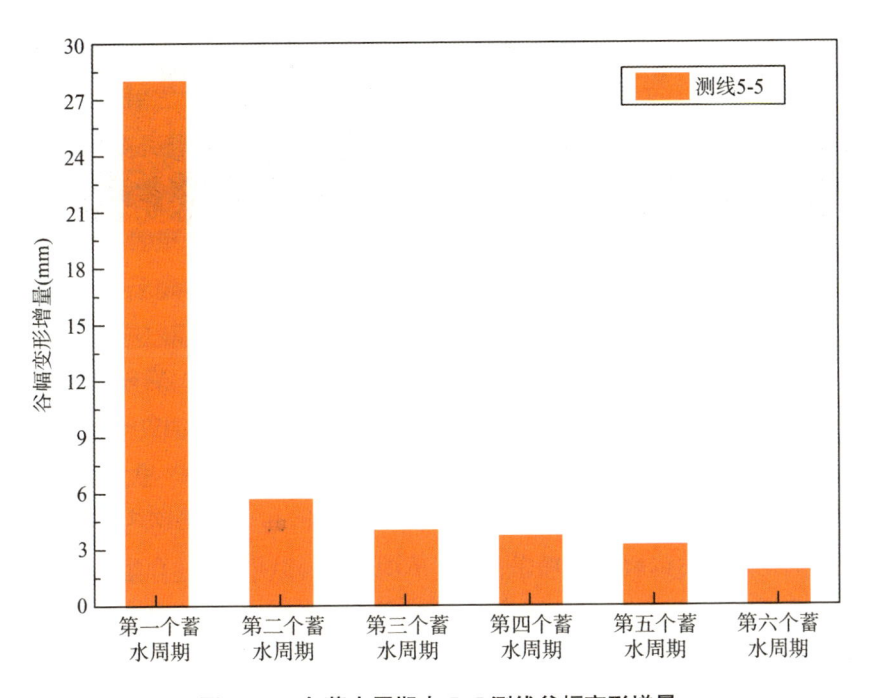

图 5-18　各蓄水周期内 5-5 测线谷幅变形增量

第五章　裂隙接触面单元渗流应力流变耦合三维数值分析

量分别为 6.0 mm 和 4.0 mm。沿高程方向，左岸岸坡上部岩体朝向河谷的变形量略大于下部岩体。当蓄水至 785 m 高程时，左岸朝向河谷的最大变形量为 6.5 mm，右岸朝向河谷的最大变形量为 4.5 mm。当库水位达到第一个蓄水周期内的 800 m 高程时，左岸朝向河谷方向的最大变形量为 9.5 mm，右岸的变形量为 7.0 mm。与蓄水至 765 m 和 875 m 高程相比，监测断面的谷幅变形范围和量值逐渐加剧。当库水位达到第二个蓄水周期内 825 m 高程时，左岸横河向位移的最大值为 16.2 mm，右岸横河向位移的最大值为 12.0 mm。

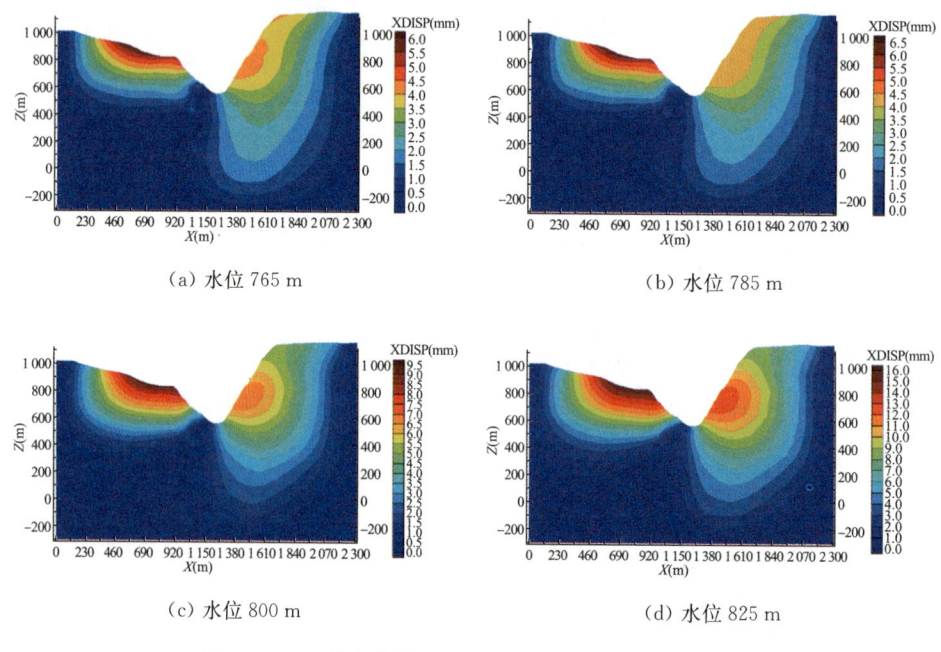

(a) 水位 765 m

(b) 水位 785 m

(c) 水位 800 m

(d) 水位 825 m

图 5-19　下游水垫塘 6-6 测线断面谷幅变形位移云图

与上游进水口边坡监测断面谷幅测线布设不同，下游水垫塘 6-6 断面按高程共布设 5 条测线，布设高程分别为 834 m、790 m、740 m、690 m 和 654 m，如图 5-20 所示。图 5-21 所示为六个计算蓄水周期内 6-6 监测断面不同高程测线谷幅变形随库水位的响应时程曲线。从图中可以看出，测线谷幅变形与库水位波动表现出一定的相关性。在第二至第四个蓄水周期内，水位下降阶段的变形增量和速率明显大于水位上升阶段。高高程谷幅测线的变形值大于低高程测线的变形量。以 834 m 和 654 m 高程测线为例，历经六个蓄水周期后，计算得到的累计谷幅变形量分别为 43.8 mm 和 37.3 mm，相差 6.5 mm。

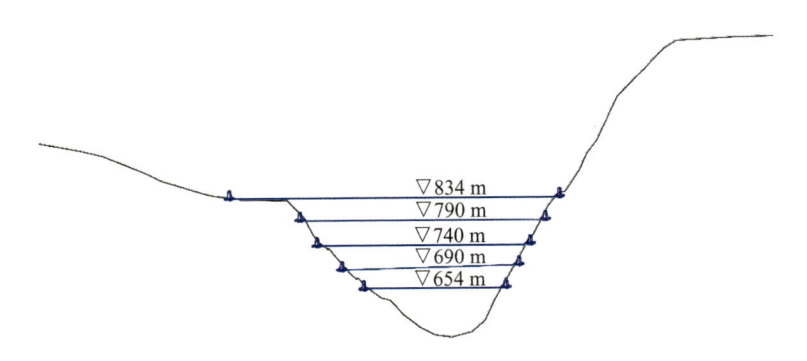

图 5-20　下游水垫塘监测断面测线布置示意图

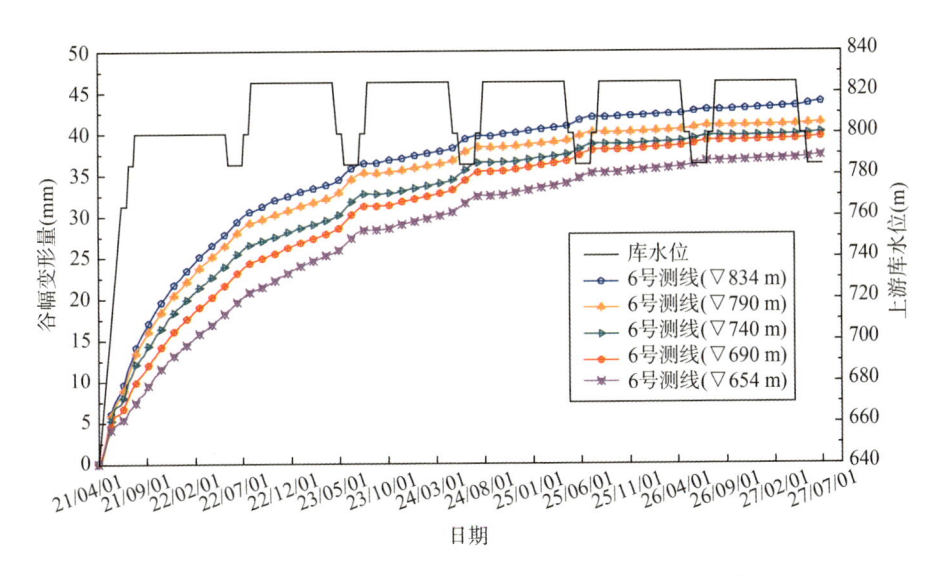

图 5-21　下游水垫塘 6-6 测线不同高程谷幅变形时程曲线

将各蓄水周期过程作为分析时段，下游水垫塘 6-6 测线各高程谷幅变形统计结果见表 5-5。从表中可以看出，谷幅变形主要发生在前四个蓄水周期，约占谷幅变形总量的 94.1%～97.1%。第一个蓄水周期内，834 m 高程测线的谷幅变形增量最大，为 29.9 mm。随着蓄水过程的持续，各高程测线谷幅变形增量呈现出逐渐减小的趋势。

图 5-22 和图 5-23 所示分别为下游水垫塘附近 6-6 测线（▽790 m）谷幅变形速率及加速度变化曲线。由图可知，在第一及第二个蓄水周期内，测线谷幅变形速率及加速度值明显大于其余蓄水周期。随着蓄水过程的推进，测线谷幅变形速率与库水位表现出一定的相关性，库水位下降阶段的谷幅变形速率大于

库水位上升阶段。当达到第五个蓄水周期后,测线谷幅变形速率和加速度曲线亦逐渐趋于稳定。

表 5-5 6-6 测线各蓄水周期内谷幅变形计算结果统计

测线编号	高程(m)	谷幅变形增量(mm)					
		第一个蓄水周期	第二个蓄水周期	第三个蓄水周期	第四个蓄水周期	第五个蓄水周期	第六个蓄水周期
6-6	834	29.9	6.3	3.4	2.3	1.0	0.9
	790	28.5	6.5	3.2	1.9	0.8	0.4
	740	25.9	6.5	3.9	2.3	1.1	0.4
	690	23.6	7.2	4.3	2.7	1.2	0.5
	654	20.1	7.9	4.2	2.8	1.5	0.7

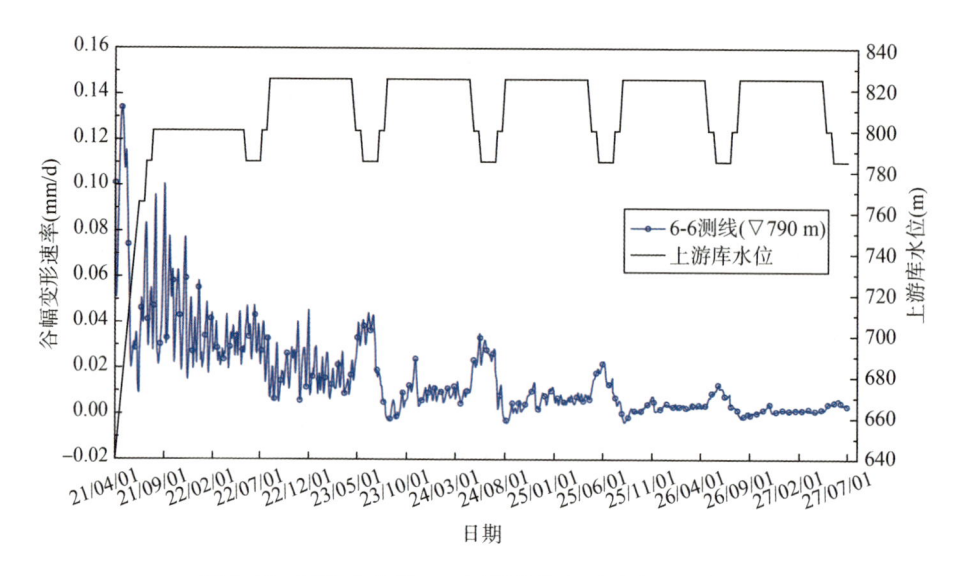

图 5-22 下游水垫塘 6-6 测线谷幅变形速率时程曲线

5.5.3 二道坝附近边坡 9-9 测线

图 5-24 所示为下游二道坝附近 9-9 监测断面在不同特征水位下的横河向位移分布云图。可以看出,两岸朝向河谷方向的位移也随着蓄水而不断增大。在特征水位 765 m 高程时,左岸、右岸朝向河谷方向的位移最大值均为 4.5 mm,位于岸坡坡表错动带出露位置附近。在特征水位 785 m 高程时,左右两岸横河向位移最大值分别为 5.0 mm 和 4.5 mm。当蓄水至 800 m 高程时,

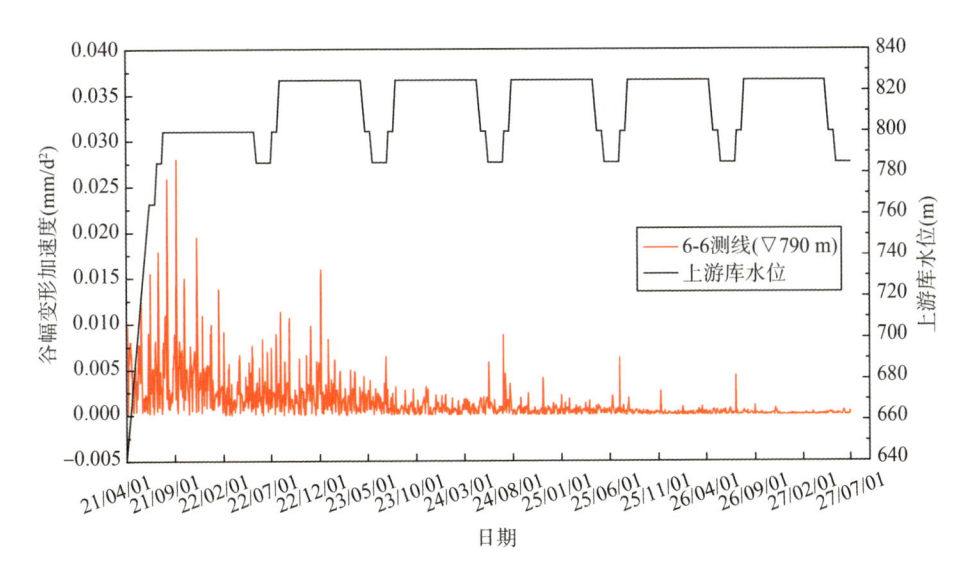

图 5-23　下游水垫塘 6-6 测线谷幅变形加速度变化曲线

两岸位移最大值分别为 9.0 mm 和 7.5 mm。当库水位在第二个蓄水周期内达到正常蓄水高程时，两岸沿横河向深度方向的变形进一步加剧。此时，左、右岸横河向最大位移分别为 18.0 mm 和 16.5 mm。

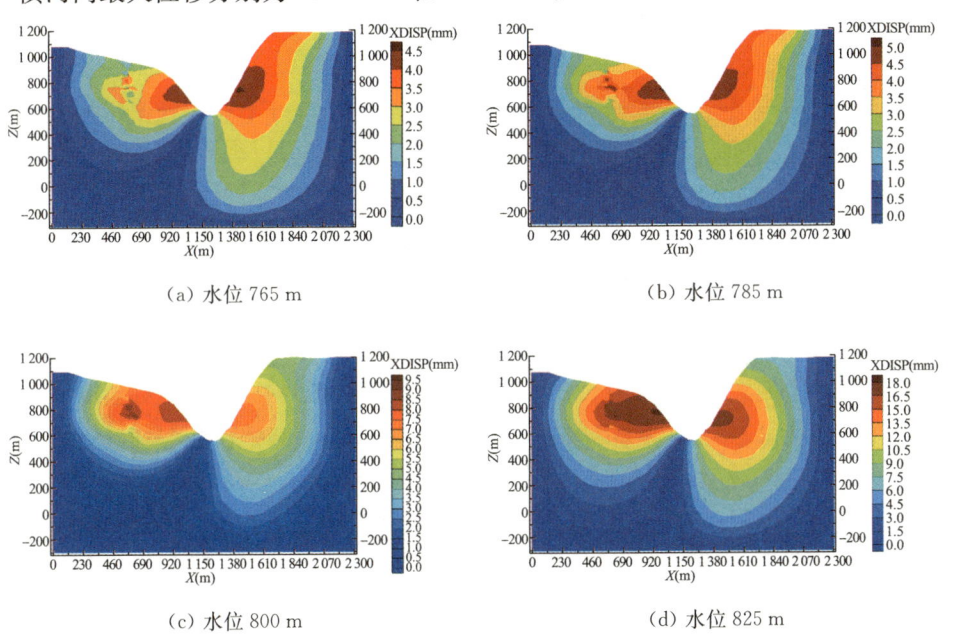

(a) 水位 765 m

(b) 水位 785 m

(c) 水位 800 m

(d) 水位 825 m

图 5-24　不同特征水位下 9-9 测线断面谷幅变形位移分布云图

第五章　裂隙接触面单元渗流应力流变耦合三维数值分析　203

图 5-25 和图 5-26 分别为下游二道坝附近监测断面谷幅测线分布及其随库水位变化的时程曲线。在初期蓄水至 765 m 高程时，不同高程测线的谷幅收缩变形量大致相当。但随着蓄水过程的持续推进，高高程测线的收缩量逐渐大于低高程的测线。至第六个蓄水周期结束，834 m、790 m、740 m、692 m 以及 654 m 高程测线的累计谷幅变形量分别为 41.5 mm、39.2 mm、37.7 mm、36.5 mm 和 34.6 mm。

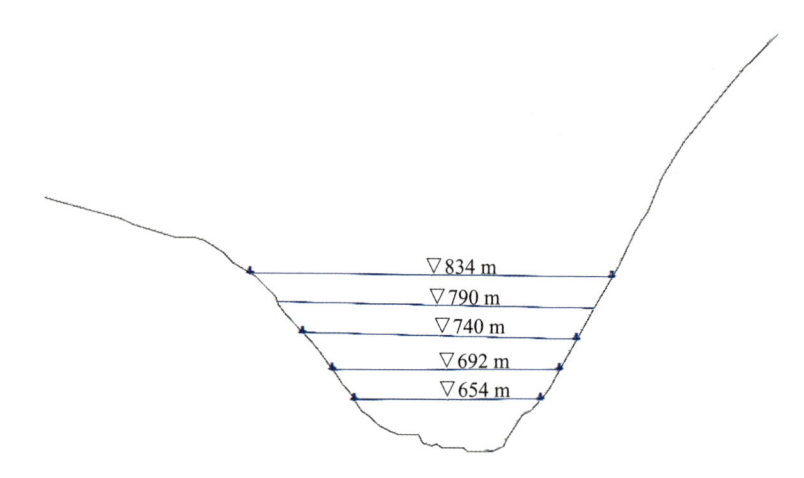

图 5-25　下游二道坝监测断面测线分布示意图

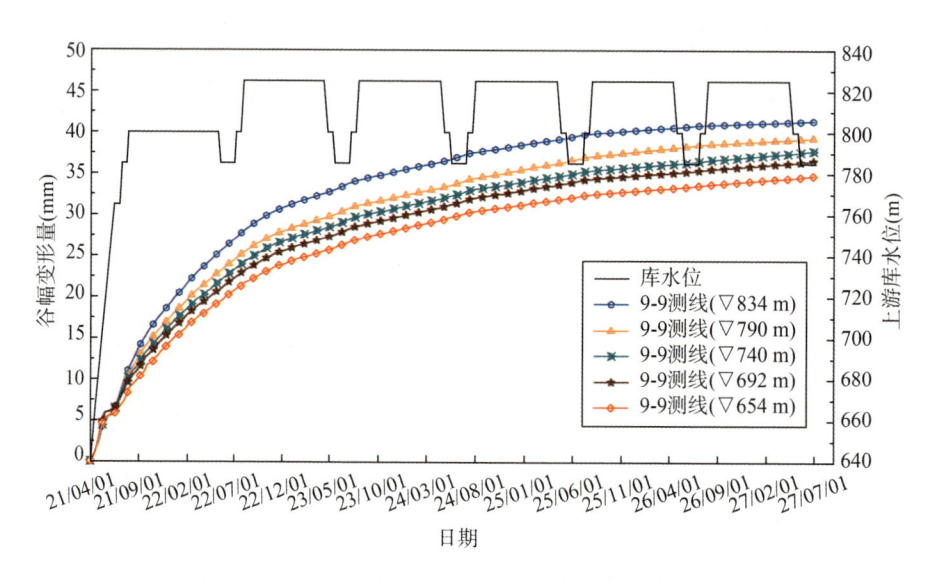

图 5-26　二道坝附近边坡 9-9 测线不同高程谷幅变形时程曲线

将各蓄水周期过程作为分析时段,下游二道坝附近边坡 9-9 测线各高程谷幅变形统计结果见表 5-6。从表中可以看出,各高程测线谷幅变形增量随蓄水周期的持续呈现出逐渐减小的趋势。为进一步分析测线谷幅变形收敛情况,选取 834 m 高程测线,绘制其谷幅变形速率及加速度随蓄水过程的变化关系曲线,如图 5-27 和图 5-28 所示。可以看出,下游二道坝附近边坡 9-9 测线(▽834 m 高程)谷幅变形速率与加速度亦随着蓄水过程的持续推进逐渐趋于零。

表 5-6 9-9 测线各蓄水周期内谷幅变形计算结果统计

测线编号	高程(m)	谷幅变形增量(mm)					
		第一个蓄水周期	第二个蓄水周期	第三个蓄水周期	第四个蓄水周期	第五个蓄水周期	第六个蓄水周期
9-9	834	26.9	6.9	3.1	2.8	1.2	0.6
	790	24.3	6.3	3.0	3.2	1.6	0.8
	740	23.2	6.2	3.0	2.8	1.3	1.2
	690	22.2	6.1	3.1	2.9	1.1	1.2
	654	20.6	5.9	3.2	2.5	1.2	1.2

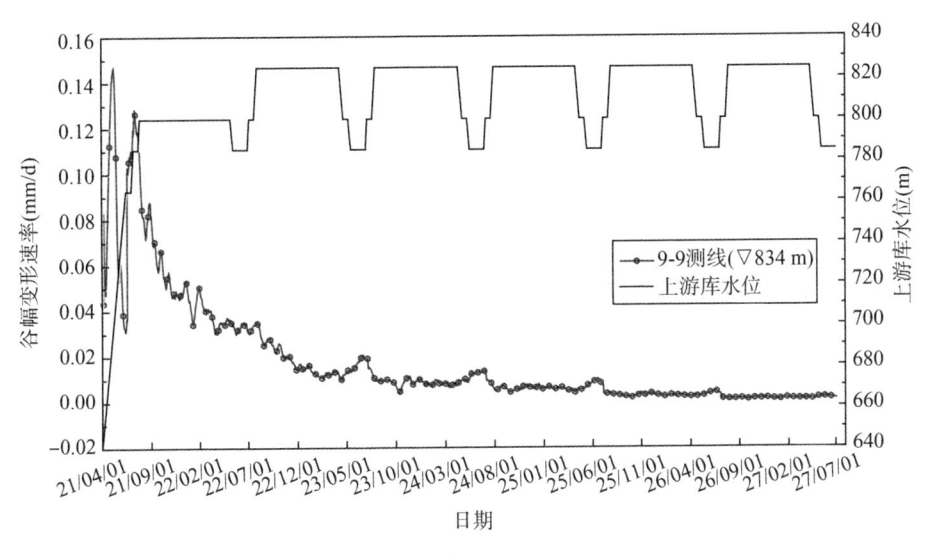

图 5-27 下游二道坝附近边坡 9-9 测线谷幅变形速率变化曲线

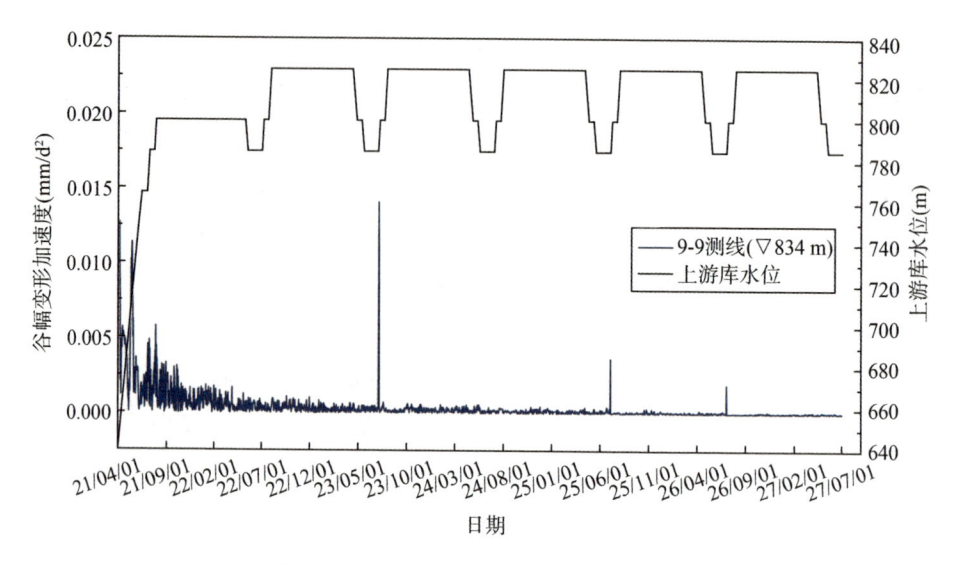

图 5-28　下游二道坝附近边坡 9-9 测线谷幅变形加速度变化曲线

5.6　小结

本章基于裂隙接触面单元渗流应力流变耦合三维数值模拟,分析了水库蓄水过程中枢纽区地下水渗流场和变形演化规律,研究了水库蓄水调度过程中谷幅变形时空分布特征。

(1) 白鹤滩水电站库岸山体谷幅变形主要表现为收缩变形,两岸山体均呈向河谷中心的变形。经历六个蓄水周期后,最大谷幅变形量为 46.5 mm。

(2) 枢纽区山体上游谷幅变形明显大于下游。六个蓄水周期内,上游最大谷幅变形量为 46.5 mm,位于导流洞进口 5-5 剖面 870 m 高程测线处;下游最小谷幅变形量为 34.6 mm,位于下游二道坝附近边坡 9-9 剖面 834 m 高程测线处,较上游谷幅变形最大值小 11.9 mm。

(3) 左岸朝向河谷的变形整体上大于右岸,这与层间错动带等不连续结构的发育分布有关,左岸一般为顺坡向,右岸为反坡向,导致地下水动力条件产生明显差异。当初期蓄水至 765 m 高程时,左岸朝向河谷方向的位移最大值为 8.0 mm,右岸朝向河谷方向的位移最大值为 6.0 mm。当第二个蓄水周期内库位水为 825 m 高程时,左岸横河向位移最大值为 19.5 mm,左岸最大变形量为 18.0 mm。第四次蓄水至库水位为 825 m 时,左岸最大横河向变形量为 23.0 mm,右岸最大横河向变形量为 20.0 mm。

第六章

岩体多尺度非达西渗流应力耦合数值分析

6.1 引言

  谷幅变形与水库蓄水作用密切相关，水库蓄水是诱发谷幅变形最重要的外在因素。坝区岩体在蓄水前就赋存于独特的水文地质条件下，水库蓄水后，受水岩耦合作用，高水头对原先的水文地质环境产生了剧烈扰动，引起坝区应力重新分布，触发了库岸岩体变形。岩体是一个具有复杂结构的多相介质体系，由岩块和断裂、软弱夹层、错动带等不连续结构面组成，岩块主要为岩石基质和原生或次生孔隙，岩层中不连续结构面主要为节理裂隙，在高渗压作用下，坝区岩体裂隙水流动不再满足达西渗流定律，而是呈现出非达西渗流特征。

  传统裂隙岩体渗流应力耦合研究大都是基于等效连续介质模型开展的，等效连续介质模型在宏观渗流分析时具有较大的优越性，计算相对较简单，但当裂隙尺度较大时，裂隙岩体应按不连续介质考虑。离散裂隙网络模型可以较好地描述裂隙岩体的非均匀性和各向异性，其缺点在于未考虑岩块的透水性，且较难全面获取岩体中裂隙分布、走向和几何特征等参数，造成裂隙的生成、单元剖分和数值计算工作量非常大。裂隙岩体是由离散裂隙和连续基质组成，裂隙岩体的渗流应力耦合研究既需要考虑岩块的水力耦合过程，又要考虑裂隙的水力学性质，特别是在高水头作用下，岩体裂隙渗流会呈现明显的非线性特征。嵌入式裂隙网络模型优势在于通过定义计算裂隙和基质之间的流量交换实现耦合迭代计算，大幅提升计算效率，可以较好地描述裂隙岩体渗流及力学行为。

  将裂隙岩体视为由基质和天然裂隙组成的混合系统，裂隙水流动和基质渗流是相对独立的体系，通过基质-裂隙流量交换实现基质与裂隙水流的耦合运动，建立了基质-裂隙系统非达西渗流应力耦合数学模型。基于有限单元法基本原理，采用嵌入式裂隙-基质系统模型，发展了一种裂隙-基质混合介质数值求解方法及路径，编写了相关计算程序，通过经典的岩体渗流应力耦合算例验证了所开发程序的适用性和可靠性。

6.2 裂隙岩体渗流应力耦合控制方程

6.2.1 基本假定

  采用混合物理论发展非达西渗流应力耦合数学模型，基于以下几个假定：

(1) 裂隙岩体由基质、微裂隙和天然裂隙组成。基质由岩块构成,微裂隙分布在基质中,可等效为连续孔隙介质。天然裂隙分布在岩层中,为主要的渗流通道,裂隙开度变化主要来源于基质变形。

(2) 裂隙岩体非达西渗流应力耦合过程由基质应力与变形、基质达西渗流和裂隙非达西渗流三个过程组成。流体在基质和微裂隙中的渗流运动满足达西定律,在大裂缝或断裂错动带等天然大裂隙中呈现非达西渗流特征,服从 Forchheimer 公式,其流动示意图如图 6-1 所示。

(3) 基质与裂隙系统相互独立,在天然大裂隙分布的空间位置,与基质发生流体交换,互为源项。裂隙介质只与相邻的微裂隙和基质进行流体交换,流量交换率与裂隙和基质压力差成正比。裂隙水压力通过天然大裂隙表面作用在基质上。

(4) 基质介质均匀,各向同性。

(5) 不考虑基质吸力的影响。

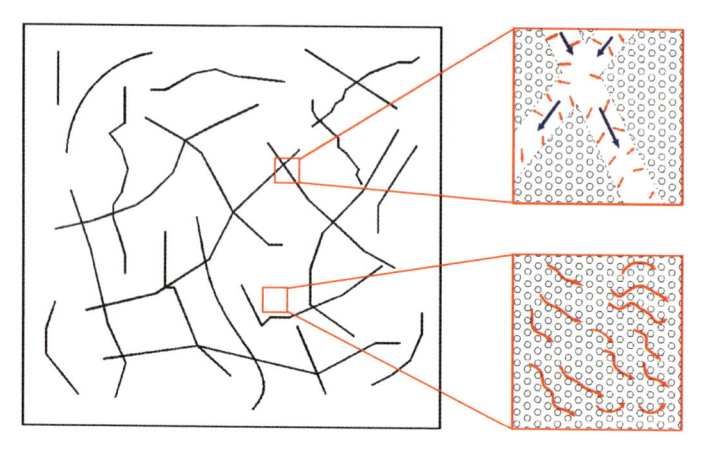

图 6-1 裂隙岩体渗流特征示意图

6.2.2 渗流应力耦合控制方程

裂隙岩体裂隙-基质系统如图 6-2 所示,须满足裂隙非达西渗流方程、基质渗流方程和基质应力平衡方程。非达西渗流应力耦合过程相互作用机理如图 6-3 所示,基质变形引起基质渗透性能的变化和裂隙开度变化,从而引起渗流场的改变、孔隙水压力和裂隙水压力的改变,最终引起应力场的重新分布,裂隙和孔隙渗流通过流量交换相互影响。

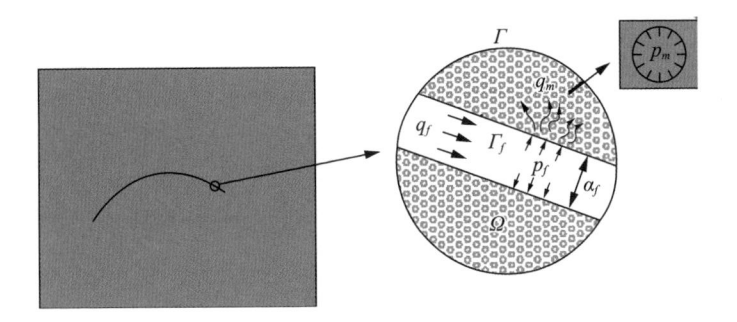

图 6-2　裂隙岩体裂隙-基质系统示意图

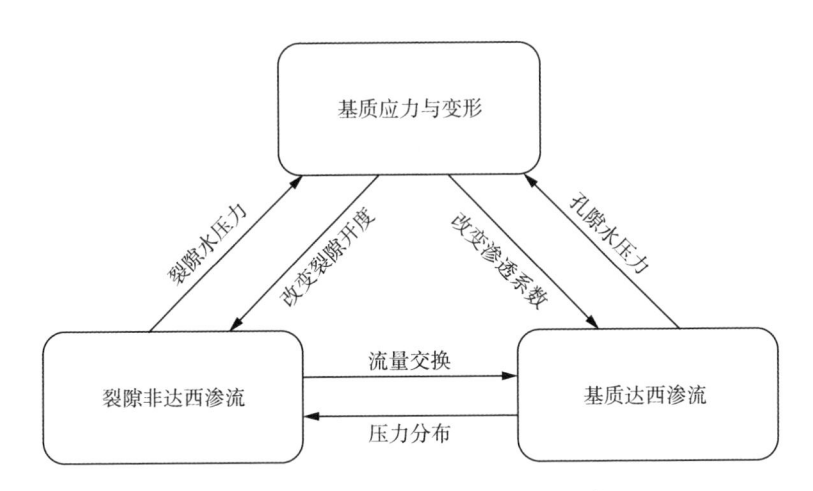

图 6-3　裂隙岩体渗流应力耦合机理示意图

（1）裂隙非达西渗流方程

裂隙系统是独立于基质存在的，在裂隙空间域 Ω_f 内，满足质量守恒定律

$$\int_{\Omega_f} \mathrm{div}(\boldsymbol{a}_f \rho_w \boldsymbol{v}_f) \mathrm{d}\Omega_f + \int_{\Omega_f} \frac{\partial(\boldsymbol{a}_f \rho_w)}{\partial t} \mathrm{d}\Omega_f - L_f = 0 \qquad (6-1)$$

式中：ρ_w 为水的密度；$\boldsymbol{v}_f$ 为裂隙水流速；$\boldsymbol{a}_f$ 为裂隙开度，可用裂隙面对应面的相对位移计算得到，即

$$\boldsymbol{a}_f = (\boldsymbol{u}^+ - \boldsymbol{u}^-)\boldsymbol{n}_f + \boldsymbol{a}_{f,0} \qquad (6-2)$$

式中：$\boldsymbol{u}^+$ 和 $\boldsymbol{u}^-$ 分别为裂隙面对应面的位移；$\boldsymbol{n}_f$ 为裂隙法向方向向量；$\boldsymbol{a}_{f,0}$ 为初始裂隙开度。

L_f 为裂隙与基质的流量交换，可表示为

$$L_f = \int_{\Gamma_f} \rho_w \frac{k_n}{\mu_w} \frac{\partial \boldsymbol{p}}{\partial \boldsymbol{n}_f} \mathrm{d}\Gamma_f \tag{6-3}$$

式中：Γ_f 为裂隙面域；μ_w 为水的黏滞系数；k_n 为基质在裂隙法向的本征渗透率；$\dfrac{\partial \boldsymbol{p}}{\partial \boldsymbol{n}_f}$ 为裂隙法向的压力梯度，$\dfrac{\partial \boldsymbol{p}}{\partial \boldsymbol{n}_f} = \dfrac{\partial(\boldsymbol{p}_m - \boldsymbol{p}_f)}{\partial \boldsymbol{n}_f}$，其中，$\boldsymbol{p}_m$ 为基质水压力，$\boldsymbol{p}_f$ 为裂隙水压力。

考虑水的压缩性，得到

$$\frac{1}{\rho_w} \frac{\partial \rho_w}{\partial t} = c_w \frac{\partial \boldsymbol{p}_f}{\partial t} \tag{6-4}$$

式中：c_w 为水的压缩系数。公式(6-1)可改写为

$$\int_{\Omega_f} \mathrm{div}(a_f \rho_w \boldsymbol{v}_f) \mathrm{d}\Omega_f + \int_{\Omega_f} \left(a_f c_w \frac{\partial \boldsymbol{p}_f}{\partial t} + \frac{\partial a_f}{\partial t} \right) \mathrm{d}\Omega_f - \int_{\Gamma_f} \frac{k_n}{\mu_w} \frac{\partial \boldsymbol{p}}{\partial \boldsymbol{n}_f} \mathrm{d}\Gamma_f = 0 \tag{6-5}$$

在裂隙中，考虑重力势驱动，Forchheimer 型非达西渗流的运动方程为

$$-(\nabla \boldsymbol{p}_f + \rho_w \boldsymbol{g}) = \frac{\mu_w}{k_f} \boldsymbol{v}_f + \rho_w \beta \boldsymbol{v}_f^2 \tag{6-6}$$

式中：μ_w 为水的运动黏度；k_f 为裂隙的黏滞渗透率；β 为非达西渗透系数；符号 ∇ 表示梯度。

对上式两边求导，可得

$$-\mathrm{div}(\nabla \boldsymbol{p}_f + \rho_w \boldsymbol{g}) = \left(\frac{\mu_w}{k_f} + 2\rho_w \beta \boldsymbol{v}_f \right) \mathrm{div} \boldsymbol{v}_f \tag{6-7}$$

$$\mathrm{div} \boldsymbol{v}_f = -\mathrm{div}(\nabla \boldsymbol{p}_f + \rho_w \boldsymbol{g}) \frac{k_f}{\mu_w} \frac{1}{1 + \dfrac{2\rho_w \beta k_f \boldsymbol{v}_f}{\mu_w}} \tag{6-8}$$

式中：g 为重力加速度。

Ruth 和 Ma[176]提出将 Forchheimer 数定义为惯性力与黏滞力的比值，即 Forchheimer 数，简称 F_0 数。

$$F_0 = \frac{\rho_w k_f \beta v_f}{\mu_w} \tag{6-9}$$

式中：v_f 表示裂隙水渗流速度。

定义 J 为非达西修正项

$$J = \frac{1}{1+2F_0} \tag{6-10}$$

对于达西渗流情况，裂隙渗流的惯性阻力可以忽略，即 $F_0 = 0, J = 1$。式(6-8)可变化为

$$\mathrm{div}\boldsymbol{v}_f = -\mathrm{div}(\nabla \boldsymbol{p}_f + \rho_w \boldsymbol{g})\frac{k_f}{\mu_w}J \tag{6-11}$$

可得裂隙渗流方程

$$\int_{\Omega_f} \mathrm{div}[\boldsymbol{a}_f(\nabla \boldsymbol{p}_f + \rho_w \boldsymbol{g})]\frac{k_f}{\mu_w}J\,\mathrm{d}\Omega_f = \int_{\Omega_f}\left(\boldsymbol{a}_f c_w \frac{\partial \boldsymbol{p}_f}{\partial t} + \frac{\partial \boldsymbol{a}_f}{\partial t}\right)\mathrm{d}\Omega_f - \int_{\Gamma_f} \frac{k_n}{\mu_w}\frac{\partial \boldsymbol{p}}{\partial \boldsymbol{n}_f}\mathrm{d}\Gamma_f \tag{6-12}$$

（2）基质渗流方程

在基质空间域 Ω_m 内，基质渗流满足质量守恒定律

$$\int_{\Omega_m}\mathrm{div}(\phi\rho_w \boldsymbol{v}_m)\mathrm{d}\Omega_m + \int_{\Omega_m}\frac{\partial(\phi\rho_w)}{\partial t}\mathrm{d}\Omega_m + L_f = 0 \tag{6-13}$$

式中：ϕ 为岩石基质的孔隙率；$\boldsymbol{v}_m$ 为基质中水流速；其余符号意义同前。

水在基质中的运动遵循达西定律，达西定律认为通过介质截面平均渗流速度与渗透梯度呈线性关系。

$$\boldsymbol{v}_r = \phi(\boldsymbol{v}_m - \boldsymbol{v}_s) = -\frac{k_m}{\mu_w}(\nabla \boldsymbol{p}_m + \rho_w \boldsymbol{g}) \tag{6-14}$$

式中：$\boldsymbol{v}_r$ 为平均渗流速度；k_m 为基质本征渗透率；$\boldsymbol{v}_s$ 为固相速度，可表示为

$$\boldsymbol{v}_s = \frac{\partial \boldsymbol{u}}{\partial t} \tag{6-15}$$

考虑水的压缩性和固体骨架的变形，可得到

$$\frac{1}{\rho_w}\frac{\partial \rho_w}{\partial t} = c_w \frac{\partial \boldsymbol{p}_m}{\partial t} \tag{6-16}$$

$$\frac{\partial \phi}{\partial t} = \frac{\alpha - \phi}{K_s}\frac{\partial \boldsymbol{p}_m}{\partial t} \tag{6-17}$$

式中：α 为 Biot 系数；ϕ 为固体骨架的体积模量；K_s 为固体颗粒的压缩模量。

可改写为

$$\int_{\Omega_m} \mathrm{div}\left(\frac{k_m}{\mu_w}(\nabla \boldsymbol{p}_m + \rho_w \boldsymbol{g})\right) \mathrm{d}\Omega_m = \int_{\Omega_m} \left[\phi \frac{\partial(\mathrm{div}\boldsymbol{u})}{\partial t} + \left(\phi c_w + \frac{\alpha - \phi}{K_s}\right)\frac{\partial \boldsymbol{p}_m}{\partial t}\right] \mathrm{d}\Omega_m + \int_{\Gamma_f} \frac{k_n}{\mu_w} \frac{\partial \boldsymbol{p}}{\partial \boldsymbol{n}_f} \mathrm{d}\Gamma_f \tag{6-18}$$

（3）基质应力平衡方程

基质满足应力平衡方程

$$\int_{\Omega_m} \mathrm{div}\boldsymbol{\sigma} \, \mathrm{d}\Omega_m + \boldsymbol{F} = 0 \tag{6-19}$$

式中：$\boldsymbol{\sigma}$ 为总应力张量；$\boldsymbol{F}$ 为外力矢量。

根据 Biot 理论，饱和岩土体是一种连续介质，作用在饱和岩土体上的外力等于介质骨架承担的有效应力和孔隙水压力之和，对于各向同性的岩土体，孔隙水压力只能使介质产生形状改变，不能使介质发生体积改变，介质的剪应力与孔隙水压力无关。目前一般采用 Biot 有效应力计算方法，表达式为：

$$\boldsymbol{\sigma}'_{ij} = \boldsymbol{\sigma}_{ij} + \alpha \boldsymbol{p}_m \delta_{ij} \tag{6-20}$$

式中：σ_{ij} 为总应力；σ'_{ij} 为有效应力；p_m 为基质孔隙水压力；δ_{ij} 为 Kronecker 符号；α 为 Biot 常数，定义为：

$$\alpha = 1 - \frac{K_v}{K_s} \tag{6-21}$$

式中：K_v、K_s 分别为岩体的体积压缩模量和固体颗粒的压缩模量，当不考虑固体颗粒压缩性，即 $K_s \to \infty$ 时，α 通常接近 1。

在本模型中，裂隙水在裂隙表面存在水压力作用，不考虑裂隙水流在表面的剪切效应，在裂隙表面的力可表示为

$$\boldsymbol{F}_f = -\int_{\Gamma_f} \boldsymbol{p}_f \boldsymbol{n}_f \mathrm{d}\Gamma_f \tag{6-22}$$

故外力矢量为

$$F = F_b + F_f = \int_{\Omega_m} \rho b \, d\Omega_m - \int_{\Gamma_f} p_f n_f \, d\Gamma_f \tag{6-23}$$

式中：F_b 为体力；b 为单位体积的体力矢量；ρ 为总密度，$\rho = \phi \rho_w + (1-\phi)\rho_s$，$\phi$ 为孔隙率，ρ_s 为固体颗粒密度。

可改写为

$$\int_{\Omega_m} \text{div}(\boldsymbol{\sigma} - \alpha p_m \boldsymbol{I}) \, d\Omega_m + \int_{\Omega_m} \rho b \, d\Omega_m - \int_{\Gamma_f} p_f n_f \, d\Gamma_f = 0 \tag{6-24}$$

6.3 裂隙岩体渗流应力耦合数值求解方法

6.3.1 定解条件

裂隙-基质非达西渗流应力耦合还需要满足如下初始条件：

$$\begin{cases} p_f(0) = p_{f0} \\ p_m(0) = p_{m0} \\ u(0) = u_0, \boldsymbol{\sigma}(0) = \boldsymbol{\sigma}_0 \end{cases}, \text{ in } \Omega \tag{6-25}$$

式中：p_{f0} 和 p_{m0} 分别为初始裂隙和基质水压力；u_0 为初始位移；$\boldsymbol{\sigma}_0$ 为初始应力。

在边界 Γ 上满足如下第一类边界条件：

$$\begin{cases} p_f = \overline{p}_f, \text{ on } \Gamma_F \\ p_m = \overline{p}_m, \text{ on } \Gamma_m \\ u = \overline{u}, \text{ on } \Gamma_u \end{cases} \tag{6-26}$$

式中：$\overline{p}_f$ 为裂隙边界 p_f 上的裂隙水压力；$\overline{p}_m$ 为基质边界 Γ_m 上的基质水压力；$\overline{u}$ 为边界 Γ_u 上的已知位移。

第二类边界条件：

$$\begin{cases} t = \overline{t}, \text{ on } \Gamma_\sigma \\ q_f = \overline{q}_f, \text{ on } \Gamma_f^q \\ q_m = \overline{q}_m, \text{ on } \Gamma_m^q \end{cases} \tag{6-27}$$

式中：$\overline{t}$ 为应力边界 Γ_σ 上的面力；$\overline{q}_f$ 为裂隙流量边界 Γ_f^q 上的已知流量；$\overline{q}_m$ 为基质流量边界 Γ_m^q 上的已知流量。

6.3.2 嵌入式裂隙-基质模型

有限单元法在求解连续介质问题时具有较好的优越性，由于裂隙网络为渗流的主要通道，且空间尺寸较小，传统有限元求解需要构建裂隙精细网格，造成有限元网格剖分困难以及计算网格数量庞大，严重影响数值计算效率。基于此，发展了一种混合模型，如图 6-4 所示，同时建立基质介质和裂隙介质模型，精确积分计算裂隙和基质之间的流量交换，能保证局部质量守恒和数值计算稳定性。

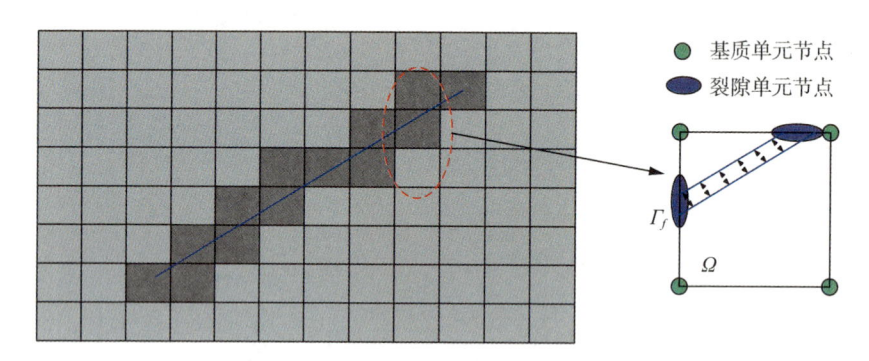

图 6-4　裂隙-基质系统几何离散示意图

6.3.3 有限元离散

在计算域中，裂隙水压力、基质水压力和位移值可通过形函数插值得到：

$$\boldsymbol{u} = \sum_{e=1}^{ne} \boldsymbol{N}_1^e \boldsymbol{u}^e \tag{6-28}$$

$$\boldsymbol{p}_m = \sum_{e=1}^{ne} \boldsymbol{N}_2^e \boldsymbol{p}_m^e \tag{6-29}$$

$$\boldsymbol{p}_f = \sum_{e=1}^{ne} \boldsymbol{N}_3^e \boldsymbol{p}_f^e \tag{6-30}$$

式中：$\boldsymbol{u}^e$、$\boldsymbol{p}_m^e$ 和 $\boldsymbol{p}_f^e$ 分别为位移、基质水压力和裂隙水压力的单元节点向量，可表示为

$$\boldsymbol{u}^e = \begin{bmatrix} \boldsymbol{u}_1^e \\ \boldsymbol{u}_2^e \\ \vdots \\ \boldsymbol{u}_j^e \\ \vdots \\ \boldsymbol{u}_n^e \end{bmatrix}, \boldsymbol{p}_m^e = \begin{bmatrix} \boldsymbol{p}_{m,1}^e \\ \boldsymbol{p}_{m,2}^e \\ \vdots \\ \boldsymbol{p}_{m,j}^e \\ \vdots \\ \boldsymbol{p}_{m,n}^e \end{bmatrix}, \boldsymbol{p}_f^e = \begin{bmatrix} \boldsymbol{p}_{f,1}^e \\ \boldsymbol{p}_{f,2}^e \\ \vdots \\ \boldsymbol{p}_{f,j}^e \\ \vdots \\ \boldsymbol{p}_{f,m}^e \end{bmatrix} \tag{6-31}$$

$\boldsymbol{u}$、$\boldsymbol{p}_m$ 和 $\boldsymbol{p}_f$ 分别为位移、基质水压力和裂隙水压力的整体节点向量，可表示为

$$\boldsymbol{u} = \begin{bmatrix} \boldsymbol{u}_1 \\ \boldsymbol{u}_2 \\ \vdots \\ \boldsymbol{u}_j \\ \vdots \\ \boldsymbol{u}_n \end{bmatrix}, \boldsymbol{p}_m = \begin{bmatrix} \boldsymbol{p}_{m,1} \\ \boldsymbol{p}_{m,2} \\ \vdots \\ \boldsymbol{p}_{m,j} \\ \vdots \\ \boldsymbol{p}_{m,n} \end{bmatrix}, \boldsymbol{p}_f = \begin{bmatrix} \boldsymbol{p}_{f,1} \\ \boldsymbol{p}_{f,2} \\ \vdots \\ \boldsymbol{p}_{f,j} \\ \vdots \\ \boldsymbol{p}_{f,m} \end{bmatrix} \tag{6-32}$$

$\boldsymbol{N}_1$ 和 $\boldsymbol{N}_1^e$ 分别是位移的全局插值函数矩阵和单元插值函数矩阵；$\boldsymbol{N}_2$、$\boldsymbol{N}_2^e$ 分别为基质水压力的全局插值函数矩阵和单元插值函数矩阵；$\boldsymbol{N}_3$、$\boldsymbol{N}_3^e$ 分别为裂隙水压力的全局插值函数矩阵和单元插值函数矩阵。

$$\boldsymbol{N}_1^e = \begin{bmatrix} N_1 & & N_2 & & \cdots & & N_n & \\ & N_1 & & N_2 & & \cdots & & N_n & \\ & & N_1 & & N_2 & & \cdots & & N_n \end{bmatrix} \tag{6-33}$$

$$\boldsymbol{N}_2^e = \begin{bmatrix} N_1 & N_2 & N_3 & \cdots & N_i & \cdots & N_n \end{bmatrix} \tag{6-34}$$

$$\boldsymbol{N}_3^e = \begin{bmatrix} N_1 & N_2 & N_3 & \cdots & N_j & \cdots & N_{n_f} \end{bmatrix} \tag{6-35}$$

式中：N_i 表示基质单元上第 i 个点的插值形函数；N_j 表示裂隙单元第 i 个点的插值形函数。它们均是坐标的函数。

求解控制方程所采用的数值方法是空间离散的有限元单元法（Finite Element Method，FEM）和时间离散的有限差分法（Finite Difference Method，FDM）。

1. 空间离散

采用 Galerkin 方法对耦合方程进行空间离散，可得到有限元计算方程。基质应力平衡方程可采用如下离散方式：

$$\int_{\Omega} \boldsymbol{N}_1^{\mathrm{T}} \left\{ \nabla \cdot (\boldsymbol{D} \nabla \boldsymbol{u}) - \nabla \cdot (\alpha \boldsymbol{p}_m) + \frac{\partial \rho \boldsymbol{b}}{\partial t} \right\} \mathrm{d}V - \int_{\Gamma_f} \boldsymbol{N}_1^{\mathrm{T}} (\boldsymbol{p}_f \boldsymbol{n}_f) \mathrm{d}\Gamma_f = 0$$

$$\Rightarrow \sum_{e=1}^{ne} \int_{\Omega_e} \boldsymbol{N}_1^{e\,\mathrm{T}} \left\{ \nabla \cdot (\boldsymbol{D} \nabla \boldsymbol{u}) - \nabla \cdot (\alpha \boldsymbol{p}_m) + \frac{\partial \rho \boldsymbol{b}}{\partial t} \right\} \mathrm{d}V -$$

$$\sum_{e=1}^{ne_f} \int_{\Omega_{e_f}} \boldsymbol{N}_1^{e\,\mathrm{T}} (\boldsymbol{p}_f \boldsymbol{n}_f) \mathrm{d}V_f = 0 \tag{6-36}$$

$$\Rightarrow \sum_{e=1}^{ne} \int_{\Omega_e} \boldsymbol{N}_1^{e\,\mathrm{T}} \{ \nabla \cdot [\boldsymbol{D} \nabla (\boldsymbol{N}_e^1 \cdot \boldsymbol{u}^e)] \} \mathrm{d}V$$

$$- \sum_{e=1}^{ne} \int_{\Omega_e} \boldsymbol{N}_1^{e\,\mathrm{T}} \{ \nabla \cdot (\alpha \boldsymbol{N}_2^e \cdot \boldsymbol{p}_m^e) \} \mathrm{d}V$$

$$+ \sum_{e=1}^{ne} \int_{\Omega_e} \boldsymbol{N}_1^{e\,\mathrm{T}} \rho \boldsymbol{b} \, \mathrm{d}V \tag{6-37}$$

$$- \sum_{e=1}^{ne_f} \int_{\Omega_{e_f}} \boldsymbol{N}_1^{e\,\mathrm{T}} \boldsymbol{N}_3^e \cdot \boldsymbol{p}_m^e \boldsymbol{n}_f \mathrm{d}V_f = 0$$

式中：上标 T 表示矩阵的转置，符号∇· 表示散度，$\boldsymbol{D}$ 为弹性矩阵，$\nabla \boldsymbol{u}$ 为位移的梯度，α 为 Biot 系数，ρ 为密度。式中第一部分可表示为

$$\sum_{e=1}^{ne} \int_{\Omega_e} \boldsymbol{N}_1^{e\,\mathrm{T}} \{ \nabla \cdot [\boldsymbol{D} \nabla (\boldsymbol{N}_1^e \cdot \boldsymbol{u}^e)] \} \mathrm{d}V$$

$$= \sum_{e=1}^{ne} \int_{\Omega_e} \nabla \cdot \{ \boldsymbol{N}_1^{e\,\mathrm{T}} \boldsymbol{D} \nabla (\boldsymbol{N}_1^e \cdot \boldsymbol{u}^e) \} \mathrm{d}V$$

$$- \sum_{e=1}^{ne} \int_{\Omega_e} (\nabla \boldsymbol{N}_1^{e\,\mathrm{T}}) \cdot \boldsymbol{D} \nabla (\boldsymbol{N}_1^e \cdot \boldsymbol{u}^e) \mathrm{d}V \tag{6-38}$$

$$= \sum_{e=1}^{ne} \int_{\Gamma_e} \boldsymbol{N}_1^{e\,\mathrm{T}} \overline{\boldsymbol{t}} \cdot \boldsymbol{n} \, \mathrm{d}S - \sum_{e=1}^{ne} \int_{\Omega_e} (\nabla \boldsymbol{N}_1^{e\,\mathrm{T}}) \cdot \boldsymbol{D} \nabla (\boldsymbol{N}_1^e \cdot \boldsymbol{u}^e) \mathrm{d}V$$

式中：$\boldsymbol{n}_f$ 为边界 Γ_e 上的法向向量。可得应力平衡有限元方程的矩阵形式

$$\boldsymbol{K}\boldsymbol{u} + \boldsymbol{C}_{un}\boldsymbol{p}_m + \boldsymbol{C}_{uf}\boldsymbol{p}_f = \boldsymbol{F}_u \tag{6-39}$$

改写成增量形式

$$K\Delta u + C_{um}\Delta p_m + C_{uf}\Delta p_f = \Delta F_u \tag{6-40}$$

同样地,可得到裂隙-基质渗流有限元方程组

$$C_{mu}\dot{u} + H_m p_m + M_m \dot{p}_m + L_{mf}(p_m - p_f) = Q_m \tag{6-41}$$

$$C_{fu}\dot{u} + H_f p_f + M_f \dot{p}_f + L_{fm}(p_f - p_m) = Q_f \tag{6-42}$$

其中,系数矩阵和右端各矢量元素的计算式为

$$\begin{cases} K = \int_{\Omega_m} (\nabla N_1^T) D (\nabla N_1) d\Omega_m \\ C_{um} = \int_{\Omega_m} N_1^T \alpha (\nabla N_2) d\Omega_m \\ C_{uf} = \int_{\Gamma_f} N_1^T n_f N_3 d\Gamma_f \\ F_u = \int_{\Omega_m} N_1^T [(1-\phi)\rho_s + \phi\rho_w] g d\Omega_m + \int_{\Gamma_t} N_1^T \overline{t} \cdot n d\Gamma_t \end{cases} \tag{6-43}$$

$$\begin{cases} C_{mu} = \int_{\Omega_m} (\nabla N_2^T) \phi N_1 d\Omega_m \\ H_m = \int_{\Omega_m} (\nabla N_2^T) \frac{k_m}{\mu_w} (\nabla N_2) d\Omega_m \\ M_m = \int_{\Omega_m} N_2^T \left(\phi c_w + \frac{\alpha - \phi}{K_s} \right) N_2 d\Omega_m \\ L_{mf} = \int_{\Gamma_f} N_2^T \frac{k_n}{u_w} \frac{\partial N_3}{\partial n_f} d\Gamma_f \\ Q_m = \int_{\Gamma_m} N_2^T \overline{q}_m d\Gamma_m \end{cases} \tag{6-44}$$

$$\begin{cases} C_{fu} = \int_{\Omega_f} N_3^T n_f N_1 d\Omega_f \\ H_f = \int_{\Omega_f} (\nabla N_3^T) \frac{k_f}{\mu_w} J (\nabla N_3) d\Omega_f \\ M_f = \int_{\Omega_f} N_3^T \alpha_f c_w N_3 d\Omega_f \\ L_{fm} = \int_{\Gamma_f} N_3^T \frac{k_n}{u_w} \frac{\partial N_2}{\partial n_f} d\Gamma_f \\ Q_f = \int_{\Gamma_f} N_3^T \overline{q}_f d\Gamma_f \end{cases} \tag{6-45}$$

2. 时间离散

在每个时间内,假设向量 X 和 F 遵循线性变化,即

$$X = (1-\theta)X^{t_n} + \theta X^{t_n + \Delta t} \tag{6-46}$$

$$F = (1-\theta)F^{t_n} + \theta F^{t_n + \Delta t} \tag{6-47}$$

式中:θ 参数取值范围为[0,1],当 $\theta = 0$ 时,为向前差分;当 $\theta = 0.5$ 时,为中心差分;当 $\theta = 1.0$ 时,为向后差分,采用 Galerkin 差分格式,对应的 $\theta = 0.667$。X 和 F 分别为

$$X = \begin{bmatrix} u \\ p_m \\ p_f \end{bmatrix}, F = \begin{bmatrix} F_u \\ Q_m \\ Q_f \end{bmatrix} \tag{6-48}$$

则向量 X 和 F 对时间的导数可写成

$$\dot{X} = \frac{X^{t_n + \Delta t} - X^{t_n}}{\Delta t} \tag{6-49}$$

$$\Delta F = \frac{F^{t_n + \Delta t} - F^{t_n}}{\Delta t} \tag{6-50}$$

6.3.4 裂隙-基质流量交换精细积分

裂隙-基质混合数值模型计算的关键是准确计算裂隙和基质之间的流量交换项,在没有裂隙穿过的单元流量交换等于 0,在有裂隙穿过的单元,单元高斯积分点上总交换流量为

$$q_{mf}^e = \int_{\Gamma_f} \frac{k_n}{u_w} \frac{\partial N}{\partial n_f} (p_f - p_m) \mathrm{d}\Gamma_f = \sum_{i=1}^{N} W_i \frac{k_n}{u_w} (N_3 p_f - N'_2 p_m) J_3 \tag{6-51}$$

式中:W_i 为高斯积分权系数;N 为高斯点个数;J_3 为裂隙系统雅可比行列式的值。

等效为基质节点流量为

$$q_{ij}^e = (N'^e_2)^\mathrm{T} q_{mf}^e = (N'^e_2)^\mathrm{T} \sum_{i=1}^{N} W_i \frac{k_n}{u_w} (N_3^e p_f - N'^e_2 p_m) J_3 \tag{6-52}$$

等效为裂隙节点流量为

$$\boldsymbol{q}_{ij}^e = (\boldsymbol{N}_3'^e)^{\mathrm{T}} \boldsymbol{q}_{mf}^e = (\boldsymbol{N}_3'^e)^{\mathrm{T}} \sum_{i=1}^{N} W_i \frac{k_n}{u_w} (\boldsymbol{N}_3^e \boldsymbol{p}_f - \boldsymbol{N}_2'^e \boldsymbol{p}_m) J_3 \quad (6\text{-}53)$$

式中：$\boldsymbol{N}_2'^e$、$(\boldsymbol{N}_2'^e)^{\mathrm{T}}$ 为裂隙单元高斯点在基质单元中的插值形函数及其转置，可采用反距离插值方式进行计算。第 i 个高斯点与基质单元第 j 个节点的距离为

$$d_{ij} = \sqrt{(x_j - x_i)^2 + (y_j - y_i)^2 + (z_j - z_i)^2} \quad (6\text{-}54)$$

因此，$\boldsymbol{N}_2'$ 可表示为

$$N_{2,ij}'^e = \frac{1/d_{ij}}{\sum_{j=1}^{NPE} 1/d_{ij}} \quad (6\text{-}55)$$

式中：NPE 表示基质单元内节点总数。

图 6-5 为 8 节点单元裂隙-基质流量交换积分示意图。

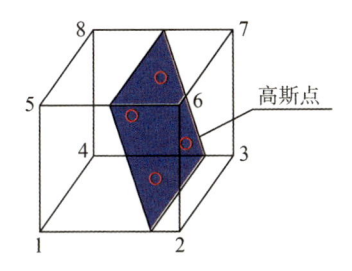

图 6-5 8 节点单元裂隙-基质流量交换积分示意图

采用裂隙渗流精细积分计算裂隙-基质之间的流量交换，能够考虑裂隙空间位置和水流方向的影响，保证数值计算的稳定性和计算精度。

6.3.5 数值求解流程

由于引入裂隙非达西渗流过程，裂隙渗透性与基质渗透性相差较大，导致方程组呈现强非线性、高度病态等特点，数值求解难度较大。为了确保数值计算的稳定性、收敛性和计算效率，以裂隙水压力、基质水压力和位移为基本未知量，基本求解流程如下：

Step 1：给定模拟计算时间 $t_{\max}$，设定初始时间步长 Δt，迭代容差 Tol_1、

Tol_2、Tol_3 和最大迭代步数 l_{max}、k_{max}，令时间步 $n=0$，给定初始条件 $\boldsymbol{u}_0$、$\boldsymbol{p}_{m,0}$、$\boldsymbol{p}_{f,0}$、$\boldsymbol{\sigma}'_0$。

Step 2：令迭代步 $l=0$，给定迭代步初值

$$\boldsymbol{u}^0_{n+1}=\boldsymbol{u}_n、\boldsymbol{p}^0_{m,n+1}=\boldsymbol{p}_{m,n}、\boldsymbol{p}^0_{f,n+1}=\boldsymbol{p}_{f,n}、\boldsymbol{\sigma}'^0_{n+1}=\boldsymbol{\sigma}'_n$$

Step 3：令迭代步 $k=0$，给定迭代步初值

$$\boldsymbol{p}^0_{m,n+1}=\boldsymbol{p}^l_{m,n+1}、\boldsymbol{p}^0_{f,n+1}=\boldsymbol{p}^l_{f,n+1}$$

Step 4：迭代求解裂隙非达西渗流方程，计算裂隙水压力 $\{\boldsymbol{p}^{k+1}_{f,n+1}\}$。

Step 5：求解基质达西渗流方程，计算孔隙水压力 $\{\boldsymbol{p}^{k+1}_{m,n+1}\}$。

Step 6：计算

$$|r^{k+1}_{n+1}|_1=\|\boldsymbol{p}^{k+1}_{m,n+1}-\boldsymbol{p}^k_{m,n+1}\|_2/\|\boldsymbol{p}^k_{m,n+1}\|_2$$

$$|r^{k+1}_{n+1}|_2=\|\boldsymbol{p}^{k+1}_{f,n+1}-\boldsymbol{p}^k_{f,n+1}\|_2/\|\boldsymbol{p}^k_{f,n+1}\|_2$$

如果 $|r^{k+1}_{n+1}|_1\leqslant Tol_1$ 且 $|r^{k+1}_{n+1}|_2\leqslant Tol_2$，令 $\boldsymbol{p}^{l+1}_{f,n+1}=\boldsymbol{p}^{k+1}_{f,n+1}$、$\boldsymbol{p}^{l+1}_{m,n+1}=\boldsymbol{p}^{k+1}_{m,n+1}$，转至 Step 7；

如果 $|r^{k+1}_{n+1}|_1>Tol_1$ 或 $|r^{k+1}_{n+1}|_2>Tol_2$，且 $k<k_{max}$，令 $k=k+1$，转至 Step 4。

Step 7：求解应力平衡方程，计算 $\Delta\boldsymbol{u}^{l+1}_{n+1}$、$\Delta\boldsymbol{\varepsilon}^{l+1}_{n+1}$ 和 $\Delta\boldsymbol{\sigma}'^{l+1}_{n+1}$，更新：

$$\boldsymbol{u}^{l+1}_{n+1}=\boldsymbol{u}^l_{n+1}+\Delta\boldsymbol{u}^{l+1}_{n+1}$$

$$\boldsymbol{\varepsilon}^{l+1}_{n+1}=\boldsymbol{\varepsilon}^l_{n+1}+\Delta\boldsymbol{\varepsilon}^{l+1}_{n+1}$$

$$\boldsymbol{\sigma}'^{l+1}_{n+1}=\boldsymbol{\sigma}'^l_{n+1}+\Delta\boldsymbol{\sigma}'^{l+1}_{n+1}$$

Step 8：计算

$$|r^{l+1}_{n+1}|_3=\|\boldsymbol{u}^{l+1}_{n+1}-\boldsymbol{u}^l_{n+1}\|_2/\|\boldsymbol{u}^l_{n+1}\|_2$$

如果 $|r^{k+1}_{n+1}|_3\leqslant Tol_3$，转至 Step 9；

如果 $|r^{l+1}_{n+1}|_3>Tol_3$ 且 $l<l_{max}$，令 $l=l+1$，转至 Step 4；

如果 $|r^{l+1}_{n+1}|_3>Tol_3$ 且 $l>l_{max}$，令 $\Delta t=\Delta t\times 0.5$，转至 Step 2。

Step 9：$t_n=t_n+\Delta t$，$n=n+1$，如果 $k<0.5\times k_{max}$，$\Delta t=\Delta t\times 1.1$。

Step 10：如果 $t_n<t_{max}$，转至 Step 2，否则，计算结束。

在求解裂隙非达西渗流方程时，非达西修正项 J 是数值求解的已知条件，然而 J 又是裂隙渗流流速的函数，故需要进行迭代求解。采用的迭代求解思路如下：

步骤 1：令迭代步 $k'=0$，给定迭代容差 TOL，给定迭代步初始值

$$\boldsymbol{p}_f^0 = \boldsymbol{p}_{f,n+1}^k 、 v_f^0 = v_{f,n+1}^k$$

步骤 2：$k'=k'+1$，计算 F_0 数和非达西修正项 J，

$$F_0^{k'} = \frac{\rho_w k_f \beta v_f^{k'}}{\mu_w}、 J^{k'} = \frac{1}{1+2F_0^{k'}}$$

步骤 3：求解方程(6-42)，计算 $\boldsymbol{p}_f^{k'}$。

步骤 4：更新裂隙渗流速度

$$\boldsymbol{v}_f^{k'} = -\frac{k_f}{\mu_w}(\nabla \boldsymbol{p}_f^{k'} + \rho_w \boldsymbol{g})$$

步骤 5：计算

$$|r^{k'}| = \|\boldsymbol{p}_f^{k'} - \boldsymbol{p}_f^{k'-1}\|_2 / \|\boldsymbol{p}_f^{k'}\|_2$$

如果 $|r^{k'}| \leqslant TOL$，转至步骤 6；
如果 $|r^{k'}| > TOL$，转至步骤 2。
步骤 6：输出裂隙水压力

$$\boldsymbol{p}_{f,n+1}^{k+1} = \boldsymbol{p}_f^{k'}$$

6.4　多尺度数值分析程序开发

6.4.1　数值求解程序

采用 FORTRAN 语言编写了数值计算程序 NDFM，程序框图如图 6-6 所示。程序满足结构化要求，模块功能单一，模块之间的数据传递使用公共数据块实现，模块设计合理。

6.4.2　算例分析

为了验证所开发的裂隙-基质非达西渗流应力耦合程序的适用性和可靠性，针对一维固结问题，与 COMSOL Multiphysics 软件计算结果进行对比验证分析。

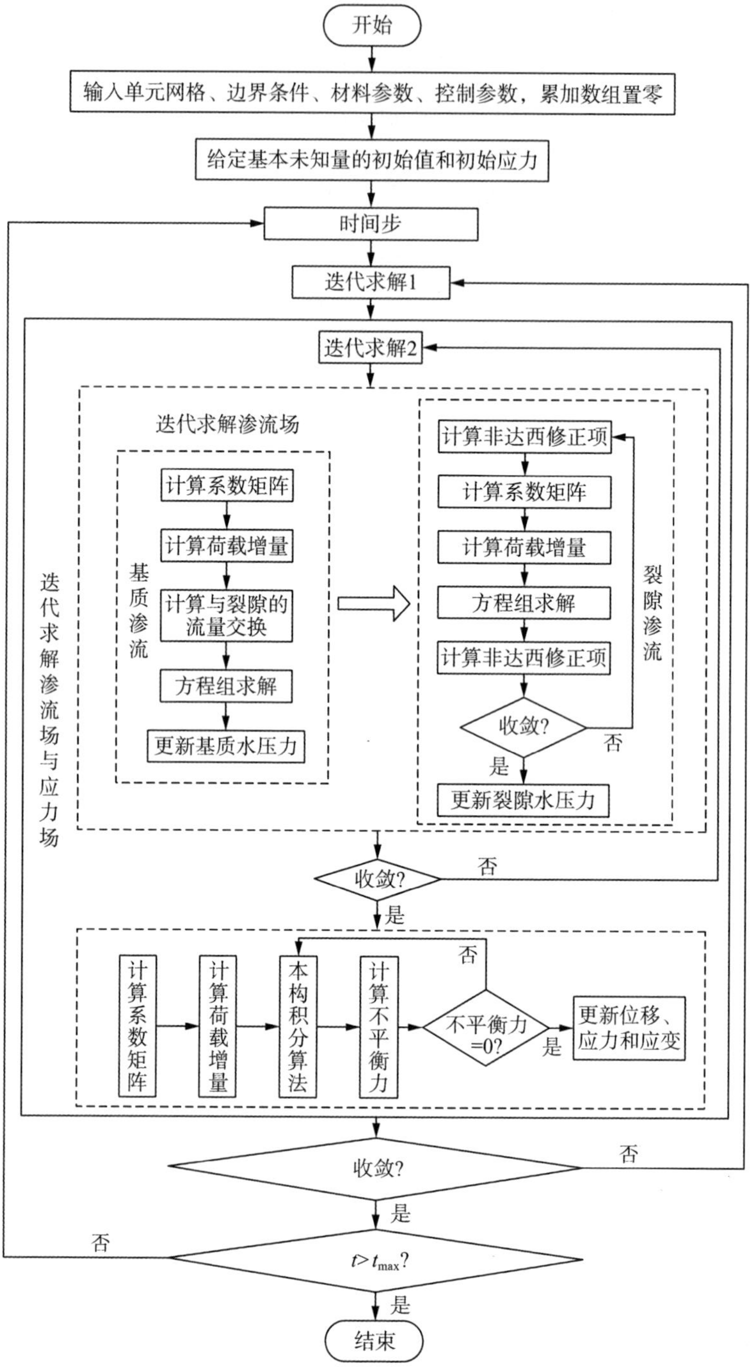

图 6-6　NDFM 程序框图

1. 算例1:岩石渗流应力耦合问题

多孔介质排水沉降是一种典型的渗流应力耦合问题,被广泛用来作为渗流应力耦合计算模型正确与否的参照标准。计算模型采用的高度为50 m,宽度为11 m,不考虑重力的影响,计算网格、初始条件和边界条件如图6-7所示。初始孔隙水压力为0(大气压力),初始位移为0。边界条件如下:①上边界为透水边界,孔隙水压力等于大气压力,其他边界均为不透水边界;②上边界在整个计算时间内施加均布荷载,大小等于20 MPa,左右边界和底部边界均为固定支座约束。计算采用变步长,初始步长为0.01 h,最大步长为10 h,计算模拟时长为30 d。计算参数如表6-1所示。

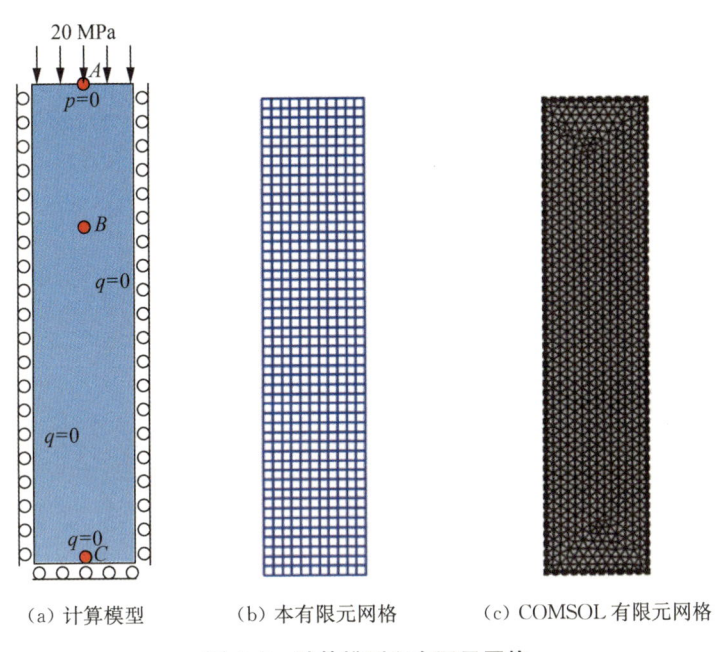

(a) 计算模型　　(b) 本有限元网格　　(c) COMSOL有限元网格

图6-7　计算模型和有限元网格

表6-1　计算参数取值表

计算参数	取值
弹性模量	$E=10$ GPa
泊松比	$\nu=0.25$
渗透率	$k_x=2.0\times10^{-15}$ m^2;$k_y=1.0\times10^{-15}$ m^2
初始孔隙率	$\phi_0=0.2$
Biot常数	$\alpha=0.75$
水密度	$\rho_w=1\,000$ kg/m^3

续表

计算参数	取值
水的压缩模量	$c_w = 5.0 \times 10^{-9}$ Pa^{-1}
水的动力黏滞系数	$\mu_w = 1.0 \times 10^{-3}$ Pa·s
重力加速度	$g = 9.806$ m·s^{-2}
大气压力	$p_{atm} = 0.0$ Pa

图 6-8 为不同时刻、不同深度孔隙水压力分布曲线对比图。可以看出，介质中顶部孔隙水压力逐渐减小，水分逐渐排出，随着时间推移，介质底部孔隙水逐渐排出，孔隙水压力降低，COMSOL 软件计算结果与本模型计算结果吻合较好，表明本模型能较好地模拟多孔介质渗流应力耦合过程。

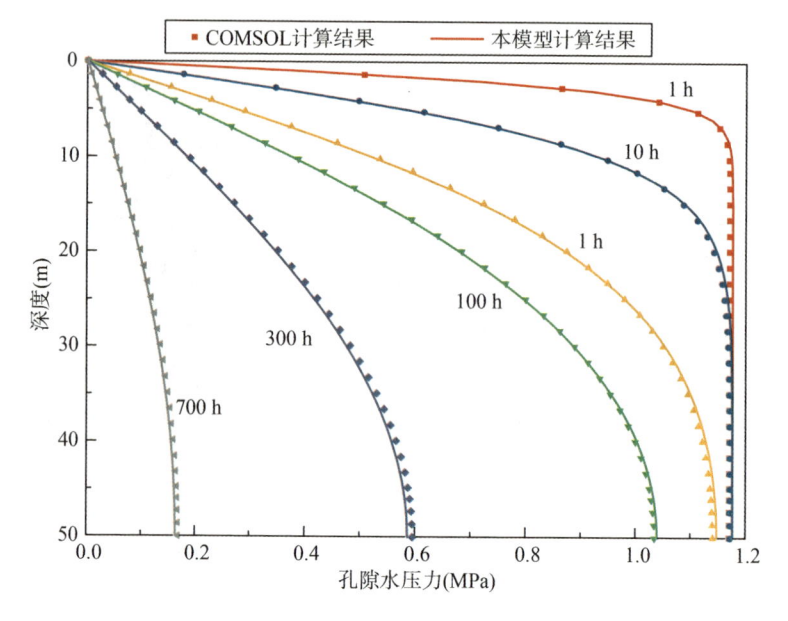

图 6-8 不同时刻、不同深度孔隙水压力计算结果对比

为了更好地验证本模型计算时间过程的可靠性，分别选取顶部点 A (5.5 m, 50 m)、中间点 B(5.5 m, 35 m)和底部点 C(5.5 m, 1 m)，分析介质在渗流应力耦合过程中的孔隙水压力、沉降位移和应力的变化情况，结果绘制于图 6-9～图 6-12 中。由图可以看出，随着时间的推移，介质底部孔隙水压力逐渐减小，沉降位移逐渐增大，水平向和竖向位移逐渐增大，中间点水平向和竖向应力分别趋近于 6.66 MPa 和 20 MPa，与理论值相等，介质特征点的孔隙水压力、沉降位移和应力的变化过程与 COMSOL 软件计算结果基本相同，进一步

说明了本计算模型的可靠性。

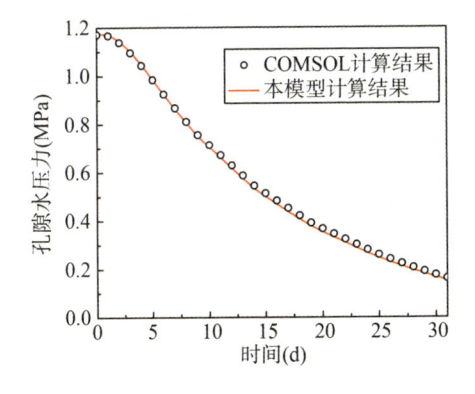

图 6-9　C 点孔隙水压力时程对比

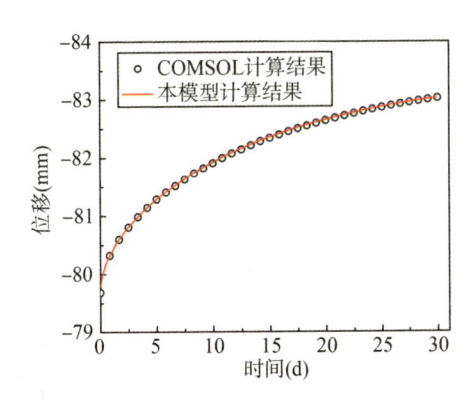

图 6-10　A 点竖向位移时程对比
（负值表示沉降）

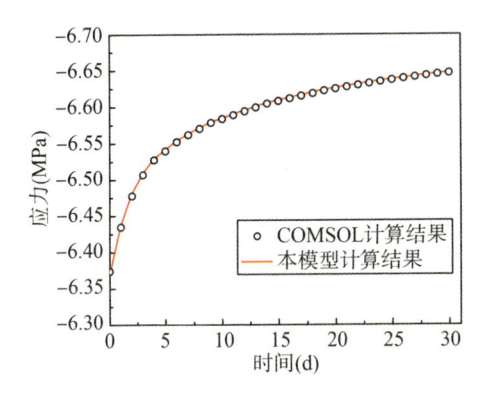

图 6-11　B 点水平向应力时程对比
（负值表示受压）

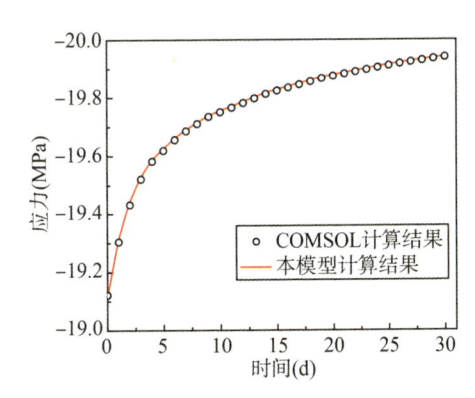

图 6-12　B 点竖直向应力时程对比
（负值表示受压）

2. 算例 2:含裂隙岩体渗流应力耦合问题

为了验证本计算模型对含裂隙的裂隙-基质渗流应力耦合问题的适用性，在算例 1 渗流应力耦合问题模拟的基础上，引入长度为 20 m 的宏观裂隙，初始渗透率为 1.0×10^{-10} m^2，初始隙宽为 5 mm，初始裂隙水压力为 0，其他初始条件、边界条件和计算参数与算例 1 相同。本计算模型的孔隙基质计算网格和裂隙计算网格相互独立，基质计算网格单元总数为 550，节点总数为 612，COMSOL 软件采用标准有限元网格，单元总数为 7 072，节点总数为 4 102，如图 6-13 所示。一般而言，裂隙尺寸远小于介质尺寸，若需要考虑裂隙渗流和变形特征,传统标准有限元建模时对局部裂隙进行加密处理,造成网格规模巨大,计算量很大,采用的裂隙-基质系统混合模型中裂隙和基质网格相对独立,可以大大减小网格规模,提高计算效率。

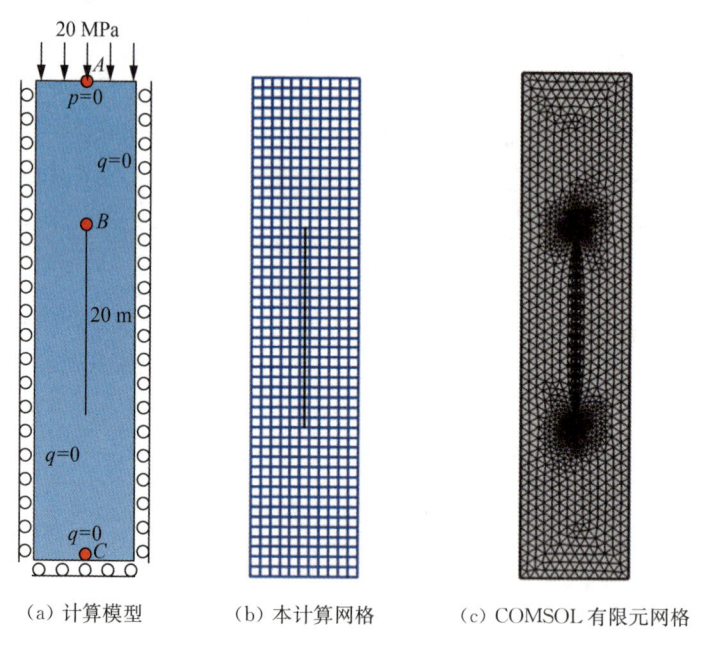

(a) 计算模型　　(b) 本计算网格　　(c) COMSOL 有限元网格

图 6-13　计算模型和网格

图 6-14 绘制了计算时刻末(30 d)本模型计算结果与 COMSOL 计算结果的对比。可以看出,本模型计算结果与 COMSOL 计算结果吻合较好,说明本模型能够较好地模拟裂隙-基质系统渗流耦合过程。图 6-15 分别绘制了计算时刻末(30 d)的水平位移和竖直位移分布。可以看出,介质变形主要表现为沉降变形,其水平位移较小,呈现了明显的非连续特性,这与裂隙的变形有关。

分别在基质底部和裂隙中部选取 C 点和 B 点,绘制了孔隙水压力和裂隙水压力时程曲线,如图 6-16 和图 6-17 所示。可以看出,本模型计算结果与 COMSOL 软件计算结果吻合较好。随着时间的推移,基质底部孔隙水压力逐渐减小,裂隙水压力呈现先短暂增加再逐渐减小的变化规律。由图 6-18 可知,顶部沉降位移逐渐增大,量值与无裂隙情况相差较大,说明裂隙渗透性较大,对介质的渗流应力耦合变形影响较大。需要指出的是,COMSOL 软件基于传统连续介质有限元理论,在裂隙面上需要保证孔隙水压力和裂隙水压力相等,本模型的裂隙和基质是相对独立的体系,裂隙面处的孔隙水压力和裂隙水压力是可以不一样的，基质与裂隙水流的耦合运动是通过基质-裂隙流量交换实现的。

(a) 本模型计算结果　　(b) COMSOL 计算结果

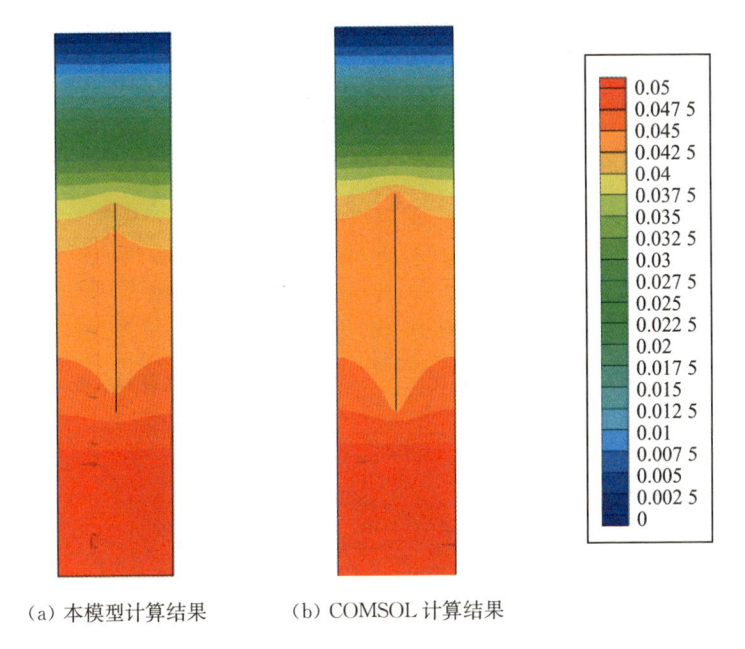

图 6-14　30 d 时流体压力分布对比（单位：MPa）

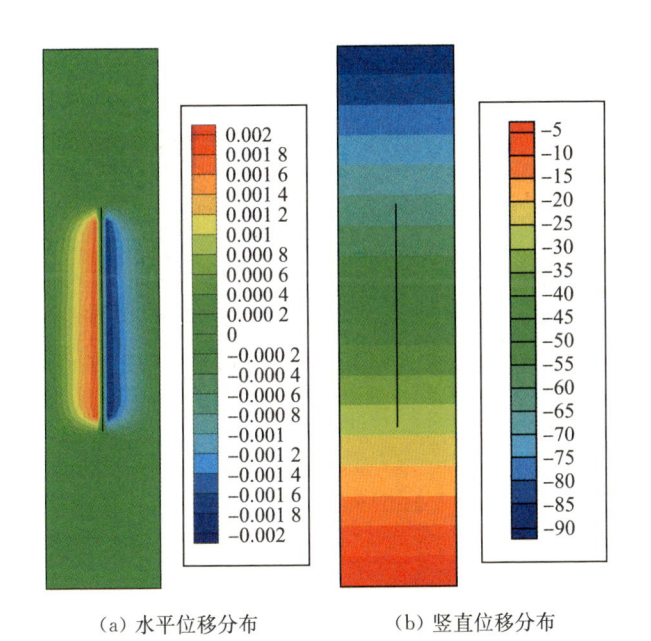

(a) 水平位移分布　　(b) 竖直位移分布

图 6-15　30 d 时位移分布（单位：mm）

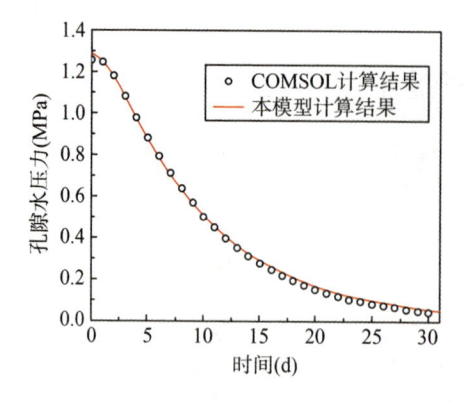

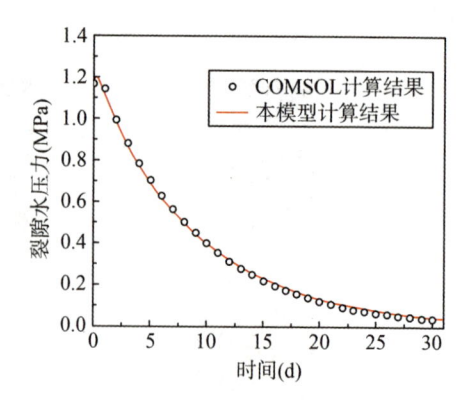

图 6-16　C 点孔隙水压力时程对比

图 6-17　B 点裂隙水压力时程对比

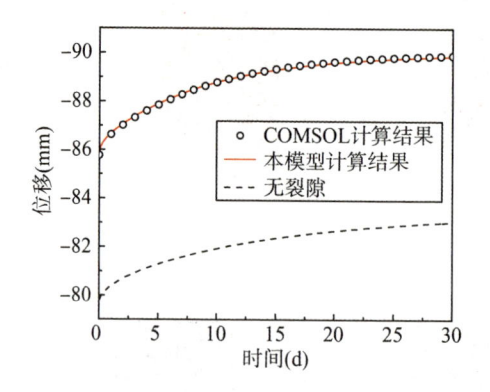

图 6-18　A 点沉降位移时程对比(负值表示沉降)

图 6-19 绘制了不同时刻裂隙水压力分布。

3. 算例 3：考虑裂隙非达西渗流情况

当考虑裂隙水流动为非达西渗流情况时，认为裂隙水压力梯度和裂隙水流满足 Forchheimer 方程，光滑裂隙的粗糙度 $JRC=0$、$\sigma_s=0$。参考文献，裂隙渗透率 k_f 与隙宽 a_f 之间存在如下关系：

$$k_f = k_{f,0} \left(\frac{a_f}{a_{f,0}} \right)^2 \tag{6-56}$$

其他计算条件与算例 2 相同。

图 6-20 和图 6-21 分别为考虑裂隙非达西渗流情况下的特征点 C 处孔隙水压力和特征点 B 处裂隙水压力变化曲线。与裂隙达西渗流情况相比，基质

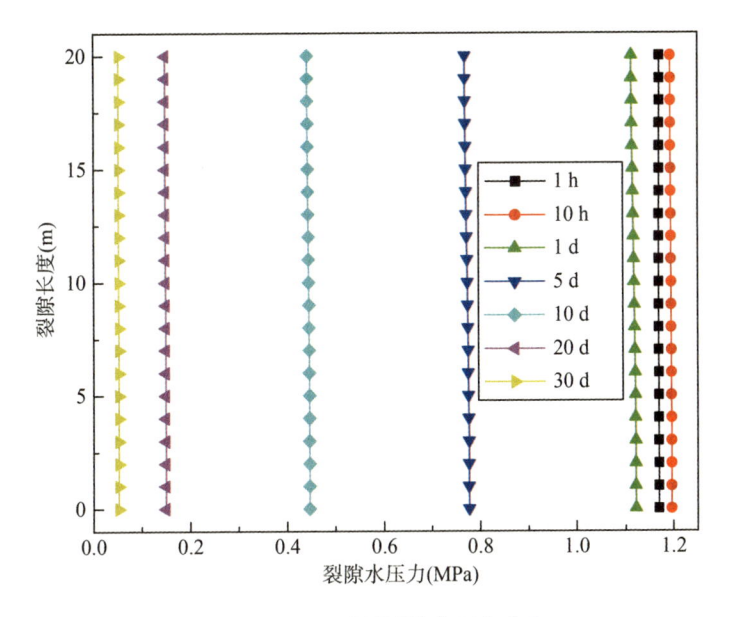

图 6-19 不同时刻裂隙水压力分布

底部孔隙水压力下降速度变缓,裂隙水压力在 5 d 之后下降速度明显变缓,这是由于裂隙非达西渗流情况下裂隙水流不仅受黏滞阻力影响,还受惯性阻力影响,随着时间推移,裂隙上部孔隙水压力降低,裂隙水流速度增加,惯性阻力较大,在一定程度上阻滞了介质内水流排出,因此,裂隙水压力和孔隙水压力下降速度明显减缓。图 6-22 为基质顶部竖直向位移变化曲线。可以看出,裂隙非达西渗流情况下的沉降位移增加速率小于达西渗流情况。

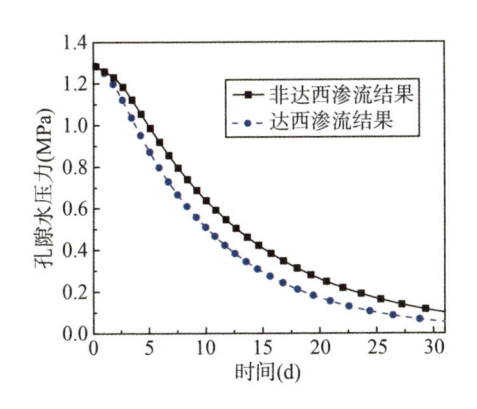

图 6-20 C 点孔隙水压力时程对比

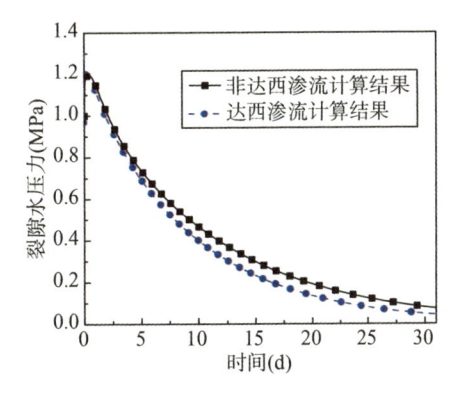

图 6-21 B 点裂隙水压力时程对比

第六章 岩体多尺度非达西渗流应力耦合数值分析

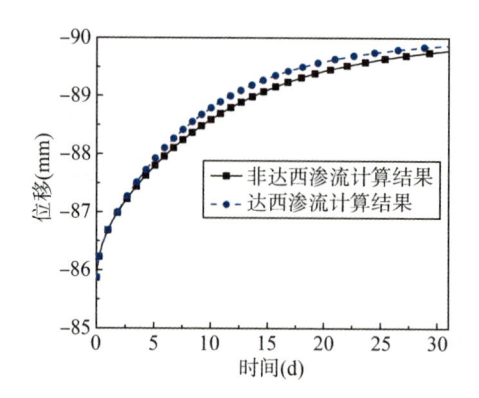

图 6-22　A 点竖直向位移时程对比（负值表示沉降）

6.5　小结

推导了裂隙岩体裂隙-基质系统非达西渗流应力耦合控制微分方程，基于有限单元法基本原理，发展了一种裂隙-基质混合介质数值求解方法及路径，并编写了相关计算程序，通过经典的渗流应力耦合算例验证了所开发程序的适用性和可靠性。

（1）将裂隙岩体视为由基质、微裂隙和天然裂隙组成的混合介质，从一般质量守恒方程和动量守恒方程出发，引入适当的假定条件，建立了包含静力平衡方程、基质渗流方程和裂隙非达西渗流方程的基质-裂隙系统非达西渗流应力耦合数学模型。

（2）基于有限单元法的基本原理，发展了一种基质-裂隙系统非达西渗流应力耦合数值求解方法，编写了相关计算分析程序。将裂隙水流动和基质渗流视为相对独立的体系，通过基质-裂隙流量交换实现基质与裂隙水流的耦合运动，对裂隙-基质流量交换实现严格精细积分，提高了数值计算的稳定性、收敛性和计算效率。

（3）通过经典的渗流应力耦合算例对比分析可知，本模型计算结果与 COMSOL Multiphysics 软件计算结果吻合较好，所开发的裂隙-基质系统非达西渗流应力耦合数值模型能够有效地模拟裂隙岩体渗流应力耦合过程，具有较好的适用性和可靠性。考虑裂隙非达西渗流情况的裂隙水流阻力明显大于达西渗流情况，对数值计算结果影响较大。

第七章

非达西渗流应力流变耦合三维数值分析

7.1 引言

本章在非达西渗流应力耦合理论和分析方法研究的基础上，针对白鹤滩高拱坝工程，开展峡谷区高拱坝谷幅变形三维数值模拟，分析水库蓄水对坝区地下水渗流和应力变形耦合作用规律的影响，研究水库蓄水过程中谷幅变形时空分布特征。

7.2 计算模型与计算条件

7.2.1 计算模型

白鹤滩拱坝谷幅变形计算模型建模坐标系 X 轴为横河向，从左岸向右岸为正向；Y 轴为顺河向，自上游向下游为正向；Z 轴为竖直向，正向朝上。计算模型范围如图 7-1 所示，横河向向两岸延伸，共 2 300 m，顺河向长度为 3 000 m。

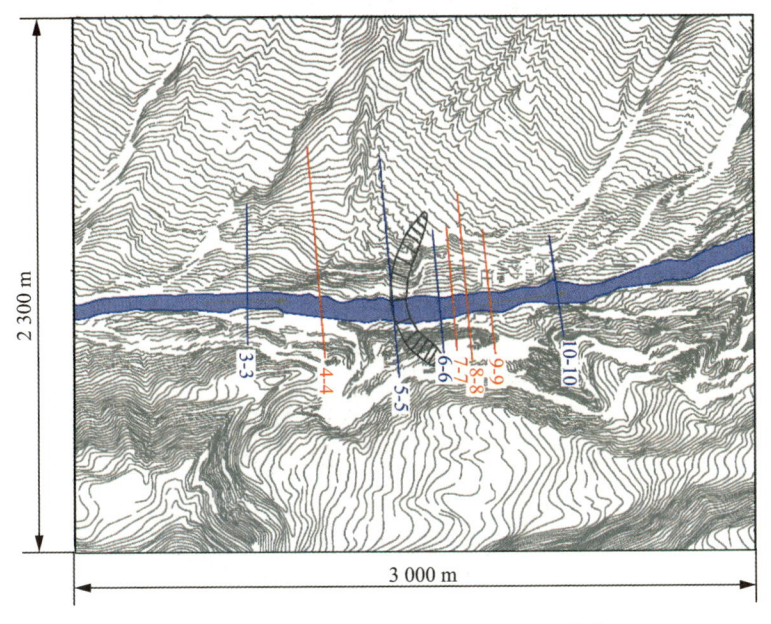

图 7-1 白鹤滩谷幅变形三维数值模型建模范围

编制三维网格剖分程序，对白鹤滩坝区进行三维地质网格剖分，网格单元总数为 2 272 622，节点总数为 2 301 260，如图 7-2 所示。依据白鹤滩水电站工程地质资料，坝区范围内主要断层包括 F_{17}、F_{16} 和 F_{14}，主要层间和层内错动带包括 C_5、C_4、C_{3-1}、C_3、LS_{331}（RS_{331}）和 C_2。在计算网格模型建模时，较好地考虑了断层和层间错动带的网格过渡问题，编制程序可自动得到断层和错动带与三维地质网格的相交面，记录断层和错动带与三维网格相交的坐标和单元信息，断层和错动带计算模型如图 7-3 所示。

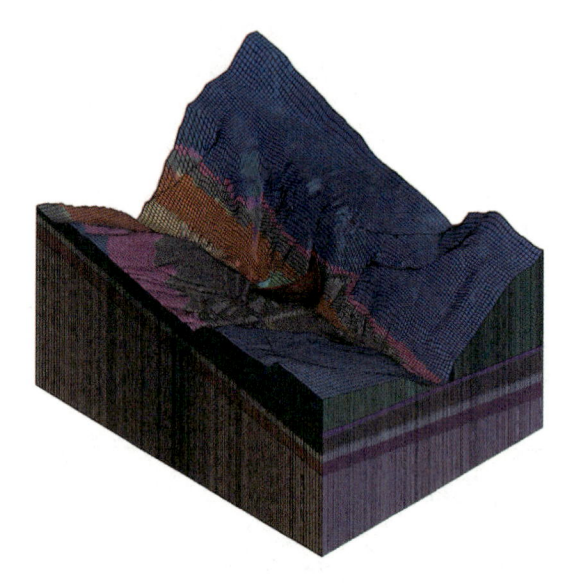

图 7-2　白鹤滩谷幅变形三维计算网格模型

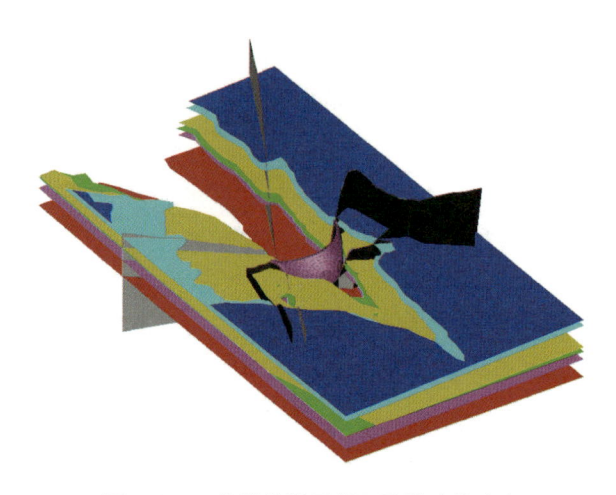

图 7-3　三维数值模型断层及错动带分布

7.2.2 荷载及边界条件

按照白鹤滩水电工程拟定的蓄水方案,计算分析 5 个蓄水周期内的谷幅变形情况,库水位变化情况如图 7-4 所示,采用非达西渗流应力耦合流变数值分析方法进行仿真计算。在渗流场计算时,模型底部为不透水边界,枢纽区库岸边坡上表面、大坝上游以及模型上游边界根据蓄水调度方案施加上游库水压力,库岸边坡下表面、大坝下游以及模型下游边界施加下游库水压力;蓄水速率按照 3 m/d,降水速率按照 2 m/d 计算。在初始渗流场计算过程中,先将水位蓄至 635 m,依图 7-4 所示水位变化进行非达西渗流应力耦合流变数值计算。在三维应力计算时,模型底面施加三向固定约束,上下游边界和左右岸边界采用法向位移约束。

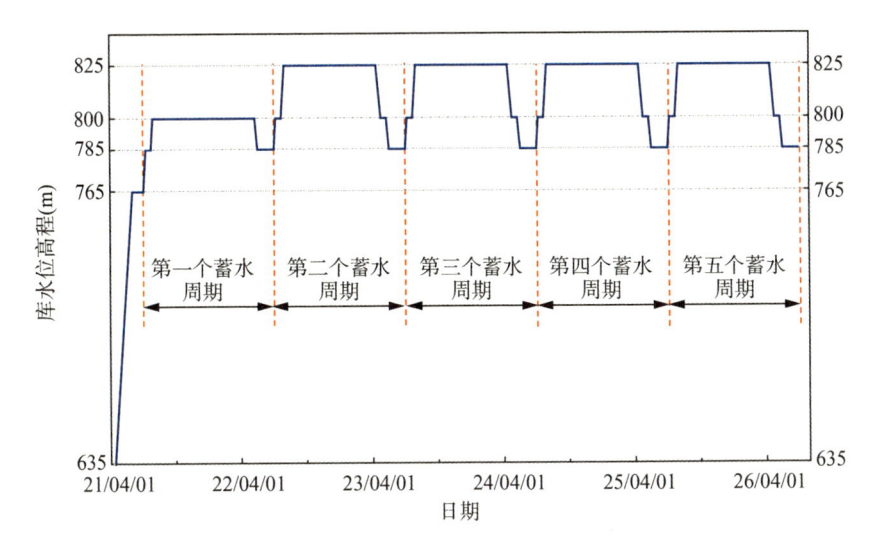

图 7-4 白鹤滩水电站运行蓄水调度方案

7.2.3 计算参数

根据室内及现场岩石和结构面试验,以及坝区水文地质条件报告[177],确定枢纽区主要断层和错动带渗透系数和力学参数。岩体流变力学参数以室内流变力学试验为依据,与同类工程岩体流变力学参数进行类比,基于提出的裂隙岩体渗流流变损伤本构模型,综合确定岩体物理力学参数和流变力学参数。计算参数如表 7-1~表 7-4 所示。

表 7-1　三维数值模拟计算参数取值

岩体类别	密度(kg/m³)	变形模量(GPa)	泊松比	黏聚力(MPa)	内摩擦角(°)	渗透系数(m/s)
微新岩体	2 750	18.0	0.22	1.55	53.5	3.0×10^{-7}
上部玄武岩	2 700	16.5	0.24	0.8	48.9	1.0×10^{-6}
柱状节理岩层	2 600	11.5	0.27	1.1	43.5	1.6×10^{-6}
角砾熔岩层	2 600	9.0	0.24	1.5	53.5	4.2×10^{-6}
混凝土材料	2 400	22.0	0.17	2.50	54.5	1.0×10^{-9}

表 7-2　三维数值计算岩体流变参数

岩体类别	K(GPa)	G_1(GPa)	G_2(GPa)	η_1(GPa·d)	η_2(GPa·d)	η_3(GPa·d)	m	n
微新岩体	10.7	180.0	9.0	550	2.08×10^4	629	0.4	0.2
上部玄武岩	7.33	89.4	4.5	275	1.0×10^4	262	0.4	0.2
柱状节理岩层	6.7	80.0	4.0	250	1.0×10^5	239	0.4	0.2
角砾熔岩层	5.8	72.6	3.6	225	9.0×10^4	212	0.4	0.2

表 7-3　主要结构面渗透系数取值

结构面名称	厚度	渗透系数(m/s) 切向	渗透系数(m/s) 垂向
C_2	5～20 cm	1.5×10^{-5}	1.5×10^{-6}
C_3	10～30 cm	2.0×10^{-5}	2.0×10^{-6}
C_{3-1}	5～40 cm	2.0×10^{-5}	2.0×10^{-6}
C_4	3～20 cm	1.5×10^{-5}	1.5×10^{-6}
C_5	3～20 cm	2.0×10^{-5}	2.0×10^{-6}
F_{14}	1～3 m	3.0×10^{-5}	3.0×10^{-6}
F_{16}、F_{17}	1～3 m	1.0×10^{-6}	1.0×10^{-7}

表 7-4　主要断层和错动带力学参数

结构面名称	变形模量(GPa)	黏聚力(kPa)	内摩擦角(°)
C_2	0.04	40	14.6
C_3	0.20	150	21.3
C_{3-1}	0.10	100	20.3
C_4	0.05	40	15.6
C_5	0.10	40	14.0
LS_{331}	2.00	300	35.0
F_{14}	0.20	150	24.2
F_{16}、F_{17}	0.30	200	30.0

7.2.4　地应力场和初始渗流场

根据白鹤滩水电站的地应力实测结果及工程地质资料，采用多元回归方法反演计算枢纽区初始地应力场,如图 7-5 所示。

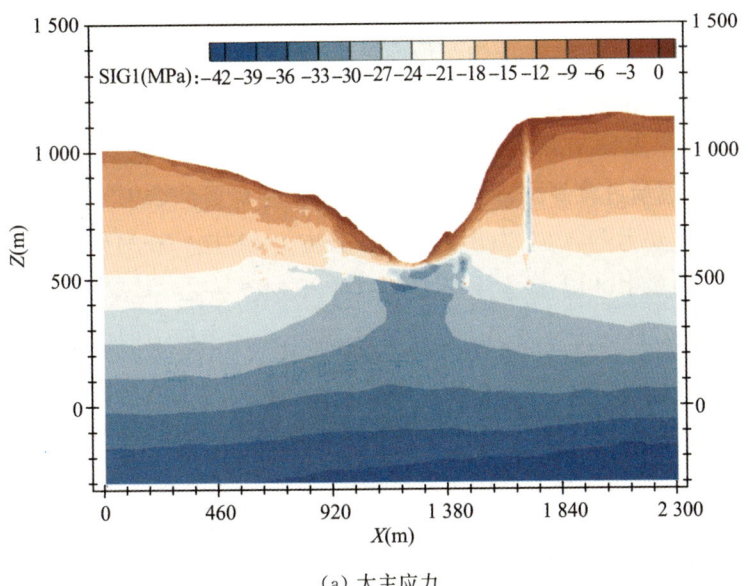

(a) 大主应力

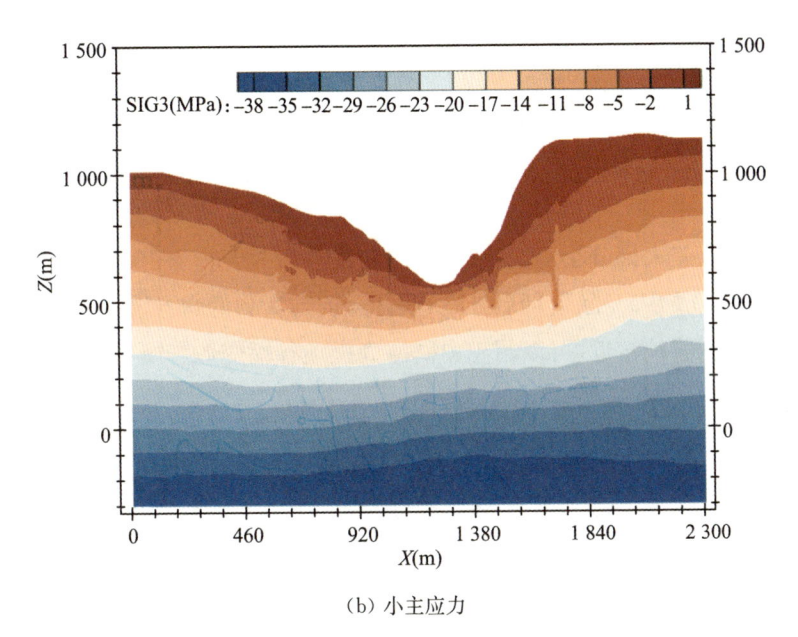

(b) 小主应力

图 7-5 白鹤滩枢纽区初始应力分布(单位:MPa)

地应力场反演结果表明:

(1) 枢纽区应力场除受自重作用影响外,还与地质构造、地形地貌、地表剥蚀、河谷下切等因素有关,局部地形变化较大的部位出现了较小的拉应力。受河谷下切、自重和构造应力的综合作用,河谷不断下切形成峡谷地形,从而形成峡谷应力场,两岸岸坡大主应力与坡面近于平行。

(2) 枢纽区应力可分为四个应力区:应力释放区、应力过渡区、原岩应力区和应力集中区。坡表在河谷下切过程中应力释放,主应力大多趋近于零,经过应力过渡区,逐渐过渡到原岩应力带,在水平一定深度范围内的岸坡区,左岸大主应力方向主要为 NW 向,右岸大主应力方向为 SE 向。在河床底部一定深度区域出现应力集中区域,最大主应力集中在 25 MPa 左右。

(3) 左岸岩体的地应力小于右岸岩体,岸坡岩体主应力向山体内部逐渐增大,这与白鹤滩工程枢纽区两岸山体地形和地质条件不对称有关。左岸山体埋深小,坡度较右岸缓,层间和层内错动带倾向右岸。在断层和错动带等结构面分布区域,应力分布呈现明显的不连续特性,并出现应力集中现象。

(4) 枢纽区主应力值随着埋深的增大而增大。对比左右岸的主应力大小计算值和实测结果可以发现,在 623 m 高程、左右岸距离岸坡约 250 m 处的大主应力分别约为 14.85 MPa 和 18.44 MPa,与地应力实测结果 13.38 MPa 和 22.88 MPa 较接近;小主应力分别为 6.08 MPa 和 9.29 MPa,与实测结果 5.58 MPa 和 6.86 MPa 相差较小。

表 7-5 所示为白鹤滩水电站枢纽区 5 个测点的三维地应力反演结果与实测结果对比。由统计结果可知,5 个测点的主应力和应力分量计算值与实测值之间的绝对误差大部分小于 2.5 MPa,绝对误差最大值为 6.10 MPa,绝对误差最小值为 0.24 MPa。除个别点外,反演计算值与实测值吻合较好,说明地应力反演值与实测值较接近,可以用于白鹤滩高拱坝谷幅变形三维数值分析。

表 7-5 白鹤滩枢纽区三维地应力反演结果　　　　单位:MPa

测点	应力分量	σ_1	σ_2	σ_3	σ_x	σ_y	σ_z	σ_{xy}	σ_{yz}	σ_{zx}
1	实测	13.12	11.57	6.66	11.23	10.37	9.74	−2.16	−1.57	−1.92
	计算	13.87	12.65	7.10	12.70	13.50	7.42	0.35	−0.87	−1.10
	绝对差值	0.75	1.08	0.45	1.47	3.13	2.32	2.51	0.70	0.82
2	实测	13.38	9.99	5.58	8.94	11.76	8.25	−2.46	−0.33	−2.38
	计算	14.85	11.72	6.08	12.70	13.55	6.40	1.34	−1.21	−1.12
	绝对差值	1.47	1.73	0.49	3.76	1.79	1.85	3.80	0.88	1.26
3	实测	21.14	8.58	5.15	11.89	17.64	5.34	5.68	−0.06	0.86
	计算	17.20	13.08	9.37	11.50	16.71	11.44	−0.03	−1.59	−1.91
	绝对差值	3.94	4.50	4.22	0.39	0.93	6.10	5.71	1.53	2.77

续表

测点	应力分量	σ_1	σ_2	σ_3	σ_x	σ_y	σ_z	σ_{xy}	σ_{yz}	σ_{zx}
4	实测	21.24	14.83	11.50	14.09	21.00	12.48	0.74	1.33	−1.32
	计算	24.70	19.76	11.77	16.90	24.26	15.07	−1.29	−1.94	−3.67
	绝对差值	3.45	4.93	0.28	2.81	3.26	2.59	2.03	3.27	2.35
5	实测	22.88	16.07	6.86	14.42	20.58	10.81	3.94	−0.24	4.97
	计算	18.44	13.13	9.29	12.53	17.76	10.57	0.84	−2.24	1.25
	绝对差值	4.45	2.94	2.43	1.89	2.82	0.24	3.10	2.00	3.72

根据白鹤滩工程水文地质条件和防渗排水措施情况,当上游水位为 635 m、下游水位为 610 m 时,计算得到枢纽区初始渗流场。其中,枢纽区岩体基质水压力分布如图 7-6 所示,断层和错动带等结构面的裂隙水压力分布如图 7-7 所示。随着埋深的增加,枢纽区岩体、断层和错动带内的水压力逐渐增加。坝基防渗帷幕可以明显降低坝体上下游水压力,拱坝下游的水压力明显减小。断层和错动带渗透性较大,形成了裂隙优先流,在浸润面上方附近形成一层饱和区,但水压力梯度相对较小。

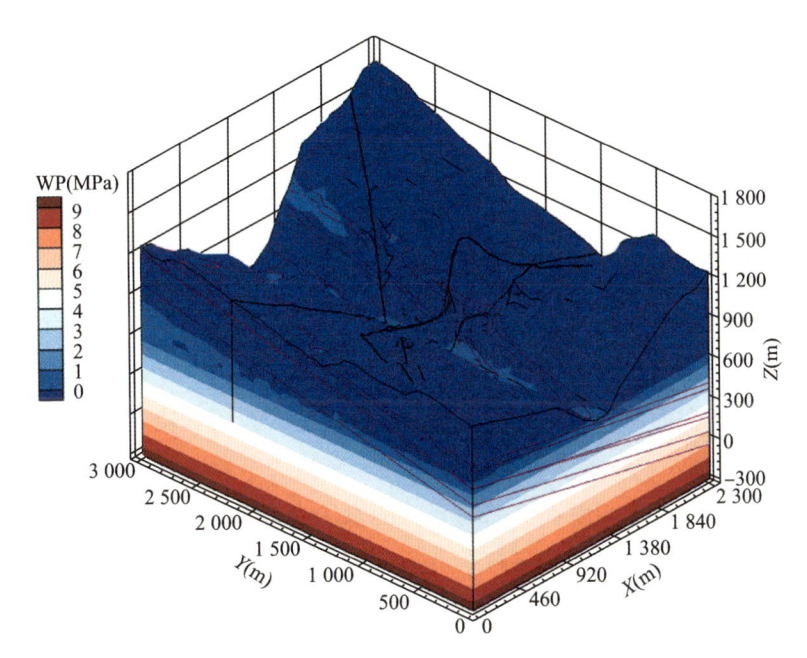

图 7-6 枢纽区初始渗流场水压力分布(单位:MPa)

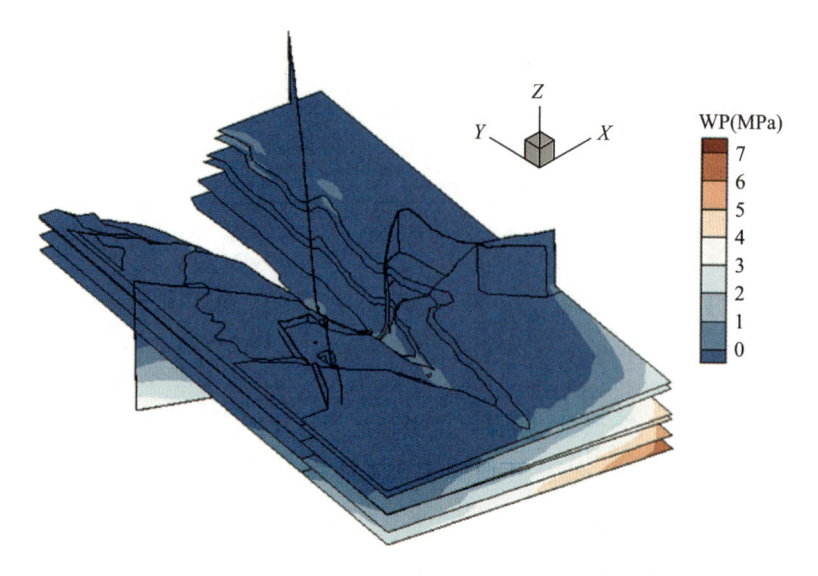

图 7-7 枢纽区断层和错动带渗流场初始水压力分布(单位:MPa)

7.3 蓄水过程中渗流场和位移场演化规律

7.3.1 渗流场演化

为了研究水库蓄水过程中白鹤滩水电站枢纽区地下水渗流场的演化规律，选取蓄水过程中库水位分别为 785 m、800 m 和 825 m 时的枢纽区岩体渗流场主要断层错动带水压力分布进行分析，如图 7-8～图 7-10 所示。可以看出，枢纽区上游的主要断层和错动带的渗透水压力较大，断层和错动带位置高程越低，渗透压力越大。库水位越高，断层和错动带渗透压力越大，库水位 825 m 时的错动带裂隙水压力与库水位 785 m 时的水压力最大相差 0.5 MPa。由于断层和错动带渗透性较大且倾向右岸，左岸岩体渗透压力略大于右岸；在枢纽区下游部分区域出现了较低渗透压力区，分布范围广，但渗透压力梯度较小，渗透体积力较小。

选取顺河向典型剖面 $X=1\,200$ m(拱冠梁剖面)，上下游横河向典型剖面 $Y=1\,320$ m 和 $Y=1\,950$ m，分析了枢纽区地下水渗流特征和上下游库岸岩体渗透压力的变化规律。

(a)岩体水压力

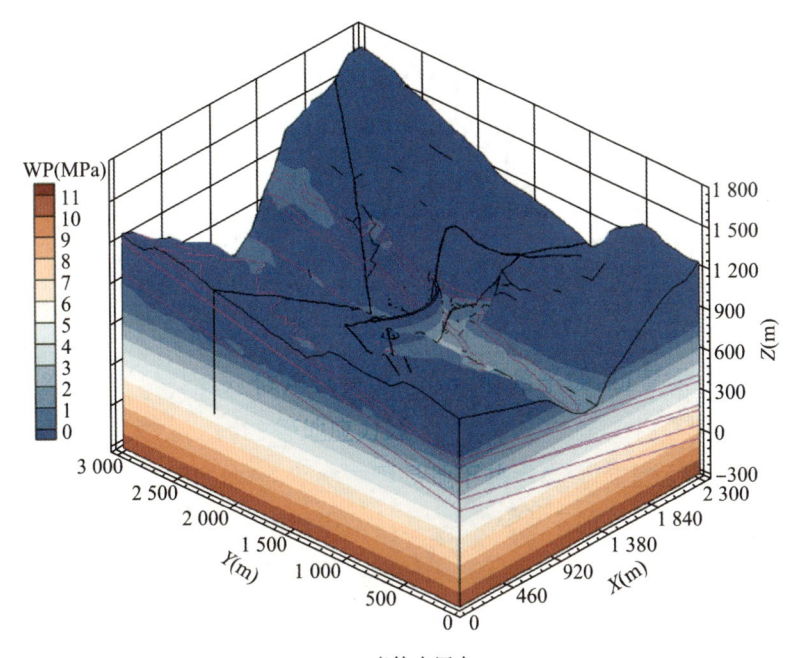

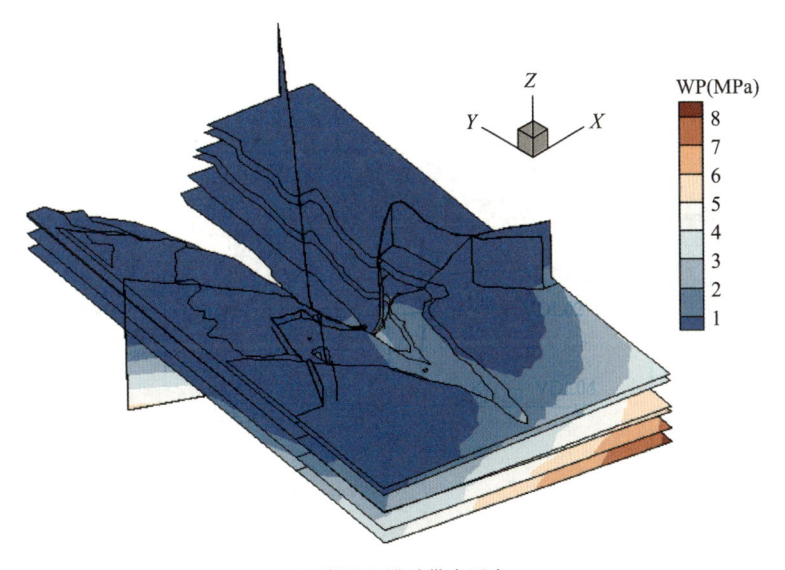

(b)断层和错动带水压力

图 7-8　库水位 785 m 时枢纽区渗流场水压力分布(单位:MPa)

第七章　非达西渗流应力流变耦合三维数值分析

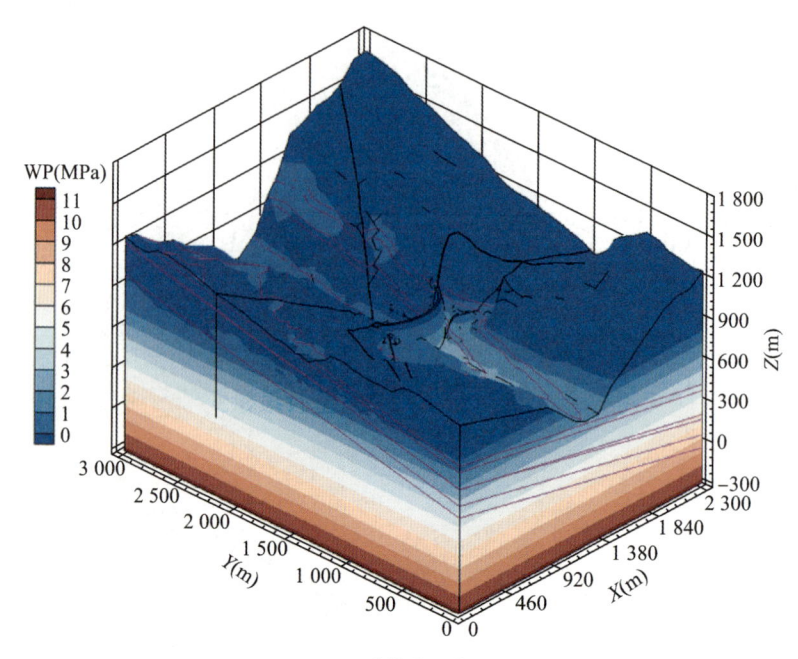

(a) 岩体水压力

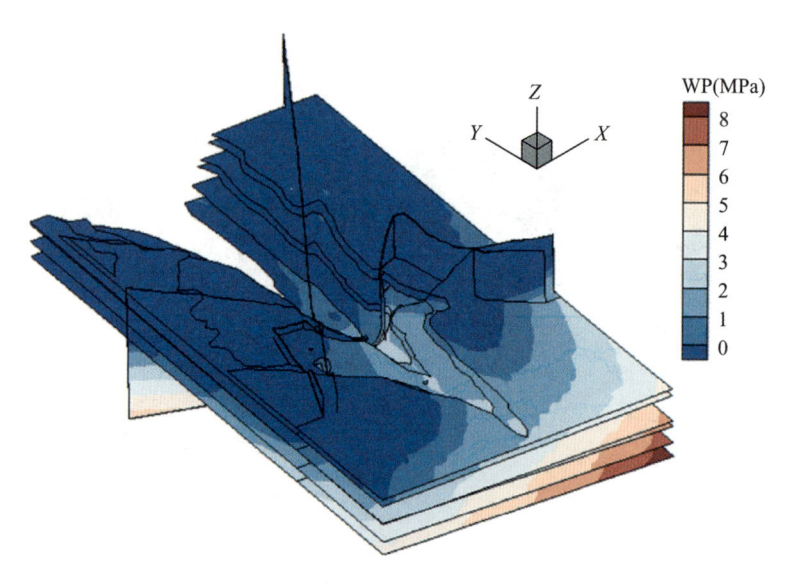

(b) 断层和错动带水压力

图 7-9 库水位 800 m 时枢纽区渗流场水压力分布(单位:MPa)

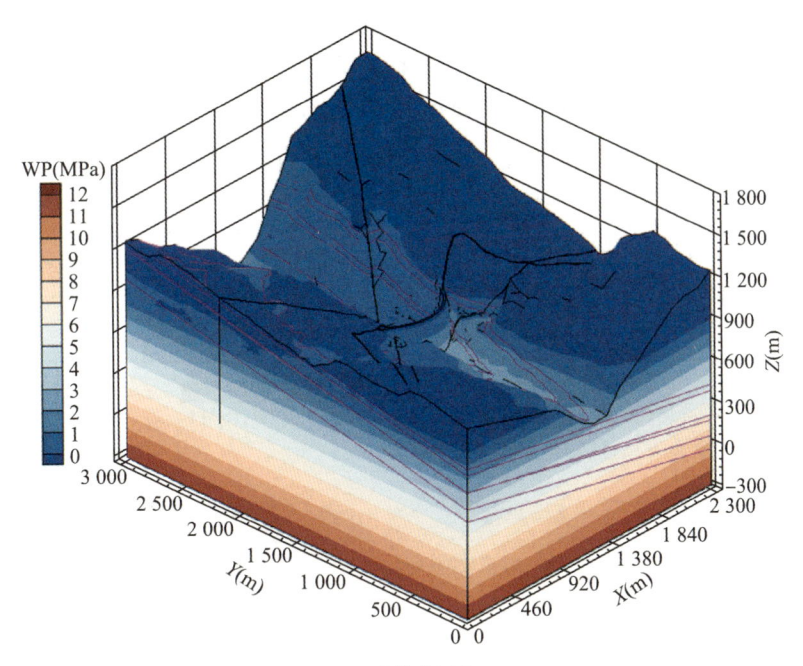

(a）岩体水压力

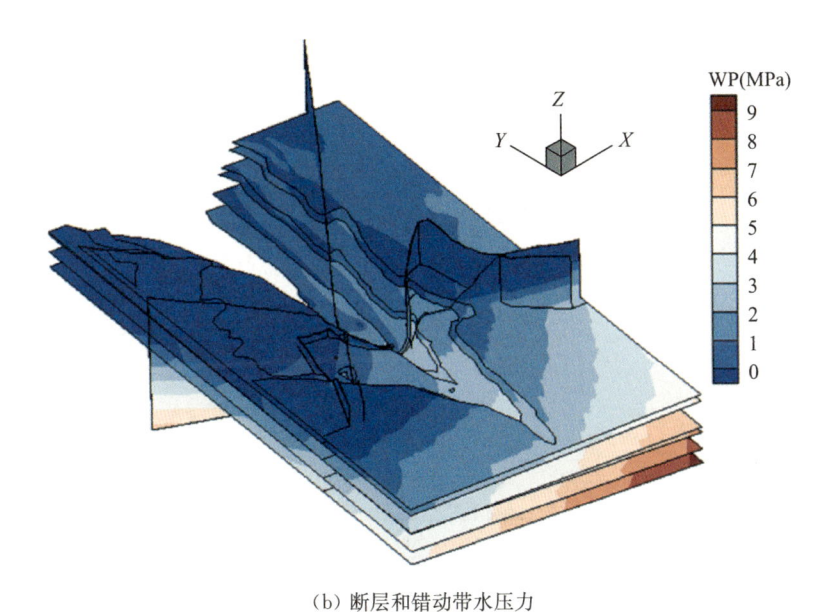

(b）断层和错动带水压力

图 7-10　库水位 825 m 时枢纽区渗流场水压力分布（单位：MPa）

图 7-11 为库水位分别为 785 m、800 m 和 825 m 时拱冠梁剖面渗透水压力分布。可以看出,由于坝基防渗帷幕的阻渗作用,使得帷幕前后渗透压力降低明显,库水位越高,防渗帷幕前的渗透压力越大,帷幕后的渗透压力相差较小,防渗帷幕前后渗透压力减少超过了 1.0 MPa,说明坝基防渗帷幕能够有效降低坝基渗透水压力。

图 7-12 和图 7-13 分别为库水位为 785 m、800 m 和 825 m 对应上游 $Y=$ 1 320 m 和下游 $Y=$1 950 m 的典型剖面渗透压力分布图。

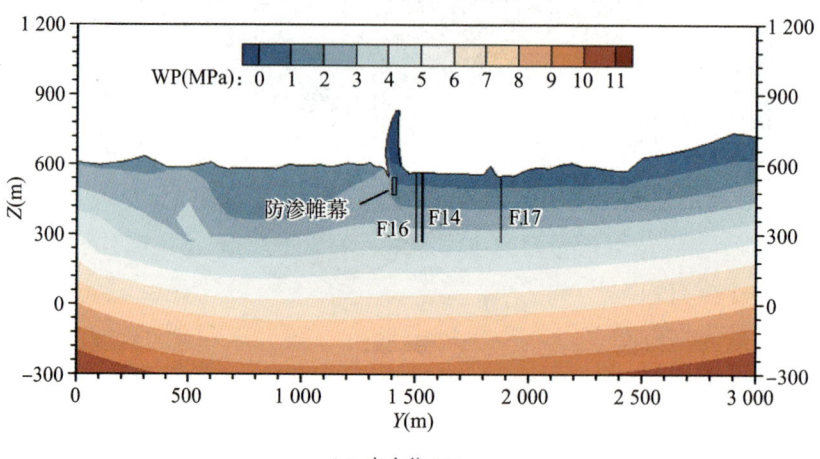

(a) 库水位 785 m

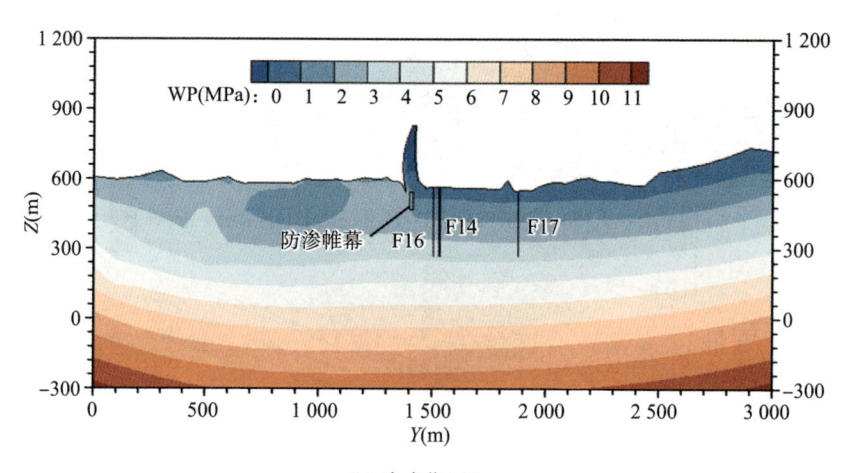

(b) 库水位 800 m

(c) 库水位 825 m

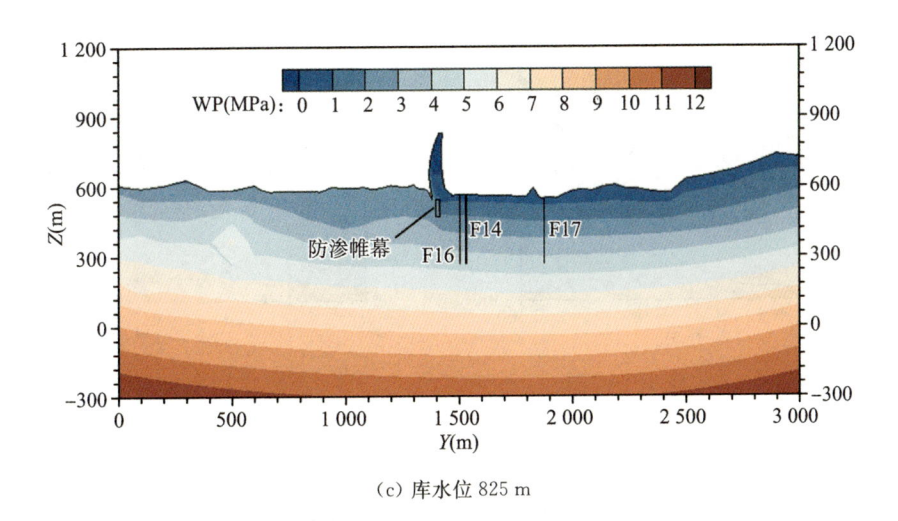

图 7-11　不同库水位时拱冠梁剖面 $X=1\ 200$ m 渗透水压力分布（单位：MPa）

(a) 库水位 785 m

(b) 库水位 800 m

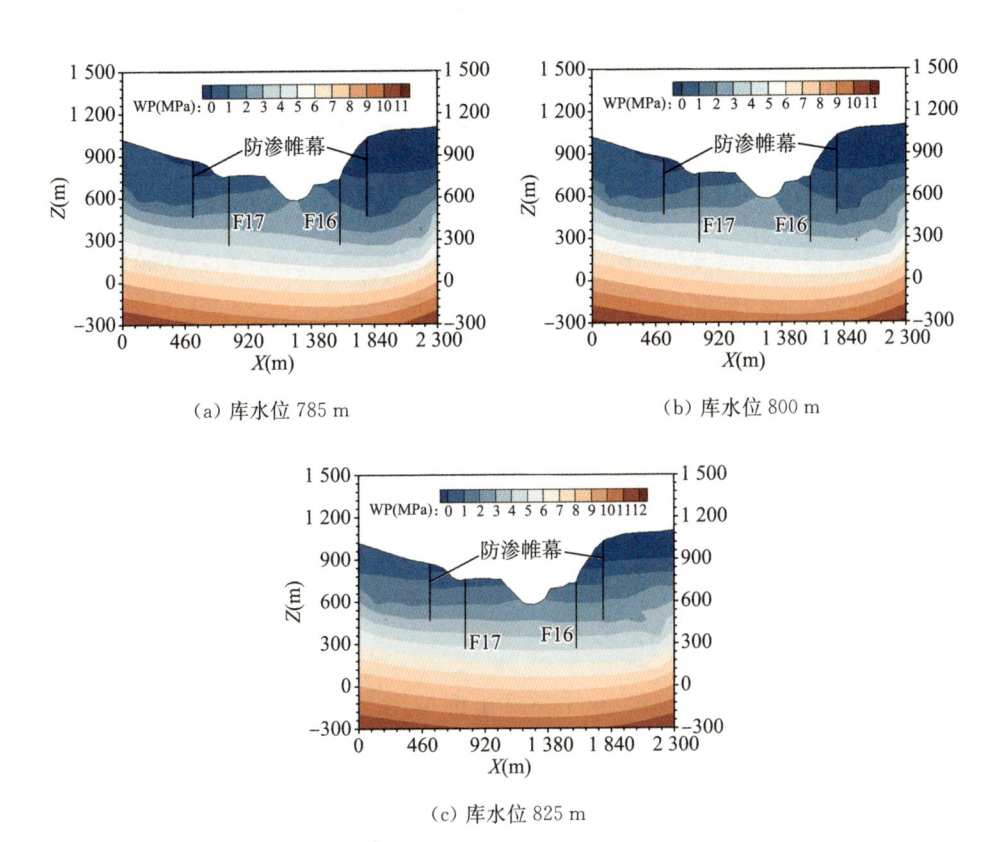

(c) 库水位 825 m

图 7-12　不同库水位时上游剖面 $Y=1\ 320$ m 渗透水压力分布（单位：MPa）

(a) 库水位 785 m

(b) 库水位 800 m

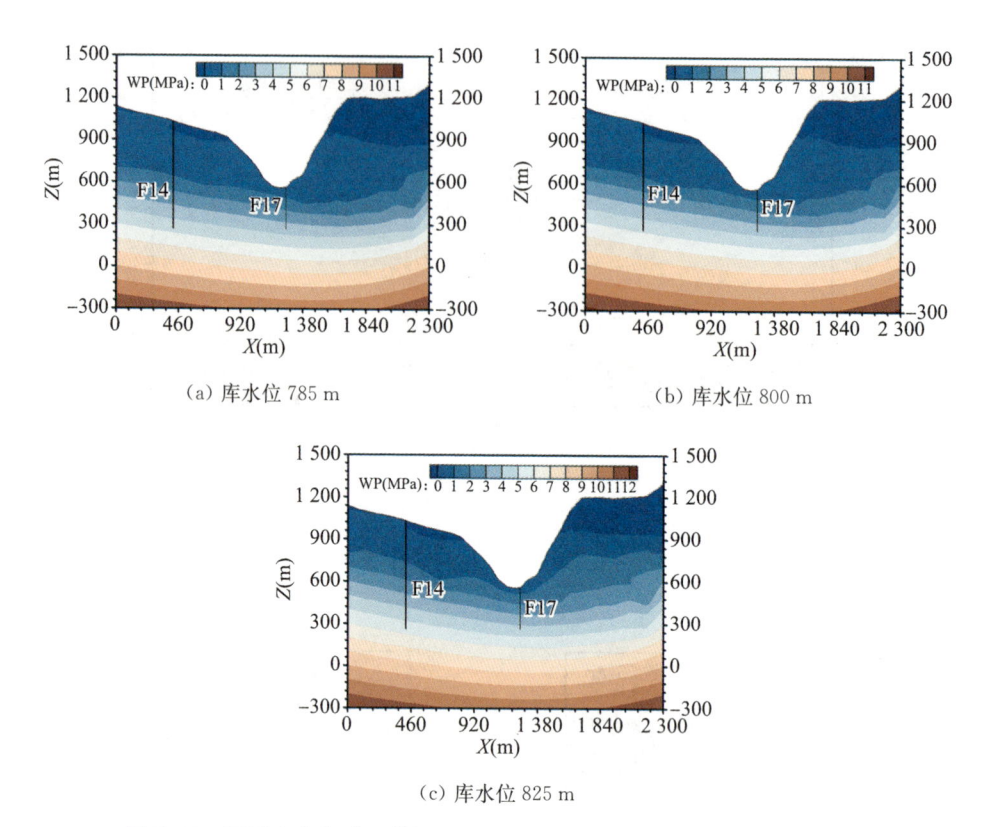

(c) 库水位 825 m

图 7-13　不同库水位时下游剖面 $Y=1\,950$ m 渗透水压力分布(单位:MPa)

库水位变化对枢纽区上游的库盆和岸坡岩体渗流场影响较大,库水位越高,岩体渗透压力越大,特别是防渗帷幕前渗透压力对库水位变化响应明显,帷幕后的渗透压力较幕前压力降低较大,帷幕后的渗透压力梯度明显减小,岸坡段的防渗帷幕能够有效降低库岸岩体渗透压力梯度。库水位变化对枢纽区下游剖面的岩体渗透压力分布的影响相对较小,防渗帷幕能够有效降低下游的渗透压力,防渗效果较好。

7.3.2　谷幅变形时空演化特征

库水位分别为 785 m、800 m 和 825 m 时枢纽区库岸岩体横河向变形分布如图 7-14 和图 7-15 所示。

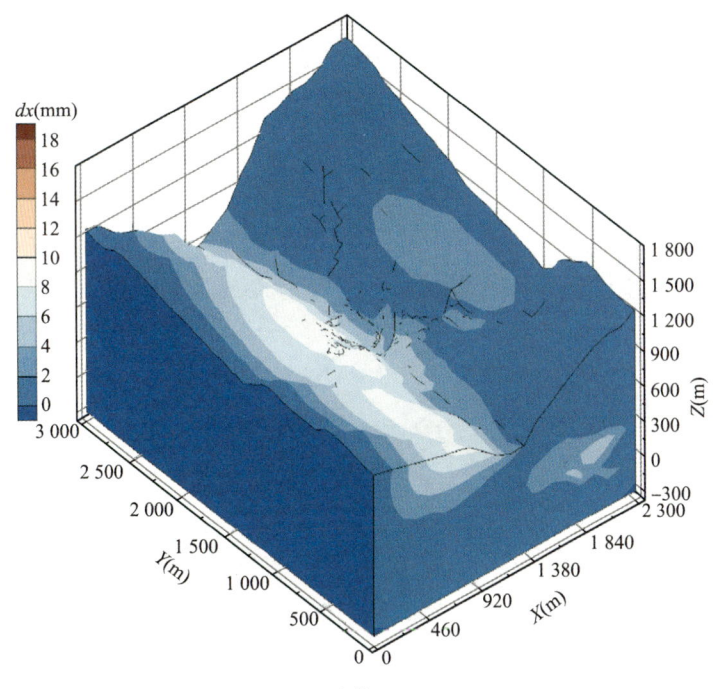

(a) 水位 785 m

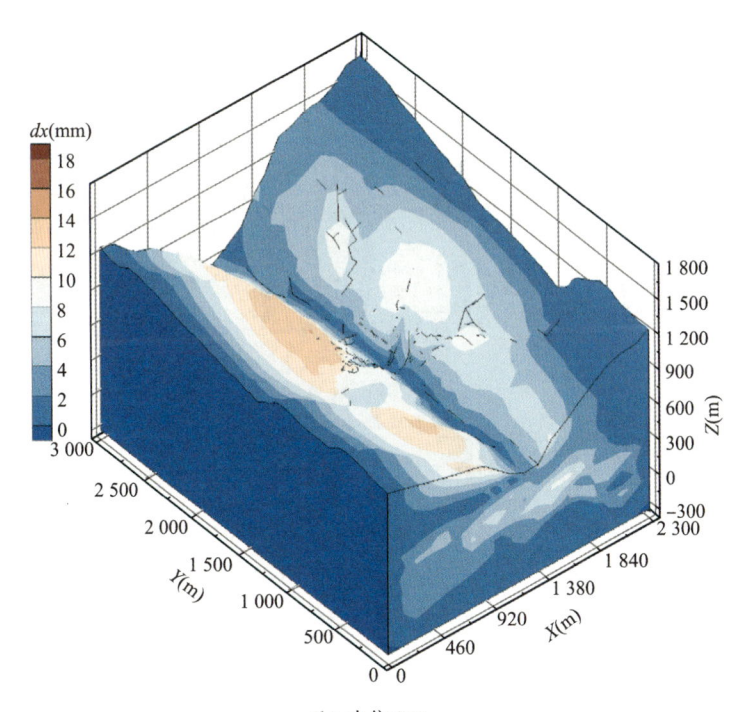

(b) 水位 800 m

第七章 非达西渗流应力流变耦合三维数值分析

(c) 水位 825 m

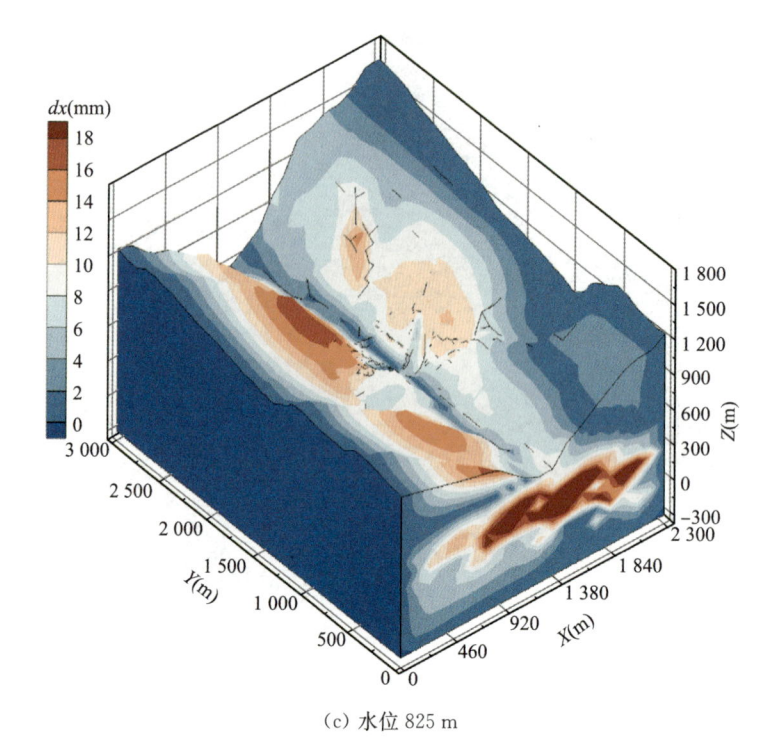

图 7-14　不同库水位时枢纽区整体横河向位移分布(单位:mm)

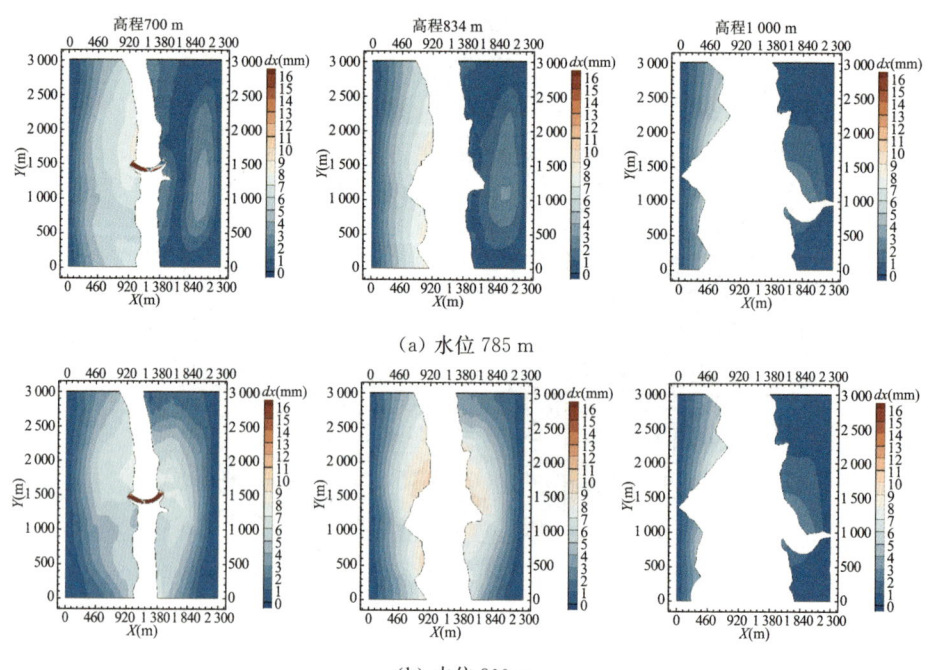

(a) 水位 785 m

(b) 水位 800 m

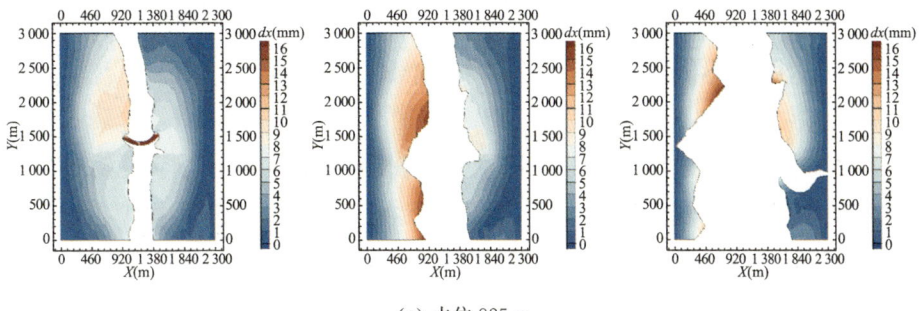

(c) 水位 825 m

图 7-15　不同库水位不同高程谷坡横河向位移分布(单位:mm)

通过对比分析不同库水位时枢纽区库岸岩体变形分布,可以看出:

(1) 在蓄水过程中,库岸谷坡呈收缩变形趋势,左右岸岩体均表现出朝向河谷中心的变形。左岸岸坡变形量值大于右岸,库水位为 785 m 时左岸最大横河向变形量为 9 mm,右岸最大横河向变形量为 5 mm;库水位为 825 m 时左岸最大横河向变形量为 17 mm,右岸最大横河向变形量为 14 mm。

(2) 枢纽区上游谷幅变形明显大于下游。坝肩位置地下水渗流场分布比较复杂,地下水动力条件活跃,谷幅收缩变形量相对较大;右岸上游层间错动带发育分布位置相对较低,造成其层间错动带上的地下水动水压力相对较大,引起右岸山体内深部横河向变形较大,且变形方向指向河谷中心。

(3) 从不同高程水平剖面的谷坡横河向变形分布可以看出,沿高程方向谷幅变形量值相差较大,左岸山体不同高程谷幅变形变幅大于右岸山体。当库水位为 785 m 时,高程为 700 m 的左岸最大横河向变形为 8.5 mm,右岸为 4.5 mm;高程为 1 000 m 的左岸最大横河向变形为 7.5 mm,右岸为 5.0 mm。当库水位增加至 825 m 时,高程为 700 m 的左岸最大横河向变形为 10.5 mm,右岸为 8.0 mm;高程为 1 000 m 的左岸最大横河向变形为 16.0 mm,右岸为 12.0 mm。

(4) 蓄水过程中上游右岸最大横河向变形出现在层间错动带部位。库水位为 785 m 时,上游右岸错动带部位最大横河向位移为 9.0 mm;库水位分别为 800 m 和 825 m 时,上游右岸错动带部位最大横河向位移为 10.0 mm 和 20.0 mm,较库水位 785 m 时分别增大了 1.0 mm 和 11.0 mm。

7.4 枢纽区不同测线剖面谷幅变形时空特征

为了分析蓄水过程中枢纽区不同位置的谷幅变形时空变化特征,对比白鹤滩枢纽区现场谷幅变形实际监测方案,从上游至下游在白鹤滩高拱坝谷幅变形三维数值计算模型中布设了相应的观测剖面。基于剖面在库水位分别为 785 m、800 m、825 m 时的横河向位移分布,以及对应典型剖面的监测曲线对谷幅变形情况做进一步分析。

7.4.1 上游进水口边坡 5-5 剖面

上游 5-5 剖面库水位分别为 785 m、800 m、825 m 时横河向位移分布如图 7-16 所示。随着库水位增加,两岸岩体朝向河谷方向的变形均出现一定程度增加,左岸变形量值整体上大于右岸。当库水位为 785 m 时,左岸朝向河谷方

(a) 库水位 785 m

(b) 库水位 800 m

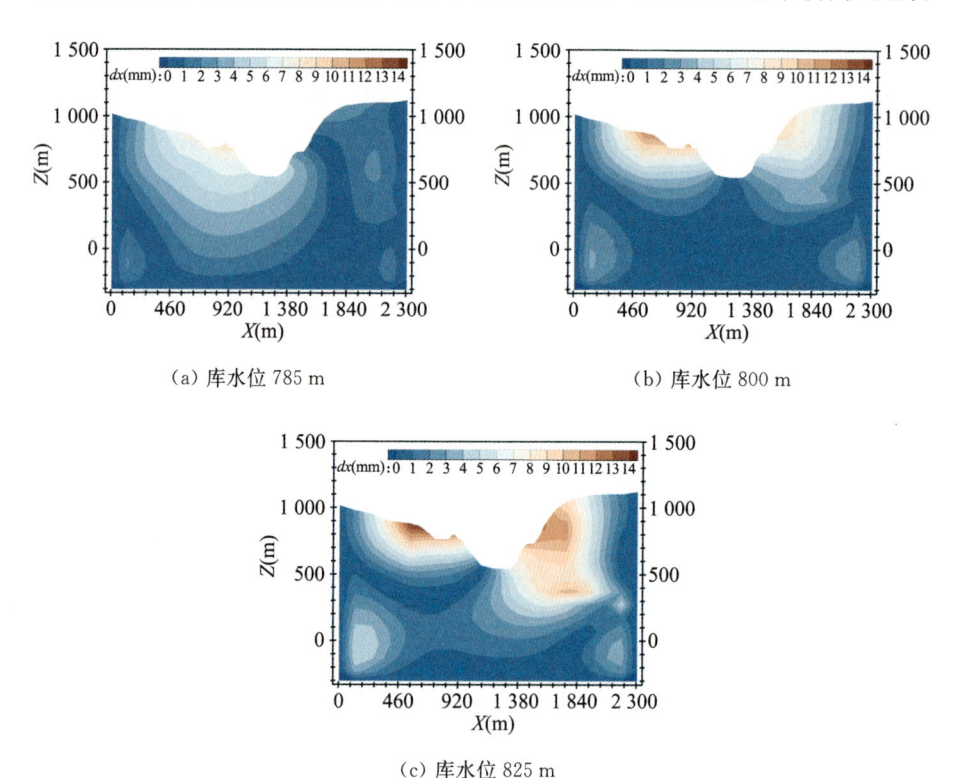

(c) 库水位 825 m

图 7-16 上游 5-5 剖面谷坡横河向位移分布(单位:mm)

向的最大位移为 8 mm,位于 800 m 高程坡表附近,右岸 800 m 高程坡表处的最大位移为 1 mm;当库水位为 800 m 时,左岸朝向河谷中心的最大位移为 11 mm,右岸最大变形量为 8 mm;当库水位为 825 m 时,左岸朝向河谷中心的最大位移为 14 mm,右岸最大变形量为 12 mm。

在 5-5 剖面高程为 864 m 处布置了谷幅变形测线,如图 7-17 所示。图 7-18、图 7-19 和图 7-20 分别为上游 5-5 剖面谷幅变形、变形速率和变形加速度随时间变化的曲线。谷幅变形主要发生在前三个蓄水周期,第一个蓄水周期内,测线谷幅变形量值为 19.8 mm,占变形总量的 41.7%;第二个蓄水周期内,测线累计谷幅变形量为 35.9 mm,占谷幅变形总量的 75.6%;第三个蓄水周期结束后,累计谷幅变形量为 43.8 mm,占谷幅变形总量的 92.2%;自第四个蓄水周期开始,谷幅变形速率和加速度逐渐趋于 0,谷幅变形逐渐趋于收敛;五个蓄水周期内,测线最大谷幅变形量为 47.5 mm。

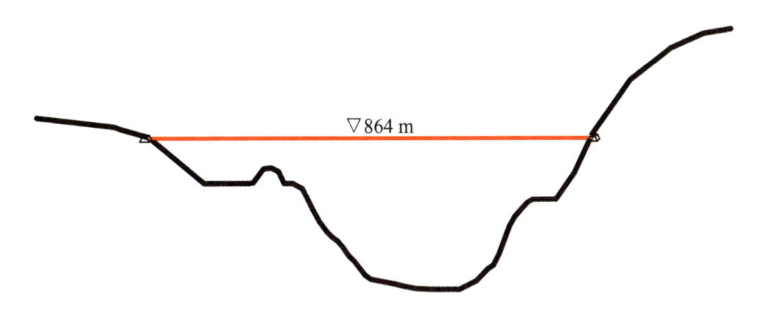

图 7-17 上游 5-5 剖面谷幅变形测线布置

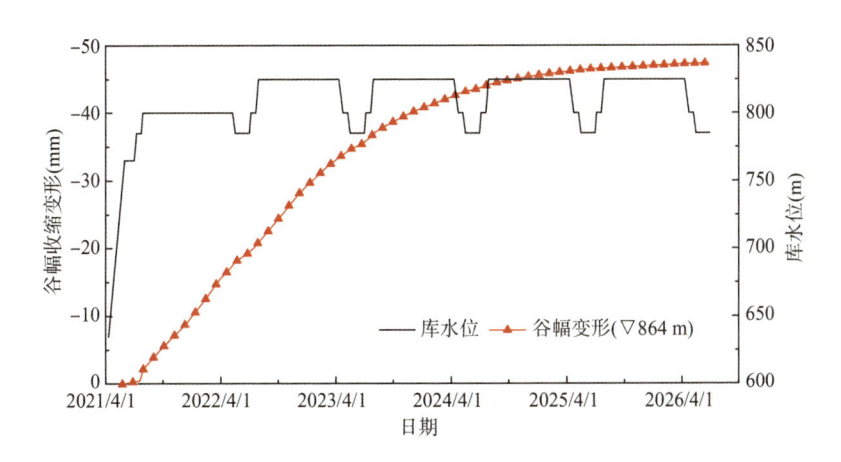

图 7-18 上游 5-5 剖面谷幅变形时程曲线(负值表示收缩)

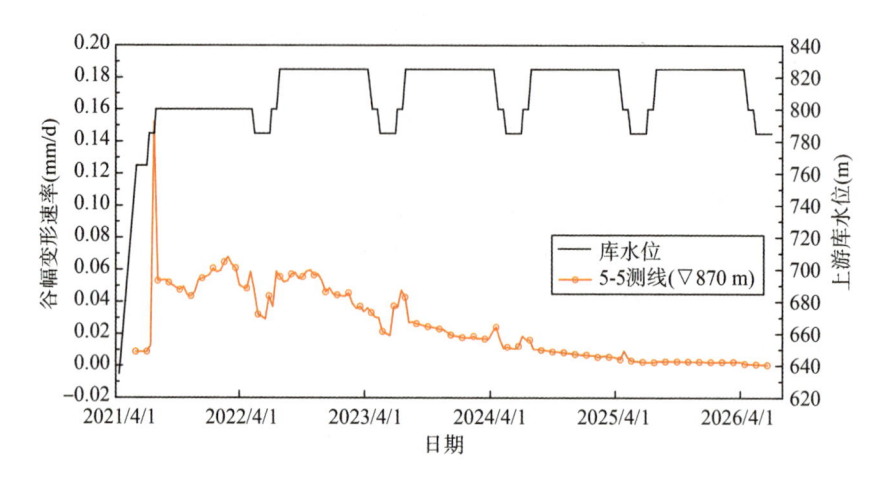

图 7-19　上游 5-5 剖面谷幅变形速率随时间变化曲线

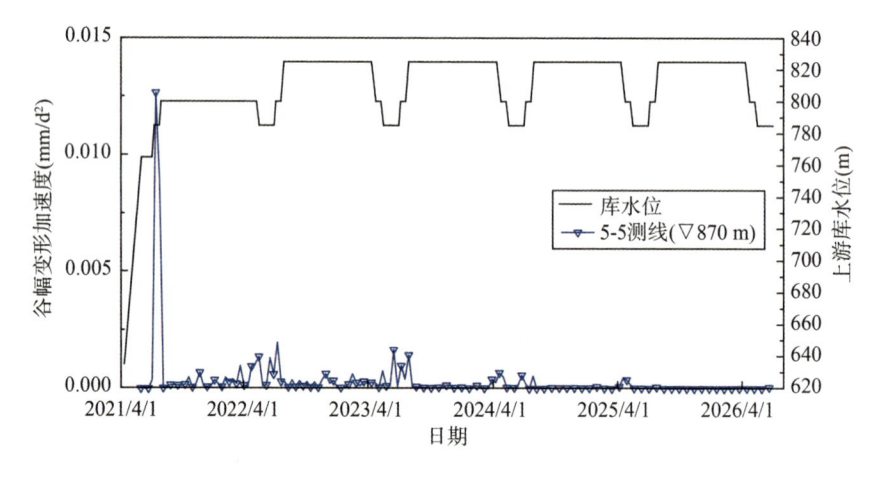

图 7-20　上游 5-5 剖面谷幅变形加速度随时间变化曲线

7.4.2　下游水垫塘 6-6 剖面

图 7-21 所示为下游 6-6 剖面库水位分别为 785 m、800 m、825 m 时谷坡横河向位移分布。下游 6-6 剖面位于下游水垫塘附近，枢纽区防渗体系的设置使得剖面横河向变形分布受库水位变化影响较上游剖面小。当库水位为 785 m 时，左岸朝向河谷方向的最大位移为 9 mm，位于 800 m 高程坡表附近，右岸 800 m 高程坡表处的最大位移为 1 mm；当库水位为 800 m 时，左岸朝向河谷中

心的最大位移为 13 mm，右岸最大变形量为 8 mm；当库水位为 825 m 时，左岸朝向河谷中心的最大位移为 15 mm，右岸最大变形量为 11 mm。

(a) 库水位 785 m

(b) 库水位 800 m

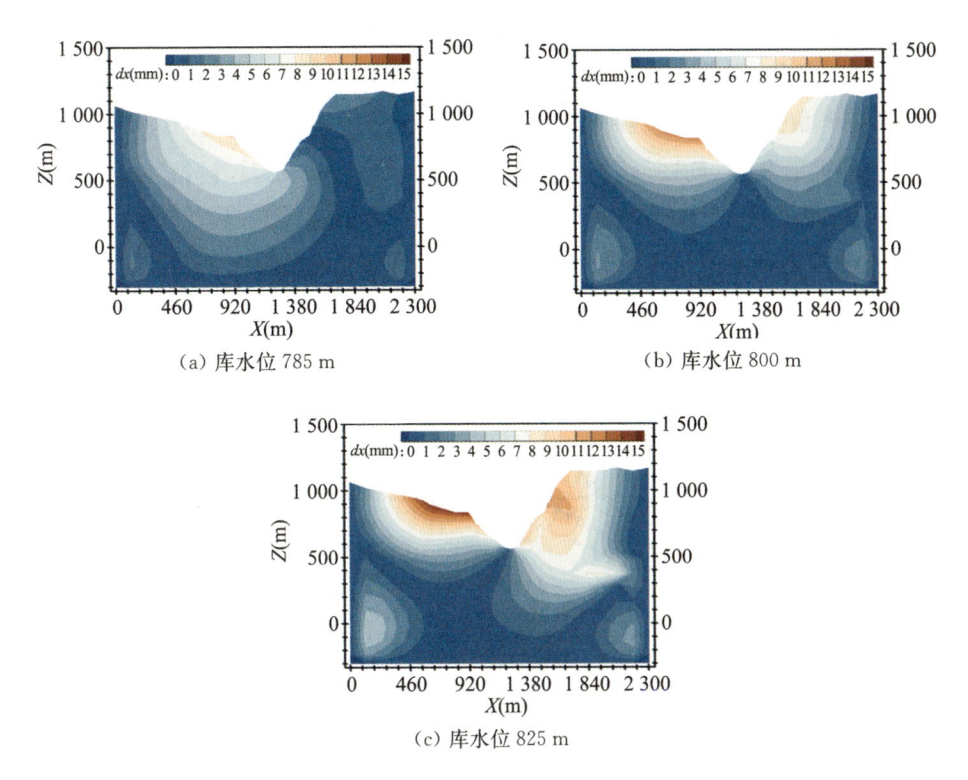

(c) 库水位 825 m

图 7-21　下游 6-6 剖面谷坡横河向位移分布（单位：mm）

图 7-22 所示为下游 6-6 剖面在高程分别为 654 m、690 m、740 m 和 790 m 的谷幅变形测线位置分布示意图。

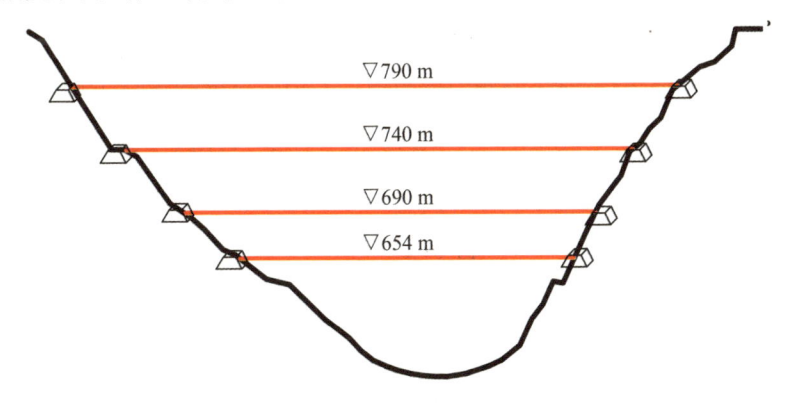

图 7-22　下游 6-6 剖面谷幅变形测线布置

谷幅变形量值、变形速率和变形加速度随时间变化的曲线分别如图7-23、图7-24和图7-25所示。高高程测线的谷幅变形量值明显大于低高程测线,以790 m和654 m高程测线为例,经过五个蓄水周期后,最大谷幅变形量值分别为37.4 mm和26.3 mm,相差11.1 mm。谷幅变形主要发生在前三个蓄水周期,第一个蓄水周期内,测线最大谷幅变形量为20.1 mm,占总变形量的53.7%;第二个蓄水周期后,测线最大累计谷幅变形量为31.1 mm,占变形总量的83.1%;第三个蓄水周期后,测线最大累计谷幅变形量为35.8 mm,占变形总量的95.7%;自第四个蓄水周期开始,谷幅变形速率和加速度逐渐趋于0,谷幅变形逐渐收敛;经过五个蓄水周期后,最大谷幅变形收缩值为37.4 mm。

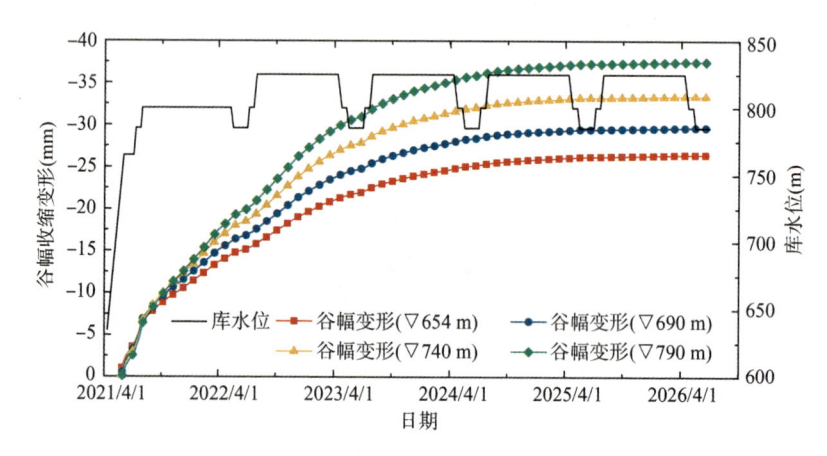

图7-23 下游6-6剖面不同高程谷幅变形时程曲线(负值表示收缩)

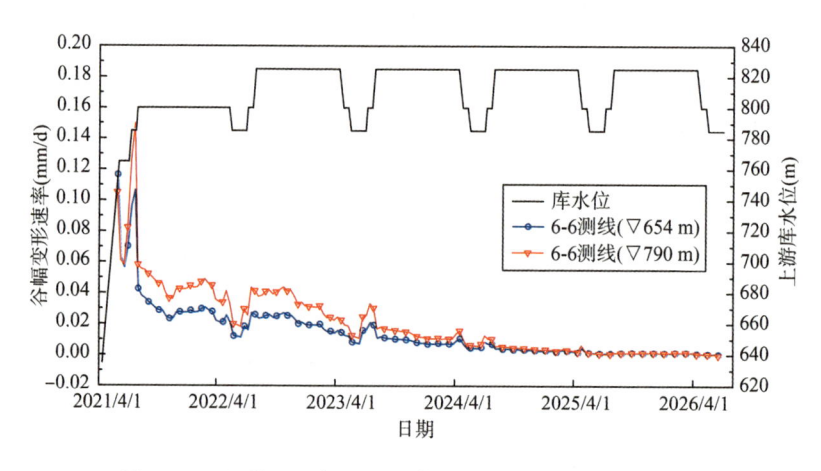

图7-24 下游6-6剖面不同高程谷幅变形速率变化曲线

(a)

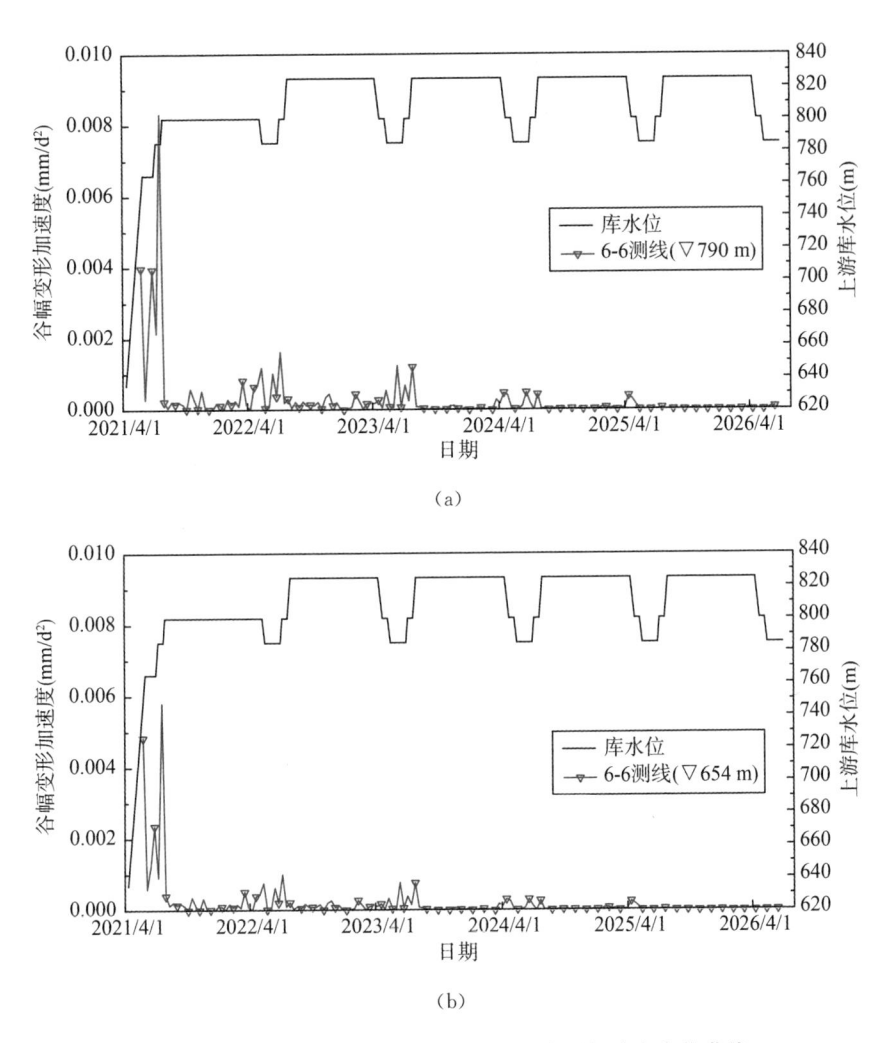

(b)

图 7-25　下游 6-6 剖面不同高程谷幅变形加速度变化曲线

7.4.3　下游二道坝附近 9-9 剖面

图 7-26 所示为下游二道坝 9-9 剖面库水位分别为 785 m、800 m、825 m 时两岸谷坡横河向位移分布情况。下游 9-9 剖面左岸变形量明显大于右岸，且库水位越高，两岸谷坡横河向位移越大。库水位为 785 m 时，左岸岩体最大横河向位移为 9 mm，右岸最大横河向位移为 2 mm；库水位为 800 m 时，左岸最大横河向位移为 14 mm，右岸最大横河向位移为 8 mm；库水位为 825 m 时，左岸最大横河向位移为 17 mm，右岸最大横河向位移约为 10 mm。

(a) 库水位 785 m

(b) 库水位 800 m

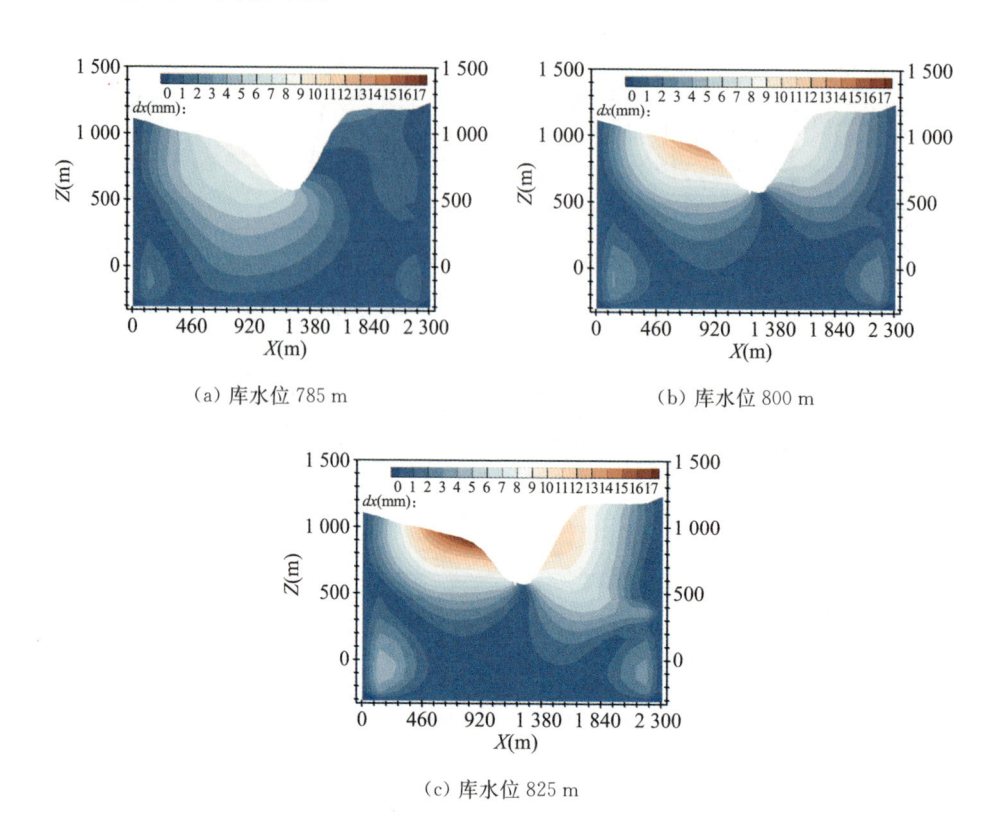

(c) 库水位 825 m

图 7-26　下游 9-9 剖面不同库水位横河向位移分布(单位:mm)

下游 9-9 剖面沿高程方向共布置了 5 条谷幅变形测线,高程分别为 654 m、699 m、744 m、789 m 和 834 m,如图 7-27 所示。

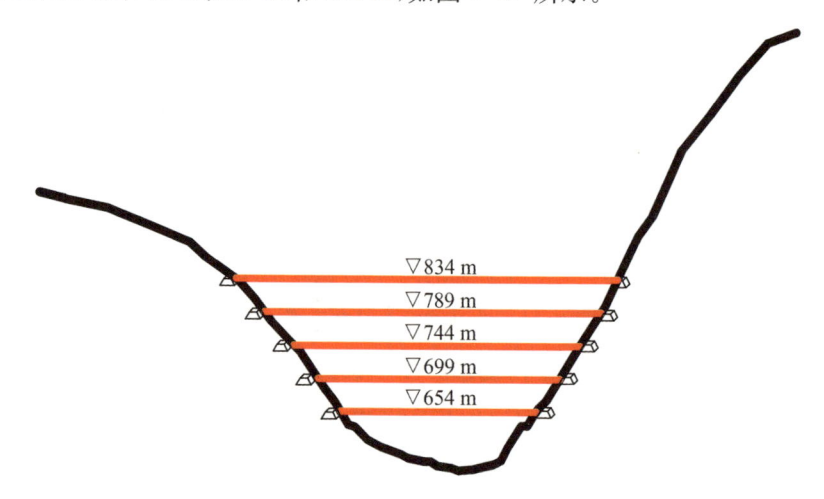

图 7-27　下游 9-9 剖面谷幅变形测线布置

谷幅变形量值、变形速率和变形加速度随时间变化的曲线分别如图7-28、图7-29和图7-30所示。谷幅变形量值沿高程方向有所不同，高程为834 m测线的谷幅变形量值最大，为35.6 mm；高程为654 m测线的谷幅变形量值最小，为23.3 mm。谷幅变形主要发生在前三个蓄水周期，第一个蓄水周期内，测线最大谷幅变形量为19.1 mm，占总变形量的53.6%；第二个蓄水周期后，测线最大累计谷幅变形量为29.8 mm，占变形总量的83.7%；第三个蓄水周期后，测线最大累计谷幅变形量为34.4 mm，占变形总量的96.6%；自第四个蓄水周期开始，谷幅变形速率和加速度逐渐趋于0，谷幅变形逐渐收敛。

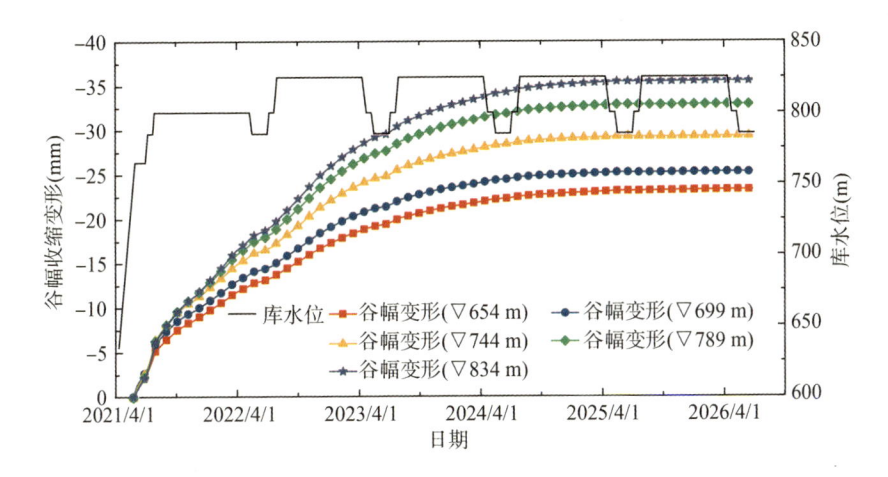

图7-28　下游9-9剖面不同高程谷幅变形时程曲线（负值表示收缩）

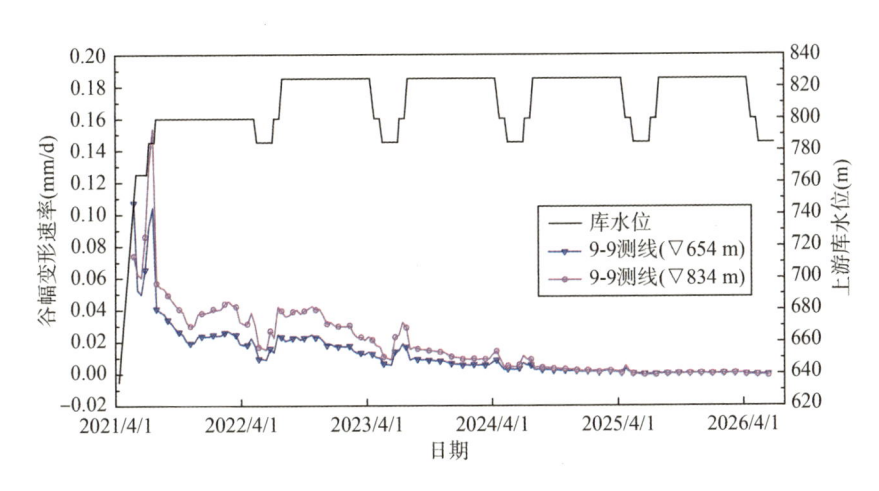

图7-29　下游9-9剖面不同高程谷幅变形速率变化曲线

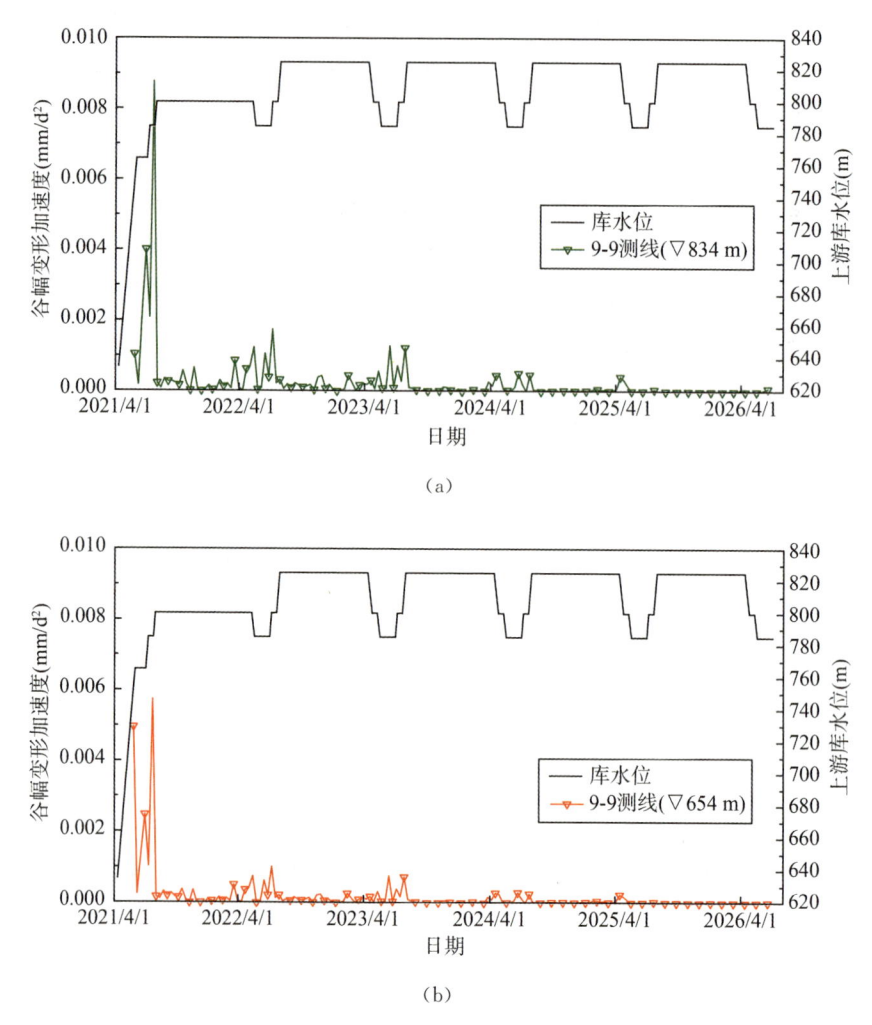

图 7-30　下游 9-9 剖面不同高程谷幅变形加速度变化曲线

7.4.4　谷幅变形特征值

上游 3 条不同高程测线谷幅变形计算结果见表 7-6。从表中可以看出，导流洞进口剖面（3-3 剖面）834 m 高程处的变形略大于 804 m 高程。谷幅变形主要发生在前三个蓄水周期，第三个蓄水周期当库水位达到 825 m 时的变形分别为 41.2 mm 和 40.7 mm。经历经五个完整蓄水周期后，谷幅变形量达到 52.0 mm 和 50.9 mm，变形逐渐趋于收敛。上游围堰剖面（4-4 剖面）834 m 高程第三个蓄水周期库水位达到 825 m 时产生了 35.0 mm 的位移。经过拱坝原点的 5-5 剖面 864 m 高程处谷幅变形在第三个蓄水周期库水位达到 825 m 时的变形量为 36.8 mm。

表 7-6　上游测线谷幅变形计算成果统计表

剖面	距坝(m)	高程(m)	第一次蓄水至 800 m(mm)	第二次蓄水至 825 m(mm)	第三次蓄水至 825 m(mm)	第四次蓄水至 825 m(mm)	第五次蓄水至 825 m(mm)
3-3	685	834	5.6	25.3	41.2	48.6	52.0
		804	4.9	24.2	40.7	48.3	50.9
4-4	400	834	2.1	19.7	35.0	42.1	44.6
5-5	50	864	2.2	20.8	36.8	44.2	46.7

表 7-7～表 7-9 所示为拱坝下游水垫塘处三条测线不同高程的谷幅变形成果统计表。水垫塘区域谷幅变形均表现为收缩变形,谷幅变形主要发生在前三个蓄水周期内,最大谷幅变形量值为 33.7 mm。第五次蓄水周期完成后 8-8 剖面测线 894 m 高程谷幅变形最大,为 40.5 mm。靠近大坝的 6-6 剖面测线谷幅变形整体略大于其他两条测线。沿高程方向,测线高程越高,谷幅变形越大。

表 7-7　6-6 剖面(水垫塘)谷幅变形计算成果统计表

剖面	距坝(m)	高程(m)	第一次蓄水至 800 m(mm)	第二次蓄水至 825 m(mm)	第三次蓄水至 825 m(mm)	第四次蓄水至 825 m(mm)	第五次蓄水至 825 m(mm)
6-6	150	790	6.4	20.9	31.7	36.1	37.2
		740	6.7	19.3	28.5	32.2	33.1
		690	6.8	17.5	25.3	28.5	29.4
		654	6.5	15.7	22.4	25.3	26.1

表 7-8　7-7 剖面(水垫塘)谷幅变形计算成果统计表

剖面	距坝(m)	高程(m)	第一次蓄水至 800 m(mm)	第二次蓄水至 825 m(mm)	第三次蓄水至 825 m(mm)	第四次蓄水至 825 m(mm)	第五次蓄水至 825 m(mm)
7-7	200	834	5.9	21.5	33.5	38.2	39.2
		788	6.1	19.9	30.2	34.2	35.1
		744	6.5	18.7	27.5	30.9	31.7
		688	6.8	17.2	24.8	27.9	28.6
		654	6.3	15.4	22.0	24.7	25.5

表 7-10 和表 7-11 所示为下游二道坝剖面(9-9 剖面)和下游围堰(10-10 剖面)两条测线不同高程的谷幅变形成果统计表。同一剖面的不同高程测线谷幅变形规律为测线高程越高、谷幅变形越大。在第三个蓄水周期库水

位达到 825 m 时,二道坝剖面距河谷较近的 654 m 高程处测线谷幅变形比 834 m 高程处变形小 10.5 mm,下游围堰剖面 635 m 高程测线谷幅变形比 800 m 高程处谷幅变形小 15.2 mm。下游二道坝剖面(9-9 剖面)和下游围堰 (10-10 剖面)离大坝位置相对较远,谷幅变形量值小于水垫塘剖面。

表 7-9　8-8 剖面(水垫塘)谷幅变形计算成果统计表

剖面	距坝 (m)	高程 (m)	第一次蓄水至 800 m(mm)	第二次蓄水至 825 m(mm)	第三次蓄水至 825 m(mm)	第四次蓄水至 825 m(mm)	第五次蓄水至 825 m(mm)
8-8	270	894	5.1	20.8	33.7	39.2	40.5
		834	5.9	21.1	32.3	36.6	37.6
		788	6.3	19.9	29.8	33.5	34.3
		744	6.6	18.6	27.2	30.5	31.1
		698	6.5	16.8	24.2	27.1	27.8
		654	6.1	15.1	21.6	24.3	25.1

表 7-10　9-9 剖面(二道坝)谷幅变形计算成果统计表

剖面	距坝 (m)	高程 (m)	第一次蓄水至 800 m(mm)	第二次蓄水至 825 m(mm)	第三次蓄水至 825 m(mm)	第四次蓄水至 825 m(mm)	第五次蓄水至 825 m(mm)
9-9	390	834	6.3	19.8	30.5	34.6	35.5
		788	6.4	18.9	28.6	32.2	32.9
		744	6.5	17.4	25.6	28.7	29.3
		699	6.0	15.2	22.1	24.7	25.3
		654	5.2	13.8	20.0	22.5	23.2

表 7-11　10-10 剖面(下游围堰)谷幅变形计算成果统计表

剖面	距坝 (m)	高程 (m)	第一次蓄水至 800 m(mm)	第二次蓄水至 825 m(mm)	第三次蓄水至 825 m(mm)	第四次蓄水至 825 m(mm)	第五次蓄水至 825 m(mm)
10-10	650	800	7.3	20.4	28.7	32.2	33.0
		750	6.6	17.3	24.2	26.9	27.6
		680	5.2	13.8	19.4	21.7	22.2
		635	3.9	9.8	13.5	15.1	15.6

7.5　小结

针对峡谷区白鹤滩高拱坝工程,采用多尺度非达西渗流应力耦合三维数值模拟方法,分析了水库蓄水过程中枢纽区地下水渗流场和谷幅变形演化规律,得到了白鹤滩枢纽区水库蓄水调度过程中谷幅变形的时空分布特征。

（1）白鹤滩水电站库岸山体谷幅变形主要表现为收缩变形，两岸山体均呈向河谷中心的变形。

（2）枢纽区山体上游谷幅变形明显大于下游。五个蓄水周期内，上游最大谷幅变形量为52.0 mm，位于导流洞进口剖面3-3剖面834 m高程测线处；下游最大谷幅变形量为40.5 mm，位于水垫塘8-8剖面894 m高程测线处，较上游谷幅变形最大值小11.5 mm。坝肩位置地下水渗流场分布比较复杂，地下水动力条件活跃，谷幅收缩变形量相对较大。

（3）左岸朝向河谷的变形整体上大于右岸，这与层间错动带等不连续结构的发育分布有关，左岸一般为顺坡向，右岸为反坡向，导致地下水动力条件产生明显差异。初期蓄水至库水位为785 m时，左岸最大横河向变形量为9.0 mm，右岸最大横河向变形量为5.0 mm；第一次蓄水至库水位为825 m时，左岸最大横河向变形量为17.0 mm，右岸最大横河向变形量为14.0 mm。第三次蓄水至库水位为825 m时，左岸最大横河向变形量为24.0 mm，右岸最大横河向变形量为18.0 mm。

（4）沿高程方向，谷坡山体高高程处测线谷幅变形量大于低高程处测线，且左岸山体不同高程谷幅变形变幅大于右岸山体。当初期蓄水至库水位为785 m时，高程为700 m处的左岸最大横河向变形为8.5 mm，右岸为4.5 mm；高程为1 000 m处的左岸最大横河向变形为7.5 mm，右岸为5.0 mm。当库水位第一次蓄水至825 m时，高程为700 m处的左岸最大横河向变形为10.5 mm，右岸为8.0 mm；高程为1 000 m处的左岸最大横河向变形为16.0 mm，右岸为12.0 mm。当库水位第三次蓄水至825 m时，高程为700 m处的左岸最大横河向变形为16.0 mm，右岸为12.0 mm；高程为1 000 m处的左岸最大横河向变形为22.0 mm，右岸为15.0 mm。

（5）谷幅变形主要发生在前三个蓄水周期，第一个蓄水周期谷幅变形量占五个蓄水周期内变形总量的41.1%~59.6%；第二个蓄水周期内，测线累计谷幅变形量占五个蓄水周期内变形总量的74.7%~86.4%，较第一个蓄水周期变形占比增加26.8%~33.6%；第三个蓄水周期后测线累计谷幅变形量占五个蓄水周期内变形总量的91.6%~96.6%，较第二个蓄水周期变形占比增加10.0%~16.9%；自第四个蓄水周期开始，谷幅变形速率和加速度趋于0，谷幅变形逐渐收敛；第五个蓄水周期后谷幅变形增量不明显。

第八章

白鹤滩谷幅变形机理分析

8.1 引言

本章在白鹤滩工程水库运行调度过程中峡谷区高拱坝谷幅变形研究基础上,对比分析枢纽区岩体非达西渗流特性、库岸岩体流变变形特性、断层错动带等不连续结构面等因素对谷幅变形的影响规律,探讨了峡谷区高拱坝谷幅变形机理,为白鹤滩高拱坝工程长期安全运行管理提供技术支撑。

8.2 非达西渗流对谷幅变形的影响

在高水头差作用下,枢纽区断层错动带等结构面内的水流运动按非达西渗流考虑,为了研究结构面内水流运动特性对谷幅变形的影响,计算分析对比了考虑断层错动带等结构面水流为达西渗流和非达西渗流条件下的谷幅变形情况。

图8-1～图8-5分别绘制了上游导流洞进口3-3剖面、上游拱坝原点5-5剖面、下游水垫塘6-6剖面、下游二道坝9-9剖面和下游围堰10-10剖面的谷幅变形随时间变化的对比曲线。总体上,考虑结构面裂隙达西渗流情况的下游谷幅变形量值小于非达西渗流情况,上游相差较小。由表8-1可知,上游3-3和5-5剖面的最大谷幅变形的差值较小,最大相差约为2.4%;非达西渗流情况和达西渗流情况的谷幅变形的变化规律相似,达西渗流情况的谷幅变形增量较非达西渗流情况总体上大一些,蓄水稳定后谷幅变形相差越来越小。

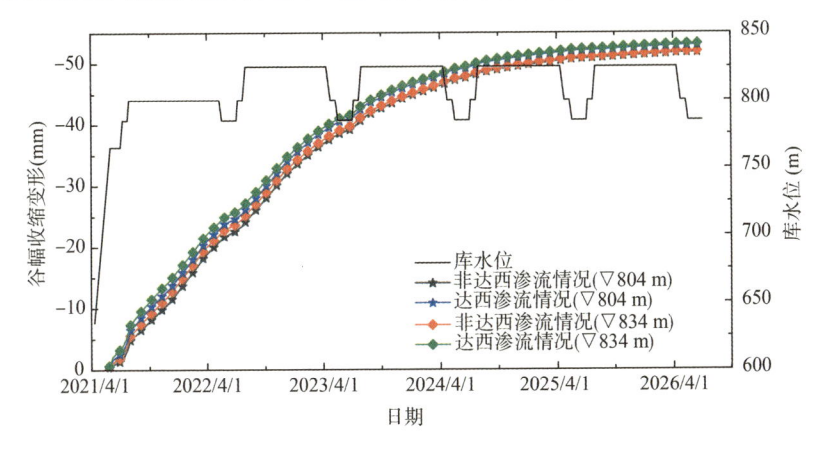

图8-1 上游3-3剖面谷幅变形时程曲线对比

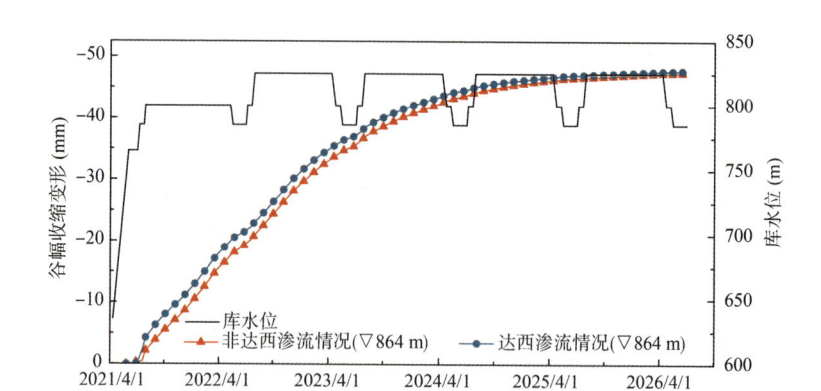

图 8-2　上游 5-5 剖面谷幅变形时程曲线对比

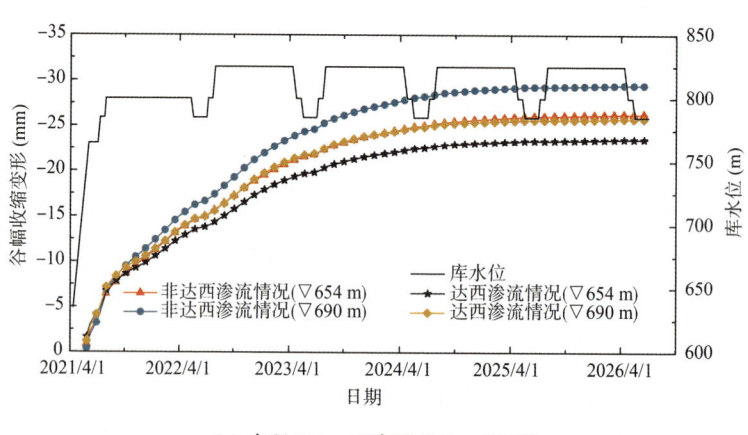

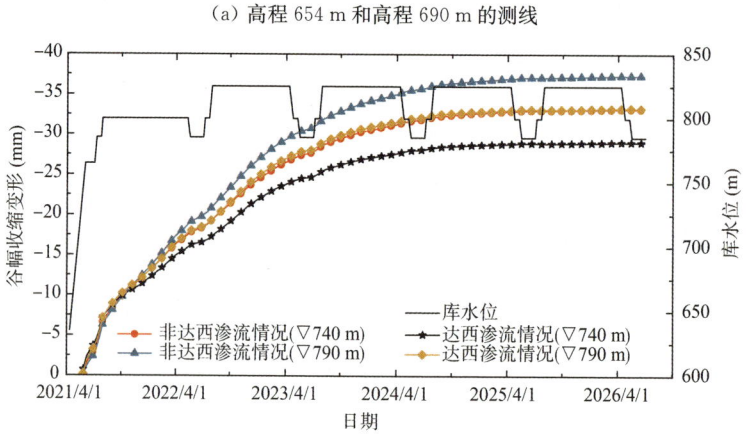

（a）高程 654 m 和高程 690 m 的测线

（b）高程 740 m 和高程 790 m 的测线

图 8-3　下游 6-6 剖面谷幅变形时程曲线对比

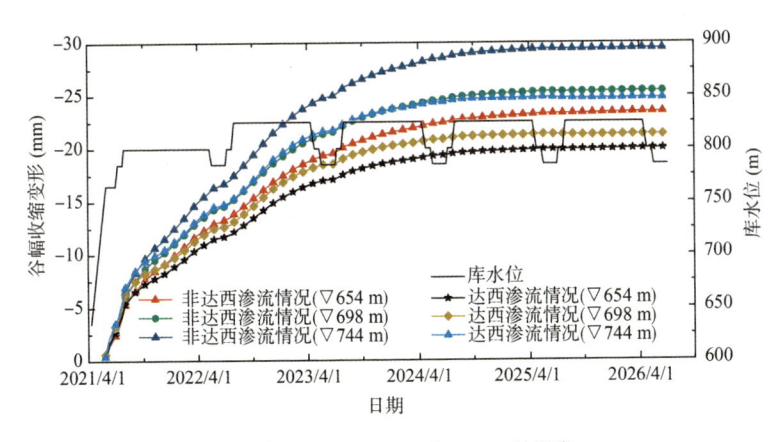

(a) 高程 654 m、699 m 和 744 m 的测线

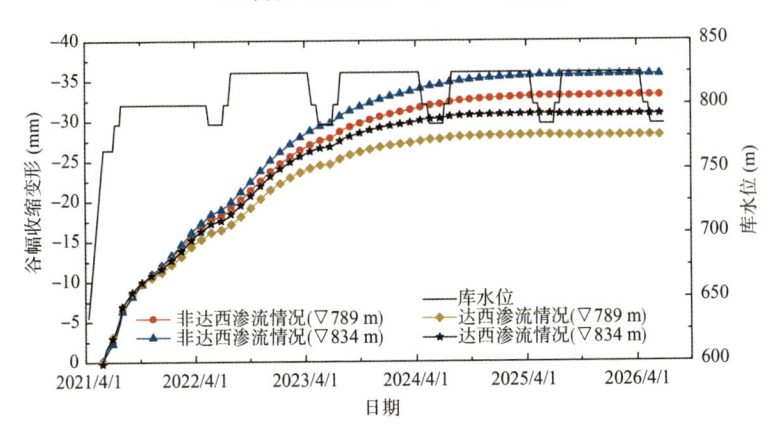

(b) 高程 789 m 和高程 834 m 的测线

图 8-4　下游 9-9 剖面谷幅变形时程曲线对比

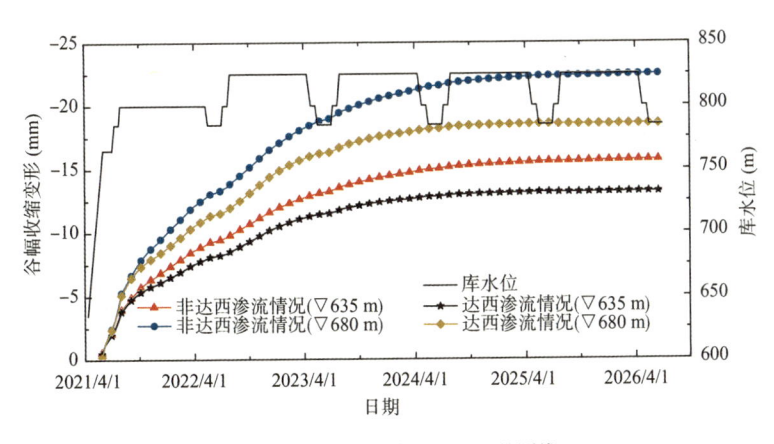

(a) 高程 635 m 和高程 680 m 的测线

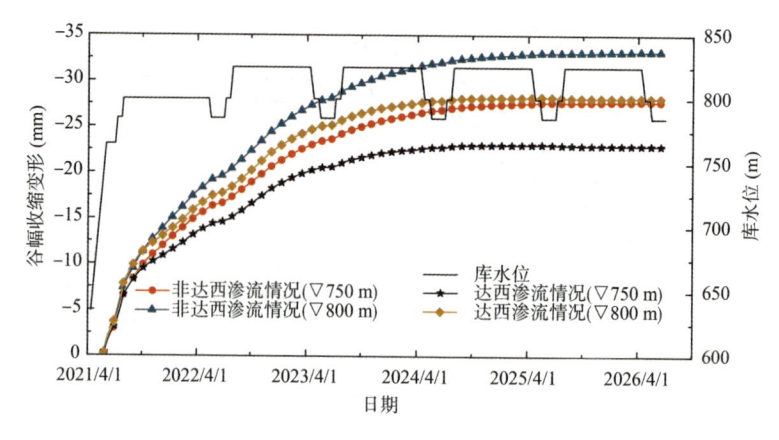

(b) 高程 750 m 和高程 800 m 的测线

图 8-5 下游 10-10 剖面谷幅变形时程曲线比

表 8-1 上游测线谷幅变形计算成果统计表

剖面	高程(m)	谷幅变形	第一次蓄水至 800 m(mm)	第二次蓄水至 825 m(mm)	第三次蓄水至 825 m(mm)	第四次蓄水至 825 m(mm)	第五次蓄水至 825 m(mm)
3-3	834	非达西	5.65	25.28	41.17	48.59	51.20
		达西	7.47	27.31	43.06	50.17	52.54
		变幅(%)	32.1	8.0	4.6	3.3	2.6
	804	非达西	4.90	24.22	40.69	48.32	50.97
		达西	6.60	26.26	42.58	49.90	52.30
		变幅(%)	34.5	8.4	4.6	3.3	2.6
5-5	864	非达西	2.22	20.81	36.79	44.17	46.70
		达西	4.32	22.93	38.31	45.07	47.16
		变幅(%)	94.7	10.2	4.1	2.0	1.0

由表 8-2 可知,下游 6-6 剖面位于水垫塘区域,达西渗流情况不考虑水流惯性阻力,与非达西渗流情况相比,下游测线谷幅变形相差相对较大,五年最大谷幅变形相差约为 4.2 mm,变幅为 12.7% 左右。

表 8-2 下游 6-6 剖面(水垫塘)谷幅变形计算成果统计表

剖面	高程(m)	谷幅变形	第一次蓄水至 800 m(mm)	第二次蓄水至 825 m(mm)	第三次蓄水至 825 m(mm)	第四次蓄水至 825 m(mm)	第五次蓄水至 825 m(mm)
6-6	790	非达西	6.36	20.89	31.73	36.08	37.18
		达西	7.22	19.36	28.88	32.44	33.18
		变幅(%)	13.5	7.3	9.0	10.1	10.7

续表

剖面	高程(m)	谷幅变形	第一次蓄水至800 m(mm)	第二次蓄水至825 m(mm)	第三次蓄水至825 m(mm)	第四次蓄水至825 m(mm)	第五次蓄水至825 m(mm)
6-6	740	非达西	6.67	19.28	28.51	32.18	33.09
		达西	7.22	17.28	25.32	28.29	28.89
		变幅(%)	8.2	10.4	11.2	12.1	12.7
	680	非达西	6.81	17.47	25.33	28.51	29.35
		达西	7.20	15.62	22.51	25.12	25.69
		变幅(%)	5.8	10.6	11.1	11.9	12.5
	654	非达西	6.46	15.69	22.42	25.27	29.35
		达西	6.72	14.34	20.33	22.72	23.34
		变幅(%)	4.1	8.7	9.3	10.1	10.6

由表 8-3 可知，下游 9-9 剖面(二道坝)达西渗流情况的谷幅变形与非达西渗流情况的变形相差最大约为 4.9 mm，最大变幅为 16.2% 左右。

表 8-3　下游 9-9 剖面(二道坝)谷幅变形计算成果统计表

剖面	高程(m)	谷幅变形	第一次蓄水至800 m(mm)	第二次蓄水至825 m(mm)	第三次蓄水至825 m(mm)	第四次蓄水至825 m(mm)	第五次蓄水至825 m(mm)
9-9	834	非达西	6.26	19.83	30.48	34.65	35.52
		达西	6.95	18.39	27.49	30.51	30.79
		变幅(%)	11.0	7.3	9.8	12.0	13.3
	789	非达西	6.38	18.97	28.57	32.24	32.96
		达西	6.87	17.05	25.19	27.83	28.07
		变幅(%)	7.6	10.1	11.8	13.7	14.5
	744	非达西	6.50	17.40	25.60	28.71	29.31
		达西	6.86	15.25	22.19	24.46	24.68
		变幅(%)	5.6	12.4	13.3	14.8	15.8
9-9	699	非达西	6.01	15.15	22.08	24.73	25.28
		达西	6.17	13.09	18.98	20.96	21.21
		变幅(%)	2.7	13.6	14.0	15.3	16.1
	654	非达西	5.23	13.80	20.02	22.55	23.21
		达西	5.38	12.17	17.55	19.51	19.90
		变幅(%)	3.0	11.8	12.3	13.5	14.3

由表 8-4 可知，下游 10-10 剖面达西渗流情况的谷幅变形与非达西渗流情况的最大谷幅变形相差约为 5.1 mm，最大变幅为 17.3% 左右。

考虑达西渗流情况的计算不计入裂隙水流的惯性阻力，枢纽区下游水压力较非达西渗流情况对库水位变动的响应更快一些，库岸岩体上下游水压力梯度更小，下游谷幅变形增量较小。非达西渗流情况断层错动带的渗透性不仅与结构面本身性质有关，还与渗流梯度或流速有关，在蓄水初期，枢纽区处于非稳定状态,裂隙水流的惯性阻力的影响较大,枢纽区地下水流运动较为复杂,使谷幅变形呈现不同的变化趋势。

表 8-4　下游 10-10 剖面(下游围堰)谷幅变形计算成果统计表

剖面	高程(m)	谷幅变形	第一次蓄水至 800 m(mm)	第二次蓄水至 825 m(mm)	第三次蓄水至 825 m(mm)	第四次蓄水至 825 m(mm)	第五次蓄水至 825 m(mm)
10-10	800	非达西	7.33	20.38	28.74	32.20	33.03
		达西	7.80	18.40	25.64	27.94	28.12
		变幅(%)	6.4	9.7	10.8	13.2	14.8
	750	非达西	6.56	17.27	24.16	26.97	27.60
		达西	6.61	15.15	21.04	22.88	22.99
		变幅(%)	0.7	12.3	12.9	15.2	16.7
	680	非达西	5.22	13.81	19.38	21.68	22.27
		达西	5.05	11.90	16.65	18.27	18.49
		变幅(%)	3.3	13.8	14.0	15.8	17.0
	635	非达西	3.89	9.75	13.52	15.12	15.56
		达西	3.81	8.51	11.76	12.95	13.17
		变幅(%)	2.1	12.7	13.0	14.4	15.3

8.3　流变变形对谷幅变形的影响

岩体流变力学特性对枢纽区库岸岩体长期变形影响较大,基于分析枢纽区岩体流变变形特性对谷幅变形影响的需要,计算分析了考虑和不考虑岩体流变变形特性条件下白鹤滩高拱坝工程五个蓄水周期内的谷幅变形情况。

图 8-6～图 8-10 分别绘制了枢纽区上游导流洞进口 3-3 剖面、上游拱坝原点 5-5 剖面、下游水垫塘 6-6 剖面、下游二道坝 9-9 剖面和下游围堰 10-10 剖面的考虑和不考虑岩体流变条件下谷幅变形对比情况。

由表 8-5～表 8-8 可知,不考虑流变时,蓄水稳定后谷幅变形大小与库水位高低呈对应关系,最大谷幅变形基本无增加,随时间的推移,两种情况下谷幅变形相差越来越大。在五个蓄水周期内,上游 3-3 剖面(导流洞进口)考虑流变条件下谷幅变形最大值为 52.06 mm 左右,不考虑流变条件下谷幅变形最大值为 36.79 mm 左右,相差约为 29.3%。上游 5-5 剖面(拱坝原点)考虑流变条件下谷幅变形最大值为 47.46 mm 左右,不考虑流变条件下谷幅变形最大值为 33.04 mm 左右,相差约为 30.4%。下游 6-6 剖面位于水垫塘区域,不考虑流变影响时五个蓄水周期内的最大谷幅变形约为 28.14 mm,与考虑流变情况对

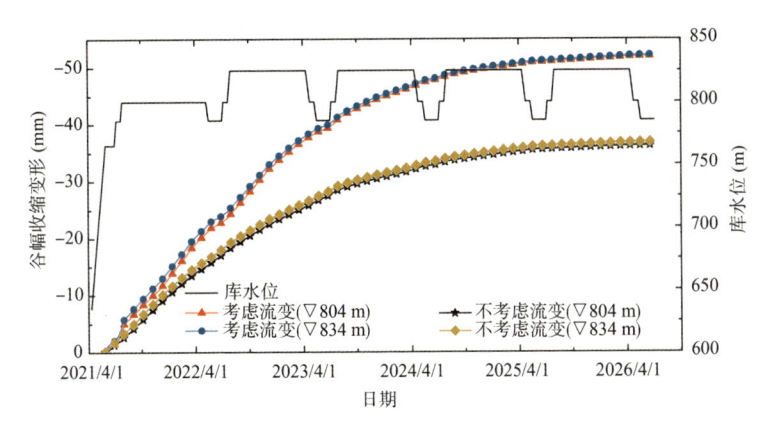

图 8-6　上游 3-3 剖面谷幅变形时程曲线对比

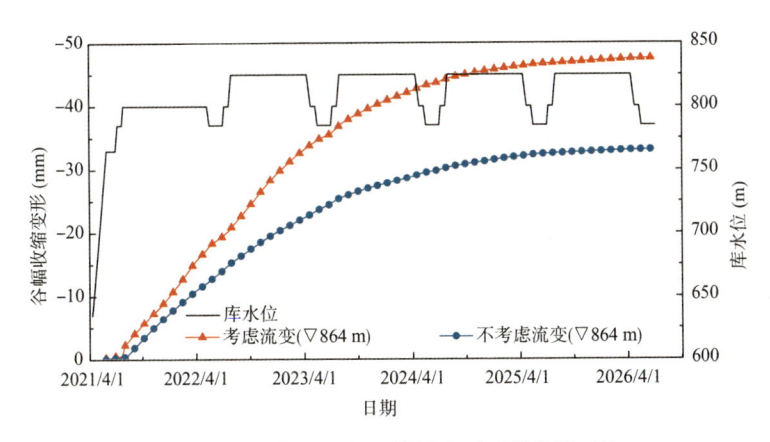

图 8-7　上游 5-5 剖面谷幅变形时程曲线对比

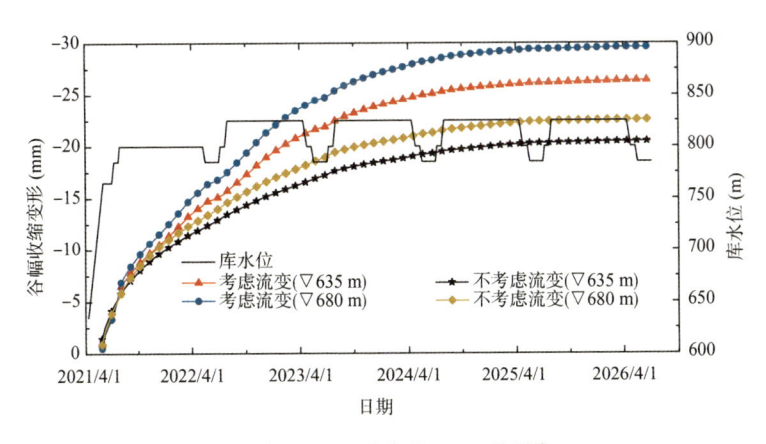

(a) 高程 654 m 和高程 690 m 的测线

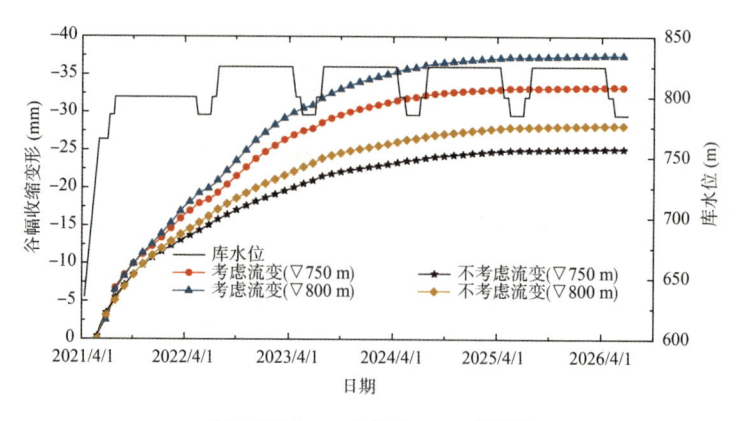

（b）高程 740 m 和高程 790 m 的测线

图 8-8　下游 6-6 剖面谷幅变形时程曲线对比

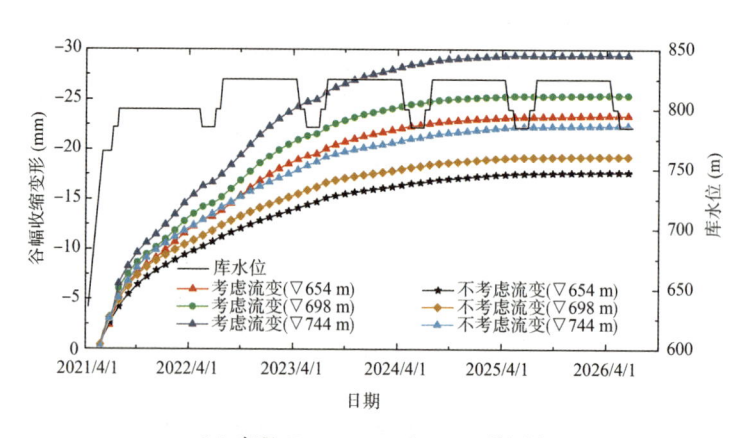

（a）高程 654 m、699 m 和 744 m 的测线

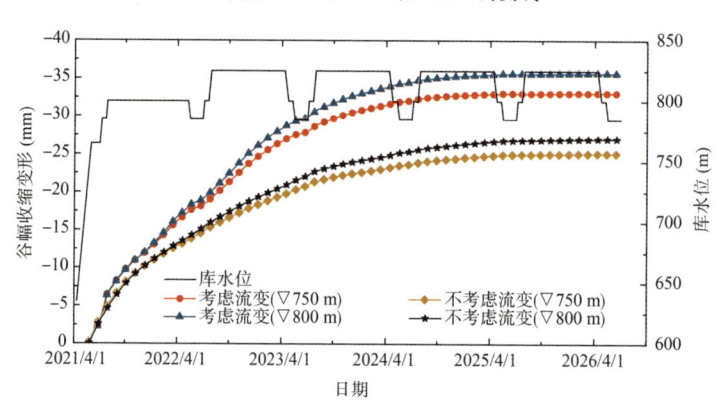

（b）高程 789 m 和高程 834 m 的测线

图 8-9　下游 9-9 剖面谷幅变形时程曲线对比

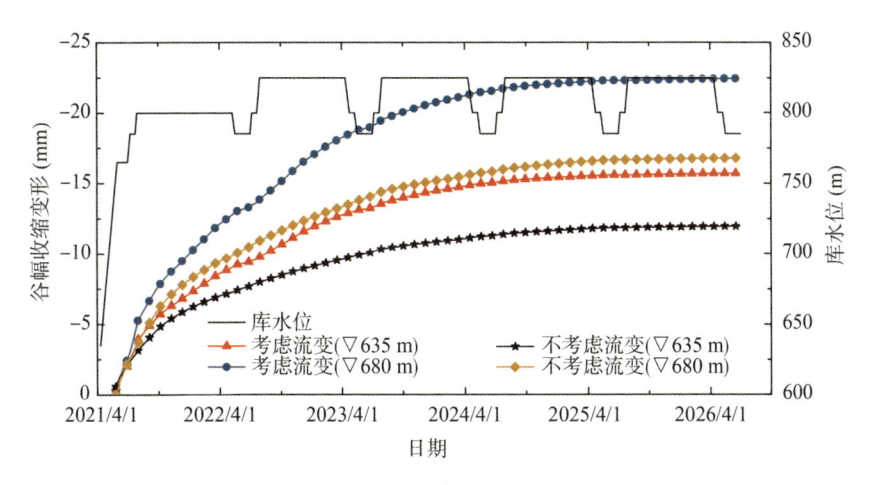

(a) 高程 635 m 和高程 680 m 的测线

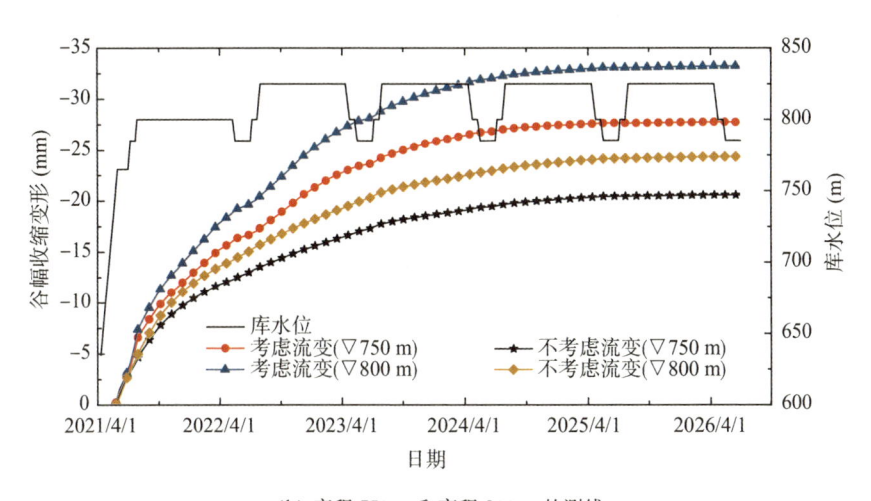

(b) 高程 750 m 和高程 800 m 的测线

图 8-10　下游 10-10 剖面谷幅变形时程曲线对比

比,相差约为 9.24 mm,最大变幅为 24.7％左右,与上游剖面相比,变幅相对较小。下游 9-9 剖面位于二道坝,不同高程测线的谷幅变形变化规律相似,不考虑流变影响的最大谷幅变形约为 27 mm,与考虑流变情况对比,五个蓄水周期内最大谷幅变形相差约为 8.58 mm,变幅为 24.2％左右。下游 10-10 剖面位于下游围堰,不考虑流变时,各高程测线的谷幅变形最大值约为 24.29 mm,与考虑流变情况相比,五个蓄水周期内各测线的最大谷幅变形变幅在 23.7％～26.8％之间。

表 8-5　上游测线谷幅变形计算成果统计表

剖面	高程(m)	谷幅变形	第一次蓄水至 800 m(mm)	第二次蓄水至 825 m(mm)	第三次蓄水至 825 m(mm)	第四次蓄水至 825 m(mm)	第五次蓄水至 825 m(mm)
3-3	834	流变	5.65	25.28	41.17	48.59	51.20
		无流变	3.24	19.30	29.15	33.94	36.22
		变幅(%)	42.7	23.7	29.2	30.1	29.3
	804	流变	4.90	24.22	40.69	48.32	50.97
		无流变	2.66	18.37	28.47	33.36	35.67
		变幅(%)	45.7	24.2	30.0	31.0	29.3
5-5	864	流变	2.22	20.81	36.79	44.17	46.70
		无流变	0.5	15.22	25.29	30.17	32.47
		变幅(%)	—	26.9	31.2	31.7	30.5

表 8-6　下游 6-6 剖面(水垫塘)谷幅变形计算成果统计表

剖面	高程(m)	谷幅变形	第一次蓄水至 800 m(mm)	第二次蓄水至 825 m(mm)	第三次蓄水至 825 m(mm)	第四次蓄水至 825 m(mm)	第五次蓄水至 825 m(mm)
6-6	790	流变	6.36	20.89	31.73	36.08	37.18
		无流变	5.08	17.08	23.81	26.69	27.95
		变幅(%)	20.1	18.3	25.0	26.0	24.8
	740	流变	6.67	19.28	28.51	32.18	33.09
		无流变	5.43	15.82	21.50	23.91	24.96
		变幅(%)	18.6	17.9	24.6	25.7	24.6
	690	流变	6.81	17.47	25.33	28.51	29.35
		无流变	5.77	14.57	19.39	21.47	22.38
		变幅(%)	15.2	16.6	23.5	24.7	23.7
	654	流变	6.46	15.69	22.42	25.27	29.35
		无流变	5.79	13.45	17.62	19.49	20.33
		变幅(%)	10.4	14.3	21.4	22.9	27.9

表 8-7　下游 9-9 剖面(二道坝)谷幅变形计算成果统计表

剖面	高程(m)	谷幅变形	第一次蓄水至 800 m(mm)	第二次蓄水至 825 m(mm)	第三次蓄水至 825 m(mm)	第四次蓄水至 825 m(mm)	第五次蓄水至 825 m(mm)
9-9	800	流变	6.26	19.83	30.48	34.65	35.52
		无流变	4.64	16.01	22.68	25.58	26.83
		变幅(%)	25.8	19.3	25.6	26.2	24.5
	750	流变	6.38	18.97	28.57	32.24	32.96
		无流变	4.79	15.29	21.67	23.82	24.89
		变幅(%)	24.9	19.4	25.6	26.12	24.5
	744	流变	6.50	17.40	25.60	28.71	29.31
		无流变	5.06	14.11	19.17	21.32	22.21
		变幅(%)	22.1	18.9	25.1	25.7	24.2

续表

剖面	高程(m)	谷幅变形	第一次蓄水至800 m(mm)	第二次蓄水至825 m(mm)	第三次蓄水至825 m(mm)	第四次蓄水至825 m(mm)	第五次蓄水至825 m(mm)
9-9	698	流变	6.01	15.15	22.08	24.73	25.28
		无流变	4.84	12.35	16.60	18.41	19.17
		变幅(%)	19.4	18.4	24.8	25.6	24.2
	654	流变	5.23	13.80	20.02	22.55	23.21
		无流变	4.18	11.25	15.11	16.82	17.57
		变幅(%)	20.0	18.5	24.5	25.4	24.3

表 8-8　下游 10-10 剖面(下游围堰)谷幅变形计算成果统计表

剖面	高程(m)	谷幅变形	第一次蓄水至800 m(mm)	第二次蓄水至825 m(mm)	第三次蓄水至825 m(mm)	第四次蓄水至825 m(mm)	第五次蓄水至825 m(mm)
10-10	800	流变	7.33	20.38	28.74	32.20	33.03
		无流变	4.96	15.67	20.77	23.12	24.13
		变幅(%)	32.4	23.1	27.7	28.2	26.9
	750	流变	6.56	17.27	24.16	26.97	27.60
		无流变	4.65	13.54	17.75	19.65	20.47
		变幅(%)	29.1	21.6	26.5	27.1	25.8
	680	流变	5.22	13.81	19.38	21.68	22.27
		无流变	3.69	10.89	14.36	15.94	16.63
		变幅(%)	29.4	21.1	25.9	26.5	25.3
	635	流变	3.89	9.75	13.52	15.12	15.56
		无流变	3.14	8.00	10.32	11.39	11.87
		变幅(%)	19.3	17.9	20.8	24.6	23.7

不考虑流变情况下,库水位保持高水位不变时,谷幅变形亦会增加,主要是因为库岸岩体和断层、错动带等结构面的水压力对库水位升降的响应在时间上滞后。

8.4　断层及错动带对谷幅变形的影响

为了分析枢纽区断层和错动带等结构面对谷幅变形的影响,计算分析了不考虑断层和错动带条件下的谷幅变形情况。不考虑断层和错动带条件下的谷幅变形总体较小。图 8-11、图 8-12 和表 8-9 分别为上游 3-3 剖面、5-5 剖面谷幅变形时程曲线对比及谷幅变形计算成果统计表。上游 3-3 剖面位于上游导流洞入口附近,距离大坝 680 m 左右,错动带位置较低,水库蓄水作用对错动带内水压力影响较大,不考虑断层和错动带情况与考虑断层和错动带情况相比,高程 834 m 和 804 m 处最大谷幅变形相差分别可达 22.6 mm 和 19.6 mm,

变幅约为 43.5% 和 37.6%。不考虑断层和错动带时，不同高程的谷幅变形差值较考虑断层和错动带的情况大，这是由于上游 3-3 剖面的断层和错动带位置较低，不考虑断层和错动带时库岸岩体主要受内外水压力梯度作用，其大小与高程相关，结构面的裂隙水压力直接作用在岩体结构面上，对上部岩体形成整体的向上扬压力作用，对库岸岩体变形的作用效应较大，与库岸岩体高程相关性较小。上游 5-5 剖面位于拱坝原点附近，错动带对上下游水压分布和结构面水压力影响较大，不考虑断层和错动带与考虑断层和错动带相比，高程为 864 m 处的最大谷幅变形相差可达 20.6 mm，变幅约为 43.5%。

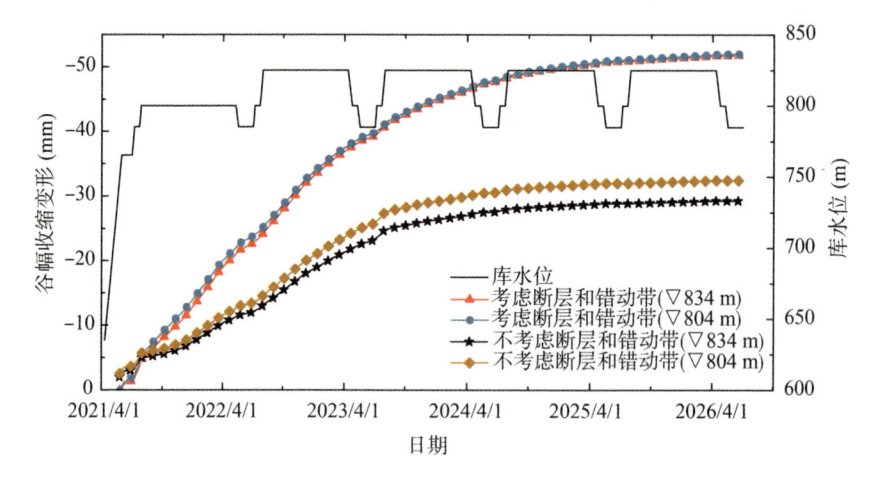

图 8-11　上游 3-3 剖面谷幅变形时程曲线对比

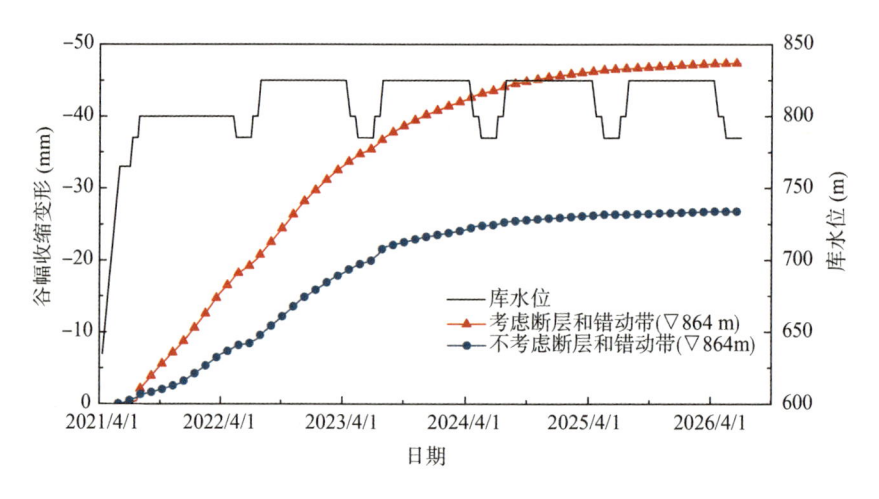

图 8-12　上游 5-5 剖面谷幅变形时程曲线对比

表 8-9　上游测线谷幅变形计算成果统计表

剖面	高程(m)	有无错动带	第一次蓄水至 800 m(mm)	第二次蓄水至 825 m(mm)	第三次蓄水至 825 m(mm)	第四次蓄水至 825 m(mm)	第五次蓄水至 825 m(mm)
3-3	834	有	5.65	25.28	41.17	48.59	51.20
		无	5.78	14.60	24.61	31.00	32.06
		变幅(%)	2.4	42.3	33.5	36.2	37.4
	804	有	4.90	24.22	40.69	48.32	50.97
		无	4.97	12.99	24.61	27.92	28.89
		变幅(%)	1.4	46.4	39.5	42.2	43.3
5-5	864	有	2.22	20.81	36.79	44.17	46.70
		无	1.44	9.62	21.61	25.33	26.41
		变幅(%)	35.0	53.8	41.3	42.7	43.5

由图 8-13 和表 8-10 可知，下游 6-6 剖面位于水垫塘，断层错动带位置较上游高，不考虑断层错动带情况与考虑断层错动带相比，6-6 剖面不同高程测线的最大谷幅变形相差约为 11~14 mm，总体上小于上游剖面。

由图 8-14 和表 8-11 可知，下游 9-9 剖面位于二道坝，距离大坝约 390 m，与考虑断层错动带相比，在五次蓄水周期内 9-9 剖面不同高程测线的最大谷幅变形相差在 9~11 mm 之间，变幅达到了 33.1%~46.4%。

由图 8-15 和表 8-12 可知，下游 10-10 剖面位于下游围堰附近，距离大坝约 650 m，与考虑断层错动带情况相比，10-10 剖面不同高程测线的谷幅变形相差在 7.7~16.9 mm 之间，高程越大，相差越大。

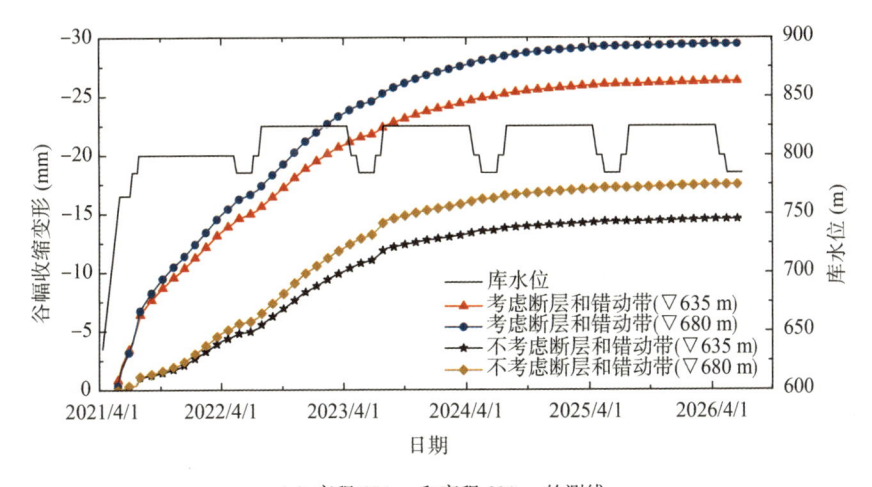

(a) 高程 654 m 和高程 690 m 的测线

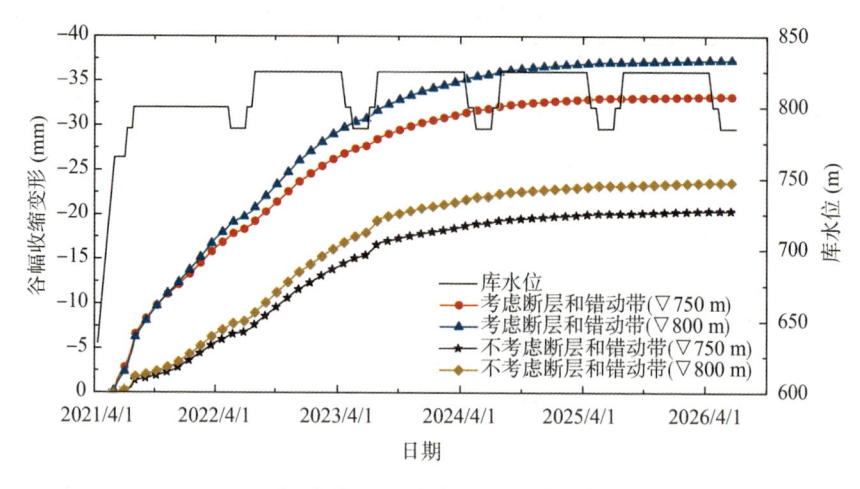

(b) 高程 740 m 和高程 790 m 的测线

图 8-13　下游 6-6 剖面谷幅变形时程曲线对比

表 8-10　下游 6-6 剖面(水垫塘)谷幅变形计算成果统计表

剖面	高程 (m)	有无错动带	第一次蓄水至 800 m(mm)	第二次蓄水至 825 m(mm)	第三次蓄水至 825 m(mm)	第四次蓄水至 825 m(mm)	第五次蓄水至 825 m(mm)
6-6	790	有	6.36	20.89	31.73	36.08	37.18
		无	1.85	9.05	19.32	22.41	23.30
		变幅(%)	70.8	56.7	39.1	37.9	37.3
	740	有	6.67	19.28	28.51	32.18	33.09
		无	1.36	7.63	16.57	19.28	20.06
		变幅(%)	79.6	60.4	41.9	40.1	39.4
	690	有	6.81	17.47	25.33	28.51	29.35
		无	1.19	6.59	14.28	16.61	17.28
		变幅(%)	82.6	62.3	43.6	41.7	41.1
	654	有	6.46	15.69	22.42	25.27	26.12
		无	1.06	5.53	11.86	13.77	14.32
		变幅(%)	83.5	64.8	47.1	45.5	45.2

通过研究非达西渗流特性、岩体流变变形及断层和错动带不连续结构面等因素对谷幅变形的影响,结果表明,考虑非达西渗流情况相对达西渗流情况,引入了裂隙水流的惯性阻力,对上下游地下水渗流运动影响较大,非达西渗流情况的上游谷幅变形相差较小,下游谷幅变形相差较大,最大谷幅变形相差约为 17%。在考虑长期流变情况下,流变作用对蓄水初期谷幅变形影响较小,随时效变化,岩体流变力学特性对谷幅变形的影响越来越大,五个蓄水周期内考虑

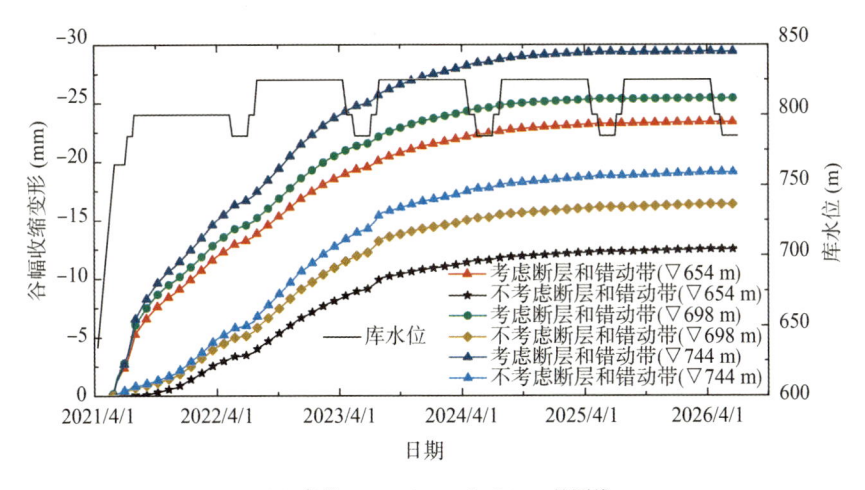

(a) 高程 654 m、699 m 和 744 m 的测线

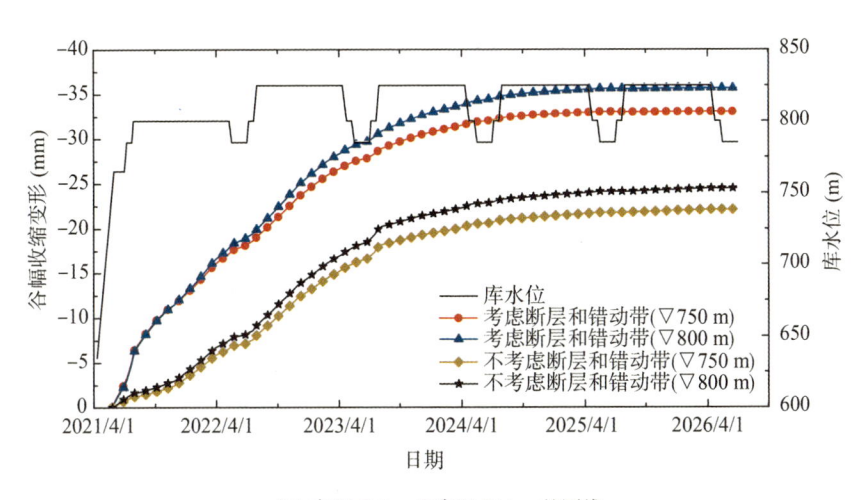

(b) 高程 789 m 和高程 834 m 的测线

图 8-14　下游 9-9 剖面谷幅变形时程曲线对比

表 8-11　下游 9-9 剖面(二道坝)谷幅变形计算成果统计表

剖面	高程(m)	有无错动带	第一次蓄水至 800 m(mm)	第二次蓄水至 825 m(mm)	第三次蓄水至 825 m(mm)	第四次蓄水至 825 m(mm)	第五次蓄水至 825 m(mm)
9-9	834	有	6.26	19.83	30.48	34.65	35.52
		无	1.66	9.16	19.93	23.19	24.13
		变幅(%)	73.5	53.8	34.6	33.1	32.1
	789	有	6.38	18.97	28.57	32.24	32.96
		无	1.15	8.01	17.85	20.87	21.73
		变幅(%)	81.9	57.8	37.5	35.3	34.1

续表

剖面	高程(m)	有无错动带	第一次蓄水至 800 m(mm)	第二次蓄水至 825 m(mm)	第三次蓄水至 825 m(mm)	第四次蓄水至 825 m(mm)	第五次蓄水至 825 m(mm)
9-9	744	有	6.50	17.40	25.60	28.71	32.96
		无	0.74	6.73	15.32	15.43	18.75
		变幅(%)	88.6	61.3	40.1	37.4	36.0
	699	有	6.01	15.15	22.08	24.73	25.28
		无	0.64	5.79	13.16	15.43	16.08
		变幅(%)	89.3	61.8	40.4	37.6	36.4
	654	有	5.23	13.80	20.02	22.55	23.21
		无	0.36	4.03	9.90	11.77	12.31
		变幅(%)	93.1	70.8	50.5	47.8	47.0

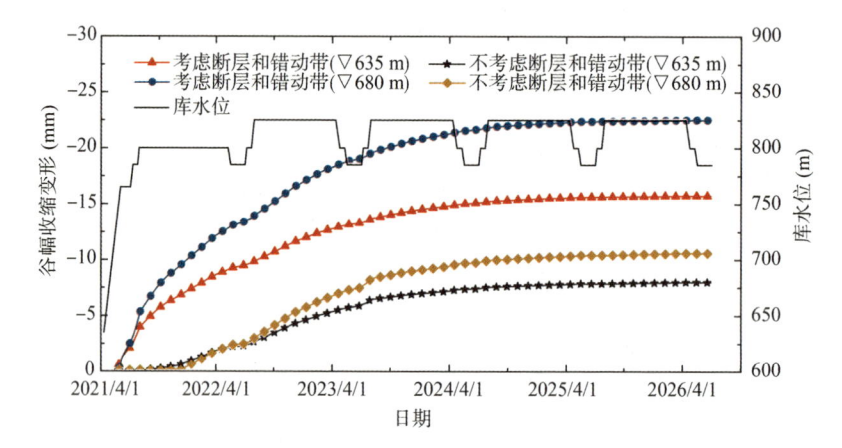

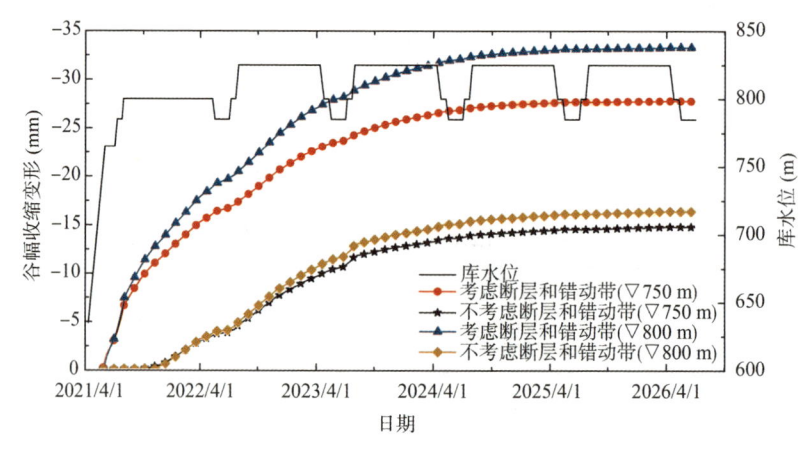

(a) 高程 635 m 和高程 680 m 的测线

(b) 高程 750 m 和高程 800 m 的测线

图 8-15　下游 10-10 剖面谷幅变形时程曲线对比

表 8-12　下游 10-10 剖面(下游围堰)谷幅变形计算成果统计表

剖面	高程(m)	有无错动带	第一次蓄水至 800 m(mm)	第二次蓄水至 825 m(mm)	第三次蓄水至 825 m(mm)	第四次蓄水至 825 m(mm)	第五次蓄水至 825 m(mm)
10-10	800	有	7.33	20.38	28.74	32.20	33.03
		无	0.03	4.82	12.73	15.29	16.02
		变幅(%)	99.6	76.3	55.7	52.6	51.5
	750	有	6.56	17.27	24.16	26.97	27.60
		无	0.02	4.58	11.65	13.92	14.57
		变幅(%)	99.7	73.5	51.8	48.4	47.2
	680	有	5.22	13.81	19.38	21.68	22.27
		无	0.03	2.88	8.10	9.81	10.30
		变幅(%)	99.4	79.1	58.2	54.8	53.7
	635	有	3.89	9.75	13.52	15.12	15.56
		无	0.05	2.64	6.36	7.53	7.86
		变幅(%)	98.7	72.9	52.9	50.2	49.5

流变与不考虑流变的最大谷幅变形相差30%左右。断层和错动带等结构面渗透性对枢纽区地下水动力条件影响较大，结构面裂隙水压力直接作用在岩体结构面上，对上部岩体形成向上的作用力，对库岸岩体变形的作用效应较大，五个蓄水周期内考虑与不考虑断层和错动带影响的最大谷幅变形相差40%以上。

8.5　白鹤滩高拱坝谷幅变形机理研究

峡谷区高拱坝谷幅变形是峡谷区高拱坝水库蓄水运行引起的一种自然地质物理现象。基于开展的白鹤滩高拱坝谷幅变形系统工程地质条件分析和岩体力学作用分析，特别是基于三维数值模拟研究，探讨不同作用机制和影响因素，主要包括不连续地质结构、运行调度水库水位变化特征、水文地质地下水动力特征、断层和错动带及结构面裂隙非达西渗流特征、水岩耦合力学机制、岩体流变变形等因素对白鹤滩谷幅变形时空演化特征的作用和影响，提出白鹤滩水电站峡谷区高拱坝谷幅变形机理如下：

（1）峡谷区高拱坝谷幅变形受控于枢纽区工程地质条件和水文地质结构，白鹤滩高拱坝谷幅变形的主控因素是贯穿左右岸的层内、层间错动带和断层不连续结构分布，玄武岩柱状节理岩体在枢纽区的发育分布也对谷幅变形分布特征具有重要影响。

白鹤滩水电工程属于峡谷地形，谷坡陡峻，河道狭窄，右岸边坡为逆向坡，左岸相对较缓,为顺向坡,河谷断面呈不对称的"V"字形。枢纽区岩体主要为玄武岩,断层分布较多,其中规模较大的主要为 F_{17}、F_{16} 和 F_{14} 断层,岩流层内和层间广泛分布着长大贯通的构造剪切错动带,主要包括 C_2、C_3、C_{3-1}、C_4、C_5、LS_{331}(RS_{331})等,断层、错动带以及柱状节理岩体不仅是地下水的主要渗流通道,与库水变化具有直接水力联系,而且是岩体力学性质的薄弱部位,是枢纽区岩体变形的主控因素。分析表明,五个蓄水周期内考虑与不考虑不连续结构,特别是断层及错动带发育分布特征,导致的最大谷幅变形可相差45%左右。

(2) 高拱坝水库蓄水后引起的地下水动力时空演化是白鹤滩高拱坝谷幅变形的主要动力,峡谷区高拱坝谷幅变形产生的主要驱动力是水库蓄水渗流场再造引起的地下水动力作用。

白鹤滩水电站拱坝高为289 m,水库蓄水后枢纽区岩体内地下水与库水存在直接水力联系,库水位的升降变化,改变和再造了枢纽区原有的地下水动力场。蓄水后,库水入渗至两岸岩体,较大部分岩体被水淹没,原本处于无水或非饱和状态的岩体和断层错动带等结构面变成了饱和状态,由原来的无压状态可能转变为有压状态,原本处于低水压区域的岩体可转化为高水压区,动水压力增加,渗流场再造。

断层和错动带等不连续地质结构延伸范围广、贯通性好,为枢纽区地下水运移提供了良好的导水通道,库水位增加,裂隙水压力随之增加,裂隙水压力直接作用在岩体结构面上,降低了结构面的有效应力,进一步触发了库岸岩体变形。

在高水头作用下,断层和错动带等不连续结构面的水流呈现出非达西渗流特征,不仅与结构面本身的结构特性有关,还受结构面内水流运动的流速或渗透梯度影响,地下水运动水岩耦合效应显著,使得枢纽区岩体和结构面地下水动力条件演变和库岸岩体变形互馈递增。分析表明,考虑非达西渗流对比达西渗流情况,上游谷幅变形的变化相差较小,而下游谷幅变形的变化相差较大,最大谷幅变形可增加17%左右。

(3) 枢纽区库岸岩体和不连续结构面渗流应力流变耦合力学作用是谷幅变形的重要力学机制。

枢纽区库岸山体,特别是含断层、错动带等不连续软弱结构面的裂隙岩体,在渗流应力水岩耦合作用下,应力场与渗流场耦合作用相互影响,构成新的力学作用状态,特别是渗流应力耦合作用下白鹤滩枢纽区库岸山体表现出明显的时效力学特性。分析表明,五个蓄水周期内考虑流变作用相比于不考虑流变的白鹤滩最大谷幅变形计算值可增加30%左右。

(4) 高拱坝工程蓄水运行调度变化导致的库水位升降变化规律与谷幅变形特征密切关联。

白鹤滩高拱坝在蓄水运行调度过程中,库水位升降可产生最大60 m的水位变幅。库水位运行调度升降变化使枢纽区库岸山体相对处于循环加卸载状态,岩体及不连续结构面在地下水动力演变作用及渗流应力耦合作用下呈现复杂的力学特性和作用机制;在水库运行渗流应力耦合循环作用下,岩体及不连续结构面的变形强度特性和本构关系也会出现劣化和非线性变化。特别是水位骤降状态下谷幅变形增量及速率可急剧变化,白鹤滩工程运行调度需考虑枢纽区库岸山体谷幅变形特征和对枢纽工程安全的影响。

8.6 小结

对比分析了枢纽区断层和错动带等不连续结构面、非达西渗流和岩体流变变形等因素对谷幅变形的影响,提出了峡谷区高拱坝谷幅变形机理。主要结论如下:

(1) 对比研究了非达西渗流和达西渗流对谷幅变形的影响,结果表明,非达西渗流情况和达西渗流情况的谷幅变形差别主要出现在下游,非达西渗流情况的下游测线谷幅变形较达西渗流情况大,上游测线的谷幅变形增量相差不大。五个蓄水周期内,上游最大谷幅变形相差约为2%,下游最大谷幅变形相差约为17%。非达西渗流情况相对达西渗流情况的计算而言,考虑了裂隙水流运动的惯性阻力,对上下游地下水动力条件影响较大,对下游侧的谷幅变形影响较大。

(2) 对比研究了岩体流变变形等因素对谷幅变形的影响,结果表明,岩体流变变形特性对谷幅长期变形行为影响较大,不考虑流变时,随着时间的推移,最大谷幅变形基本无增加,与考虑流变情况的谷幅变形相差越来越大。在五个蓄水周期内,考虑流变情况的上游最大谷幅变形与不考虑流变情况相差30%左右,下游最大相差约26%。

(3) 对比研究了断层、错动带等不连续结构面对谷幅变形的影响,结果表明,不考虑断层、错动带条件下的谷幅变形相对较小。与考虑断层、错动带情况相比,上游最大谷幅变形相差可达 23 mm 左右,最大变幅约为 43%,下游最大谷幅变形相差总体在 9～11 mm 之间,最大变幅在 46% 左右。断层、错动带等结构面渗透性较好,对上下游库水绕渗过程作用明显,对枢纽区地下水动力条件影响较大,结构面裂隙水压力直接作用在岩体结构面上,对上部岩体形成向上的压力作用,结构面的力学性质较差,对库岸岩体变形的作用效应较大。

(4) 基于白鹤滩谷幅变形三维数值分析计算,提出了白鹤滩峡谷区高拱坝谷幅变形机理。研究表明,峡谷区高拱坝谷幅变形主要受控于枢纽区工程地质条件和水文地质结构,白鹤滩高拱坝谷幅变形的主控因素是贯穿左右岸的层内、层间错动带和断层不连续结构分布,玄武岩柱状节理岩体在枢纽区的发育分布对谷幅变形分布特征具有重要影响;高拱坝水库蓄水后引起的地下水动力时空演变是白鹤滩高拱坝谷幅变形的主要动力,峡谷区高拱坝谷幅变形产生的驱动力主要是水库蓄水渗流场再造地下水动力作用;枢纽区库岸岩体和不连续结构面渗流应力流变耦合力学作用是谷幅变形的重要力学机制;高拱坝工程蓄水运行调度变化导致的库水位升降变化规律与谷幅变形特征密切关联。

第九章

白鹤滩谷幅变形监测布置及数据分析

9.1　引言

白鹤滩水电站布设了完备的高拱坝谷幅变形监测体系,结合工程实例经验、大坝结构特点、坝区地形地质构造布设,具有开展早、监测手段全面、覆盖范围广的特点,是第一个进行全过程高拱坝谷幅变形监测的工程。本章介绍白鹤滩工程谷幅变形监测体系,整编了白鹤滩工程谷幅变形监测成果。开发了一种可实现谷幅变形显式求解的变形特征研究方法,从定量分析的角度开展量化分析,结合求解出的谷幅变形曲线显式表达式来识别变形数据规律,提升数据分析结果的说服力。根据白鹤滩工程蓄水后现场长观监测资料,围绕工程关键部位,使用提出的多类函数自适应谷幅变形分析方法,求解谷幅变形、速度和加速度显式模型,定量分析蓄水后白鹤滩谷幅变形典型测线的变形特征。

9.2　坝区谷幅变形监测系统布置

白鹤滩水电站谷幅监测设计主要包括谷幅表面测线(表面测距)、两侧山体谷幅洞和排水洞谷幅深部位移监测(杆式位移计)。监测设计紧密围绕工程关键部位,在进水口上游边坡、抗力体边坡、水垫塘边坡、二道坝边坡、水垫塘边坡开口线、左右岸尾水出口边坡等重要结构位置布设多个监测断面,监测断面内依据高程设有多条谷幅测线,下游测线相对上游布设密集,深部测点衔接表观测点。

9.2.1　谷幅变形表面测线布设

白鹤滩高拱坝近坝上游共布设三个监测断面,大坝近坝下游侧共布置五个谷幅表面测线监测断面,除此以外,还布设有四条拱端测线。上游侧断面 2′-2′ 距离坝趾较远,3-3、4-4 和 5-5 断面为大坝上游侧近坝谷幅测线,每个断面各布置 1 条谷幅测线;坝下游侧监测断面在不同高程布置多条谷幅表面测线。近坝区域各监测断面布设如图 9-1 所示。

(a)

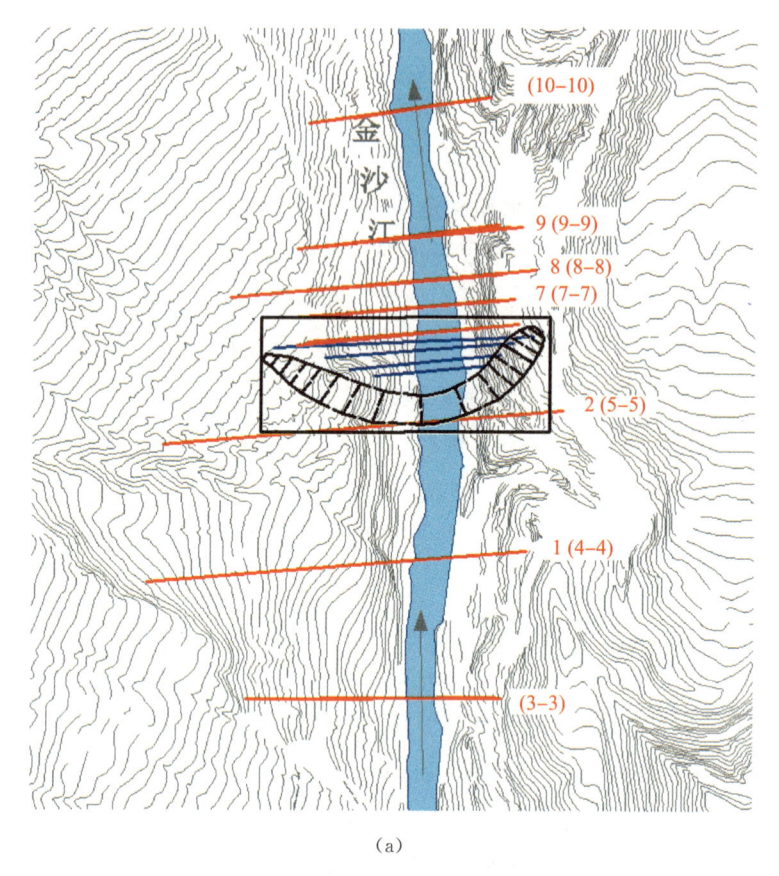

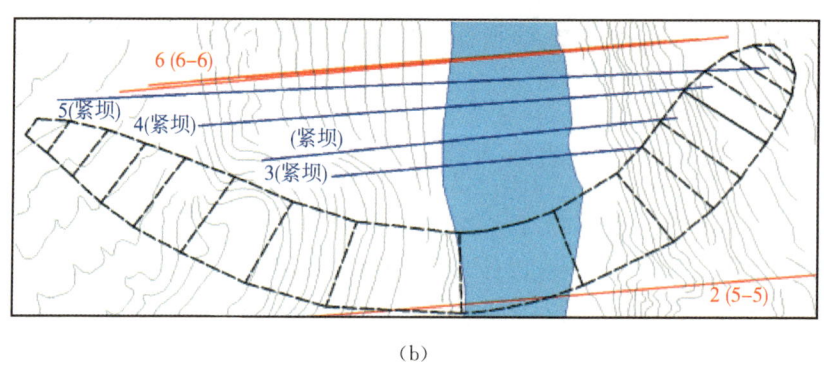

(b)

图 9-1　白鹤滩近坝谷幅变形表面监测布设图

9.2.2　谷幅变形深部测线布设

白鹤滩谷幅变形深部监测主要采用在两岸谷幅洞和排水洞轴向布置杆式

位移计进行观测。具体布置为:拱坝下游侧共布置四条谷幅深部变形观测洞,洞深500 m左右,每条谷幅观测洞布置1套杆式位移计,监测谷幅变形影响深度。同时选取左岸PL8-2～3、PL7-2～3、PL6-2～3、PL5-2～3、PL5-5排水洞和右岸PSR9-2～3、PSR8-2～3、PSR7-2～3、PSR6-2～3、PSR6-4排水洞,在每条排水洞布置1套杆式位移计,辅助监测谷幅深部变形。具体布置见图9-2。

图9-2 白鹤滩谷幅测洞监测设备图

谷幅洞测线共布设四条,采用单点位移计进行洞内位移变化监测:1#谷幅观测洞和2#谷幅观测洞位于抗力体边坡7-7监测剖面,距离拱坝165 m;3#谷幅观测洞和4#谷幅观测洞位于二道坝边坡9-9监测剖面,距离拱坝350 m,洞口分别对应谷幅表面测点TPgf35、TPgf40、TPgf58、TPgf63,另有14条排水洞作为深部位移观测洞分布在抗力体边坡7-7监测剖面、水垫塘边坡8-8监测剖面、二道坝边坡9-9监测剖面。表9-1为设置的位置信息。

表9-1 白鹤滩谷幅洞监测位置信息

监测剖面	编号	高程	左/右岸	距坝肩	表面测点	起测时间
7-7	1#	693 m	左岸	204 m	TPgf35	2020/05/18
	2#	699 m	右岸	208 m	TPgf40	2021/02/17
9-9	3#	652 m	左岸	395 m	TPgf58	2019/08/26
	4#	654 m	右岸	395 m	TPgf63	2019/10/01

9.3.3 坝肩垂线组监测布设

白鹤滩水电站大坝和两岸坝肩总计布置 7 套垂线组,其中两岸坝肩各布置 1 套垂线组,坝肩垂线组可兼测坝肩部位谷幅变形情况。左右岸各设置测点 6 个,高程分布范围为 610~834 m。测点布设信息见表 9-2。

表 9-2 白鹤滩两坝肩垂线左右岸测点布置表

部位	测点编号	初始观测日期	测点高程(m)	测点高程(m)	初始观测日期	测点编号	部位
左岸坝肩	PLzj-1	2021-3-18	834.0	834.0	2021/03/18	PLyj-1	右岸坝肩
	PLzj-2	2021-3-18	795.0	795.0	2021/01/31	PLyj-2	
	PLzj-3	2020-12-8	753.0	753.0	2020/12/01	PLyj-3	
	PLzj-4	2020-12-8	699.0	704.0	2020/12/01	PLyj-4	
	PLzj-5	2020-12-8	666.0	655.1	2020/12/01	PLyj-5	
	IPzj-1	2020-12-8	614.0	610.9	2020/12/01	IPyj-1	

9.3 白鹤滩谷幅变形监测资料分析

9.3.1 谷幅变形表面监测

谷幅变形监测以 2020 年 6 月 20 日测值为基准,截至 2024 年 4 月 17 日为止。对库区谷幅变形值统计分析,上游方向 650 m 处 3-3 监测断面 TPgf7-TPgf8 测点蓄水后位移最大,谷幅变形值为 −18.02 mm。谷幅测线累计位移最大值为 −20.59 mm,位于进水口上游边坡 4-4 监测断面 TPgf13-TPgf14 测点、高程 834 m 处。

蓄水后,位移变化量在 −18.02(3-3 监测断面,上游侧导流洞进口边坡,TPgf7-TPgf8,高程 834 m)~1.22 mm(10-10 监测断面,水垫塘边坡开口线附近,TPgf65-TPgf69,高程 750 m)之间。2020 年 6 月 20 日至蓄水前(库水位 600~640 m),位移变化量在 −6.44(5-5 监测断面,进水口上游边坡,TPgf15-TPgf16,高程 864 m)~1.36 mm(9-9 监测断面,二道坝边坡,TPgf57-TPgf62,高程 699 m)之间。

1. 上游侧距离大坝较近谷幅测线

上游侧距离大坝较近谷幅测线主要指距离大坝 1 km 以内的谷幅测线

(3-3 断面、4-4 断面、5-5 断面)。谷幅 3-3 断面测线(大坝上游侧约 650 m)位于自然边坡,自 2021 年 12 月 20 日恢复观测以来,蓄水后变形为－18.02 mm。谷幅 4-4 断面测线(大坝上游侧约 330 m)左岸测点位于进水口上游侧边坡,右岸测点位于马脖子山处理边坡,该测线在 2020 年 6 月至蓄水前(2021 年 4 月初)测线收缩 5.20 mm,蓄水后测线持续收缩变形,蓄水后变形为－15.24 mm。谷幅 5-5 断面测线(大坝上游侧约 30 m)在 2020 年 6 月至蓄水前收缩 5.29 mm,蓄水到 825 m 期间收缩 4 mm,蓄水后变形为－6.53 mm。

2. 下游侧谷幅测线

抗力体边坡谷幅监测断面(紧邻坝趾断面、6-6 断面和 7-7 断面):2020 年 6 月 20 日至底孔下闸蓄水前,抗力体边坡谷幅测线均表现为收缩变形,量值在－5.54(7-7 断面 654 m 高程)～－1.10 mm 之间;蓄水期间抗力体边坡谷幅测线测值基本表现为收缩变形,底孔下闸蓄水后变化量值在－11.35～－0.95 mm 之间,其中变形主要发生在 3 月底至 6 月初的蓄水过程,之后抗力体边坡谷幅测值处于稳定状态。

水垫塘和二道坝监测断面(8-8 断面和 9-9 断面):2020 年 6 月 20 日至底孔下闸蓄水前,水垫塘和二道坝边坡谷幅测线基本表现为收缩变形,量值在－9.77(8-8 断面 654 m 高程)～－0.45 mm 之间;蓄水后水垫塘和二道坝边坡谷幅测线测值变化较小,在－3.76～0.11 mm 之间。

下游围堰及尾水出口监测断面(10-10 断面和 11-11 断面):蓄水前,该监测断面谷幅测线基本无数据;底孔下闸后下游围堰及尾水出口边坡谷幅测线测值变化较小,在－2.62～0.05 mm 之间。

9.3.2 谷幅变形深部监测

分析数据均以洞底最深部作为不动点,逐段换算至孔口。谷幅观测洞洞口位移统计见表 9-3,可见:

(1) 1#～4#谷幅观测洞孔口始测(1#谷幅洞 2020 年 5 月开始观测、2#谷幅洞 2020 年 11 月开始观测、3#谷幅洞 2019 年 8 月开始观测、4#谷幅洞 2019 年 10 月开始观测)至目前的累计位移在 1.59～9.76 mm 之间,均表现为拉伸,即向坡外临空面变形;自导流底孔下闸蓄水(2021 年 4 月)至 825 m 水位,谷幅洞洞口位移变化量较小,位移在 0.01～1.55 mm 之间。

(2) 蓄水到 825 m 水位期间,1#谷幅洞和 2#谷幅洞口合计谷幅测线收缩变形 2.21 mm,3♯谷幅洞和 4♯谷幅洞谷幅测线收缩变形 2.12 mm。

（3）从谷幅洞深部位移和洞口谷幅测线的变形对比来看,两种监测方式体现出的谷幅变形规律一致,且量值总体接近。

表 9-3　白鹤滩谷幅观测洞监测成果统计

序号	洞名(洞深)	距坝肩距离(m)	高程(m)	当前值(mm)	蓄水到 825 m 后变化量(mm)
1	3♯谷幅观测洞(514 m)	395	651	1.59	0.01
	4♯谷幅观测洞(494 m)	395	654	9.76	1.55
	两洞口对应谷幅测线 TPgf58-TPgf63			−6.30	−2.12
2	1♯谷幅观测洞(498 m)	204	693	9.66	1.24
	2♯谷幅观测洞(496 m)	208	698	5.76	0.34
	两洞口对应谷幅测线 TPgf35-TPgf40			−8.53	−2.21

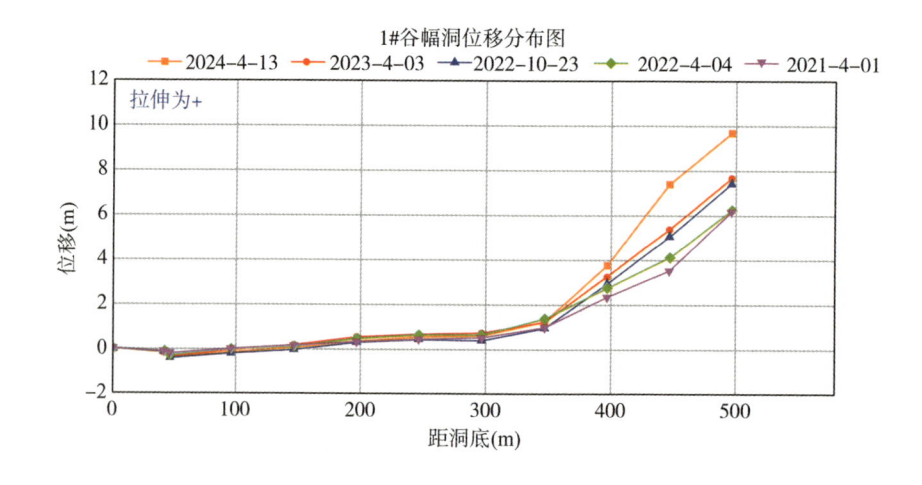

各条谷幅洞洞底至洞口的位移随洞深的分布图见图 9-3,可见:各条谷幅洞洞口位移以洞底作为不动点。从分布图来看,1♯、3♯谷幅洞(均位于左岸,1♯谷幅洞距离坝肩约 204 m,高程 693 m,3♯谷幅洞距离坝肩约 395 m,高程 651 m)变形深度在 200 m 左右,2♯谷幅洞(位于右岸,2♯谷幅洞距离坝肩约 208 m,高程 698 m)变形深度在 150 m 左右,4♯谷幅洞(位于右岸,距离坝肩约 395 m,高程 654 m)的变形深度约在 450 m。

四条测洞洞口累计位移时程曲线如图 9-4 所示,位移曲线表明洞口整体表现出向河谷方向收缩变形。其中 2♯测洞位移有明显发展趋势,3♯、4♯测洞深部位移具有明显的波动特征。

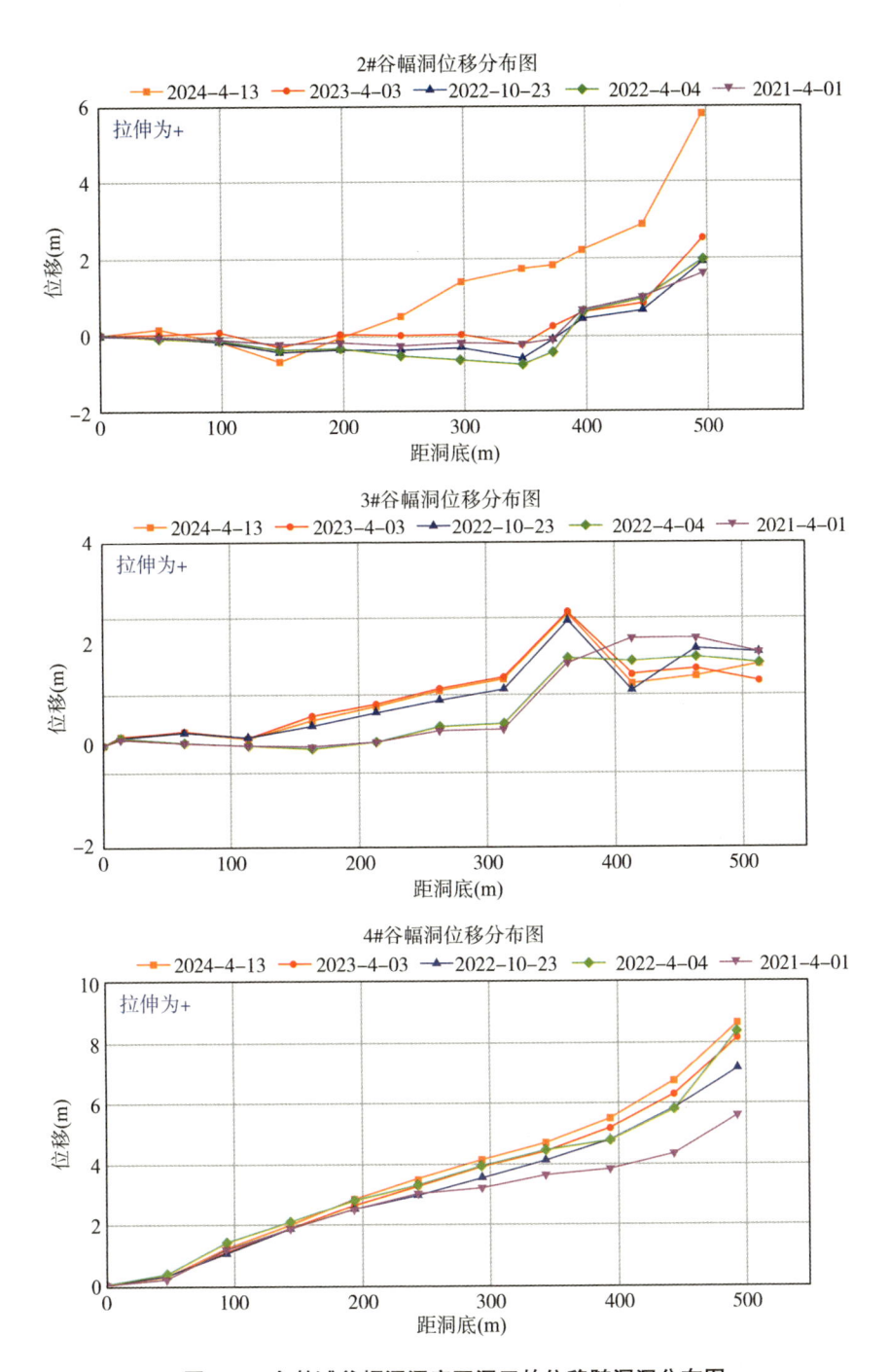

图 9-3　白鹤滩谷幅洞洞底至洞口的位移随洞深分布图

1#谷幅测洞位移时序图

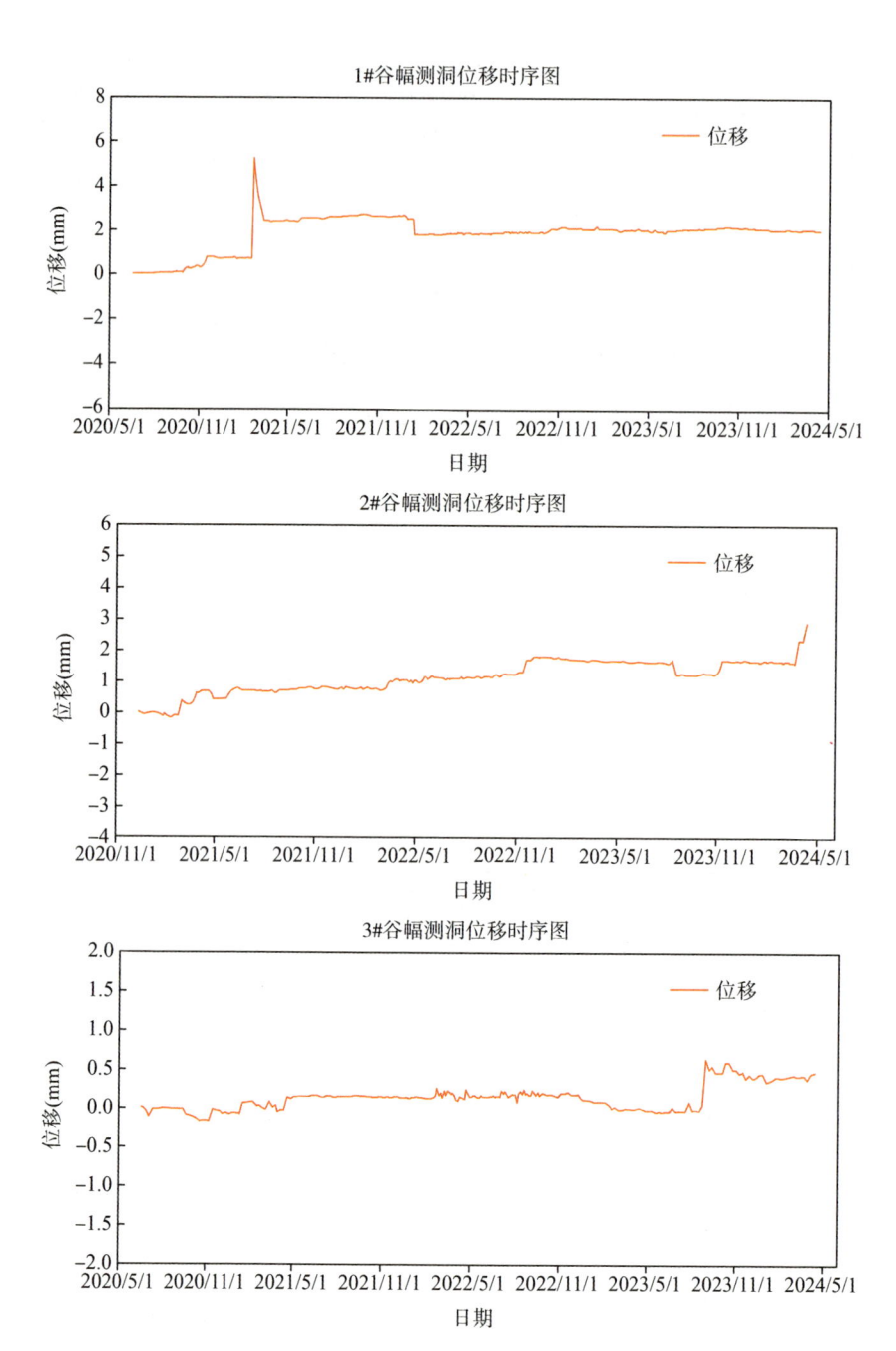

2#谷幅测洞位移时序图

3#谷幅测洞位移时序图

图 9-4　白鹤滩谷幅洞洞口位移随时间变化图

9.4　基于多类函数自适应的谷幅变形监测数据特征分析

9.4.1　谷幅变形监测数据预处理

监测数据往往存在缺失、监测频率不固定、有噪声等特点，采用这类未经处理的原始数据来构建数据驱动模型，模型的效果通常有限，计算效果相对较差。有必要开展对监测原始数据弱化噪声和插值等工作，同时保证预处理后的谷幅变形数据较好地保留原始监测形态。

用分段三次埃尔米特多项式（PCHIP）插值及萨维茨基-戈莱（SG）滤波对监测数据进行预处理，实现在插值的情况下，有效控制噪声的滤除程度，同时保留初始变形曲线关键变形特征。

PCHIP 插值即分段三次埃尔米特多项式插值，它通过将数据分成多段来避免龙格现象，该方法具有优秀的保形特性[178,179]，可以实现通过创建自变量 x_i 与因变量 $f(x_i)$ 间的向量构造分段多项式结构体[180]。使用 h_k 表示第 k 段区间的长度：

$$h_k = x_{k+1} - x_k \tag{9-1}$$

一阶差分 δ_k 的表达式为

$$\delta_k = \frac{y_{k+1} - y_k}{h_k} \tag{9-2}$$

在 x_k 处的斜率 d_k 的表达式为

$$d_k = P'(x_k) \tag{9-3}$$

在区间 $x_k \leqslant x \leqslant x_{k+1}$，有插值多项式：

$$P(x) = \frac{3hs^2 - 2s^3}{h^3} y_{k+1} + \frac{h^3 - 3hs^2 + 2s^3}{h^3} y_k + \frac{s^2(s-h)}{h^2} d_{k+1} + \frac{s(s-h)^2}{h^2} d_k \tag{9-4}$$

式中：$s = x - x_k$；$h = h_k$。

式(9-4)是 s 的三次多项式，因此，它满足 4 个插值条件，包括两个函数值，两个导数值：

$$\begin{aligned} P(x_k) &= y_k, P(x_{k+1}) = y_{k+1} \\ P'(x_k) &= d_k, P'(x_{k+1}) = d_{k+1} \end{aligned} \tag{9-5}$$

三次埃尔米特多项式插值的关键是确定斜率 d_k 以确保函数不会超过原始值。有三种情况：

(1) 如果 δ_k 和 δ_{k-1} 有不同的符号或其中一个等于 0，那么 x_k 是一个最大值或最小值，此时 $d_k = 0$。

(2) 如果 δ_k 和 δ_{k-1} 有相同的符号，并且插值间隔的长度也相同，那么 d_k 是两个点处斜率的调和平均值：

$$\frac{1}{d_k} = \frac{1}{2}\left(\frac{1}{\delta_{k-1}} + \frac{1}{\delta_k}\right) \tag{9-6}$$

(3) 如果 δ_k 和 δ_{k-1} 有相同的符号，但插值间隔不相同，d_k 是两个点处斜率的加权调和平均值，权重 w 由两个插值间隔的长度确定：

$$\frac{w_1 + w_2}{d_k} = \frac{w_1}{\delta_{k-1}} + \frac{w_2}{\delta_k} \tag{9-7}$$

其中：

$$w_1 = 2h_k + h_{k-1}, w_2 = h_k + 2h_{k-1} \tag{9-8}$$

SG 滤波是一种滑动窗口滤波器，在给定的曲线数据上，通过滑动窗口选取任意不同长度的窗口宽度,在窗口内结合多项式最小二乘拟合方法,实现保留变形曲线关键变形特征的同时又能有良好的去噪效果,在处理时序数据上具有明显优势[181-183]。SG 滤波有两个关键参数,分别为窗口大小、多项式拟合阶数,合理选配参数可以控制噪声滤除程度及信号保留效果。

该方法 n 阶多项式拟合的 $f(x)$ 表达式:

$$f(x) = c_{n0} + c_{n1}x + c_{n2}x^2 + \cdots + c_{nn}x^n = \sum_{k=0}^{n} c_{nk} x^k \tag{9-9}$$

式中:$c_{n0}, c_{n1}, \cdots, c_{nn}$ 代表拟合系数。残差 E 的表达式为

$$E = \sum_{x=-i}^{i} (f(x) - P(x))^2 = \sum_{x=-i}^{i} \Big(\sum_{k=0}^{n} c_{nk} x^k - P(x)\Big)^2 \tag{9-10}$$

使用最小二乘方法使 E 趋于最小,式(9-10)中各系数的导数 ε_z 分别设置为 0,有

$$\varepsilon_z = \frac{\partial E}{\partial c_{nz}} = 2 \sum_{x=-i}^{i} \Big(\sum_{k=0}^{n} c_{nk} x^k - P(x)\Big) x^z = 0 \tag{9-11}$$

进一步将其简化:

$$\sum_{k=0}^{n} c_{nk} \sum_{x=-i}^{i} x^{k+z} = \sum_{x=-i}^{i} P(x) x^z \tag{9-12}$$

当平滑系数和滑动窗口大小确定时,将窗口内的数据 $P(x)$ 导入式(9-12),便可求得拟合系数 c。此时多项式 $f(x)$ 的表达式便可以确定。将待求点的坐标输入 $f(x)$ 便可获得平滑后的值。

谷幅变形在蓄水初期通常是不可逆的塑性变形,随着时间的推移,谷幅变形速度并非仅是简单地单调递增或递减。以此为切入点确定谷幅变形显式求解所需的拟合参数。为了标定参数,首先对预处理后的谷幅数据进行变分模态分解(VMD),将原始信号分解,VMD 方法已在多个工程实践研究中被证明具有较好的信号时频分解功能[184-186]。该方法通过预估子序列中心频率,确保分解后的模态分量间的独立性,实现将原始非平稳信号分解为本征模态分量[187],本征模态函数表示为

$$u_k(t) = A_k(t) \cos(\varphi_k(t)) \tag{9-13}$$

式中:$A_k(t)$ 为瞬时幅值;$\varphi_k(t)$ 为瞬时相位;$\omega(t) = \mathrm{d}\varphi_k(t)/\mathrm{d}t$ 为瞬时频率。

$$\omega(t) = \frac{\mathrm{d}\varphi_k(t)}{\mathrm{d}t}, \omega(t) \geqslant 0 \tag{9-14}$$

VMD将分解问题转变为变分优化问题,如式(9-15)所示。通过找到最优模态和频率使得每个模态的带宽最小,设置模态和等于重构原始信号为约束条件,再使用拉格朗日乘子法将约束条件加入目标函数,采用乘子交替方法求解。

$$\begin{cases} \min_{\{u_k\},\{\omega_k\}} \left\{ \sum_{k=1}^{K} \left\| \partial t \left[\left(\delta(t) + \frac{\mathrm{j}}{\pi t} \right) u_k(t) \right] \mathrm{e}^{-\mathrm{j}\omega_k t} \right\|_2^2 \right\} \\ \text{s. t.} \sum_{k=1}^{K} u_k = x(t) \end{cases} \tag{9-15}$$

式中：$u_k(t)$为第k个模态；ω_k为第k个模态的中心频率；$\delta(t) + \frac{\mathrm{j}}{\pi t}$为用于计算模态解析信号的希尔伯特变换核函数；j为虚数单位；$x(t)$为原始信号。

将式(9-15)转变为非约束求解式,扩展的拉格朗日表达式为

$$\begin{aligned} L(\{u_k\},\{\omega_k\},\lambda) = & \alpha \sum_{k=1}^{K} \left\| \partial t \left[\left(\delta(t) + \frac{\mathrm{j}}{\pi t} \right) u_k(t) \right] \mathrm{e}^{-\mathrm{j}\omega_k t} \right\|_2^2 + \\ & \left\| x(t) - \sum_{k=1}^{K} u_k(t) \right\|_2^2 + \langle \lambda(t), x(t) - \sum_{k=1}^{K} u_k(t) \rangle \end{aligned} \tag{9-16}$$

式中：α为二次惩罚项；$\lambda(t)$为拉格朗日乘子。

通过对变量$u_k^{n+1}(t)$、$x(t)$、$u_i^n(t)$和$\lambda^n(t)$进行傅里叶变换,求解式(9-16),同步迭代$u_k^{n+1}(t)$和中心频率ω_k^{n+1},迭代过程表达式为

$$\begin{aligned} \hat{u}_k^{n+1}(w) &= \frac{\hat{x}(w) - \sum_{i \neq k} \hat{u}_i^n(w) + (\hat{\lambda}^n(w)/2)}{1 + 2\alpha(w - w_k^n)^2} \\ w_k^{n+1} &= \frac{\int_0^\infty w|\hat{u}_k^n(w)|^2 \mathrm{d}w}{\int_0^\infty |\hat{u}_k^n(w)|^2 \mathrm{d}w} \end{aligned} \tag{9-17}$$

式中：$\hat{u}_k^{n+1}(w)$、$\hat{x}(w)$、$\hat{u}_i^n(w)$和$\hat{\lambda}^n(w)$均为傅里叶变换结果。

参数$\lambda(t)$采用如下方法更新：

$$\hat{\lambda}^{n+1}(\omega) \leftarrow \hat{\lambda}^n(\omega) + \tau\left(\hat{x}(\omega) - \sum_k \hat{u}_k^{n+1}(\omega)\right) \tag{9-18}$$

收敛条件如下：

$$\sum_k \|\hat{u}_k^{n+1} - \hat{u}_k^n\|_2^2 / \|\hat{u}_k^n\|_2^2 < e \tag{9-19}$$

式中：e 为收敛精度。

求解算法的流程为：

步骤1：初始化模态 u_k^1、中心频率 ω_k^1。

步骤2：在固定其他模态和频率的情况下，最小化拉格朗日函数，更新模态 u_k 和频率 ω_k。

步骤3：根据当前的模态和中心频率，更新拉格朗日乘子 $\lambda(t)$。

步骤4：判断模态的更新幅度是否满足收敛条件，满足则认为收敛，否则返回步骤2继续迭代。

9.4.2 多类函数自适应谷幅变形特征分析

1. 基于快速傅里叶变换的模态信号筛选

为自动确定谷幅变形中的变化特征，结合变分模态分解和快速傅里叶变换（FFT）的模态信号筛选方法，通过FFT将分解后的模态信号转换到频域，使用主频率和多频率能量占比来确定具有波动性特征的模态分量[188]。方法流程图如图9-5所示。

模态 $u_k(t)$ 的离散傅里叶变化可定义为

$$U_k(f) = \sum_{n=0}^{N-1} u_k[n] \mathrm{e}^{-\mathrm{j}2\pi fn/N} \tag{9-20}$$

式中：$U_k(f)$ 为 $u_k(t)$ 在频域中的表示；f 为频率分量；N 为信号的采样点数。

为了明确波动性特征模态分量，计算每个模态分量的主频率能量占比，用于衡量信号在主频率上的能量集中度，简称为主频率能量占比。设定主频率能量占比低于阈值，可以避免将能量高度集中的单一频率误认为波动性、周期性特征。此外，通过计算多个较大的频率能量和占比，衡量信号在多个重要频率上的能量分布情况，简称为多频率能量占比。通过设定多频率能量占比高于阈值，可以确保信号在多个频率上具有显著的能量分布。通过主频率和多频率能量占比的计算，实现波动性和周期性特征较为显著的模态分量识别。主频率能

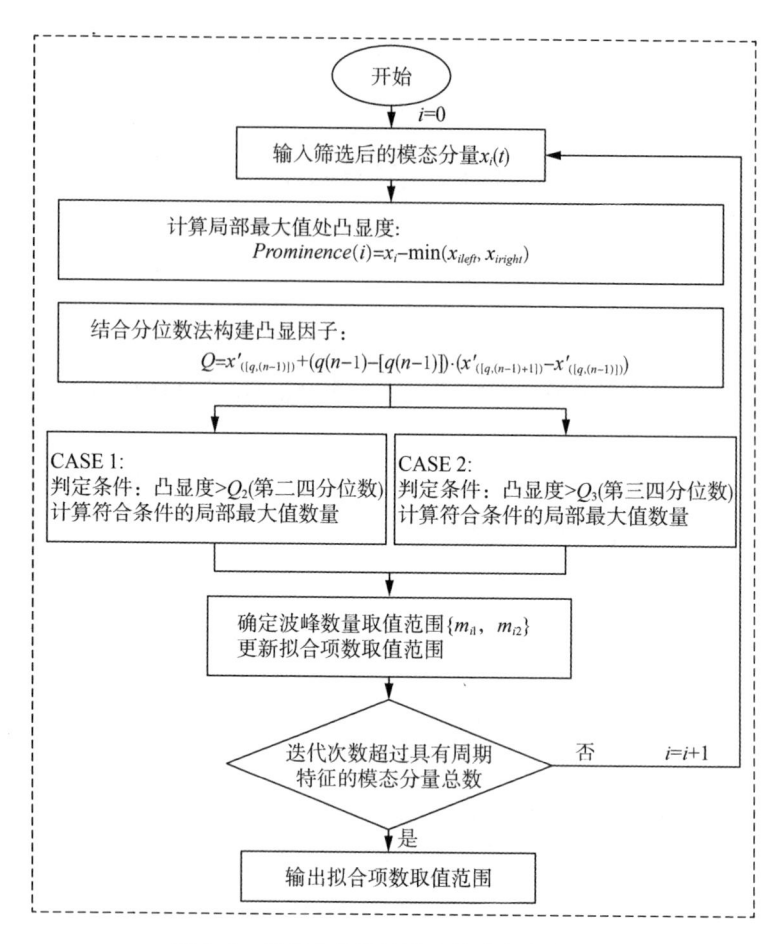

```
                    ┌─────────┐
                    │   开始   │
                    └────┬────┘
                       i=0
                         ↓
         ┌───────────────────────────────┐←─────────┐
         │   输入筛选后的模态分量 x_i(t)      │          │
         └───────────────┬───────────────┘          │
                         ↓                          │
    ┌──────────────────────────────────────┐        │
    │   计算局部最大值处凸显度:                │        │
    │   Prominence(i)=x_i−min(x_ileft, x_iright) │    │
    └──────────────────┬───────────────────┘        │
                       ↓                            │
    ┌──────────────────────────────────────────────┐│
    │ 结合分位数法构建凸显因子:                         ││
    │ Q=x'_([q·(n-1)])+(q(n-1)-[q(n-1)])·(x'_([q·(n-1)+1])-x'_([q·(n-1)])) ││
    └─────────┬─────────────────────┬──────────────┘│
              ↓                     ↓                │
    ┌──────────────────┐   ┌──────────────────┐      │
    │ CASE 1:          │   │ CASE 2:          │      │
    │ 判定条件:凸显度>Q_2│   │ 判定条件:凸显度>Q_3│      │
    │ (第二四分位数)     │   │ (第三四分位数)     │      │
    │ 计算符合条件的     │   │ 计算符合条件的     │      │
    │ 局部最大值数量     │   │ 局部最大值数量     │      │
    └─────────┬────────┘   └────────┬─────────┘      │
              └──────────┬──────────┘                │
                         ↓                           │
         ┌───────────────────────────────┐           │
         │ 确定波峰数量取值范围{m_i1, m_i2}  │           │
         │ 更新拟合项数取值范围             │           │
         └───────────────┬───────────────┘           │
                         ↓                           │
                   ╱───────────╲                     │
                  ╱ 迭代次数超过  ╲    否              │
                 ╱ 具有周期特征的 ╲────────→ i=i+1 ───┘
                 ╲ 模态分量总数  ╱
                  ╲           ╱
                   ╲─────────╱
                      ↓ 是
         ┌───────────────────────────────┐
         │   输出拟合项数取值范围           │
         └───────────────────────────────┘
```

图 9-5　基于分位数的波峰检验方法流程图

量占比及多频率能量占比计算公式如下:

$$r_d = \frac{P1_{\max}^2}{\sum_{k=1}^{N/2} P1[k]^2} \tag{9-21}$$

$$r_m = \frac{\sum_{k=1}^{m} P1_{\text{sorted}}[k]^2}{\sum_{k=1}^{N/2} P1[k]^2} \tag{9-22}$$

式中: $P1$ 是单边频谱幅值; $P1[k]$ 是单边频谱中从大到小排序的第 k 个频率分量的幅值; $P1_{\max}$ 为单边频谱中幅值最大的频率分量; $P1_{\text{sorted}}$ 为按幅值降序

排列的单边频谱。

2. 基于分位数波峰检验的变形曲线拟合方法

对具有波动性和周期性特征的模态分量进行峰值数量标定,标定的峰值点数量可以用来确定显式求解拟合项数取值范围,作为谷幅变形特征分析的基础。首先,引入凸显度因子,剔除振幅较小波峰的影响,计算显著波峰的数量范围并设置拟合项数,依据拟合结果确定最终拟合函数。在峰值数量取值范围计算时,首先对筛选后的模态信号进行局部最大值计算,并将局部最大值数据按顺序排列,依据分位数构建凸显度因子。分位数是一种统计变量概率分布的函数,按比例划分界定概率分布的关键值[189]。对于给定的分位数百分比 $q \in [0,1]$,分位数表达式为:

$$Q = x'_{(\lceil q(n-1) \rceil)} + (q(n-1) - \lfloor q(n-1) \rfloor) \cdot (x'_{(\lceil q(n-1)+1 \rceil)} - x'_{(\lceil q(n-1) \rceil)}) \tag{9-23}$$

式中:Q 为分位数值;q 为分位数对应的百分比;n 为局部最大值数量;$x'(i)$ 为局部最大值数据顺序排列后的第 i 位数值。

凸显度描述的是峰值相对于周围谷底的高度差,通过凸显度可以滤除相对不显著的波峰。凸显度表达式为

$$Prominence(i) = x_i - \min(x_{ileft}, x_{iright}) \tag{9-24}$$

依据对应百分比为 0.5 及 0.75 的第二四分位数 Q_2、第三四分位数 Q_3 来构建凸显度对比系数,计算凸显度大于 Q_2 的波峰数量 m_1、大于 Q_3 的波峰数量 m_2。确定波峰取值范围为 $\{m_1, m_2\}$。

将 m_1、m_2 设置为拟合项数,并对谷幅变形数据进行拟合,拟合基函数包括傅里叶级数、高阶正弦和函数、高斯函数。傅里叶级数将复杂的映射关系拆解为多个正弦函数和余弦函数,相当于对多个基于初始点的旋转变量开展矢量求和计算[190,191]。函数表达式如下:

$$f(t) = a_0/2 + \sum_{n=1}^{m} [a_n \cos(nwt) + b_n \sin(nwt)] \tag{9-25}$$

正弦和函数通过调整组合多个正弦函数的振幅、频率、相位等参数进行计算。这种方法可实现多频率数据拟合,适用于多频率、近似周期性的波动数据[192]。函数表达式如下:

$$f(t)=\sum_{n=1}^{m}a_n\times\sin(b_nt+c_n) \qquad (9\text{-}26)$$

多峰高斯函数通过将信号拆解为多个峰值信号进行重构,适合信号包含多个峰值数的情况[193]。函数表达式如下:

$$f(t)=\sum_{n=1}^{m}a_n\exp\left[-\left(\frac{t-b_n}{c_n}\right)^2\right] \qquad (9\text{-}27)$$

式中:a_0,a_n,b_n,c_n,w 均为展开系数;n 为拟合项数;t 为监测时间;$f(t)$ 为谷幅变形值。

采用调整后决定系数作为评价指标,通过计算不同基函数在不同项数下的调整后决定系数 R^2,选取最大值对应函数作为最终结果,R^2 及 R^2_{adj} 计算公式如下:

$$R^2=1-\sum_{i=1}^{t}(x_i-\hat{x}_i)^2 \Big/ \sum_{i=1}^{t}(x_i-\overline{x})^2 \qquad (9\text{-}28)$$

$$R^2_{\text{adj}}=1-(1-R^2)(n-1)/(n-p-1) \qquad (9\text{-}29)$$

式中:x_i 为谷幅变形观测值;$\hat{x}_i$ 为谷幅变形拟合值;$\overline{x}$ 为谷幅变形观测值均值;n 为观测数量;p 为拟合模型自变量数。

3. 多类函数自适应谷幅变形特征分析方法

多类函数自适应谷幅变形特征分析方法包括以下 5 个步骤,具体如下:

步骤 1:谷幅变形时间序列监测数据预处理及模态分解。采用 PCHIP 插值及 SG 滤波对监测数据进行预处理。在满足插值的情况下,有效控制噪声的滤除程度。对插值后的数据采用变分模态分解(VMD)方法将谷幅变形时间序列分解为多个模态分量 $u_k(t)$。

步骤 2:基于 FFT 的模态信号筛选。对分解后的各个模态分量信号,通过快速傅里叶变换(FFT)将各模态从时域转换为频域,结合提出的主频率和多频率能量占比 r_d、r_m,确定具有波动性和周期性的模态分量 $x_i(t)$。

步骤 3:分位数波峰检验。计算步骤 2 中筛选出的模态分量 $x(t)$ 的局部最大值数量,采用分位数法构建凸显度因子,通过构建的中位 Q_2、上四分位 Q_3 凸显度对比系数确定峰值数量取值范围 $\{m_{i1},m_{i2}\}$。

步骤 4:自适应函数拟合。依据步骤 3 中的峰值数量取值范围,设置拟合项数取值范围 $\{m_{i1},m_{i2}\}$,基函数为傅里叶级数、正弦和函数、多峰高斯函数,对比不同基函数在不同项数下的拟合结果 R^2_{adj},确定最优拟合函数 $f(t)$。

步骤 5：根据步骤 4 的计算结果，给出谷幅变形值显式表达式，基于一阶、二阶求导确定谷幅变形速度和加速度显式表达式，依据显式及绘图开展谷幅变形特征研究。

9.4.3 白鹤滩谷幅变形规律分析

2020 年 6 月 20 日白鹤滩库区基坑开始进水，以此为谷幅变形取值基准日期。2021 年 4 月 6 日导流底孔下闸蓄水，选取下闸蓄水后谷幅变形量较大的测线作为典型测线开展谷幅变形特征分析。

截至 2024 年 4 月 17 日，蓄水后 TPgf7-TPgf8 测线谷幅变形值为 −18.02 mm，该测线位于上游侧导流洞进口边坡 3-3 监测断面内，距离大坝约 600 m，测线高程 834 m。采用多类函数自适应谷幅变形分析方法，以 TPgf7-TPgf8 测线监测数据为例，分析谷幅变形特征。TPgf7-TPgf8 测线基准值于 2021 年 1 月 6 日测定。

使用 PCHIP 插值及 SG 滤波方法对谷幅变形原始监测数据进行插值滤波处理，处理后的数据如图 9-6 所示，预处理后的数据噪声降低并且较好地保留了曲线本身的形态。采用 VMD 分解预处理后的谷幅变形数据，设置本征模态函数（IMF）数为 3，收敛公差设为 10^{-7}，惩罚因子设为 2 000，分解结果如

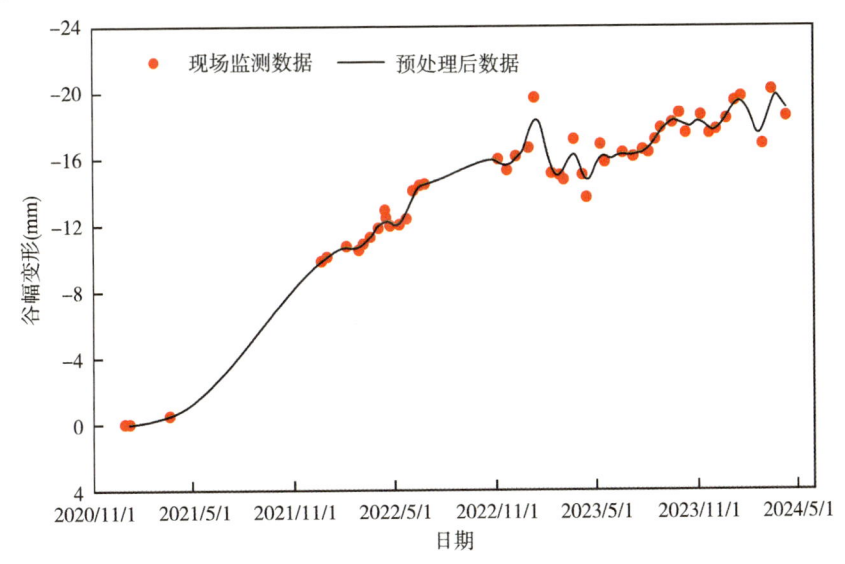

图 9-6　TPgf7-TPgf8 测线预处理结果

图9-7所示。分解后的模态信号通过FFT转换到频域,计算主频率、多频率能量占比,确定具有波动性特征的模态为IMF2、IMF3。IMF1为趋势项,IMF2及IMF3具有明显的波动特征。

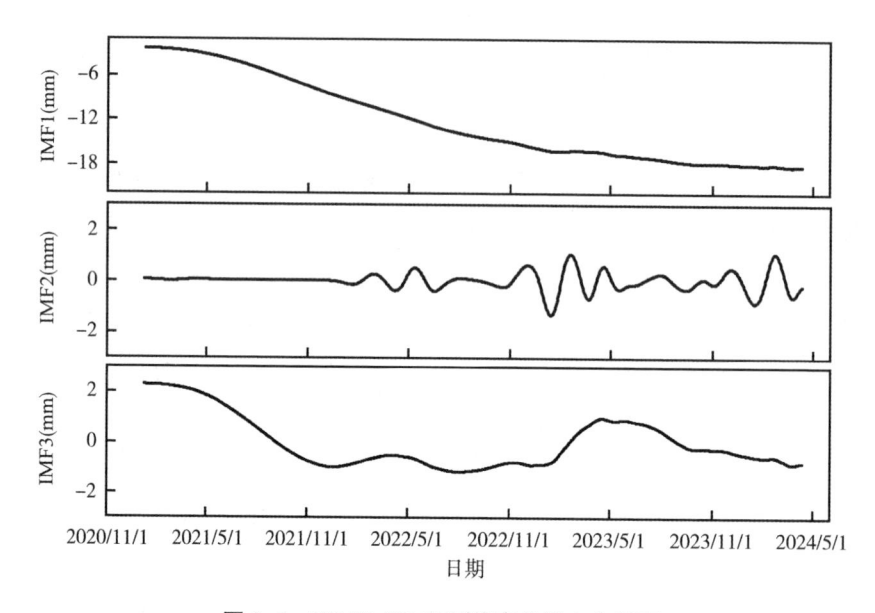

图9-7　TPgf7-TPgf8测线变分模态分解图

分别计算IMF2及IMF3局部极大值,结合分位数法计算中位Q_2、上四分位Q_3,并构建凸显度因子,模态函数曲线及标定的峰值点如图9-8～图9-11所示。对比IMF2峰值标定结果,Q_3标定的峰值显著大于Q_2标定的峰值,两者均有效选取了波动幅度相对较大、波峰显著的位置,Q_3、Q_2标定峰值位置数量分别为3、6。根据IMF3凸显度因子设置为Q_3、Q_2的计算结果,IMF3峰值标定数量分别为2和5。结合IMF2及IMF3波峰检验结果,确定拟合函数项数取值范围为{2,3,5,6}。

以傅里叶级数、正弦和函数、多峰高斯函数为基函数,分别计算项数为2项、3项、5项、6项的拟合函数,采用调整后的R^2对比拟合结果,计算结果如表9-4所示,调整后的R^2最大值为0.959,确定TPgf7-TPgf8测线最优拟合函数为5项高斯函数。拟合函数表达式如式(9-30)所示。对式(9-30)分别进行一阶、二阶求导,求解谷幅变形速度和加速度显式表达式,依据求得的显式绘制谷幅变形值、速度和加速度时间序列图,分析TPgf7-TPgf8谷幅测线谷幅变形特征,变形特征图如图9-12所示。由图可知,上游侧导流洞进口边坡

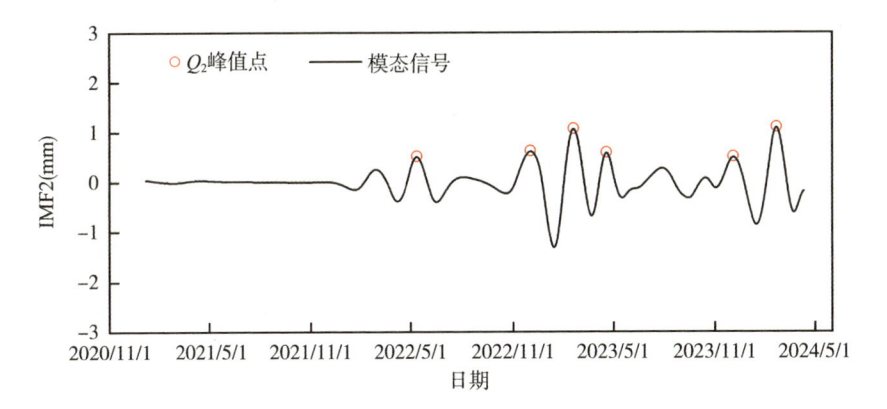

图 9-8　TPgf7-TPgf8 IMF2 中位峰值点图

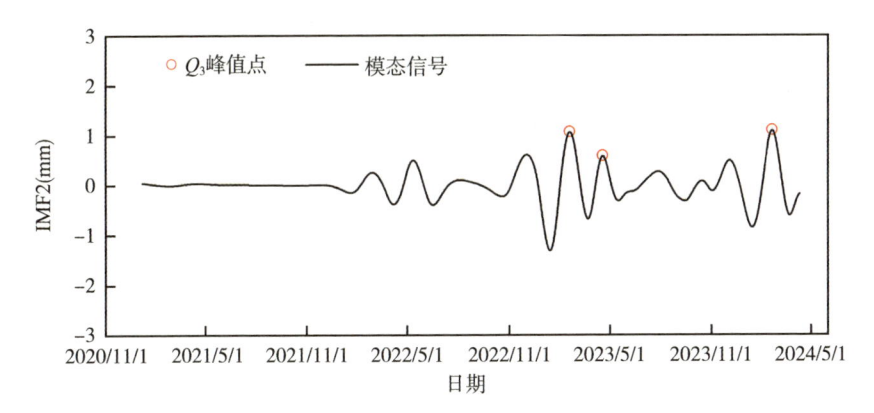

图 9-9　TPgf7-TPgf8 IMF2 上四分位峰值点图

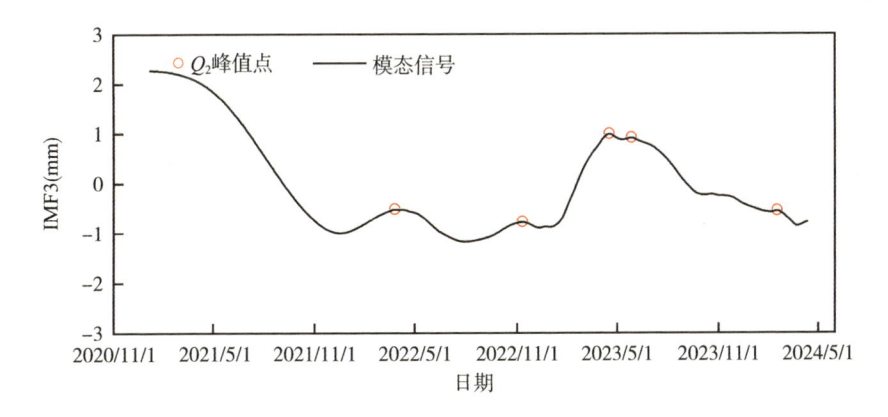

图 9-10　TPgf7-TPgf8 IMF3 中位峰值点图

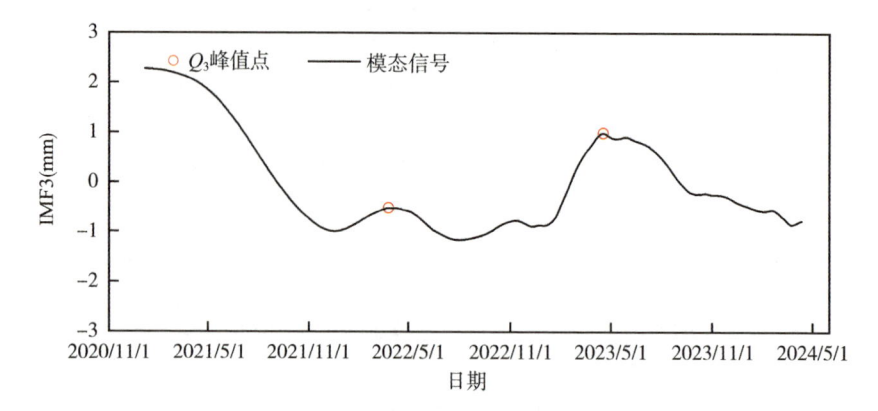

图 9-11　TPgf7-TPgf8 IMF3 上四分位峰值点图

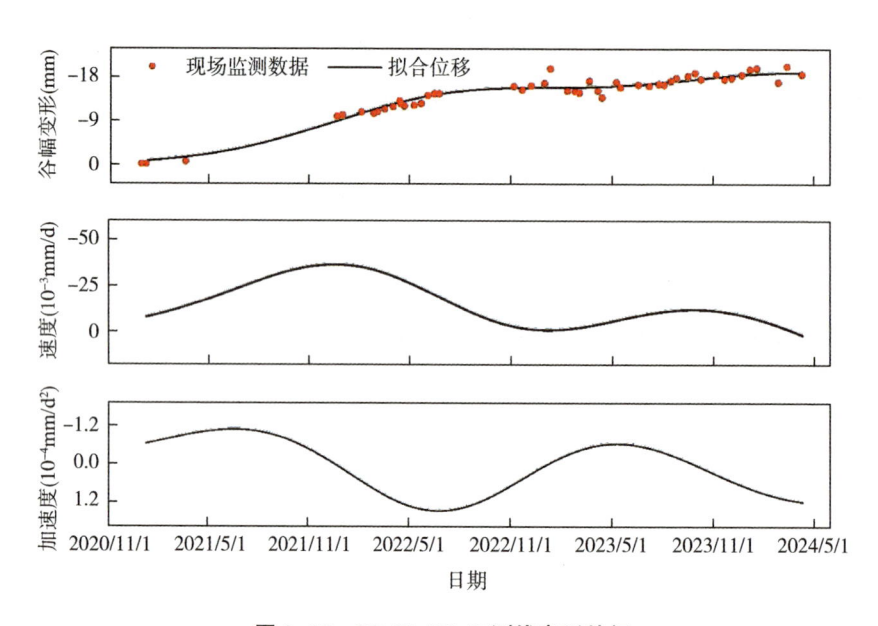

图 9-12　TPgf7-TPgf8 测线变形特征

TPgf7-TPgf8 谷幅变形在监测期内呈现上升特征,现场观测值围绕高斯拟合曲线,拟合函数较好地反映了变形情况。变形速度和加速度具有波动特征,变形速度在水库第一次蓄满后达到最大,最大谷幅变形增速为 0.363×10^{-1} mm/d,随后变形增速逐渐减小,2023 年 1 月后谷幅变形增速逐渐增大,2023 年最大增速为 0.119×10^{-1} mm/d。变形加速度曲线在零值上下波动分布,正值和负值交替出现,表明变形速率的增加和减小交替进行。TPgf7-TPgf8 测线谷幅变形相对较大,且变形值持续增长,变形速率增减交替,变形速率较监测初期降低,但未呈现明显收敛特征。

表 9-4 TPgf7-TPgf8 测线函数拟合结果(调整后的 R^2)

项数	傅里叶级数	正弦和函数	多峰高斯函数
2	0.934	0.935	0.935
3	0.938	0.942	0.942
5	0.938	0.951	0.959
6	0.937	0.946	0.955

$$y = 0.750 \times \exp(-1.156 \times 10^1 \times (t-1.000)^2) - 1.095 \times 10^1 \times \exp(-4.865 \times 10^{-6} \times (t-5.385 \times 10^2)^2) - 1.877 \times 10^1 \times \exp(-1.925 \times 10^{-6} \times (t-1.194 \times 10^3)^2) + 0.754 \times \exp(-1.683 \times 10^1 \times (t-2.000)^2) + 0.758 \times \exp(-0.309 \times 10^2 \times (t-3.000)^2)$$

(9-30)

结合白鹤滩工程谷幅测线布设、监测实际情况,以工程关键部位、变形值较大、监测时段覆盖范围广的测线为典型测线,进一步分析研究变形特征。包含进水口上游边坡 TPgf13-TPgf14 测线,下游侧抗力体边坡 6-6 断面内 TPgf24-TPgf29 测线及 7-7 断面内 TPgf35-TPgf40 测线,分别距离拱冠坝趾约 400 m、166 m、197 m,采用谷幅基准值设定后的数据计算,基于多类函数自适应方法计算的结果如表 9-5 所示。

表 9-5 基于多类函数自适应方法的白鹤滩谷幅变形典型测线拟合结果

测线	基函数	项数	调整后的 R^2
TPgf7-TPgf8	多峰高斯函数	5	0.959
TPgf13-TPgf14	正弦和函数	5	0.968
TPgf24-TPgf29	正弦和函数	4	0.911
TPgf35-TPgf40	傅里叶级数	5	0.901

TPgf13-TPgf14 测线最优拟合函数为 5 项正弦和函数,调整后的 R^2 为 0.968,TPgf13-TPgf14 测线变分模态分解图如图 9-13 所示,依据求解的谷幅变形、速度和加速度,显式绘制各测线变形特征曲线如图 9-14 所示。

进水口上游边坡 TPgf13-TPgf14 测线从 2020 年 5 月到 2021 年 12 月变形值持续增大,谷幅变形持续发展,变形主要发生在 2021 年 11 月前的蓄水过程,2022 年后增加速度减缓。谷幅变形速度曲线在零值上下反复变化,最大谷

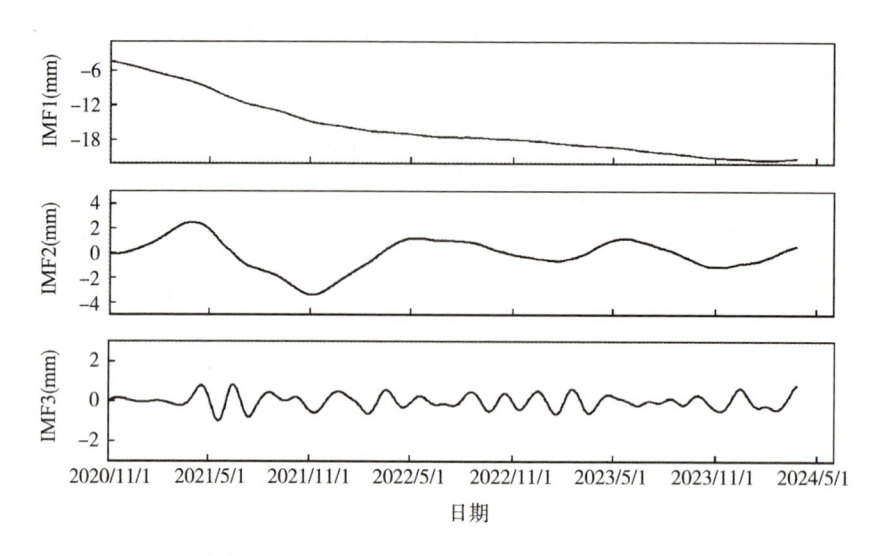

图 9-13　TPgf13-TPgf14 测线变分模态分解图

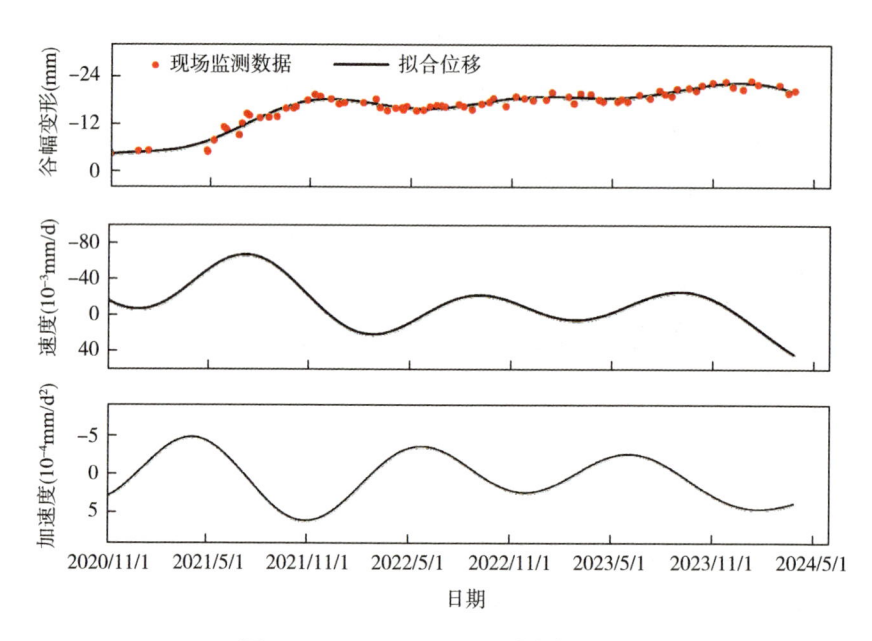

图 9-14　TPgf13-TPgf14 测线变形特征

幅增速为 0.669×10^{-1} mm/d,2022 年最大增速为 0.221×10^{-1} mm/d,2023 年最大增速为 0.258×10^{-1} mm/d。变形加速度曲线在零值上下波动,负向面积大于正向面积,表明尽管 TPgf13-TPgf14 测线变形持续发展,但测线变形整体处于减速状态。

TPgf24-TPgf29 测线最优拟合函数为 4 项正弦和函数，调整后的 R^2 为 0.911，TPgf24-TPgf29 测线变分模态分解图如图 9-15 所示，依据求解的谷幅变形、速度和加速度，显式绘制各测线变形特征曲线如图 9-16 所示。抗力体边

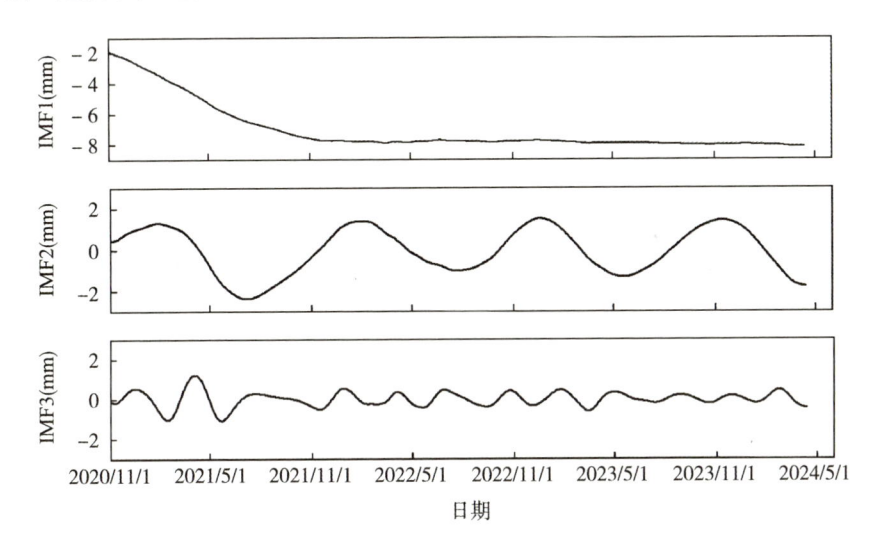

图 9-15　TPgf24-TPgf29 测线变分模态分解图

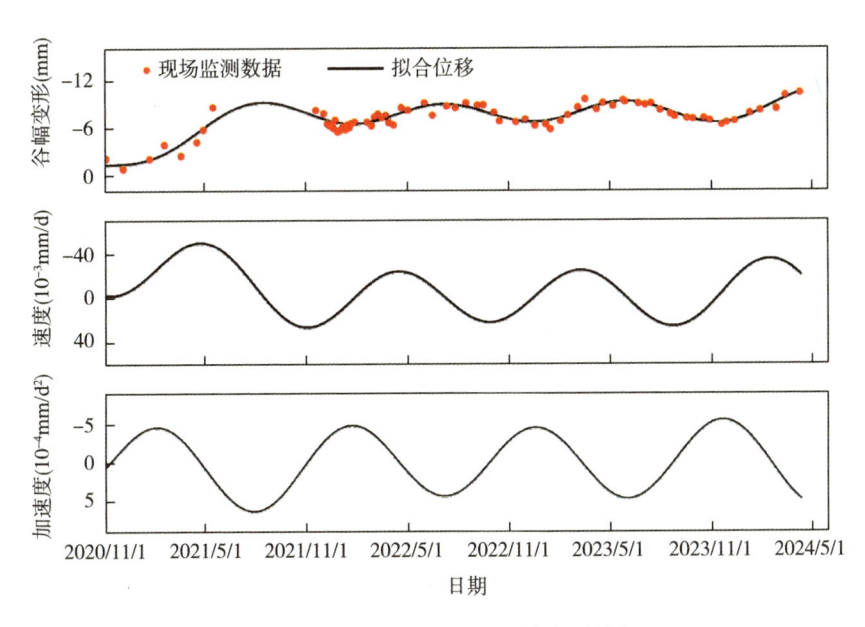

图 9-16　TPgf24-TPgf29 测线变形特征

坡处 TPgf24-TPgf29 测线在 2020 年 5 月到 2021 年 5 月期间谷幅变形快速增加。变形速度曲线呈现出典型的周期性变化，每年出现一次周期变化，最大谷幅增速为 0.500×10^{-1} mm/d，2022 年最大谷幅增速为 0.238×10^{-1} mm/d，2023 年最大谷幅增速为 0.247×10^{-1} mm/d，2024 年最大谷幅增速为 0.351×10^{-1} mm/d。

TPgf35-TPgf40 测线最优拟合函数为 5 项傅里叶级数，调整后的 R^2 为 0.901，TPgf35-TPgf40 测线变分模态分解图如图 9-17 所示，依据求解的谷幅变形、速度和加速度，显式绘制各测线变形特征曲线如图 9-18 所示。抗力体边坡处 TPgf35-TPgf40 变形主要发生在 2020 年 5 月到 2021 年 11 月期间，变形速度和加速度曲线同样呈现周期性变化特征，最大谷幅增速为 0.338×10^{-1} mm/d，2022 年最大谷幅增速为 0.208×10^{-1} mm/d，2023 年最大谷幅增速为 0.181×10^{-1} mm/d。

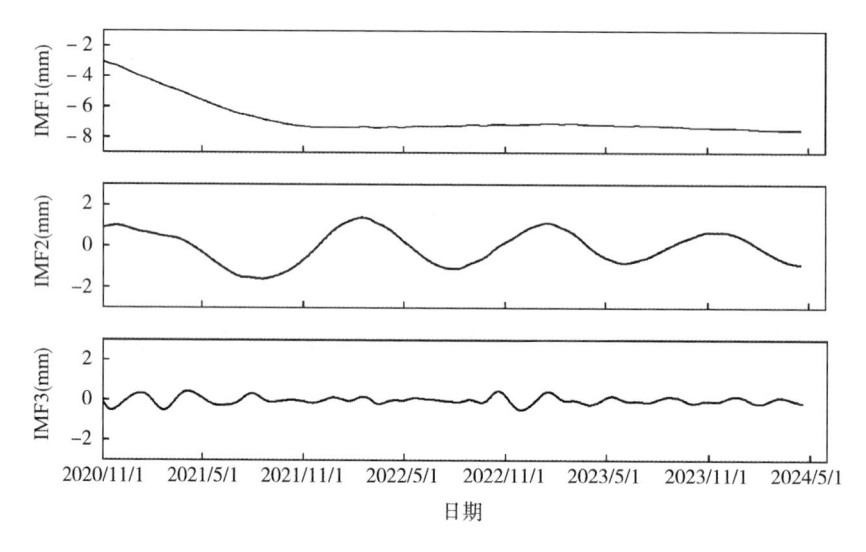

图 9-17　TPgf35-TPgf40 测线变分模态分解图

对上游侧导流洞进口边坡 TPgf7-TPgf8 测线、进水口上游边坡 TPgf13-TPgf14 测线、下游侧抗力体边坡 6-6 断面内 TPgf24-TPgf29 测线及 7-7 断面内 TPgf35-TPgf40 测线进行变形特征研究，由计算结果可知，近坝区域的谷幅变形主要发生在 2021 年 11 月前的蓄水过程；上游测点谷幅持续增长，未出现明显收敛特征，下游抗力体边坡处测线具有波动特征。上游近坝断面变形在蓄水前及蓄水初期表现为收缩变形，且距离坝肩越远，收缩变形越大。

大坝下游方向，随着距坝肩距离的增加，谷幅收缩变形逐渐减小。

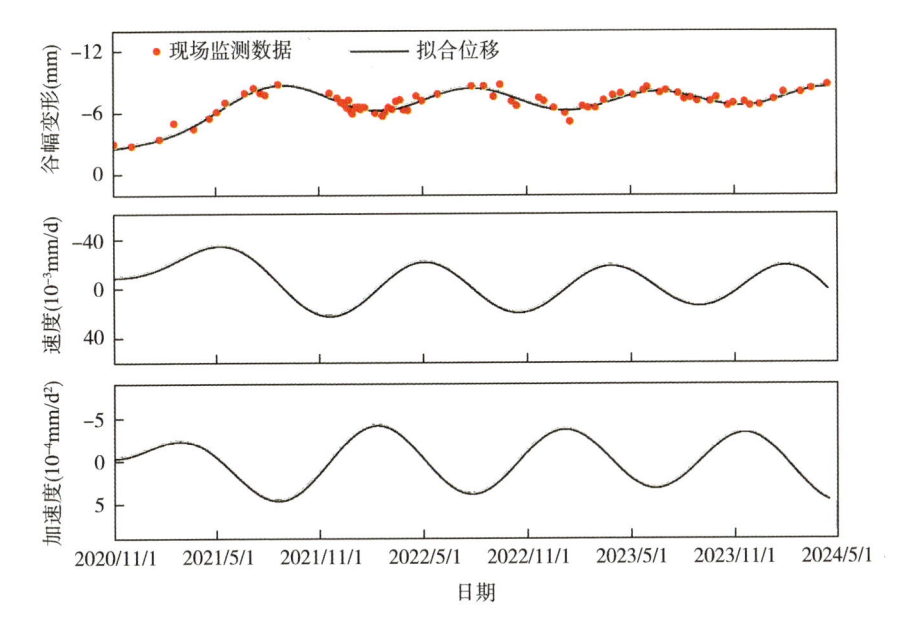

图 9-18　TPgf35-TPgf40 测线变形特征

9.5　小结

基于白鹤滩工程监测布设资料、谷幅变形监测数据及环境要素监测资料，采用提出的多类函数自适应谷幅变形特征分析方法，从定量角度分析了白鹤滩谷幅变形特征。

（1）谷幅监测设计紧密围绕工程关键部位，在进水口上游边坡、抗力体边坡、水垫塘边坡、二道坝边坡、水垫塘边坡开口线、左右岸尾水出口边坡等重要结构位置布设多个监测断面，监测断面内依据高程设有多条谷幅测线，下游测线相对上游布设密集，深部测点衔接表观测点。

（2）采用 PCHIP 插值及 SG 滤波对白鹤滩谷幅监测数据预处理，基于变分模态分解和快速傅里叶变换，通过能量占比确定具波动性、周期性的模态分量，结合分位数构建凸显度因子，高效标定拟合基函数项数取值范围，求解了谷幅变形值、速度和加速度时间序列显式模型。

（3）分析结果表明近坝区域的谷幅变形主要发生在 2021 年 11 月前的蓄

水过程；截至 2024 年 4 月，上游测点谷幅持续增长；下游抗力体边坡处谷幅变形具有波动特征。综合空间位置信息可知，上游近坝断面变形在蓄水后表现为收缩变形，且距离坝肩越远，收缩变形越大；大坝下游谷幅变形随着距坝肩距离的增加逐渐减小。

第十章

白鹤滩谷幅变形影响因素分析及预测研究

10.1 引言

结合谷幅变形实际工程环境监测资料,充分利用现场多种监测资源,研究各类重要环境因素与谷幅变形响应之间的线性、非线性关系。依据提出的谷幅变形影响因素分析体系,构建环境要素高维因子,分析了降雨、库水位和地下水位、地震等环境要素对蓄水后白鹤滩工程谷幅变形的影响。基于谷幅变形监测资料开展谷幅变形预测研究是保障水电枢纽工程安全的重要组成部分,是谷幅变形趋势分析及安全评估的重要前提。

10.2 基于 Lasso-RF 的谷幅变形影响因素分析

考虑到温度、降雨等因子具有多种表征形式,如累计降雨量、最大降雨量、最高气温等,这些因子通常具有高维共线性特征,常用的多元线性回归模型无法高效处理高维共线性特征因子,且多元线性回归模型以线性关系分析为基础,对非线性关系的映射能力有限。基于拉索(Lasso)回归和随机森林算法,实现高维共线性因子筛选,建立影响因素与谷幅变形间的非线性关系映射,实现谷幅变形高维共线性影响因素分析。

10.2.1 拉索回归原理

拉索(Lasso)回归是一种正则化的回归方法,在传统统计学中,变量选择与参数估计是分开的。同时,当变量数量增加时,计算量迅速增大,效率降低且误差增大[194,195]。标准的多元线性回归模型为

$$y = \beta_0 + \beta_1 x_1 + \beta_2 x_2 + \cdots + \beta_p x_p + \varepsilon \tag{10-1}$$

式中:y 为因变量;$x_1, x_2, \cdots, x_p$ 为自变量;β_0 为截距项;$\beta_1, \beta_2, \cdots, \beta_p$ 为各个变量的回归系数,表示每个自变量对因变量的线性影响;ε 为误差项。

多元线性回归通过计算最小化残差平方和,通过确定模型预测值与实测值间差值的最小平方和来估计回归系数 β:

$$\min_{\beta_0, \beta_1, \cdots, \beta_p} \sum_{i=1}^{n} (y_i - \hat{y}_i)^2 \tag{10-2}$$

Lasso回归则通过建立回归系数绝对值的惩罚函数来控制模型复杂度,模型中的惩罚方法通过极大似然函数实现,如式(10-3)。模型参数估计时引入$L1$正则化,是一个连续的最优化过程。与传统方法相比,该方法更稳定,在变量数量很大情况下,结合相应算法仍能有效分析。求解目标函数如式(10-4),通过约束所有回归系数绝对值之和小于某一常数,计算出使得残差平方和最小的参数。计算过程通过控制参数λ防止模型过拟合,当λ较大时,模型惩罚力度更大,系数更多地被缩减为零,λ很小时则近似多元线性回归。计算结果中,部分回归系数将缩减为零,可以去除对因变量贡献不大的自变量。可以有效处理高维数据以及具有共线性的自变量,有利于提高模型解释力。

$$\max_{\beta_1,\cdots,\beta_P,\beta_0}[L(\beta_0,\beta_1,\cdots,\beta_P|Y=y,X=x)-\lambda\sum_{j=1}^{P}|\beta_j|] \quad (10\text{-}3)$$

$$\beta=\underset{\beta}{\mathrm{argmin}}\sum_{i=1}^{N}(y_i-\beta_0-\sum_{j=1}^{P}x_i\beta_j)^2, \text{ s.t. } \sum_{j=1}^{P}|\beta_j|\leqslant\lambda \quad (10\text{-}4)$$

$$y=\alpha+\sum_{i=1}^{p}\beta_ix_i+u, u\sim N(0,\sigma^2) \quad (10\text{-}5)$$

式中:$x_1,x_2,\cdots,x_p$为自变量;y为因变量;$\frac{1}{n}\sum x=0$,$\frac{1}{n}\sum x^2=1$样本量为N;λ为惩罚参数且$\lambda\geqslant0$,λ决定了系数的收缩程度。

常见的调节参数λ的计算方法有贝叶斯信息准则(BIC)、Akaike信息准则(AIC)和广义交叉验证值(GCV)等方法。BIC及AIC方法的定义如下:

$$BIC=-2\cdot\ln(L)+k\ln(n) \quad (10\text{-}6)$$

$$AIC=2k-2\ln(L) \quad (10\text{-}7)$$

式中:k为模型中非零系数的个数;n为训练集中的样本数;L为模型的似然函数。

交叉验证方法将数据集拆分成多个部分,分别用每个部分做测试集,其余部分做训练集,通过计算所有部分的平均性能,进而获得模型的整体效果。

选用GCV来估计λ值并进行Lasso回归变量筛选计算。变量选择算法的思路如下:

步骤1:对于任意给定的λ,以最小二乘参数估计作为迭代初始值,再经过反复迭代,直至最后两次迭代的残差平方和小于事先给定的数值。此时的估计

值即为 λ 的最终参数估计。

步骤 2：在任意给定区间，等距选取 λ 的值，根据步骤 1 的算法获得不同 λ 所对应的参数估计值。

步骤 3：将不同 λ 对应的参数估计值分别带入 GCV 检验，其中最小值对应的 λ 即为最优值。

步骤 4：λ 最优值对应的参数估计值即为最终参数估计结果。

10.2.2 随机森林算法

随机森林算法(RF)属于机器学习的集成学习方法，通过集成学习的思想将多棵树集成，引入随机属性选择的决策树构建 Bagging 集成，是决策树和 Bagging 算法的一种改进算法[196]。RF 的基本单元为决策树，通过随机的方式建立由多棵决策树组成的森林，森林通过投票方式对样本进行分类与预测，是一种非线性参数回归方法，对非线性、具有交互作用的数据均具有良好的适应性。模型使用自助重采样方法，从原始训练集随机抽取数据生成新的训练集，构建子树时，每一个分裂过程均随机选取一定数量特征，结合最优特征计算方法选取最优分裂特征以构造子树。重复以上步骤，根据不同的新训练集构建新树以完成森林构建，分类结果由森林中每棵树的投票数决定。最后，对预测集的类别进行预测，根据预测结果选择最优模型，RF 可反向计算各影响因素的重要性。

RF 算法精度较高，鲁棒性好，泛化能力强。算法中随着森林中树的数量增加，其泛化误差 PE^* 逐渐收敛于：

$$P_{X,Y}((P_\Theta(h(x,\Theta)=y) - \max_{j \neq y} P_\Theta(h(x,\Theta)=j)<0) \tag{10-8}$$

式中：Θ 是单棵决策树的随机向量；$h(x,\Theta)$ 是基于 x 和 Θ 的分类器输出。

随机森林的泛化误差上限由单棵树的分类效能和树与树之间的相关程度决定。随机森林样本 (x,y) 的间隔函数表示为

$$mr(x,y) = P_\Theta(h(x,\Theta)=y) - \max_{j \neq y} P_\Theta(h(x,\Theta)=j) \tag{10-9}$$

分类器集合 $\{h(x,\Theta)\}$ 的分类能效为

$$s = E_{X,Y} mr(x,y) \tag{10-10}$$

若 $s \geq 0$，由契比雪夫不等式有：

$$PE^* \leqslant \operatorname{var}(mr)/s^2 \qquad (10\text{-}11)$$

式中：$\operatorname{var}(mr)$ 是间隔函数 $mr(x,y)$ 的方差，其表达式为：

$$\begin{aligned} mr(x,y) &= P_\Theta(h(x,\Theta)=y) - P_\Theta(h(x,\Theta)=\hat{j}(x,y)) \\ &= E_\Theta[I(h(x,\Theta)=y) - I(h(x,\Theta)=\hat{j}(x,y))] \end{aligned}$$

$$(10\text{-}12)$$

式中：$\hat{j}(x,y) = \operatorname{argmax}_{j \neq y} P_\Theta(h(x,\Theta)=j)$。

元分类器的间隔函数定义为：

$$rmg(\Theta,x,y) = I(h(x,\Theta)=y) - I_\Theta(h(x,\Theta)=\hat{j}(x,y)) \quad (10\text{-}13)$$

$mr(x,y)$ 是 $rmg(\Theta,x,y)$ 在 Θ 上的期望值。

对于任意的函数 f，有恒等式 $[E_\Theta f(\Theta)]^2 = E_{\Theta,\Theta'} f(\Theta) f(\Theta')$，因此：

$$mr(x,y)^2 = E_{\Theta,\Theta'} rmg(\Theta,x,y) rmg(\Theta',x,y) \qquad (10\text{-}14)$$

得到 $\operatorname{var}(mr)$ 的表达式为：

$$\begin{aligned} \operatorname{var}(mr) &= E_{\Theta,\Theta'}(\operatorname{cov}_{X,Y}(rmg(\Theta,x,y), rmg(\Theta',x,y))) \\ &= E_{\Theta,\Theta'}(\rho(\Theta,\Theta') sd(\Theta) sd(\Theta')) \end{aligned} \qquad (10\text{-}15)$$

式中：$\rho(\Theta,\Theta')$ 为 Θ,Θ' 固定时，$rmg(\Theta,x,y)$ 和 $rmg(\Theta',x,y)$ 的相关度。$sd(\Theta)$ 是 Θ 固定时 $rmg(\Theta,x,y)$ 的标准差。因此有：

$$\operatorname{var}(mr) = \overline{\rho}(E_\Theta sd(\Theta))^2 \leqslant \overline{\rho} E_\Theta \operatorname{var}(\Theta) \qquad (10\text{-}16)$$

式中：$\overline{\rho}$ 是相关度 ρ 的平均值，

$$\overline{\rho} = E_{\Theta,\Theta'}(\rho(\Theta,\Theta') sd(\Theta) sd(\Theta')) / E_{\Theta,\Theta'}(sd(\Theta) sd(\Theta')) \quad (10\text{-}17)$$

$E_\Theta \operatorname{var}(\Theta)$ 满足：

$$E_\Theta \operatorname{var}(\Theta) \leqslant E_\Theta (E_{X,Y} rmg(\Theta,x,y))^2 - s^2 \leqslant 1 - s^2 \qquad (10\text{-}18)$$

综上，可以得到方差 $\operatorname{var}(mr)$ 的上界为

$$\operatorname{var}(mr) \leqslant \overline{\rho}(1-s^2) \qquad (10\text{-}19)$$

此时，得到随机森林的泛化误差为

$$PE^* \leqslant \overline{\rho}(1-s^2)/s^2 \qquad (10-20)$$

因此,随机森林的泛化误差会逐步收敛于一个有限值,随着森林中树的数目增多,不会出现过拟合情况。

随机森林算法中模型构建包含训练集随机采样、特征随机选择、生成决策树、投票与预测等,具体思路如下:

步骤1:通过装袋的方式从原训练集中选取 n 个样本,用于训练一个决策树模型,这些样本允许重复选取,其余的样本称为 out-of-bag 数据。

步骤2:在每个节点上随机选择 k 个特征,用这些特征建立决策树。

步骤3:重复以上两个步骤 m 次,生成 m 棵决策树。

步骤4:森林中的每棵决策树进行投票预测,分类问题使用多数决策树预测结果作为最终值,回归问题使用决策树预测平均值作为最终预测值。

10.2.3 Lasso-RF 影响因素分析方法

由于 Lasso 回归在高维、共线性变量筛选方面有着较为明显的优势,RF 能高效表征数据间的非线性关系,且对共线性和具有交互作用的数据具有良好的适应性。将 Lasso 及 RF 两种方法结合,平衡线性模型和非线性模型的优势,并将其应用到高拱坝谷幅变形影响因素研究中,实现谷幅变形影响因素高维共线性因子定量分析,计算各因素对谷幅变形影响程度的大小并排序,流程图如图 10-1 所示。该方法后期不需要假定因变量与自变量的数学关系及显式模型形式,可以深入探索影响因素与谷幅变形间的非线性响应关系。

所提出的 Lasso-RF 影响因素分析方法包括以下 5 个步骤,具体如下:

步骤1:对于任意给定的 λ,以最小二乘参数估计作为迭代初始值,再经过反复迭代,直至最后两次迭代的残差平方和小于事先给定的很小数值。此时的估计值即为 λ 的最终参数估计。

步骤2:在任意给定区间,等距选取 λ 值,根据步骤1获得不同的参数估计值。将不同的参数估计值分别带入 GCV 检验,其中最小值对应的 λ 即为最优值。

步骤3:λ 最优值对应的参数估计值即为最终参数估计结果,依据参数删除部分变量,保留显著变量。

步骤4:基于保留的显著变量生成随机森林数据集,构建随机森林模型。

步骤5:训练预测模型,基于最终选择的最优模型计算各影响因素的重要性。

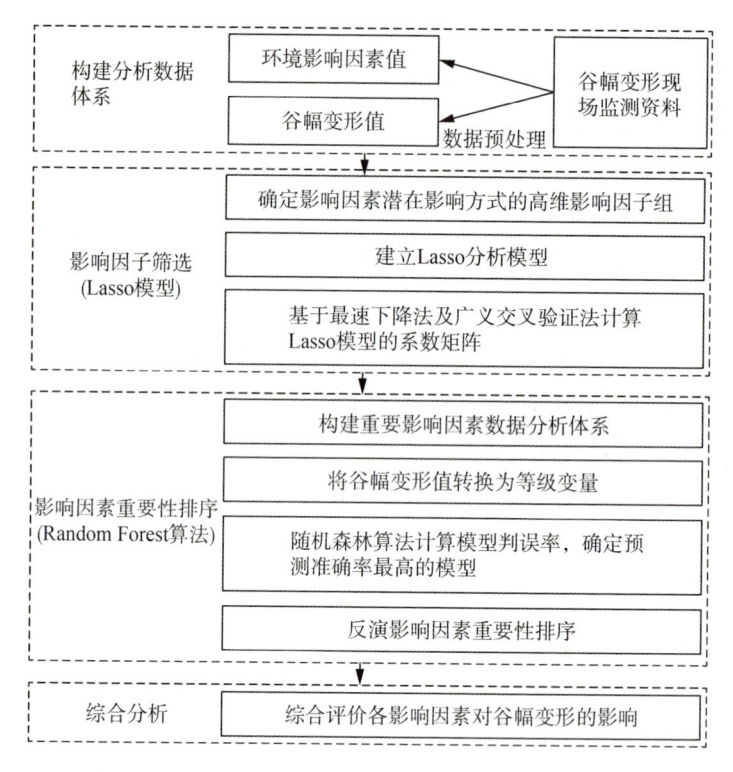

图 10-1 Lasso-RF 谷幅变形影响因素分析方法流程图

10.2.4 白鹤滩谷幅变形影响因素分析

为进一步分析降雨及库水位等与谷幅变形的相关性，结合收集的时间序列监测数据，构建 Lasso-RF 影响因素分析模型，从降雨量、地下水位、上游库水位高程三个角度选取 10 个影响因子，针对蓄水后谷幅测点位移与降雨、地下水位及库水位因素构建的具体因子如表 10-1 所示。

表 10-1 Lasso 变量筛选初始因子

影响因素	影响因子构建		
日降雨量	当日降雨量		
最大降雨量	前 10 d 最大日降雨量	前 20 d 最大日降雨量	前 30 d 最大日降雨量
累计降雨量	前 10 d 累计降雨量	前 20 d 累计降雨量	前 30 d 累计降雨量
地下水位	RG-1b	LG-5a	
库水位	上游库水位高程		

构建 Lasso 变量筛选模型如式(10-21),对上述 6 条测线、10 个因子进行变量筛选。

$$y_k = \beta_k + \sum_{j=1}^{1}\sum_{i=1}^{2}\beta_{kij}x_{ij} + \sum_{j=1}^{2}\sum_{i=1}^{3}\beta'_{kij}x'_{ij} + \sum_{j=1}^{1}\sum_{i=1}^{2}\beta''_{kij}x''_{ij} + \varepsilon \quad (10\text{-}21)$$

式中:y_k 表示第 k 个监测点谷幅变形值;x_{ij} 表示上游库水位高程及当日降雨量;x'_{ij} 表示降雨量相关因子;x''_{ij} 表示地下水相关因子;β_k、β_{kij}、β'_{kij}、β''_{kij} 均为第 k 个监测点的回归相关系数;ε 为随机干扰项。

求解 Lasso 回归模型,变量筛选结果为上游库水位高程、LG-5a 地下水位、前 30 d 累计降雨量、前 30 d 最大日降雨量 4 个影响因子,基于变量筛选结果构建随机森林模型输入变量,为了探究不同时期的影响因素情况,针对蓄水后每年 4 月至次年 3 月的监测数据分别进行随机森林模型训练,计算各影响因素因子的重要性系数,从影响因子重要性系数的权重、归一化系数以及重要性排序方面来分析各影响因素对谷幅变形的影响程度。结合工程位置、变形量值及数据质量,选取 TPgf7-TPgf8、TPgf13-TPgf14、TPgf23-TPgf28、TPgf24-TPgf29、TPgf35-TPgf40、TPgf54-TPgf59 以及左右岸坝肩垂线 PLzj-4 和 IPyj-1 河谷向位移测点作为典型测线测点进行计算,计算结果如表 10-2～表 10-9 所示。

上游 650 m 处 3-3 监测断面 TPgf7-TPgf8 测线的各影响因素重要性系数如表 10-2 所示。各研究时段计算结果均表明,地下水位对 TPgf7-TPgf8 测线谷幅变形影响最大,重要性权重为 3.35～13.15,归一化值为 0.58～0.76;上游库水位高程影响重要性权重为 1.39～5.81,归一化值为 0.16～0.38;降雨量相关因子权重相对较小,前 30 d 累计降雨量重要性权重为 0.28～1.77,归一化值为 0.02～0.08;前 30 d 最大日降雨量重要性权重为 0.23～1.03,归一化值为 0.02～0.06。分析各研究时段计算结果,TPgf7-TPgf8 测线谷幅变形受地下水位和上游库水位高程影响明显大于降雨因素。

进水口上游边坡 4-4 监测断面 TPgf13-TPgf14 测线的各影响因素重要性系数如表 10-3 所示。各研究时段计算结果均表明,地下水位对谷幅变形的影响最大,重要性权重为 3.56～9.66,归一化值为 0.25～0.68;上游库水位高程对谷幅变形的影响较大,重要性权重为 2.69～8.41,归一化值为 0.27～0.58;

降雨量相关因子权重相对较小,前30 d累计降雨量重要性权重为0.26~1.91,归一化值为0.03~0.13;前30 d最大日降雨量重要性权重为0.22~0.55,归一化值为0.02~0.04。分析各研究时段计算结果,TPgf13-TPgf14测线谷幅变形受地下水位及上游库水位高程影响明显大于降雨因素。

表10-2 TPgf7-TPgf8测线谷幅变形影响因子重要性系数

时段	结果	上游库水位高程	地下水位	前30 d累计降雨量	前30 d最大日降雨量
蓄水后	归一化	0.27	0.60	0.08	0.05
2021.04—2022.03	归一化	0.16	0.76	0.06	0.02
2022.04—2023.03	归一化	0.38	0.58	0.02	0.02
2023.04—2024.03	归一化	0.26	0.62	0.06	0.06

表10-3 TPgf13-TPgf14测线谷幅变形影响因子重要性系数

时段	结果	上游库水位高程	地下水位	前30 d累计降雨量	前30 d最大日降雨量
蓄水后	归一化	0.38	0.52	0.08	0.02
2021.04—2022.03	归一化	0.27	0.68	0.03	0.02
2022.04—2023.03	归一化	0.30	0.63	0.04	0.03
2023.04—2024.03	归一化	0.58	0.25	0.13	0.04

抗力体边坡6-6监测断面TPgf23-TPgf28测线的各影响因素重要性系数如表10-4所示。各研究时段计算结果均表明,上游库水位高程对谷幅变形的影响最大,重要性权重为3.37~8.06,归一化值为0.40~0.60;地下水位对谷幅变形影响的重要性权重为1.98~5.47,归一化值为0.19~0.37;降雨量相关因子权重相对较小,前30 d累计降雨量重要性权重为0.70~1.17,归一化值为0.05~0.14;前30 d最大日降雨量重要性权重为0.77~2.19,归一化值为0.09~0.16。分析各研究时段计算结果,TPgf23-TPgf28测线谷幅变形受地下水位和上游库水位高程影响明显大于降雨因素。

表 10-4　TPgf23-TPgf28 测线谷幅变形影响因子重要性系数

时段	结果	上游库水位高程	地下水位	前 30 d 累计降雨量	前 30 d 最大日降雨量
蓄水后	归一化	0.45	0.34	0.06	0.14
2021.04—2022.03	归一化	0.52	0.22	0.12	0.14
2022.04—2023.03	归一化	0.40	0.37	0.14	0.09
2023.04—2024.03	归一化	0.60	0.19	0.05	0.16

抗力体边坡 6-6 监测断面 TPgf24-TPgf29 测线的各影响因素重要性系数如表 10-5 所示。各研究时段计算结果均表明，上游库水位高程对谷幅变形的影响最大，重要性权重为 2.95～12.05，归一化值为 0.47～0.61；地下水位对谷幅变形影响的重要性权重为 1.07～10.12，归一化值为 0.20～0.42；降雨量相关因子权重相对较小，前 30 d 累计降雨量重要性权重为 0.63～1.98，归一化值为 0.03～0.14；前 30 d 最大日降雨量重要性权重为 0.30～1.86，归一化值为 0.02～0.12。分析各研究时段计算结果，TPgf24-TPgf29 测线谷幅变形受地下水位和上游库水位高程影响明显大于降雨因素。

表 10-5　TPgf24-TPgf29 测线谷幅变形影响因子重要性系数

时段	结果	上游库水位高程	地下水位	前 30 d 累计降雨量	前 30 d 最大日降雨量
蓄水后	归一化	0.50	0.42	0.03	0.05
2021.04—2022.03	归一化	0.54	0.20	0.14	0.12
2022.04—2023.03	归一化	0.61	0.24	0.13	0.02
2023.04—2024.03	归一化	0.47	0.31	0.11	0.11

抗力体边坡处 7-7 监测断面 TPgf35-TPgf40 测线的各影响因素重要性系数如表 10-6 所示。各研究时段计算结果均表明，上游库水位高程和地下水位对谷幅变形的影响很大，上游库水位高程的重要性权重为 1.71～6.42，归一化值为 0.24～0.42；地下水位对谷幅变形影响的重要性权重为 2.31～7.60，归一化值为 0.31～0.54；降雨量相关因子权重相对较小，前 30 d 累计降雨量重要性权重为 0.45～2.08，归一化值为 0.06～0.17；前 30 d 最大日降雨量重要性权重为 0.76～5.24，归一化值为 0.07～0.25。分析各研究时段计算结果，TPgf35-TPgf40 测线谷幅变形受地下水位和上游库水位高程的影响明显大于

降雨因素。

表 10-6　TPgf35-TPgf40 测线谷幅变形影响因子重要性系数

时段	结果	上游库水位高程	地下水位	前 30 d 累计降雨量	前 30 d 最大日降雨量
蓄水后	归一化	0.30	0.36	0.10	0.25
2021.04—2022.03	归一化	0.38	0.39	0.17	0.07
2022.04—2023.03	归一化	0.42	0.31	0.15	0.11
2023.04—2024.03	归一化	0.24	0.54	0.06	0.15

二道坝边坡 9-9 监测断面 TPgf54-TPgf59 测线的各影响因素重要性系数如表 10-7 所示。计算结果均表明，地下水位对谷幅变形的影响最大，重要性权重为 2.25～9.51，归一化值为 0.33～0.51；上游库水位高程对谷幅变形影响的重要性权重为 2.28～5.97，归一化值为 0.24～0.42；降雨量相关因子权重相对较小，前 30 d 累计降雨量重要性权重为 0.31～2.60，归一化值为 0.03～0.17；前 30 d 最大日降雨量重要性权重为 0.57～1.10，归一化值为 0.03～0.13。分析各研究时段计算结果，TPgf54-TPgf62 测线谷幅变形受地下水位影响较大，上游库水位高程也有较大影响，降雨因素的影响较小。

表 10-7　TPgf54-TPgf59 测线谷幅变形影响因子重要性系数

时段	结果	上游库水位高程	地下水位	前 30 d 累计降雨量	前 30 d 最大日降雨量
蓄水后	归一化	0.32	0.51	0.14	0.03
2021.04—2022.11	归一化	0.42	0.33	0.12	0.13
2022.11—2023.03	归一化	0.24	0.61	0.03	0.12
2023.04—2024.03	归一化	0.33	0.41	0.17	0.09

左岸坝肩垂线 PLzj-4 测点的各影响因素重要性系数如表 10-8 所示。计算结果均表明，地下水位对谷幅变形的影响较大，重要性权重为 2.32～7.25，归一化值为 0.39～0.59；上游库水位高程对谷幅变形影响的重要性权重为 1.09～5.80，归一化值为 0.24～0.46；降雨量相关因子权重相对较小，前 30 d 累计降雨量重要性权重为 0.36～2.66，归一化值为 0.09～0.18；前 30 d 最大日降雨量重要性权重为 0.13～1.16，归一化值为 0.03～0.08。分析各研究时段计算结果，左岸坝肩垂线 PLzj-4 测点受地下水位影响较大，上游库水位高程

也有较大影响,降雨因素的影响较小。

表 10-8　左岸坝肩垂线 PLzj-4 影响因子重要性系数

时段	结果	上游库水位高程	地下水位	前 30 d 累计降雨量	前 30 d 最大日降雨量
蓄水后	归一化	0.24	0.50	0.18	0.08
2021.04—2022.11	归一化	0.28	0.59	0.09	0.03
2022.11—2023.03	归一化	0.46	0.39	0.09	0.06
2023.04—2024.03	归一化	0.37	0.39	0.17	0.06

右岸坝肩垂线 IPyj-1 测点的各影响因素重要性系数如表 10-9 所示。计算结果均表明,地下水位对谷幅变形的影响较大,重要性权重为 3.23~11.32,归一化值为 0.34~0.68;上游库水位高程对谷幅变形影响的重要性权重为 2.08~5.18,归一化值为 0.26~0.47;降雨量相关因子权重相对较小,前 30 d 累计降雨量重要性权重为 0.37~2.58,归一化值为 0.05~0.13;前 30 d 最大日降雨量重要性权重为 0.16~0.87,归一化值为 0.02~0.09。分析各研究时段计算结果,右岸坝肩垂线 IPyj-1 测点受地下水位影响较大,上游库水位高程也有较大影响,降雨因素的影响较小。

对收集到的蓄水后 3 级以上地震活动构建地震频次变量,将地震频次与谷幅变形进行 Spearman 相关性分析,计算结果如表 10-10 所示。

表 10-9　右岸坝肩垂线 IPyj-1 影响因子重要性系数

时段	结果	上游库水位高程	地下水位	前 30 d 累计降雨量	前 30 d 最大日降雨量
蓄水后	归一化	0.27	0.58	0.13	0.02
2021.04—2022.11	归一化	0.26	0.68	0.05	0.02
2022.11—2023.03	归一化	0.34	0.57	0.06	0.03
2023.04—2024.03	归一化	0.47	0.34	0.10	0.09

表 10-10　各测线谷幅变形与地震活动频次相关性计算

测线	相关系数	显著性系数
TPgf7-TPgf8	0.007	0.807
TPgf13-TPgf14	0.014	0.634
TPgf23-TPgf28	0.001	0.983
TPgf24-TPgf29	0.011	0.706

续表

测线	相关系数	显著性系数
TPgf35-TPgf40	0.020	0.510
TPgf54-TPgf59	0.020	0.509

综上所述，可得以下结论：①降雨对白鹤滩工程谷幅变形影响较小，前 30 d 累计降雨量、前 30 d 最大日降雨量在构建的影响因子中更为重要，但不同滞后性下的降雨因素对谷幅变形的影响差异性较小；②各测线计算结果均表明地下水位和上游库水位高程对白鹤滩工程谷幅变形影响较大，谷幅变形具有水位相关性。

10.3 基于改进 DBO 的 LSTM 方法的谷幅变形预测分析

10.3.1 蜣螂算法基本原理

蜣螂种群包括滚球蜣螂、繁殖蜣螂、小蜣螂和小偷蜣螂，不同族群的蜣螂职能不同，且行为特征也不相同，结合蜣螂的滚球、跳舞、觅食、偷窃和繁育等行为提出了蜣螂优化算法（DBO）[197]。蜣螂优化过程以蜣螂的位置更新代表优化问题的寻优过程，过程中蜣螂个体的适应度依据设定的适应度函数确定。

算法中滚球蜣螂受阳光或风向的影响沿着指定的方向行走并更新位置，当遇到障碍物时改变方向继续行走，更新位置，算法中采用随机数对比概率参数 λ 来确定蜣螂的具体行为，位置变动的数学模型如下：

沿指定方向更新位置：

$$x_i(t+1) = x_i(t) + \alpha \times k \times x_i(t-1) + b \times | x_i(t) - X^w | \tag{10-22}$$

遇到障碍物后的位置：

$$x_i(t+1) = x_i(t) + \tan\theta | x_i(t) - x_i(t-1) | \tag{10-23}$$

式中：t 为迭代次数，$x_i(t)$ 表示第 i 只蜣螂在第 t 次迭代时的位置；k 为偏转系数；b 为常量；α 为取值为 1 或 −1 的自然系数；X^w 为全局最差位置；$\tan\theta$ 为新的滚动方向，$\theta \in [0, \pi]$。

繁殖蜣螂则会根据目前的族群反馈情况确定安全区域边界，并在区域内繁

育,繁殖蜣螂位置更新数学模型如下:

$$B_i(t+1)=X^*+b_1\times(B_i(t)-Lb^*)+b_2\times(B_i(t)-Ub^*)$$
(10-24)

式中:$B_i(t)$ 是第 t 次迭代时第 i 只繁殖蜣螂的位置;X^* 为当前局部最佳位置;b_1、b_2 表示随机向量;Lb^* 为繁育区域的下界;Ub^* 为繁育区域的上界。$Lb^*=\max(X^*\times(1-R),Lb)$,$Ub^*=\min(X^*\times(1-R),Ub)$,$R=1-t/MaxIter$,$Lb$ 为问题求解域下界,Ub 为问题求解域上界,$MaxIter$ 为最大迭代次数。

小蜣螂会依据族群确定的最佳觅食区跟踪最佳强者并更新位置,尝试寻找更优位置,数学模型如下:

$$x_i(t+1)=x_i(t)+C_1\times(x_i(t)-Lb^b)+C_2\times(x_i(t)-Ub^b)$$
(10-25)

式中:C_1、C_2 表示随机向量;Lb^b 为最佳觅食区的下界,Ub^b 为最佳觅食区的上界,分别如式(10-26)和式(10-27)所示。

$$Lb^b=\max(X^b\times(1-R),Lb) \quad (10\text{-}26)$$

$$Ub^b=\min(X^b\times(1-R),Ub) \quad (10\text{-}27)$$

式中:X^b 为当前全局最佳位置。

小偷蜣螂尝试从最佳觅食区争夺食物,位置更新如下:

$$x_i(t+1)=X^b+S\times g\times(|x_i(t)-X^*|+|x_i(t)-X^b|)$$
(10-28)

式中:S 为常量;g 表示服从正态分布的随机向量。

DBO 优化过程的伪代码数学表达如下:

算法 1　DBO 算法伪代码

输入:最大迭代次数 $MaxIter$、种群数量 N
蜣螂种群位置初始化并定义相关参数(概率参数、族群分布比例等)
计算初始适应度值;
While $t \leqslant MaxIter$ do
　For $i \leftarrow 1$ to N do

算法1　DBO算法伪代码

```
    If i == 滚球蜣螂
        依据概率参数 λ 更新滚球蜣螂位置
    end if
    If i == 繁殖蜣螂
        依据繁育区域的上界 Ub*、下界 Lb* 更新位置
    end if
    If i == 小蜣螂
        依据最佳觅食区的上界 Ubᵇ、下界 Lbᵇ 更新位置
    end if
    If i == 小偷蜣螂
        依据全局最佳位置更新小偷蜣螂位置
    end if
end for
if 本轮最佳适应度值 ≪ 全局最佳适应度值
    更新全局最佳适应度值
end if
    t = t+1
end while
```
输出：全局最佳适应度值 f_b、全局最优蜣螂位置参数 X^b

10.3.2　改进蜣螂算法(ADBO)

种群初始化方式通常会影响仿生优化算法的寻优性能，均匀合理的种群分布可以保证算法寻优过程中解的多样性。蜣螂算法虽然寻优能力强，收敛速度快，但具有以下缺点：①初始种群位置分布不均、多样性低，算法的性能受到初始种群局限性的影响；②蜣螂算法在初期采用正切模式更新位置，后期族群聚集，难跳出局部最优，局部探索与全局开发不平衡。算法的全局搜索与局部开发协调在不同迭代阶段存在不均衡的问题。针对这些问题，可以通过提高族群初始化多样性，平衡种群前后期搜索能力等手段提升算法性能，减弱初始种群多样性、算法过早陷入局部最优带来的问题。

针对上述问题，为了提高全局优化能力和收敛速度，分别引入以下策略，具体如下：

(1) Chebyshev 映射[198]

它是 Chebyshev 多项式定义的迭代映射，混沌映射方法的一种，具有较好的混沌遍历性。Chebyshev 多项式定义为：

$$T_n(x) = \cos n\theta, x = \cos\theta \tag{10-29}$$

多项式具有递推关系：

$$T_n = 2xT_{n-1} - T_{n-2} \tag{10-30}$$

式中：$n \geqslant 2$，$T_0 = 1$，$T_1 = x$。

Chebyshev 多项式映射可以通过反余弦函数将当前解映射到 $[0, \pi]$ 上，再通过余弦函数将反余弦函数的计算结果映射至 $[-1, 1]$。$T_n:[-1,1] \rightarrow [-1, 1]$ 具有密度不变特性，可表达为

$$f^*(x) = 1/(\pi\sqrt{1-x^2}) \tag{10-31}$$

（2）引入自适应权重

惯性权重是粒子群算法的重要思路之一，惯性权重越大则搜索范围越大，权重小，将在小范围内开展精细化搜索。为了平衡 DBO 算法后期容易陷入局部最优的问题，结合粒子群算法自适应权重的思想改进 DBO 算法。DBO 算法中滚球蜣螂依据设置的概率参数选择是否改变搜索方向，改变方向的种群可以优化算法陷入局部最优的问题，改变后的范围是通过随机数构成正切函数的值确定。这使得在算法的前后期，滚球蜣螂跳舞行为带来的搜索优化能力是不变的。为了保留这类种群的功能，同时平衡改变方向的滚球蜣螂在算法前后期的搜索能力，结合余弦函数构建自适应权重因子。构建的权重因子如下：

$$w = 0.2\cos(\pi/2 \times (1-t/MaxIter)) \tag{10-32}$$

引入自适应权重因子后的滚球蜣螂搜索路线变更为式（10-33）和式（10-34）。

沿指定方向更新位置：

$$x_i(t+1) = x_i(t) + \alpha \times k \times x_i(t-1) + b \times |x_i(t) - X^w| \tag{10-33}$$

遇到障碍物后的位置：

$$x_i(t+1) = x_i(t) + w|x_i(t) - x_i(t-1)| \tag{10-34}$$

式中：t 为迭代次数；$x_i(t)$ 表示第 i 只蜣螂在 t 迭代时的位置；k 为偏转系数；b 为常量；α 为取值为 1 或 -1 的自然系数；X^w 为全局最差位置；w 为新的滚动方向，$\theta \in [0,\pi]$。

随着算法迭代的发展，w 逐渐变大，算法前期自适应权重较小，遇障碍的

蜣螂搜索范围变化较小,实现了前期小范围精细化搜索;同时,自适应权重在中后期加大,使得遇障碍的滚球蜣螂搜索范围扩大,因为遇障碍的蜣螂族群仅为滚球蜣螂族群的小部分,保证了滚球蜣螂整体朝向局部化目标搜索的同时提升跳出局部最优解的概率。自适应权重的改进,促使算法全局求解与局部寻优得到了更好的平衡,提升了算法的寻优性能。

(3) 可变螺旋位置更新思想

为了确保局部寻优的精度,蜣螂算法设置了小蜣螂种群,小蜣螂通过跟踪最佳强者尝试寻找更优位置。小蜣螂的原始位置更新行为主要通过随机数确定,借鉴鲸鱼算法[199]的可变螺旋位置更新思想来优化种群行为,这种更新策略可以让跟随者在探索开发位置时更加灵活地更新。

螺旋搜索参数设置如下:

$$v_1 = \exp(z \times C_1) \times \cos(2\pi \times C_1) \tag{10-35}$$

$$v_2 = \exp(z \times C_2) \times \cos(2\pi \times C_2) \tag{10-36}$$

式中:v_1、v_2 为螺旋搜索参数;z 为螺旋搜索形变参数;C_1、C_2 表示随机向量。

引入可变螺旋策略后的小蜣螂搜索路线变更为下式:

$$x_i(t+1) = x_i(t) + v_1 \times (x_i(t) - Lb^b) + v_2 \times (x_i(t) - Ub^b) \tag{10-37}$$

式中:Lb^b 为最佳觅食区的下界,Ub^b 为最佳觅食区的上界。$Lb^b = \max(X^b \times (1-R), Lb)$,$Ub^b = \min(X^b \times (1-R), Ub)$,$X^b$ 为当前全局最佳位置。

可变螺旋策略的引入使得小蜣螂的位置更新更具有灵活性和多样性,减少了算法的低效空闲工作时间,有利于提升算法效率及全局搜索能力。

(4) 混合变异算子

小偷蜣螂在位置更新时,通过服从正态分布的随机变量来确保位置更新的随机性。使用混合变异算子来提高算法的寻优性能是有效的方法之一[200,201],为了让改进后的算法在前期具有更强的全局搜索能力,后期在保持精细化搜索的同时不会过度陷入局部最优,本书针对小偷蜣螂,选用了 t 分布与柯西分布的混合变异算子来优化族群位置更新。

t 分布是一种类似正态分布形态的钟形对称分布,t 分布的尾部相比正态分布更厚,两端具有更高的概率密度,相对于高斯分布在算法后期可以有更为灵活的搜索范围,局部与全局的平衡能力更强。柯西分布是一种重尾分布,柯西分布会有较大的步长,可防止算法过早地陷入局部最优[202,203]。在算法前期,柯西变异算子有利于算法性能提升,但后期可能会产生不必要的扰动以及降低收敛效率。

使用柯西变异算子对个体 x 变异,变异表达式为

$$x = x_0 + \gamma \times Cauchy(U) \tag{10-38}$$

式中:x 为变异后的位置参数;x_0 为变异前的位置参数;γ 为尺度参数;$Cauchy(U)$ 为柯西变异算子,U 为 $(0,1)$ 上的均匀分布随机数。

使用 t 分布变异算子对个体 x 变异,变异表达式为

$$x = x_0 + \alpha \times t_v(U) \tag{10-39}$$

式中:x 为变异后的位置参数;x_0 为变异前的位置参数;α 为尺度参数;$t_v(U)$ 为自由度为 v 的 t 分布,U 为 $(0,1)$ 上的均匀分布随机数。

考虑到 t 分布和柯西分布的不同性质,为了让算法在初期有更多样的族群,提高全局搜索能力,同时在算法中后期可以很好地均衡局部搜索与全局搜索。结合 t 分布、柯西分布两者的特点,通过前期加强柯西变异算子,中后期加强 t 分布扰动算子来平衡两种分布的性能。算法初期设置较大的柯西分布缩放因子可以使得算法快速定位最优值,后期则降低缩放因子进行精细搜索。算法中后期则放大 t 分布变异算子的职能性质,保持搜索的局部与全局均衡能力。这样使得受混合变异算子扰动后的族群更加具有多样性和遍历性特征。混合变异算子如下:

$$H = (t/MaxIter) \times T(\sigma) + (1 - t/MaxIter) \times Cauchy(y) \tag{10-40}$$

考虑混合变异算子后的小偷蜣螂位置更新如下:

$$x_i(t+1) = X^b + S \times H \times (|x_i(t) - X^*| + |x_i(t) - X^b|) \tag{10-41}$$

式中:S 为常量。

按照上述方法,在 DBO 算法的基础上,优化采用混沌映射初始化蜣螂种群,引入自适应权重、可变螺旋位置更新、混合变异算子改进算法中的滚球蜣螂、小蜣螂、小偷蜣螂种群行为,改进蜣螂(ADBO)算法的操作步骤流程如下:

算法 2 ADBO 算法伪代码

输入：最大迭代次数 $MaxIter$、种群数量 N
采用混沌映射进行种群初始化并定义相关参数（概率参数、族群分布比例等）
计算种群初始适应度值
For $i \leftarrow 1$ to $MaxIter$ do
    依据概率参数 λ 确定滚球蜣螂位置更新公式
    更新繁殖蜣螂位置
    依据可变螺旋位置更新思想更新小蜣螂位置
    引入混合变异算子更新小偷蜣螂位置
    根据位置参数计算所有蜣螂适应度值
    比较本轮最佳适应度值与全局最佳适应度值，更新全局最佳适应度值
End
输出：全局最佳适应度值 f_b、全局最优蜣螂位置参数 X^b

10.3.3 ADBO 算法性能测试

为了验证所提出的 ADBO 算法的性能，选用 IEEE CEC2022 函数集[204]作为基准测试函数。其中，F1 为全局只有一个极小值的单峰函数，F2 到 F5 为具有多个局部极小值的多峰函数，F6 到 F8 为不同基函数主导不同搜索子空间的混合函数，F9 到 F12 为通过权重函数组合多个基函数而构成的组合函数，CEC2022 测试函数集不仅可以考察算法基本性能，还可测试算法在复杂性和多样化问题上的求解能力，具体函数信息如表 10-11 所示。将 ADBO 算法与金鹰优化(GEO)算法、霜冰优化(RIME)算法、粒子群优化(PSO)算法、DBO 算法进行对比验证。实验中设置种群数为 30，迭代 1 000 次，优化维度 Dim 包含 10、20，对优化问题进行 10 次独立训练，对 10 次结果求平均并对比 ADBO、DBO、GEO、RIME、PSO 性能。

表 10-11 基准测试函数

类型	编号	函数名	最优值 $f_{\min}$
Unimodal	F1	Shifted and full Rotated Zakharov Function	300
Basic	F2	Shifted and full Rotated Rosenbrock's Function	400
	F3	Shifted and full Rotated Expanded Schaffer's f6 Function	600
	F4	Shifted and full Rotated Non-Continuous Rastrigin's Function	800
	F5	Shifted and full Rotated Levy Function	900
Hybrid	F6	Hybrid Function 1($N=3$)	1 800
	F7	Hybrid Function 2($N=6$)	2 000
	F8	Hybrid Function 3($N=5$)	2 200

续表

类型	编号	函数名	最优值 f_{min}
Composition	F9	Composition Function 1($N=5$)	2 300
	F10	Composition Function 2($N=4$)	2 400
	F11	Composition Function 3($N=5$)	2 600
	F12	Composition Function 4($N=6$)	2 700

搜索范围:[-100,100]。

统计了各类算法10次计算结果的平均值、标准差,分析算法的求解质量及稳定性,具体结果如表10-12和表10-13所示。由计算结果可见,对比5种算法,ADBO算法收敛性较好,求解质量更优,更能跳出局部最优达到理想的最优值,证明了改进策略的有效性。

表10-12 DBO、GEO、RIME、PSO和ADBO算法优化基准函数测试结果(Dim=10)

函数名	指标	ADBO	DBO	GEO	RIME	PSO
F1	均值	3.01E+02	3.43E+02	2.62E+03	3.41E+04	5.36E+03
	标准差	1.10E+00	1.07E+02	1.13E+03	1.50E+04	3.21E+03
	优劣测试		+	+	+	+
F2	均值	4.08E+02	4.28E+02	4.23E+02	2.08E+03	1.01E+03
	标准差	6.11E+00	2.92E+01	2.81E+01	5.52E+02	4.50E+02
	优劣测试		+	+	+	+
F3	均值	6.01E+02	6.13E+02	6.52E+02	6.59E+02	6.29E+02
	标准差	1.11E+00	9.13E+00	8.79E+00	4.03E+00	6.74E+00
	优劣测试		+	+	+	+
F4	均值	8.23E+02	8.32E+02	8.25E+02	8.50E+02	8.27E+02
	标准差	9.38E+00	9.75E+00	3.41E+00	3.75E+00	4.75E+00
	优劣测试		+	+	+	+
F5	均值	9.17E+02	9.79E+02	1.34E+03	1.65E+03	1.09E+03
	标准差	3.50E+01	1.26E+02	1.57E+02	1.24E+02	7.73E+01
	优劣测试		+	+	+	+
F6	均值	3.72E+03	4.86E+03	1.58E+04	7.07E+08	3.34E+07
	标准差	2.52E+03	2.51E+03	1.49E+04	5.79E+08	7.83E+07
	优劣测试		+	+	+	+
F7	均值	2.02E+03	2.03E+03	2.11E+03	2.13E+03	2.05E+03
	标准差	4.89E+00	1.23E+01	2.99E+01	1.65E+01	1.08E+01
	优劣测试		+	+	+	+
F8	均值	2.22E+03	2.22E+03	2.28E+03	2.27E+03	2.24E+03
	标准差	1.03E+00	2.08E+00	6.85E+01	1.30E+01	3.36E+01
	优劣测试		+	+	+	+

续表

函数名	指标	ADBO	DBO	GEO	RIME	PSO
F9	均值	2.53E+03	2.54E+03	2.58E+03	2.79E+03	2.72E+03
	标准差	1.53E−01	7.30E+00	3.18E+01	5.69E+01	5.19E+01
	优劣测试		+	+	+	+
F10	均值	2.80E+03	2.55E+03	2.85E+03	2.65E+03	2.62E+03
	标准差	3.22E+02	6.73E+01	4.75E+02	1.10E+02	9.82E+01
	优劣测试		−	+	−	−
F11	均值	2.77E+03	2.78E+03	3.15E+03	3.70E+03	6.72E+03
	标准差	1.51E+02	1.29E+02	6.28E+02	4.45E+02	2.73E+03
	优劣测试		+	+	+	+
F12	均值	2.87E+03	2.87E+03	2.88E+03	3.00E+03	2.93E+03
	标准差	1.89E+00	1.58E+01	3.48E+01	3.77E+01	3.35E+01
	优劣测试		+	+	+	+
优劣统计	+/−/=		9/1/0	10/0/0	9/1/0	9/1/0

表 10-13 DBO、GEO、RIME、PSO 和 ADBO 算法优化基准函数测试结果(Dim=20)

函数名	指标	ADBO	DBO	GEO	RIME	PSO
F1	均值	1.65E+04	2.79E+04	2.94E+04	1.71E+08	2.63E+04
	标准差	6.14E+03	9.52E+03	9.98E+03	4.93E+08	1.40E+04
	优劣测试		−	+	−	+
F2	均值	4.49E+02	4.75E+02	5.68E+02	4.45E+03	1.49E+03
	标准差	1.03E+01	4.47E+01	5.16E+01	6.48E+02	5.01E+02
	优劣测试		+	+	+	+
F3	均值	6.13E+02	6.40E+02	6.68E+02	6.89E+02	6.58E+02
	标准差	9.59E+00	1.22E+01	6.81E+00	5.08E+00	6.23E+00
	优劣测试		+	+	+	+
F4	均值	8.58E+02	9.09E+02	8.94E+02	9.70E+02	9.15E+02
	标准差	2.51E+01	3.09E+01	1.40E+01	9.33E+00	1.01E+01
	优劣测试		+	+	+	+
F5	均值	1.06E+03	2.20E+03	2.56E+03	3.66E+03	2.74E+03
	标准差	2.55E+02	4.47E+02	2.64E+02	1.76E+02	7.08E+02
	优劣测试		+	+	+	+
F6	均值	1.16E+04	3.06E+05	4.64E+05	3.94E+09	6.60E+08
	标准差	8.72E+03	4.55E+05	4.81E+05	1.64E+09	5.82E+08
	优劣测试		+	+	+	+
F7	均值	2.13E+03	2.14E+03	2.17E+03	2.22E+03	2.17E+03
	标准差	6.48E+01	6.51E+01	6.69E+01	2.44E+01	4.48E+01
	优劣测试		+	+	+	+
F8	均值	2.25E+03	2.33E+03	2.55E+03	2.52E+03	2.45E+03
	标准差	5.42E+01	8.11E+01	5.09E+02	1.72E+02	1.47E+02
	优劣测试		+	+	+	+

续表

函数名	指标	ADBO	DBO	GEO	RIME	PSO
F9	均值	2.48E+03	2.50E+03	2.56E+03	3.74E+03	2.95E+03
	标准差	2.99E−02	2.03E+01	2.49E+01	3.42E+02	1.92E+02
	优劣测试		+	+	+	+
F10	均值	3.77E+03	3.49E+03	4.56E+03	5.80E+03	4.61E+03
	标准差	7.55E+02	1.34E+03	1.17E+03	1.45E+03	1.32E+03
	优劣测试		+	+	+	+
F11	均值	2.91E+03	2.91E+03	4.20E+03	9.80E+03	2.71E+04
	标准差	1.20E+02	3.15E+01	4.80E+02	3.83E+02	5.18E+03
	优劣测试		+	+	+	+
F12	均值	2.99E+03	3.07E+03	3.67E+03	3.65E+03	3.44E+03
	标准差	2.83E+01	1.08E+02	6.93E+02	1.44E+02	1.95E+02
	优劣测试		+	+	+	+
优劣统计	+/−/=		9/1/0	10/0/0	9/1/0	10/0/0

为了更好地分析改进后的算法性能，绘制了4种算法在16个测试函数下的动态收敛特征曲线，如图10-2和图10-3所示。其中横坐标为迭代次数，纵坐标为寻优过程的适应度值。

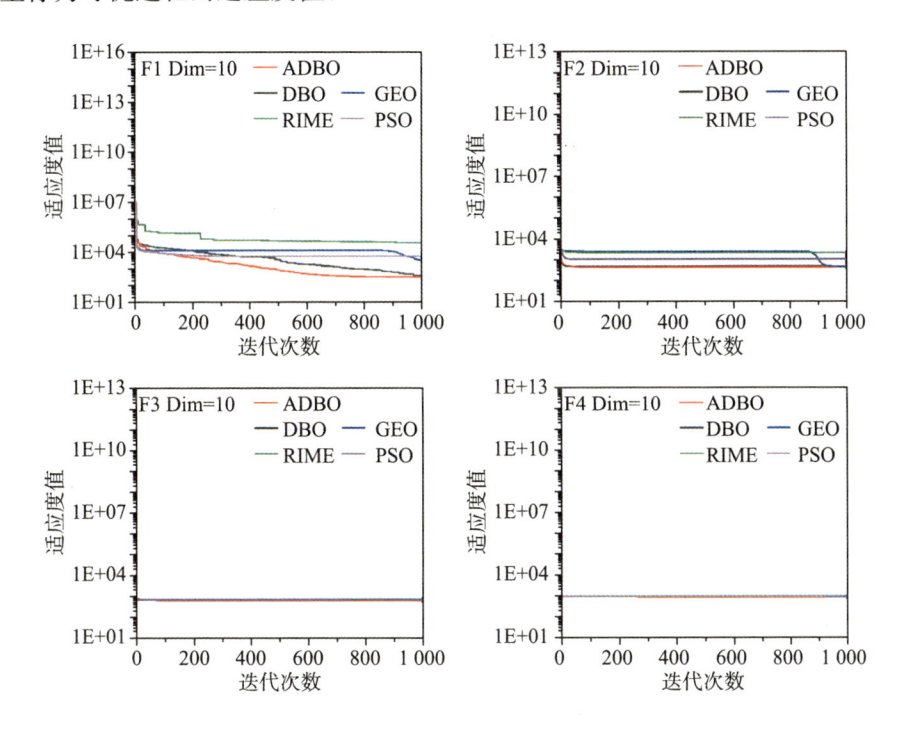

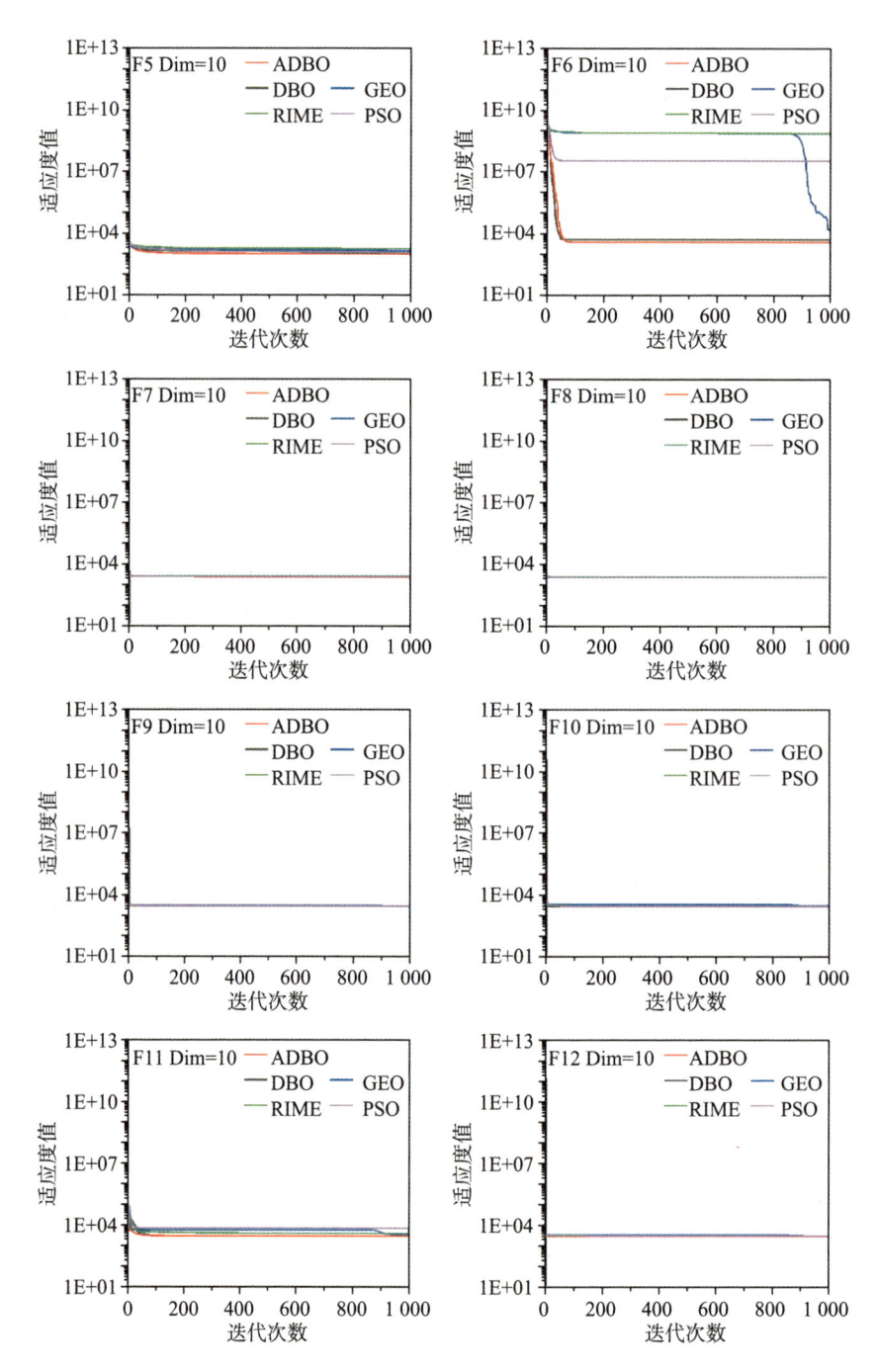

图 10-2 各算法优化基准函数收敛过程曲线(Dim=10)

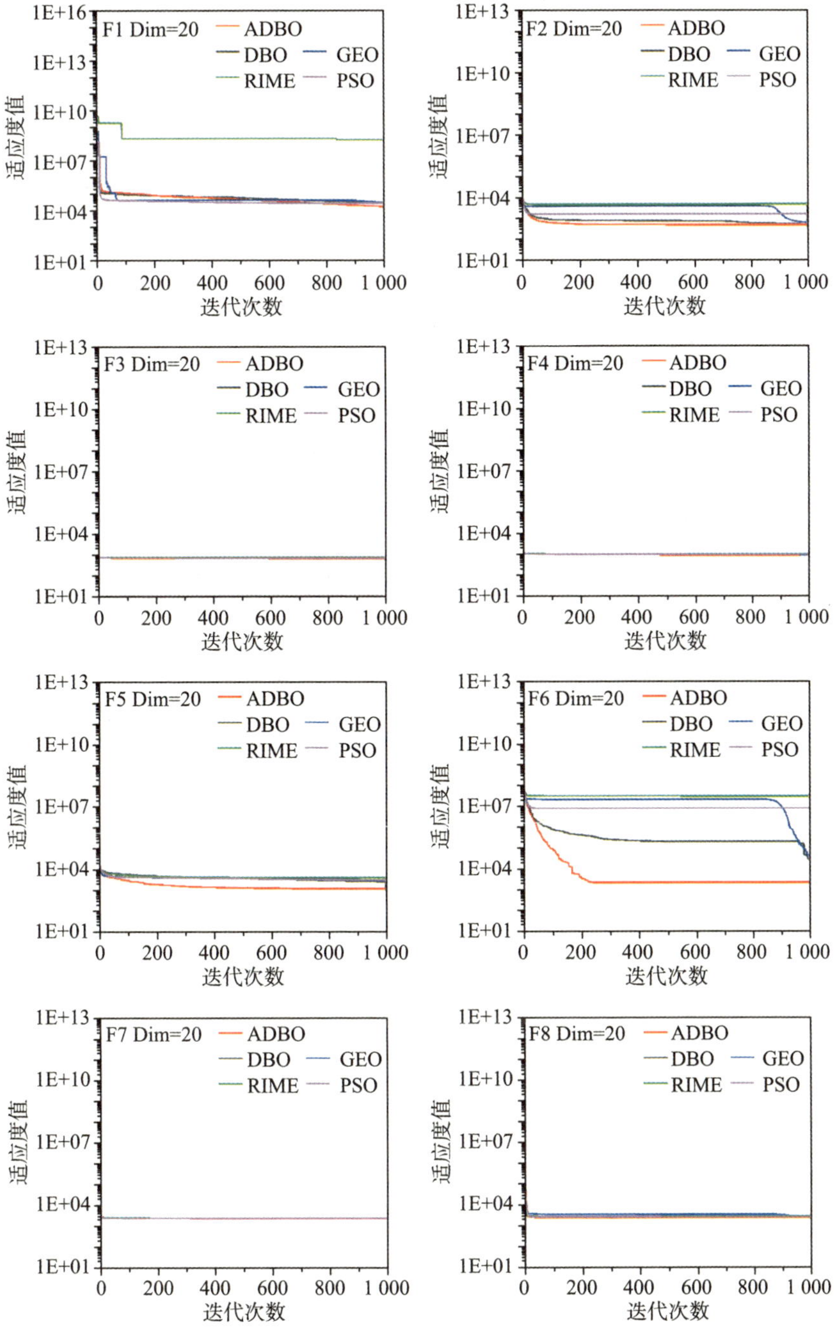
F1 Dim=20
F2 Dim=20
F3 Dim=20
F4 Dim=20
F5 Dim=20
F6 Dim=20
F7 Dim=20
F8 Dim=20
ADBO
DBO
GEO
RIME
PSO
适应度值
迭代次数
1E+01
1E+04
1E+07
1E+10
1E+13
1E+16
0
200
400
600
800
1 000

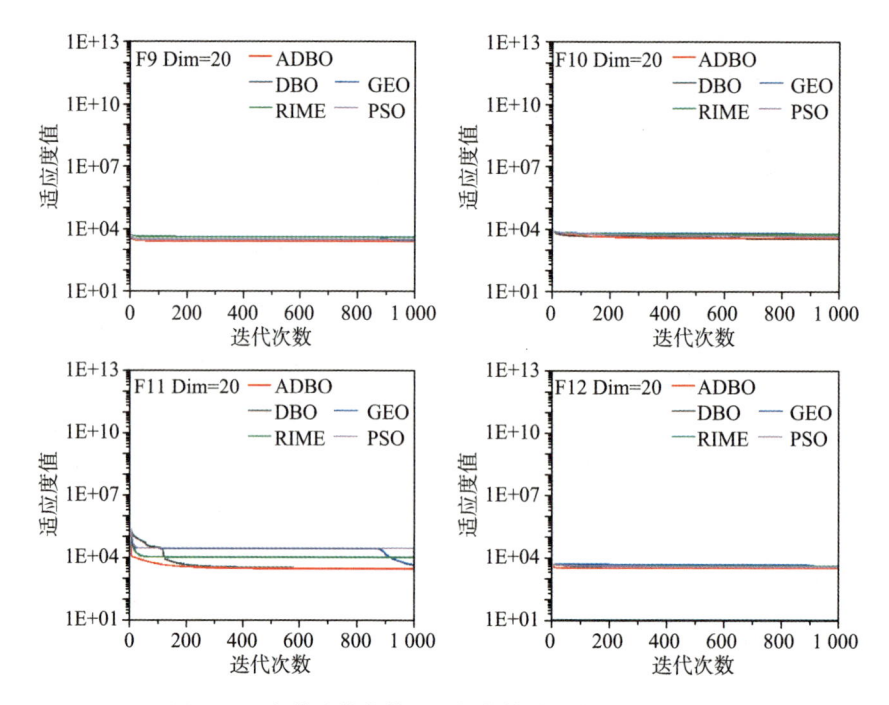

图 10-3　各算法优化基准函数收敛过程曲线(Dim=20)

对比 DBO 算法、GEO 算法、RIME 算法、PSO 算法,改进后的算法(ADBO)更能跳出局部最优值,具有更高的寻优精度,收敛速度更快。改进后的算法是通过引入改善种群初始化方法、自适应权重、螺旋搜索及混合变异算子来平衡算法前后期的搜索能力,改善了 DBO 算法的缺陷,在维持原有优势的同时,提升了算法性能。

10.3.4　ADBO-LSTM 的谷幅变形预测模型构建

长短时记忆网络(LSTM)模型是一种特殊的循环神经网络(RNN)结构,专门为解决长序列数据中的长距离依赖问题而设计。传统 RNN 在序列数据的处理上容易出现梯度消失或梯度爆炸问题,导致模型难以捕捉长期依赖,针对该问题,Hochreiter 等[205]在 1997 年提出了 LSTM 模型,LSTM 通过引入门控机制克服了这些问题,能够在长序列中更好地保留和更新信息。

LSTM 由多个重复的单元组成,每个单元包含四个主要的模块,具体为:遗忘门、输入门、输出门以及细胞状态,结构示意图如图 10-4 所示。核心思想是通过门控机制控制信息的传递和更新,这些门使用 sigmoid 激活函数将输出压缩到[0,1]区间,以确定信息的保留与丢弃。遗忘门决定当前时间步要维持上一时刻记忆值的强度,输入门决定当前记忆单元需要写入的新信息强度,输出门控制了输出记忆单元的强度。LSTM 模型中,首先输入数据和上一时间步的隐藏状态进入单元,通过遗忘门对过去的细胞状态进行加权,使得不重要的信息被遗忘,然后通过输入门将新的记忆添加到细胞状态,最终输出门控制细胞状态经过激活函数后的输出,生成隐藏状态作为输出。

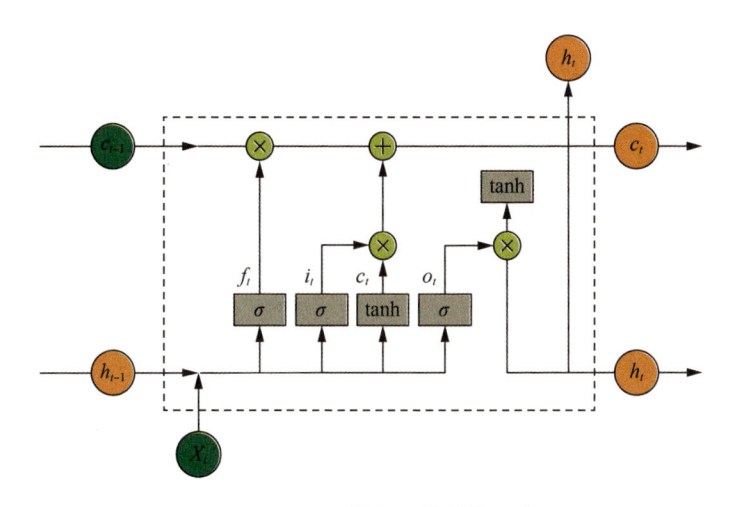

图 10-4　LSTM 神经网络结构示意图

基于 RNN 模型思想,通过引入门结构实现模型的长周期记忆,LSTM 模型的关键构成表达如式(10-42)~式(10-46)。

$$f_t = \sigma(W_{xf}x_t + W_{hf}h_{t-1} + W_{cf}c_{t-1} + b_f) \tag{10-42}$$

$$i_t = \sigma(W_{xi}x_t + W_{hi}h_{t-1} + W_{ci}c_{t-1} + b_i) \tag{10-43}$$

$$c_t = f_t^* c_{t-1} + i_t^* \tanh(W_{xc}x_t + W_{hc}h_{t-1} + b_c) \tag{10-44}$$

$$o_t = \sigma(W_{xo}x_t + W_{ho}h_{t-1} + W_{co}c_t + b_o) \tag{10-45}$$

$$h_t = o_t^* \tanh(c_t) \tag{10-46}$$

式中:i_t、f_t、c_t、o_t 和 h_t 分别为 LSTM 模型在 t 时刻的输入门、遗忘门、记忆单元的向量值、输出门的向量值和隐藏向量值;b_i、b_f、b_c 和 b_o 分别为各门结构对应的偏置项;x_t 为 t 时刻的输入值;W_{xi}、W_{hi} 和 W_{ci} 分别为输入节点与隐藏节点的连接权值、隐藏节点与记忆单元的连接权值及隐藏节点与输出节点的连接权值；tanh 为双曲正切函数，可将实数映射到[-1,1]区间；σ 为 sigmoid 激活函数，能够将实数映射到[0,1]区间，其中 0 表示上一时刻的信息全部丢弃，而 1 表示上一时刻的信息完全传到下一时刻。

LSTM 通过细胞状态的传递，能够有效保留长期信息，善于捕捉长距离依赖关系。同时，LSTM 通过门控机制控制信息流，避免了传统 RNN 中常见的梯度消失和梯度爆炸问题，并且通过不同的门控机制灵活更新和遗忘记忆，具有灵活的记忆机制。这些特征使得 LSTM 在时间序列预测任务中表现优异。

根据提出的 ADBO 算法对 LSTM 模型隐藏单元数及算法学习率（nhu, ilr）进行超参数寻优，首先构建二维搜索空间，搜索空间由超参数寻优范围构成，在空间中生成蜣螂群体，并不断基于 ADBO 算法更新群体位置以搜索最优适应度函数值，适应度函数通过 LSTM 模型预测与性能相关的函数构建。蜣螂在空间中的位置可以被表示为（a,b），适应度函数为均方误差（MSE），通过蜣螂位置计算最优适应度，当 MSE 越小则表明模型预测效果越好。

ADBO-LSTM 模型是通过 ADBO 算法在搜索域内进行全局搜索及局部搜索，进而优化 LSTM 模型的超参数，可以获得 MSE 最小情况下的最优 LSTM 模型对应的超参数（a,b）。最后根据最小预测误差下的超参数训练 LSTM 模型，并进行预测研究。ADBO-LSTM 预测模型的流程图如图 10-5 所示。

基于 ADBO 算法来优化 LSTM 模型，提出的 ADBO-LSTM 模型实施流程如下：

步骤 1：将原始待预测时间序列数据按照比例分为训练期和验证期，根据划分的时间段将数据构建为训练集、测试集和验证集，并对数据进行归一化处理。

步骤 2：ADBO 算法参数初始化，包括种群数量 N、迭代次数 $MaxIter$、位置变更概率参数 λ、蜣螂族群比例。搜索空间维度设置为 2。

步骤 3：确定 LSTM 模型超参数隐藏单元数及算法学习率（nhu,ilr）的求解空间范围，在取值范围内进行蜣螂种群初始化，通过混沌映射产生蜣螂个体，每个蜣螂位置代表一组超参数。

步骤 4：基于测试集均方误差（MSE）构建适应函数，根据蜣螂个体的初始位置训练 LSTM 模型，计算适应度函数并求解最小适应度值及其对应蜣螂的位置超参数信息。

步骤 5：根据 ADBO 算法更新蜣螂族群位置，基于 LSTM 模型重新计算适应度函数并求解最小适应度值及其对应的蜣螂位置超参数信息。

步骤 6：判断适应度更新次数是否达到阈值及种群迭代次数是否超出

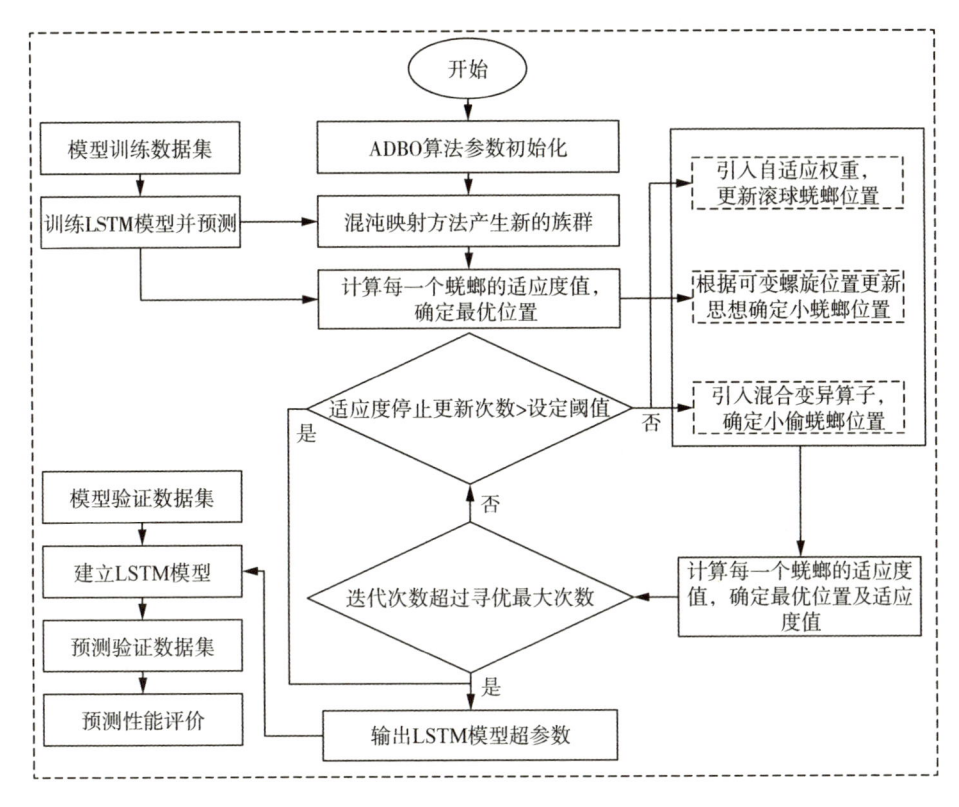

图 10-5　ADBO-LSTM 模型实施流程图

$MaxIter$，确定是否需要更新蜣螂位置，如果需要，则继续重复步骤 5，开展迭代寻优计算，否则根据当前计算结果输出最优适应度值对应的蜣螂位置参数及 LSTM 模型超参数值。

步骤 7：根据超参数建立 LSTM 模型，输入数据集进行验证集预测值计算，评价预测性能。

10.3.5　基于监测数据驱动的白鹤滩谷幅变形预测研究

基于白鹤滩谷幅变形历史监测数据，选取上游方向 650 m 处 3-3 监测断面、进水口上游边坡 4-4 监测断面、抗力体边坡 6-6 监测断面、抗力体边坡 7-7 监测断面和二道坝边坡 9-9 监测断面的典型测线进行时间序列预测，构建基于 ADBO-LSTM 的预测模型。具体为谷幅变形测线 TPgf7-TPgf8、TPgf13-TPgf14、TPgf23-TPgf28、TPgf24-TPgf29、TPgf35-TPgf40 和 TPgf54-TPgf59。

对选取的典型监测点蓄水后 2021 年 5 月至 2024 年 3 月期间的监测数据，构建样本数据共计 108 组，采用 ADBO 算法对 LSTM 模型参数进行全局优化，依据超参数寻优结果构建变形预测模型。各测线预测模型的计算结果如图 10-6～图 10-11 所示。

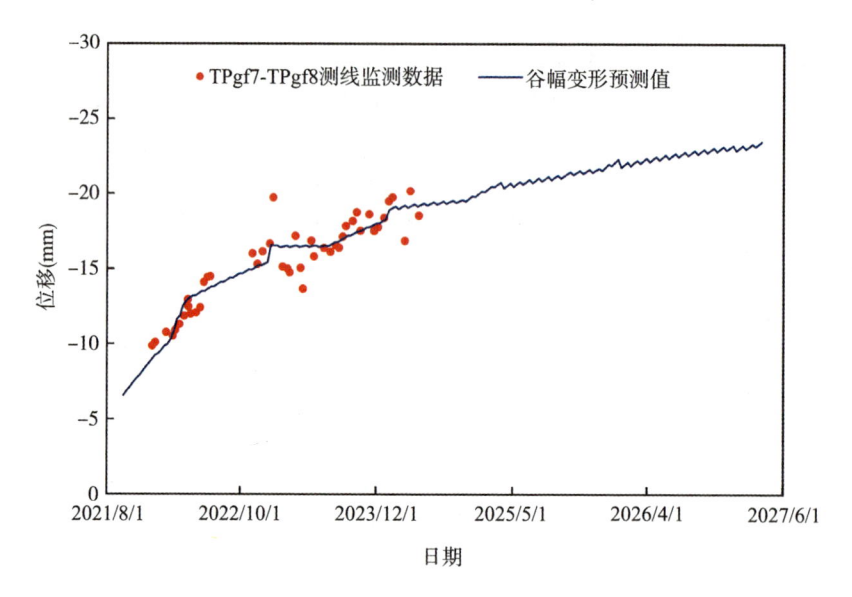

图 10-6　TPgf7-TPgf8 谷幅变形预测值

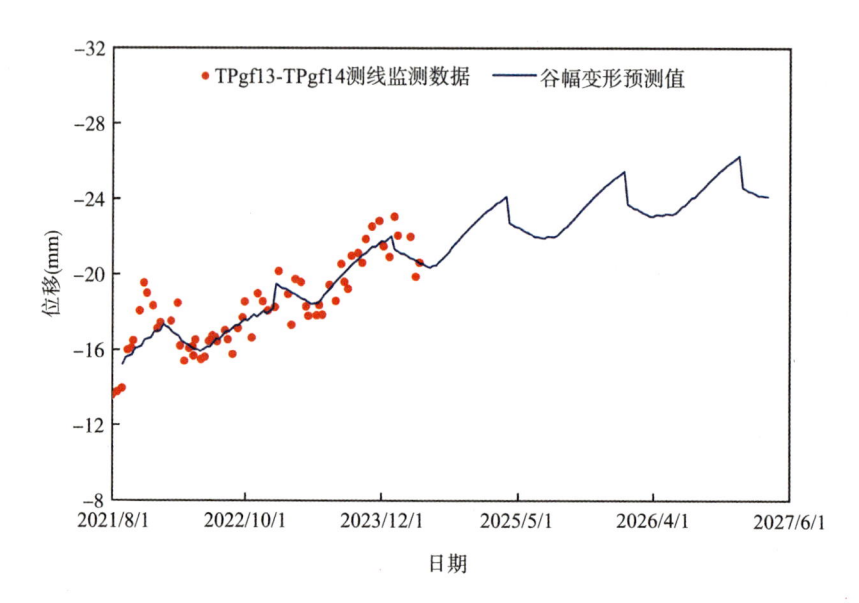

图 10-7　TPgf13-TPgf14 谷幅变形预测值

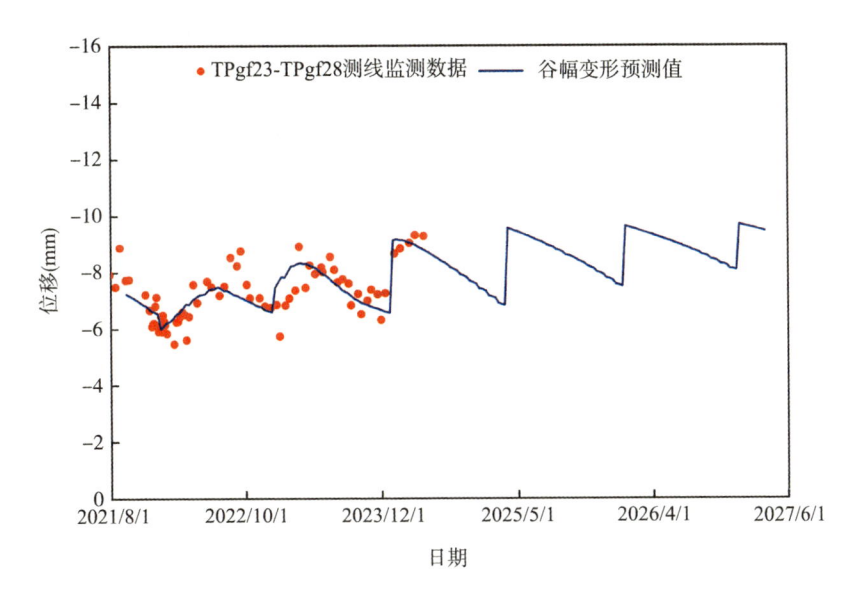

图 10-8　TPgf23-TPgf28 谷幅变形预测值

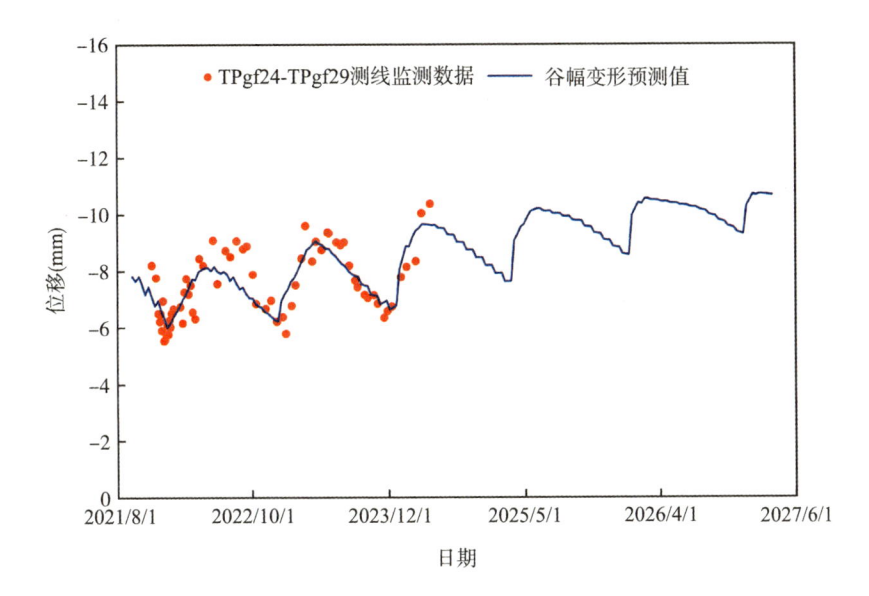

图 10-9　TPgf24-TPgf29 谷幅变形预测值

预测结果表明，到 2027 年 4 月初，TPgf7-TPgf8 谷幅变形预测值最大为 －23.45 mm，TPgf13-TPgf14 谷幅变形预测值最大为 －26.23 mm，TPgf23-TPgf28 谷幅变形预测值最大为 －9.71 mm，TPgf24-TPgf29 谷幅变

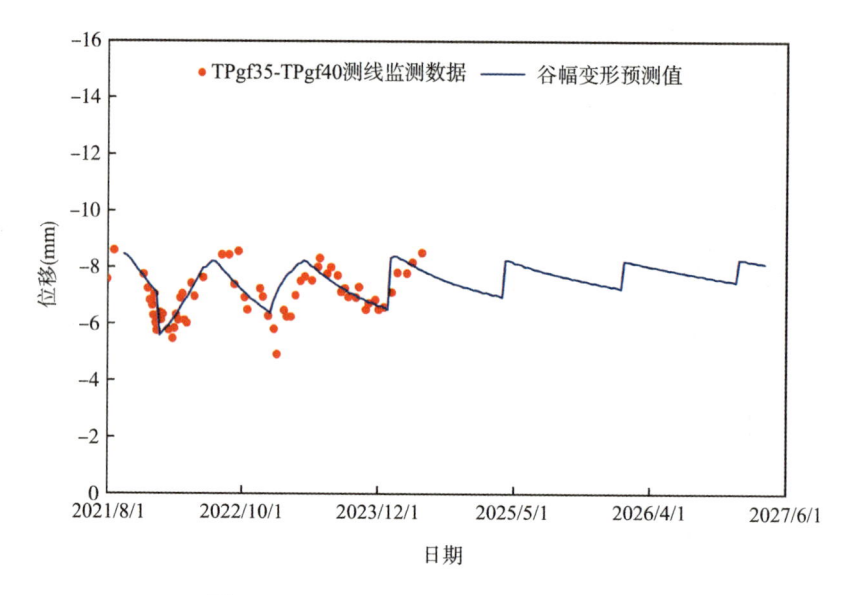

图 10-10　TPgf35-TPgf40 谷幅变形预测值

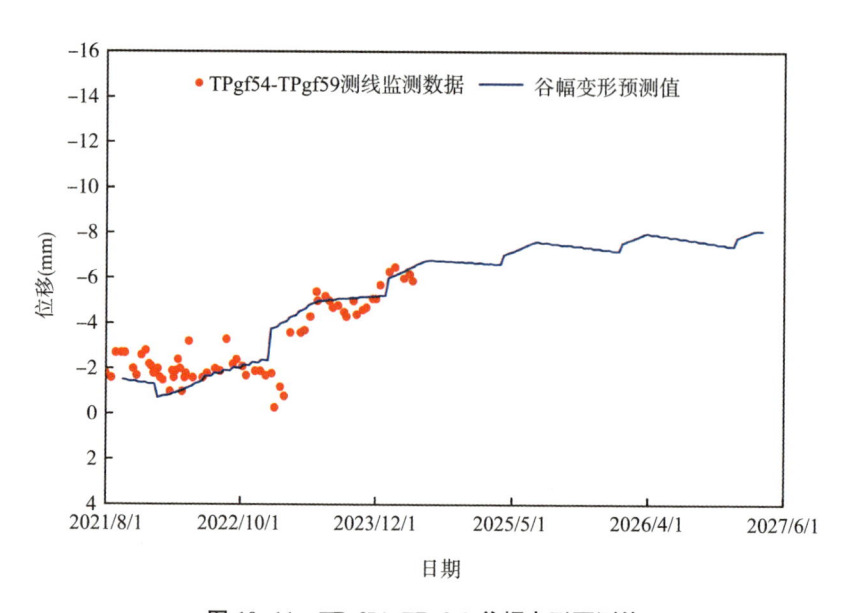

图 10-11　TPgf54-TPgf59 谷幅变形预测值

形预测值最大为-10.71 mm，TPgf35-TPgf40 谷幅变形预测值最大为-8.30 mm，TPgf54-TPgf59 谷幅变形预测值最大为-5.91 mm。

对谷幅变形智能预测模型的预测结果逐年统计，计算单年内谷幅变形测线平均日增长速率,结果如表 10-14 所示,各测点谷幅变形速率均呈现逐年减小的规律。导流洞进口边坡处 TPgf7-TPgf8 截至 2027 年 4 月初变形速率预计降低到 0.002 5 mm/d,进水口上游边坡 TPgf13-TPgf14 预计降低到 0.002 5 mm/d,抗力体边坡 6-6 监测断面 TPgf23-TPgf28 和 TPgf24-TPgf29 预计降低到 0.000 2 mm/d 和 0.000 4 mm/d,抗力体边坡处 7-7 监测断面 TPgf35-TPgf40 降低到 0.000 1 mm/d,二道坝边坡处 9-9 监测断面 TPgf54-TPgf59 降到 0.000 7 mm/d。

表 10-14 基于谷幅变形智能预测模型的谷幅测线变形速率统计表

时间	谷幅测线变形速率(mm/d)					
	TPgf7-TPgf8	TPgf13-TPgf14	TPgf23-TPgf28	TPgf24-TPgf29	TPgf35-TPgf40	TPgf54-TPgf59
2021.04—2022.03	0.033 0	0.036 5	0.004 7	0.006 6	0.003 2	0.000 7
2022.03—2023.03	0.013 1	0.006 4	0.004 6	0.003 5	0.004 2	0.009 1
2023.03—2024.03	0.007 3	0.005 1	0.001 8	0.003 3	0.000 2	0.005 8
2024.03—2025.03	0.004 9	0.004 7	0.001 1	0.001 3	0.000 1	0.002 5
2025.03—2026.03	0.003 8	0.002 6	0.000 3	0.001 2	0.000 1	0.001 4
2026.03—2027.03	0.002 5	0.002 5	0.000 2	0.000 4	0.000 1	0.000 7

结合现有谷幅变形工程实例研究[150,206],不同收敛标准下各测线的谷幅变形收敛情况,分别以变形速率 0.004 mm/d、0.003 mm/d、0.002 mm/d、0.001 mm/d 为收敛标准,分析各测线潜在的收敛时间,计算结果如表 10-15 所示。

表 10-15 不同收敛标准下的谷幅测线收敛时间预测表

收敛标准(mm/d)	各测线变形速率小于收敛标准的时间					收敛时间估算
	TPgf7-TPgf8	TPgf13-TPgf14	TPgf23-TPgf28	TPgf24-TPgf29	TPgf54-TPgf59	
0.004	2026.03	2026.03	2024.03	2023.03	2025.03	2026.03
0.003	2027.03	2026.03	2024.03	2025.03	2025.03	2027.03
0.002	>2027.04	>2027.04	2024.03	2025.03	2026.03	>2027.04
0.001	>2027.04	>2027.04	2026.03	2027.03	2026.03	>2027.04

以变形速度为 0.004 mm/d 作为收敛标准时,导流洞进口边坡 TPgf7-TPgf8 及进水口上游边坡 TPgf13-TPgf14 变形速率预计 2026 年 3 月低于 0.004 mm/d。其余测线变形速率较此两处更低,推断收敛时间为 2026 年 3 月。

以变形速度为 0.003 mm/d 作为收敛标准时,导流洞进口边坡 TPgf7-TPgf8 变形速率预计 2027 年 3 月低于 0.003 mm/d,进水口上游边坡 TPgf13-TPgf14 变形速率预计 2026 年 3 月低于 0.003 mm/d,推断收敛时间为 2027 年 3 月。

以变形速度为 0.002 mm/d 作为收敛标准时,抗力体边坡 TPgf24－TPgf29 变形速率预计 2025 年 3 月低于 0.002 mm/d,二道坝边坡 TPgf54－TPgf59 变形速率预计为 2026 年 3 月。计算时段内,导流洞进口边坡及进水口上游边坡均未降低至收敛标准,推算截至 2027 年 4 月谷幅变形并未收敛。

以变形速度为 0.001 mm/d 作为收敛标准时,抗力体边坡 TPgf24－TPgf29 变形速率预计 2027 年 3 月低于 0.001 mm/d,二道坝边坡 TPgf54－TPgf59 变形速率收敛时间为 2026 年 3 月。计算时段内,导流洞进口边坡及进水口上游边坡均未降低至收敛标准,推算截至 2027 年 4 月谷幅变形并未收敛。

计算结果表明,在四种收敛标准下,以变形速率 0.004 mm/d 为收敛标准,预计收敛时间为 2026 年 3 月;以变形速率 0.003 mm/d 为收敛标准,预计收敛时间为 2027 年 3 月。

10.4 小结

结合降雨、地下水位、库水位变化、地震等影响要素构建白鹤滩谷幅变形要素高维影响因子,耦合 Lasso 回归模型与随机森林模型构建谷幅变形影响因素分析模型。综合白鹤滩工程蓄水后的谷幅变形监测数据,对典型监测断面内的谷幅变形测线进行变形预测研究,使用提出的智能谷幅变形预测模型对蓄水后的谷幅变形进行预测研究。

(1) 各测线的 Lasso-RF 影响因素计算结果均表明,地下水位和上游库水位高程对白鹤滩工程谷幅变形影响相对较大,降雨对其影响相对地下水位及库水位高程较小,不同滞后期的降雨因素对谷幅变形的影响差异性较小,变形具有明显的水位相关性。Spearman 相关性分析结果表明,Ⅲ级以上地震活动频次与谷幅变形间的相关关系不显著。

(2) 结合现场监测资料,计算了各测线截至 2027 年 4 月初的谷幅变形预测值,将不同的谷幅变形速率作为谷幅变形收敛标准,讨论了潜在的收敛时间,可供工程应用参考。

参考文献

[1] 吴关叶,徐卫亚,闫龙,等. 特高坝工程坝基渗流应力流变力学与工程安全[M]. 南京:河海大学出版社,2023.

[2] 徐建荣,孟庆祥,何明杰,等. 多尺度柱状节理岩体数值分析[M]. 南京:河海大学出版社,2023.

[3] 徐卫亚. 边坡及滑坡环境岩石力学与工程研究[M]. 北京:中国环境科学出版社,2000.

[4] Xu W, Cheng Z, Wang H, et al. Correlation between valley deformation and water level fluctuations in high arch dam[J]. European Journal of Environmental and Civil Engineering, 2023, 27(7): 2519-2528.

[5] 武明鑫,江汇,张楚汉. 高混凝土坝蓄水河谷-库坝变形规律[J]. 水力发电学报,2019, 38(8): 1-14.

[6] Li B, Xu J, Xu W, et al. Mechanism of valley narrowing deformation during reservoir filling of a high arch dam[J]. European Journal of Environmental and Civil Engineering, 2023, 27(6): 2411-2421.

[7] 汪小刚,陈益峰,卢波,等. 枢纽工程重要构筑物(群)与地质环境互馈作用机制与控制技术[J]. 岩土工程学报,2022, 44(7): 1220-1238.

[8] Li B, Xu W, Yan L, et al. Effect of shearing on non-darcian fluid flow characteristics through rough-walled fracture[J]. Water, 2020, 12(11): 1-13.

[9] Shi H, Xu W, Yang L, et al. Investigation of influencing factors for valley deformation of high arch dam using machine learning[J]. European Journal of Environmental and Civil Engineering, 2023, 27(6): 2399-2410.

[10] 白俊光,林鹏,李蒲健,等. 李家峡拱坝复杂地基处理效果和反馈分析[J]. 岩石力学与工程学报,2008(5): 902-912.

[11] 杨杰,胡德秀,关文海. 李家峡拱坝左岸高边坡岩体变位与安全性态分析[J]. 岩石

力学与工程学报，2005，24(19)：3551-3560.

[12] 杨强，潘元炜，程立，等. 高拱坝谷幅变形机制及非饱和裂隙岩体有效应力原理研究[J]. 岩石力学与工程学报，2015，34(11)：2258-2269.

[13] 谈小龙，徐卫亚，刘大文，等. 高边坡变形的组合预测模型及其应用[J]. 水利学报，2010，41(3)：294-299.

[14] 陈晓鹏，陈太乙. 锦屏一级水电站坝肩边坡及谷幅变形分析[J]. 四川水力发电，2022，41(1)：99-104.

[15] 周绿，刘明昌，李小顺. 锦屏一级水电站运行期谷幅变形特性与影响因素分析[J]. 水力发电，2021，47(3)：79-83.

[16] 王昀，杨强，张曼，等. 溪洛渡拱坝蓄水期谷幅变形驱动机制研究[J]. 岩石力学与工程学报，2023，42(5)：1083-1095.

[17] 梁国贺，胡昱，樊启祥，等. 溪洛渡高拱坝蓄水期谷幅变形特性与影响因素分析[J]. 水力发电学报，2016，35(9)：101-110.

[18] Liu Y R, He Z, Yang Q, et al. Long-Term Stability Analysis for High Arch Dam Based on Time-Dependent Deformation Reinforcement Theory[J]. International Journal of Geomechanics，2017，17(4)：1-12.

[19] 张曼. 高坝蓄水引发工程岩体变形与稳定的机理研究[D]. 北京：清华大学，2022.

[20] 钟大宁. 高拱坝谷幅变形机制及谷幅变形对大坝的影响研究[D]. 北京：清华大学，2019.

[21] Barla G, Antolini F, Barla M, et al. Monitoring of the Beauregard landslide (Aosta Valley, Italy) using advanced and conventional techniques[J]. Engineering Geology，2010，116(3-4)：218-235.

[22] Lombardi E G. Ground-water induced settlements in rock masses and consequences for dams[A]. In IALAD-Integrity Assessment of Large Concrete Dams Conference, Zurich，2004，24.

[23] 汝乃华，姜忠胜. 大坝事故与安全：拱坝[M]. 北京：中国水利水电出版社，1995.

[24] Eberhardt E, Evans K, Zangerl C, et al. Consolidation Settlements above Deep Tunnels in Fractured Crystalline Rock: Numerical Analysis of Coupled Hydromechanical Mechanisms[M]. Elsevier，2004.

[25] Ehrbar H, Bremen R, Otto B. Gotthard Base Tunnel-Tunnelling in the influence zone of two concrete arch dams[J]. Geomechanics and Tunnelling，2010，3(5)：428-441.

[26] Zangerl C, Eberhardt E, Evans K F, et al. Consolidation settlements above deep tunnels in fractured crystalline rock: Part 2-Numerical analysis of the Gotthard highway tunnel case study[J]. International Journal of Rock Mechanics and

Mining Sciences,2008,45(8):1211-1225.

[27] Müller L. The rock slide in the Vajont valley[J]. Rock Mechanics and Engineering Geology,1964,2(3):148-212.

[28] 邓建辉,Chan D H,Martin C D,等. 一例由蓄水诱发的库岸边坡变形[J]. 中国地质灾害与防治学报,2002,13(1):23-26.

[29] Frigerio A, Mazza G. The rehabilitation of Beauregard dam:the contribution of the numerical modeling[C]//Proceedings of the ICOLD-12th International Benchmark Workshop on Numerical Analysis of Dams,Graz,Austria. 2013.

[30] Barla G. Long term behaviour of the Beauregard dam (Italy) and its interaction witha deep-seated gravitational slope deformation [C]//5th colloquium rock mechanics—theory and practice (invited keynote lecture),Austria. 2009.

[31] Barla G,Ballatore S,Chiappone A,et al. The Beauregard dam (ltaly) and the deep seated gravitational deformation on the left slope[C]//International Conference Hydropower, Kunming China. 2006.

[32] Zhou Z, Zhou Z, Xu H, et al. Surface water-groundwater interactions of Xiluodu Reservoir based on the dynamic evolution of seepage, temperature, and hydrochemistry due to impoundment [J]. Hydrological Processes, 2021, 35(8):e14304.

[33] 汤雪娟,张冲,王仁坤. 渗流场作用的地基变形对高拱坝结构的影响[J]. 地下空间与工程学报,2016,12(S2):645-650.

[34] 周志芳,李鸣威,庄超,等. 溪洛渡水电站谷幅变形成因与形成条件[J]. 河海大学学报(自然科学版),2018,46(6):497-505.

[35] 周志芳,庄超,李鸣威,等. 水库库盘变形的特征及其地质成因分析[J]. 工程地质学报,2019,27(1):38-47.

[36] 徐海洋,崔长武,张绍成. 溪洛渡水电站蓄水前后灰岩水文地质条件变化分析[J]. 人民长江,2021,52(6):65-70.

[37] 庄超,周志芳,李鸣威,等. 基于承压含水层水力响应的溪洛渡水电工程区谷幅收缩变形预测研究[J]. 岩土工程学报,2019,41(8):1472-1480.

[38] Chen Y F, Zeng J, Shi H T, et al. Variation in hydraulic conductivity of fractured rocks at a dam foundation during operation[J]. Journal of Rock Mechanics and Geotechnical Engineering,2021,13(2):351-367.

[39] 辛长虹,赵引. 考虑非饱和渗流的谷幅变形对高拱坝影响分析[J]. 水利水运工程学报,2021(4):36-45.

[40] Paronuzzi P, Rigo E, Bolla A. Influence of filling-drawdown cycles of the Vajont

reservoir on Mt. Toc slope stability[J]. Geomorphology, 2013, 191: 75-93.

[41] Cheng L, Liu Y R, Yang Q, et al. Mechanism and numerical simulation of reservoir slope deformation during impounding of high arch dams based on nonlinear FEM[J]. Computers and Geotechnics, 2017, 81: 143-154.

[42] 钟大宁, 刘耀儒, 杨强, 等. 白鹤滩拱坝谷幅变形预测及不同计算方法变形机制研究[J]. 岩土工程学报, 2019, 41(8): 1455-1463.

[43] Wang S, Liu Y, Yang Q, et al. Analysis of the Abutment Movements of High Arch Dams due to Reservoir Impoundment[J]. Rock Mechanics and Rock Engineering, 2020, 53(5): 2313-2326.

[44] Wu A, Fan L, Fu X, et al. Design and application of hydro-mechanical coupling test system for simulating rock masses in high dam reservoir operations[J]. International Journal of Rock Mechanics and Mining Sciences, 2021, 140: 1-18.

[45] Zhou C B, Zhao X J, Chen Y F, et al. Interpretation of high pressure pack tests for design of impervious barriers under high-head conditions[J]. Engineering Geology, 2018, 234: 112-121.

[46] 李彪. 基于非达西渗流应力耦合的峡谷区高拱坝谷幅变形研究[D]. 南京: 河海大学, 2020.

[47] 石中岳, 王一凡, 徐青, 等. 水-岩物理化学作用下刚度软化的约束-松弛算法与应用[J]. 武汉大学学报(工学版), 2023, 56(3): 257-263.

[48] 雷峥琦. 水库蓄水诱发岸坡蠕变的 DDA 分析[D]. 北京: 中国水利水电科学研究院, 2018.

[49] 张国新, 程恒, 周秋景, 等. 高拱坝蓄水期谷幅时效变形机理分析[J]. 中国科技论文, 2019, 14(1): 77-84.

[50] 何柱, 刘耀儒, 杨强, 等. 溪洛渡拱坝谷幅变形机制及变形反演和长期稳定性分析[J]. 岩石力学与工程学报, 2018, 37(S2): 4198-4206.

[51] Liu Y, Wang W, He Z, et al. Nonlinear creep damage model considering effect of pore pressure and analysis of long-term stability of rock structure[J]. International Journal of Damage Mechanics, 2020, 29(1): 144-165.

[52] 徐岗, 裴向军, 刘明, 等. 锦屏一级水电站库区谷幅时变特征及因素[J]. 南水北调与水利科技(中英文), 2020, 18(4): 159-166+177.

[53] Wang D C, Liu J Y, Huang Y, et al. Quantifying the effect of xiluodu reservoir on the temperature of the surrounding mountains [J]. Geohealth, 2020, 4(5): e2019GH000242.

[54] 江汇. 颗粒料压缩破碎仿真-应用与高坝蓄水河谷-库坝变形研究[D]. 北京: 清华大

学，2019.

［55］ Yin T，Li Q，Hu Y，et al. Coupled thermo-hydro-mechanical analysis of valley narrowing deformation of high arch aam：A case study of the xiluodu project in China[J]. Applied Sciences，2020，10(2)：524.

［56］ Jiang H，Zhang C H，Zhou Y D，et al. Mechanism for large-scale canyon deformations due to filling of large reservoir of hydropower project[J]. Scientific Reports，2020，10(1)：12155.

［57］ 张林飞. 高拱坝蓄水初期谷幅变形机制及分析方法研究[D]. 南京：河海大学，2021.

［58］ 苏珊，韩立波，郭祥云. 溪洛渡水库近场区蓄水前后震源机制及应力场研究[J]. 地震研究，2020，43(2)：402-411＋418.

［59］ Zhang M，Ge S，Yang Q，et al. Impoundment-associated hydro-mechanical changes and regional seismicity near the xiluodu reservoir，southwestern China[J]. Journal of Geophysical Research：Solid Earth，2021，126(9)：e2020JB021590.

［60］ Flemisch B，Berre I，Boon W，et al. Benchmarks for single-phase flow in fractured porous media[J]. Advances in Water Resources，2018，111：239-258.

［61］ Zuo L，Yu W，Miao J，et al. Streamline modeling of fluid transport in naturally fractured porous medium[J]. Petroleum Exploration and Development，2019，46(1)：130-137.

［62］ Berre I，Boon W M，Flemisch B，et al. Verification benchmarks for single-phase flow in three-dimensional fractured porous media[J]. Advances in Water Resources，2021，147：103759.

［63］ Muhunthan B，Pillai S. Teton dam，USA：uncovering the crucial aspect of its failure[J]. Proceedings of the Institution of Civil Engineers-Civil Engineering，2008，161(6)：35-40.

［64］ 曾铿，党发宁，黄荣卫，等. Teton 水库溃坝对土石坝设计的启示[J]. 人民长江，2010，41(12)：20-23.

［65］ Fakherdavood M J N，Ramezanzadeh A，Jenabi H. Laboratory investigation of nonlinear flow characteristics through natural rock fractures[J]. Quarterly Journal of Engineering Geology and Hydrogeology，2019，52(4)：519-528.

［66］ Snow D T. Anisotropie Permeability of Fractured Media［J］. Water Resources Research，1969，5(6)：1273-1289.

［67］ Witherspoon P A，Wang J，Iwai K，et al. Validity of Cubic Law for fluid flow in a deformable rock fracture[J]. Water Resources Research，1980，16(6)：1016-1024.

［68］ 张文杰，周创兵，李俊平，等. 裂隙岩体渗流特性物模试验研究进展[J]. 岩土力学，

2005，26(9)：1517-1524.

[69] 常宗旭，赵阳升，胡耀青，等. 三维应力作用下单一裂缝渗流规律的理论与试验研究[J]. 岩石力学与工程学报，2004，23(4)：620-624.

[70] Louis C. Rock Hydraulics[M]. Vienna：Springer Vienna，1974.

[71] Ranjith P G, Darlington W. Nonlinear single-phase flow in real rock joints[J]. Water Resources Research，2007，43(9)：1-9.

[72] Zhang Z, Nemcik J. Fluid flow regimes and nonlinear flow characteristics in deformable rock fractures[J]. Journal of Hydrology，2013，477：139-151.

[73] Chen Y F, Zhou J Q, Hu S H, et al. Evaluation of Forchheimer equation coefficients for non-Darcy flow in deformable rough-walled fractures[J]. Journal of Hydrology，2015，529：993-1006.

[74] Zhou J Q, Hu S H, Fang S, et al. Nonlinear flow behavior at low Reynolds numbers through rough-walled fractures subjected to normal compressive loading[J]. International Journal of Rock Mechanics and Mining Sciences，2015，80：202-218.

[75] Crandall D, Bromhal G, Karpyn Z T. Numerical simulations examining the relationship between wall-roughness and fluid flow in rock fractures[J]. International Journal of Rock Mechanics and Mining Sciences，2010，47(5)：784-796.

[76] 蒋宇静，李博，王刚，等. 岩石裂隙渗流特性试验研究的新进展[J]. 岩石力学与工程学报，2008，27(12)：2377-2386.

[77] Rasouli V, Hosseinian A. Correlations developed for estimation of hydraulic parameters of rough fractures through the simulation of JRC flow channels[J]. Rock Mechanics and Rock Engineering，2011，44(4)：447-461.

[78] Chen Y, Liang W, Lian H, et al. Experimental study on the effect of fracture geometric characteristics on the permeability in deformable rough-walled fractures[J]. International Journal of Rock Mechanics and Mining Sciences，2017，98：121-140.

[79] Wang Z, Xu C, Dowd P. A Modified Cubic Law for single-phase saturated laminar flow in rough rock fractures[J]. International Journal of Rock Mechanics and Mining Sciences，2018，103：107-115.

[80] Wang L, Cardenas M B, Slottke D T, et al. Modification of the Local Cubic Law of fracture flow for weak inertia, tortuosity, and roughness[J]. Water Resources Research，2015，51(4)：2064-2080.

[81] Cunningham D, Auradou H, Shojaei-Zadeh S, et al. The effect of fracture roughness on the onset of nonlinear Flow[J]. Water Resources Research，2020，56(11)：1-25.

[82] Yeo W. Effect of contact obstacles on fluid flow in rock fractures[J]. Geosciences

Journal, 2001, 5(2): 139-143.

[83] Xiong X, Li B, Jiang Y, et al. Experimental and numerical study of the geometrical and hydraulic characteristics of a single rock fracture during shear[J]. International Journal of Rock Mechanics and Mining Sciences, 2011, 48(8): 1292-1302.

[84] Rezaei N S M, Selvadurai A P S. Correlation of joint roughness coefficient and permeability of a fracture[J]. International Journal of Rock Mechanics and Mining Sciences, 2019, 113: 150-162.

[85] Matsuki K, Kimura Y, Sakaguchi K, et al. Effect of shear displacement on the hydraulic conductivity of a fracture[J]. International Journal of Rock Mechanics and Mining Sciences, 2010, 47(3): 436-449.

[86] Liu R, Huang N, Jiang Y, et al. Effect of shear direction change on shear-slow-transport processes in single rough-walled rock fractures[J]. Transport in Porous Media, 2020, 133(3): 373-395.

[87] 陈卫忠, 王鲁瑀, 谭贤君, 等. 裂隙岩体地下工程稳定性研究发展趋势[J]. 岩石力学与工程学报, 2021, 40(10): 1945-1961.

[88] Rutqvist J, Stephansson O. The role of hydromechanical coupling in fractured rock engineering[J]. Hydrogeology Journal, 2003, 11(1): 7-40.

[89] Berre I, Doster F, Keilegavlen E. Flow in fractured porous media: A review of conceptual models and discretization approaches[J]. Transport in Porous Media, 2018, 130(1): 215-236.

[90] 陈红江. 裂隙岩体应力-损伤-渗流耦合理论、试验及工程应用研究[D]. 长沙: 中南大学, 2010.

[91] Min K B, Jing L R, Stephansson O. Determining the equivalent permeability tensor for fractured rock masses using a stochastic REV approach: Method and application to the field data from Sellafield, UK[J]. Hydrogeology Journal, 2004, 12(5): 497-510.

[92] 杨建平, 陈卫忠, 吴月秀, 等. 裂隙岩体等效渗透系数张量数值法研究[J]. 岩土工程学报, 2013, 35(6): 1183-1188.

[93] Zheng J, Wang X, Lü Q, et al. A new determination method for the permeability tensor of fractured rock masses[J]. Journal of Hydrology, 2020, 585: 124811.

[94] Arbogast T, Lehr H L. Homogenization of a Darcy-Stokes system modeling vuggy porous media[J]. Computational Geosciences, 2006, 10(3): 291-302.

[95] Huang Z, Yao J, Li Y, et al. Numerical calculation of equivalent permeability tensor

for fractured vuggy porous media based on homogenization theory [J]. Communications in Computational Physics, 2015, 9(1): 180-204.

[96] Wang Z, Li W, Qiao L, et al. Hydraulic properties of fractured rock mass with correlated fracture length and aperture in both radial and unidirectional flow configurations[J]. Computers and Geotechnics, 2018, 104: 167-184.

[97] Oda M. An equivalent continuum model for coupled stress and fluid flow analysis in jointed rock masses[J]. Water Resources Research, 1986, 22(13): 1845-1856.

[98] 邓祥辉. 等效连续岩体的渗流应力耦合模型研究及应用[J]. 西安工业大学学报, 2009, 29(6): 585-588.

[99] Gan Q, Elsworth D. A continuum model for coupled stress and fluid flow in discrete fracture networks[J]. Geomechanics and Geophysics for Geo-Energy and Geo-Resources, 2016, 2(1): 43-61.

[100] Song J, Dong M, Koltuk S, et al. Hydro-mechanically coupled finite-element analysis of the stability of a fractured-rock slope using the equivalent continuum approach: a case study of planned reservoir banks in Blaubeuren, Germany[J]. Hydrogeology Journal, 2017, 26(3): 803-817.

[101] Barenblatt G I. Basic concepts in the theory of seepage of homogenous liquids in fissured rocks[J]. Journal of Applied Mathematics and Mechanics, 1960, 24(5): 1286-1303.

[102] Warren J E, Root P J. The Behavior of Naturally Fractured Reservoirs[J]. Society of Petroleum Engineers Journal, 1963, 3(3): 245-255.

[103] Ghafouri H R, Lewis R W. A finite element double porosity model for heterogeneous deformable porous media[J]. International Journal for Numerical and Analytical Methods in Geomechanics, 1996, 20(11): 831-844.

[104] Choo J, Borja R I. Stabilized mixed finite elements for deformable porous media with double porosity[J]. Computer Methods in Applied Mechanics & Engineering, 2015, 293: 131-154.

[105] Zhang Q, Choo J, Borja R I. On the preferential flow patterns induced by transverse isotropy and non-Darcy flow in double porosity media[J]. Computer Methods in Applied Mechanics and Engineering, 2019, 353: 570-592.

[106] Hosking L J, Chen M, Thomas H R. Numerical analysis of dual porosity coupled thermo-hydro-mechanical behaviour during CO_2 sequestration in coal[J]. International Journal of Rock Mechanics and Mining Sciences, 2020, 135: 1-13.

[107] 刘耀儒, 杨强, 黄岩松, 等. 基于双重孔隙介质模型的渗流-应力耦合并行数值分析

[J]. 岩石力学与工程学报，2007，26(4)：705-711.

[108] 张玉军，张维庆. 一种双重孔隙介质水-应力耦合模型及其有限元分析[J]. 岩土工程学报，2010，32(3)：325-329.

[109] 刘洋，李世海，刘晓宇. 基于连续介质离散元的双重介质渗流应力耦合模型[J]. 岩石力学与工程学报，2011，30(5)：951-959.

[110] 盛茂，李根生，黄中伟，等. 页岩气藏流固耦合渗流模型及有限元求解[J]. 岩石力学与工程学报，2013，32(9)：1894-1900.

[111] 年庚乾，陈忠辉，周子涵，等. 基于双重介质模型的裂隙岩质边坡渗流及稳定性分析[J]. 煤炭学报，2020，45(S2)：736-746.

[112] 吉小明，白世伟，杨春和. 裂隙岩体流固耦合双重介质模型的有限元计算[J]. 岩土力学，2003(5)：748-750+754.

[113] Chen M, Hosking L J, Sandford R J, et al. Dual porosity modelling of the coupled mechanical response of coal to gas flow and adsorption[J]. International Journal of Coal Geology，2019，205：115-125.

[114] Zhang Y J, Yang C S. FEM analyses for influences of stress-chemical solution on THM coupling in dual-porosity rock mass[J]. Journal of Central South University，2012，19(4)：1138-1147.

[115] Bourbiaux B, Ding D. Simulation of transient matrix-fracture transfers of compressible fluids[J]. Transport in Porous Media，2016，114(3)：695-717.

[116] Lei Q H, Latham J P, Tsang C F. The use of discrete fracture networks for modelling coupled geomechanical and hydrological behaviour of fractured rocks[J]. Computers and Geotechnics，2017，85：151-176.

[117] Jing L, Ma Y, Fang Z. Modeling of fluid flow and solid deformation for fractured rocks with discontinuous deformation analysis (DDA) method[J]. International Journal of Rock Mechanics and Mining Sciences，2001，38(3)：343-355.

[118] 张彦洪，柴军瑞. 岩体离散裂隙网络渗流应力耦合分析[J]. 应用基础与工程科学学报，2012，20(2)：253-262.

[119] 刘晓丽，林鹏，韩国锋，等. 裂隙岩质边坡渗流与非连续变形耦合过程分析[J]. 岩石力学与工程学报，2013，32(6)：1248-1256.

[120] 赵志宏，井兰如，宋二祥. 裂隙岩体中力学-渗流-传输耦合离散元模拟[J]. 地下空间与工程学报，2014，10(5)：1023-1029+1108.

[121] Wu Z, Wong L N Y. Extension of numerical manifold method for coupled fluid flow and fracturing problems[J]. International Journal for Numerical and Analytical Methods in Geomechanics，2014，38(18)：1990-2008.

[122] Wang Y, Yang Y, Zheng H. On the implementation of a hydro-mechanical coupling model in the numerical manifold method[J]. Engineering Analysis with Boundary Elements, 2019, 109: 161-175.

[123] Helmons R L J, Miedema S A, Rhee CV. Simulating hydro mechanical effects in rock deformation by combination of the discrete element method and the smoothed particle method[J]. International Journal of Rock Mechanics and Mining Sciences, 2016, 86: 224-234.

[124] Zhang Q H, Shi G H. Verification of a DDA-based hydro-mechanical model and its application to dam foundation stability analysis[J]. International Journal of Rock Mechanics and Mining Sciences, 2021, 138: 1-15.

[125] He J, Chen S H, Shahrour I. Numerical estimation and prediction of stress-dependent permeability tensor for fractured rock masses[J]. International Journal of Rock Mechanics and Mining Sciences, 2013, 59: 70-79.

[126] Hyman J D, Karra S, Makedonska N, et al. DFNWorks: A discrete fracture network framework for modeling subsurface flow and transport [J]. Computers & Geosciences, 2015, 84: 10-19.

[127] Alghalandis Y F. ADFNE: Open source software for discrete fracture network engineering, two and three dimensional applications[J]. Computers & Geosciences, 2017, 102: 1-11.

[128] Fumagalli A, Keilegavlen E, Scialò S. Conforming, non-conforming and non-matching discretization couplings in discrete fracture network simulations[J]. Journal of Computational Physics, 2019, 376: 694-712.

[129] Rong G, Peng J, Wang X, et al. Permeability tensor and representative elementary volume of fractured rock masses [J]. Hydrogeology Journal, 2013, 21(7): 1655-1671.

[130] 李馨馨, 徐轶. 裂隙岩体渗流溶质运移耦合离散裂隙模型数值计算方法[J]. 岩土工程学报, 2019, 41(6): 1164-1171.

[131] Li X, Li D. A numerical procedure for unsaturated seepage analysis in rock mass containing fracture networks and drainage holes[J]. Journal of Hydrology, 2019, 574: 23-34.

[132] Mi L, Jiang H, Li J, et al. The investigation of fracture aperture effect on shale gas transport using discrete fracture model[J]. Journal of Natural Gas Science and Engineering, 2014, 21: 631-635.

[133] Yao C, Shao Y L, Yang J H, et al. Effects of fracture density, roughness, and

percolation of fracture network on heat-flow coupling in hot rock masses with embedded three-dimensional fracture network[J]. Geothermics, 2020, 87: 101846.

[134] Segura J M, Carol I. Coupled HM analysis using zero-thickness interface elements with double nodes. Part I: Theoretical model[J]. International Journal for Numerical and Analytical Methods in Geomechanics, 2008, 32(18): 2083-2101.

[135] Garipov T T, Karimi-Fard M, Tchelepi H A. Discrete fracture model for coupled flow and geomechanics[J]. Computational Geosciences, 2016, 20(1): 149-160.

[136] 严侠, 黄朝琴, 李阳, 等. 基于离散缝洞网络模型的缝洞型油藏混合模型[J]. 中南大学学报(自然科学版), 2017, 48(9): 2474-2483.

[137] Sun Z X, Zhang X, Xu Y, et al. Numerical simulation of the heat extraction in EGS with thermal-hydraulic-mechanical coupling method based on discrete fractures model [J]. Energy, 2017, 120: 20-33.

[138] Rueda Cordero J A, Mejia Sanchez E C, Roehl D. Integrated discrete fracture and dual porosity-Dual permeability models for fluid flow in deformable fractured media [J]. Journal of Petroleum Science and Engineering, 2019, 175: 644-653.

[139] Chen M, Hosking L J, Sandford R J, et al. A coupled compressible flow and geomechanics model for dynamic fracture aperture during carbon sequestration in coal [J]. International Journal for Numerical and Analytical Methods in Geomechanics, 2020, 44(13): 1727-1749.

[140] Liu Y Z, Liu L J, Leung J Y, et al. Sequentially coupled flow and geomechanical simulation with a discrete fracture model for analyzing fracturing fluid recovery and distribution in fractured ultra-low permeability gas reservoirs [J]. Journal of Petroleum Science and Engineering, 2020, 189: 107042.

[141] 赵振军, 于胜利. 白鹤滩水电站施工期谷幅变形监测分析[J]. 岩土工程技术, 2020, 34(2): 102-105.

[142] 廖年春, 陈锡鑫, 蔡思思. 谷幅变形观测可靠性分析[J]. 水电与抽水蓄能, 2016, 2(4): 106-110.

[143] 周绿, 邱山鸣, 李守雷, 等. 谷幅(弦线)变形自动监测系统的研制与应用[J]. 水力发电, 2022, 48(9): 119-123.

[144] 全国地理信息标准化技术委员会. 中、短程光电测距规范: GB/T 16818—2008 [S]. 北京: 中国标准出版社, 2008.

[145] 周绿, 张凯, 刘书明, 等. 谷幅变形全天时自动化监测的精密气象改正方法[J]. 水力发电, 2024, 50(1): 98-102.

[146] 杜申宁. 龙羊峡电站两岸坝肩稳定监测方法及分析[J]. 青海水力发电, 1997(3):

27-29.

[147] 高帅, 缪志选, 刘伟栋. 谷幅(弦线)变形监测自动化系统研究——以李家峡水电站为例[J]. 西北水电, 2022(2): 47-50.

[148] 周绿, 刘书明, 张凯, 等. 谷幅变形监测技术发展综述[J]. 水利水电快报, 2024, 45(10): 50-54.

[149] 王明洁, 李健. 特高拱坝谷幅变形自动化监测系统研究实现[J]. 吉林水利, 2023(3): 48-53.

[150] 武明鑫, 赵全胜. 谷幅变形对拱坝工程的安全影响案例分析及有关启示[J]. 水力发电, 2021, 41(7): 68-72.

[151] 杨学超, 高克静, 赵文光, 等. 谷幅收缩变形对溪洛渡拱坝的安全影响分析[J]. 水利与建筑工程学报, 2018, 16(1): 72-78.

[152] Xu L, Rong G, Qiu Q, et al. Analysis of reservoir slope deformation during initial impoundment at the Baihetan Hydropower Station, China[J]. Engineering Geology, 2023, 323: 107201.

[153] 徐磊, 张菁倪, 崔姗姗, 等. 蓄水初期库盘非稳定渗流场时空演化与谷幅变形规律分析[J]. 应用基础与工程科学学报, 2022, 30(6): 1441-1454.

[154] 汤雪娟, 张冲, 陈林. 谷幅收缩变形对高拱坝结构的影响分析[J]. 水电站设计, 2021, 37(2): 41-46.

[155] 魏攀哲, 赵引. 岩体劣化对谷幅变形及高拱坝安全性的影响[J]. 水利水运工程学报, 2023(2): 104-112.

[156] 柴东, 程恒, 毛延翩, 等. 谷幅收缩作用下特高拱坝真实变形特性及影响因素分析[J]. 水电能源科学, 2022, 40(11): 107-110.

[157] 刘有志, 相建方, 樊启祥, 等. 谷幅收缩变形对拱坝应力状态影响分析[J]. 水电能源科学, 2017, 35(2): 100-103.

[158] Yang X, Ren Q, Ren X, et al. Influence of simulation method of water storage process on valley deformation and working behavior of arch dam[J]. Structures, 2023, 55: 1109-1121.

[159] 王文娟, 纪丁愈, 李云祯. 特高拱坝施工期谷幅变形演化规律[J]. 水利水运工程学报, 2022(3): 82-89.

[160] Liu B, Zhao Z, Chen S, et al. Numerical Modeling on Deformation of Fractured Reservoir Bank Slopes During Impoundment: Case Study of the Xiluodu Dam[J]. Rock Mechanics and Rock Engineering, 2023, 57(1): 527-543.

[161] Zhou Z, Zhou Z, Li Y, et al. Analysis of deformation and leakage performance of Xiluodu reservoir dam foundation using a coupled two-factor stress-deformation-

seepage model[J]. Engineering Geology, 2022, 310: 106871.

[162] Li M, Zhou Z, Zhuang C, et al. The Cause and Statistical Analysis of the River Valley Contractions at the Xiluodu Hydropower Station, China[J]. Water, 2020, 12(3): 791.

[163] Agarwal R P, O'Regan D. An introduction to ordinary differential equations[M]. New York: Springer, 2008.

[164] 李兴照, 黄茂松. 循环荷载作用下流变性软黏土的边界面模型[J]. 岩土工程学报, 2007(2): 249-254.

[165] Hu B, Yang S, Xu P. A nonlinear rheological damage model of hard rock[J]. Journal of Central South University, 2018, 25(7): 1665-1677.

[166] Lin Q, Liu Y, Tham L, et al. Time-dependent strength degradation of granite[J]. International Journal of Rock Mechanics & Mining Sciences, 2009, 46(7): 1103-1114.

[167] Pietruszczak S, Lydzba D, Shao J. Description of creep in inherently anisotropic frictional materials[J]. Journal of Engineering Mechanics, 2004, 130(6): 681-690.

[168] Hu B, Yang S, Xu P, et al. Cyclic loading-unloading creep behavior of composite layered specimens[J]. Acta Geophysica, 2019, 67(2): 449-464.

[169] Zhang J, Xu W, Wang H, et al. Testing and modeling of the mechanical behavior of dolomite in the Wudongde hydropower plant[J]. Geomechanics and Geoengineering, 2016, 11(4): 270-280.

[170] Zhang J, Xu W, Wang H, et al. A coupled elastoplastic damage model for brittle rocks and its application in modelling underground excavation[J]. International Journal of Rock Mechanics & Mining Sciences, 2016, 84: 130-141.

[171] Wang S, Xu W, Jia C, et al. Mechanical behavior of fine-grained sandstone in triaxial compression and elastoplastic modeling by return mapping algorithms[J]. Bulletin of Engineering Geology & the Environment, 2018, 77(4): 1689-1699.

[172] Jia C, Xu W, Wang S, et al. Experimental analysis and modeling of the mechanical behavior of breccia lava in the dam foundation of the Baihetan Hydropower Project[J]. Bulletin of Engineering Geology & the Environment, 2019, 78(4): 2681-2695.

[173] Shen W, Shao J. An elastic-plastic model for porous rocks with two populations of voids[J]. Computers and Geotechnics, 2016, 76: 194-200.

[174] Shao J, Chau K, Feng X. Modeling of anisotropic damage and creep deformation in brittle rocks[J]. International Journal of Rock Mechanics and Mining Sciences, 2006, 43(4): 582-592.

[175] Coussy O. Poromechanics[M]. West Sussex: John Wiley & Sons Ltd, 2004.

[176] Ruth D, Ma H. On the derivation of the Forchheimer equation by means of the averaging theorem[J]. Transport in Porous Media, 1992, 7(3): 255-264.

[177] 张春生, 吴关叶, 何世海, 等. 金沙江白鹤滩水电站可行性研究报告专题22: 坝区水文地质条件研究报告[R]. 杭州: 中国电建华东勘测设计研究院有限公司, 2016.

[178] Lu S, Wang Y, Wu Y. Novel High-Precision Simulation Technology for High-Dynamics Signal Simulators Based on Piecewise Hermite Cubic Interpolation[J]. IEEE Transactions on Aerospace and Electronic Systems, 2018, 54(5): 2304-2317.

[179] Zhuang C, Liao P. An Improved Empirical Wavelet Transform for Noisy and Non-Stationary Signal Processing[J]. IEEE Access, 2020, 8: 24484-24494.

[180] Abughazaleh B, Sayyed M I, Fakhouri H A. Numerical approximation for the radiation shielding properties of borosilicate glasses with ZnO using piecewise cubic Hermite interpolating polynomials and Akima interpolation[J]. Optical and Quantum Electronics, 2024, 56(8): 1314.

[181] Niedzwiecki M, Ciolek M. Fully Adaptive Savitzky-Golay Type Smoothers[C]// 2019 27th European Signal Processing Conference (EUSIPCO). 2019.

[182] Schafer R W. What is a Savitzky-Golay Filter?[J]. IEEE Signal Processing Magazine, 2011, 28(4): 111-117.

[183] Luo J W, Ying K, Bai J. Savitzky-Golay smoothing and differentiation filter for even number data[J]. Signal Processing, 2005, 85(7): 1429-1434.

[184] Liu W, Cao S, Chen Y. Applications of variational mode decomposition in seismic time-frequency analysis[J]. Geophysics, 2016, 81(5): V365-V378.

[185] Arrieta Paternina M. R, Tripathy R. K, Zamora-Mendez A, et al. Identification of electromechanical oscillatory modes based on variational mode decomposition[J]. Electric Power Systems Research, 2019, 167: 71-85.

[186] Wang X J, Xue Y J, Zhou W, et al. Spectral Decomposition of Seismic Data With Variational Mode Decomposition-Based Wigner-Ville Distribution[J]. IEEE Journal of Selected Topics in Applied Earth Observations and Remote Sensing, 2019, 12(11): 4672-4683.

[187] Dragomiretskiy K, Zosso D. Variational Mode Decomposition[J]. IEEE Transactions on Signal Processing, 2014, 62(3): 531-544.

[188] Newman J Z. The Fast Fourier Transform[M]. [S. l.]: [s. n.], 1983.

[189] 孙洪泉, 吕娟, 苏志诚, 等. 分位数法对多指标干旱等级划分一致性的作用[J]. 灾害学, 2017, 32(2): 13-17+53.

[190] 赵久彬，刘元雪，何少其，等. 三峡库区阶跃变形滑坡水平位移与降雨量数学统计模型[J]. 岩土力学，2020，41(S1)：305-311.

[191] 刘樟明. FFT与二乘复合算法在曲线趋势预测领域内的研究[J]. 电脑知识与技术，2016，12(19)：206-209+220.

[192] 王微乐，李福祺，谈克雄. 测量介质损耗角的高阶正弦拟合算法[J]. 清华大学学报(自然科学版)，2001，41(9)：5-8.

[193] 袁清钰，牛丽红，胡翠春，等. 基于高斯拟合的条纹管成像激光雷达目标重构[J]. 光子学报，2017，46(12)：67-74.

[194] Muthukrishnan R, Rohini R. LASSO：A feature selection technique in predictive modeling for machine learning[C]//proceedings of the 2016 IEEE International Conference on Advances in Computer Applications (ICACA). 2016.

[195] Melkumova L E, Shatskikh S Y. Comparing Ridge and LASSO estimators for data analysis[C]//3rd International Conference on Information Technology and Nanotechnology (ITNT-2017). 2017.

[196] Breiman L. Random forests[J]. Machine Learning，2001，45(1)：5-32.

[197] Xue J, Shen B. Dung beetle optimizer：a new meta-heuristic algorithm for global optimization[J]. The Journal of Supercomputing，2022，79(7)：7305-7336.

[198] Abbasinezhad-Mood D, Nikooghadam M. Efficient Anonymous Password-Authenticated Key Exchange Protocol to Read Isolated Smart Meters by Utilization of Extended Chebyshev Chaotic Maps[J]. IEEE Transactions on Industrial Informatics，2018，14(11)：4815-4828.

[199] Mirjalili S, Lewis A. The Whale Optimization Algorithm[J]. Advances in Engineering Software，2016，95：51-67.

[200] Kim N G, Won J M, Lee J S, et al. Local convergence rate of evolutionary algorithm with combined mutation operator[C]//Proceedings of the 2002 Congress on Evolutionary Computation，VOLS 1 AND 2. 2002.

[201] Ye C, Shao P, Zhang S, et al. Three-dimensional unmanned aerial vehicle path planning utilizing artificial gorilla troops optimizer incorporating combined mutation and quadratic interpolation operators[J]. ISA Transactions，2024，149：196-216.

[202] 毛清华，张强. 融合柯西变异和反向学习的改进麻雀算法[J]. 计算机科学与探索，2021，15(6)：1155-1164.

[203] Thangraj R, Pant M, Abraham A, et al. Differential Evolution using a Localized Cauchy Mutation Operator[C]//IEEE International Conference on Systems，Man and Cybernetics (SMC 2010). 2010.

[204] Stanovov V, Akhmedova S, Semenkin E. NL-SHADE-LBC algorithm with linear parameter adaptation bias change for CEC 2022 Numerical Optimization[C]// 2022 IEEE Congress on Evolutionary Computation (CEC). 2022.

[205] Hochreiter S, Schmidhuber J. Long short-term memory[J]. Neural Computation, 1997, 9(8): 1735-1780.

[206] Zhou Z, Zhou Z, Vanapalli S K. Integrating analytical and machine learning approaches to simulate and predict dam foundation stress and river valley contraction in a large-scale reservoir[J]. Bulletin of Engineering Geology and the Environment, 2024, 83(11): 444.